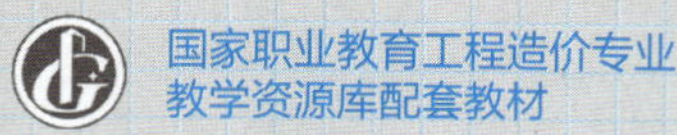

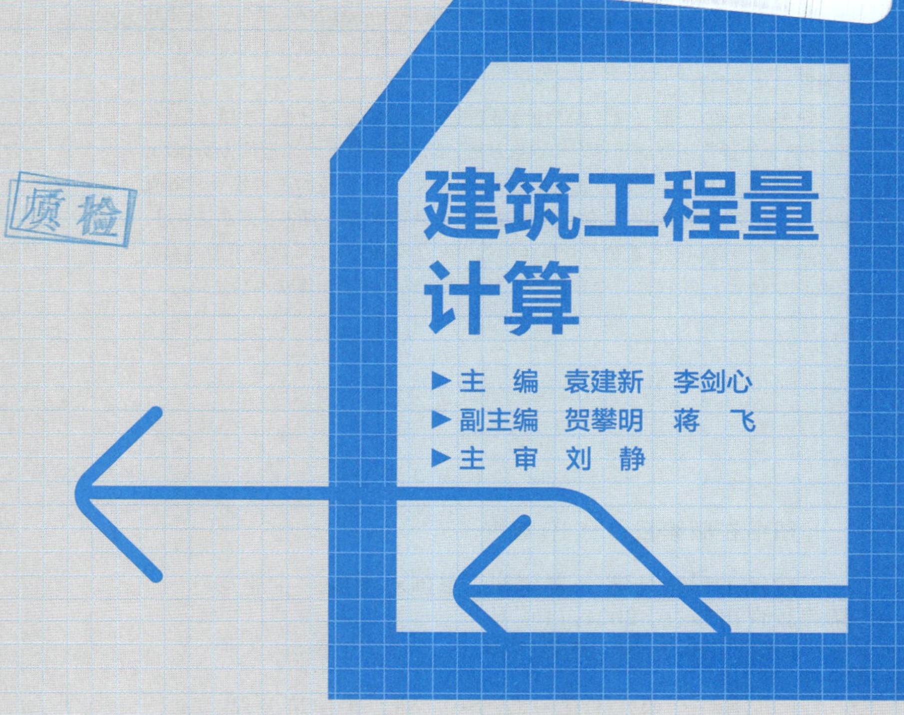

建筑工程量计算

▶主　编　袁建新　李剑心
▶副主编　贺攀明　蒋　飞
▶主　审　刘　静

高等教育出版社·北京

内容提要

本书是国家职业教育工程造价专业教学资源库配套教材，同时也是采用“螺旋进度教学法”，工学结合且理论联系实际，全面提升建筑工程量计算技能的进阶式新型教材。

全书分为两篇，第一篇主要按照建筑工程消耗量定额分部工程的划分内容，系统介绍建筑工程量计算的知识与方法；第二篇采用螺旋递进的方法，设计了三个进阶，运用第一篇的方法进行了由浅入深、由低到高的工程量计算技能的训练，为工程造价专业学生熟练掌握建筑工程量计算技能，提供了方法与手段。

本书适合高职工程造价专业学生的教学和实训使用，也可供应用型本科工程造价专业学生、工程造价专业岗位人员训练建筑工程量计算基本功使用。

图书在版编目(CIP)数据

建筑工程量计算 / 袁建新，李剑心主编. --北京：高等教育出版社，2021.11

ISBN 978-7-04-056318-4

Ⅰ. ①建… Ⅱ. ①袁… ②李… Ⅲ. ①建筑工程-工程造价-高等职业教育-教材 Ⅳ. ①TU723.3

中国版本图书馆 CIP 数据核字(2021)第 129950 号

建筑工程量计算
JIANZHU GONGCHENGLIANG JISUAN

策划编辑 温鹏飞　责任编辑 温鹏飞　特约编辑 李 立　封面设计 于 博
版式设计 马 云　插图绘制 黄云燕　责任校对 陈 杨　责任印制 赵义民

出版发行 高等教育出版社
社　　址 北京市西城区德外大街4号
邮政编码 100120
印　　刷 北京中科印刷有限公司
开　　本 850mm×1168mm 1/16
印　　张 20.5
字　　数 440千字
购书热线 010-58581118
咨询电话 400-810-0598
网　　址 http://www.hep.edu.cn
　　　　 http://www.hep.com.cn
网上订购 http://www.hepmall.com.cn
　　　　 http://www.hepmall.com
　　　　 http://www.hepmall.cn
版　　次 2021年11月第1版
印　　次 2021年11月第1次印刷
定　　价 46.80元

物 料 号 56318-00

“智慧职教”服务指南

“智慧职教”是由高等教育出版社建设和运营的职业教育数字教学资源共建共享平台和在线课程教学服务平台，包括职业教育数字化学习中心平台（www.icve.com.cn）、职教云平台（zjy2.icve.com.cn）和云课堂智慧职教App。用户在以下任一平台注册账号，均可登录并使用各个平台。

● 职业教育数字化学习中心平台（www.icve.com.cn）：为学习者提供本教材配套课程及资源的浏览服务。

登录中心平台，在首页搜索框中搜索“建筑工程量计算”，找到对应作者主持的课程，加入课程参加学习，即可浏览课程资源。

● 职教云（zjy2.icve.com.cn）：帮助任课教师对本教材配套课程进行引用、修改，再发布为个性化课程（SPOC）。

1. 登录职教云，在首页单击“申请教材配套课程服务”按钮，在弹出的申请页面填写相关真实信息，申请开通教材配套课程的调用权限。

2. 开通权限后，单击“新增课程”按钮，根据提示设置要构建的个性化课程的基本信息。

3. 进入个性化课程编辑页面，在“课程设计”中“导入”教材配套课程，并根据教学需要进行修改，再发布为个性化课程。

● 云课堂智慧职教App：帮助任课教师和学生基于新构建的个性化课程开展线上线下混合式、智能化教与学。

1. 在安卓或苹果应用市场，搜索“云课堂智慧职教”App，下载安装。

2. 登录App，任课教师指导学生加入个性化课程，并利用App提供的各类功能，开展课前、课中、课后的教学互动，构建智慧课堂。

“智慧职教”使用帮助及常见问题解答请访问help.icve.com.cn。

国家职业教育工程造价专业教学资源库
配套教材编写委员会

序

职业教育工程造价专业教学资源库项目于2016年12月获教育部正式立项(教职成函〔2016〕17号),项目编号2016-16,属于土木建筑大类建设工程管理类。依据《关于做好职业教育专业教学资源库2017年度相关工作的通知》,浙江建设职业技术学院和四川建筑职业技术学院,联合国内21家高职院校和10家企业单位,在中国建设工程造价管理协会、中国建筑学会建筑经济分会项目管理类专业教学指导委员会的指导下,完成了资源库建设工作,并于2019年11月正式通过了验收。验收后,根据要求做到了资源的实时更新和完善。

资源库基于"能学、辅教、助训、促服"的功能定位,针对教师、学生、企业员工、社会学习者4类主要用户设置学习入口,遵循易查、易学、易用、易操、易组原则,打造了门户网站。资源库建设中,坚持标准引领,构建了课程、微课、素材、评测、创业5大资源中心;破解实践教学痛点,开发了建筑工程互动攻关实训系统、工程造价综合实务训练系统、建筑模型深度开发系统、工程造价技能竞赛系统4大实训系统;校企深度合作,打造了特色定额库、特色指标库、可拆卸建筑模型教学库、工程造价实训库4大特色库;引领专业发展,提供了专业发展联盟、专业学习园地、专业大讲堂、开讲吧课程4大学习载体。工程造价资源库构建了全方位、数字化、模块化、个性化、动态化的专业教学资源生态组织体系。

本套教材是基于"国家职业教育工程造价专业教学资源库"开发编撰的系列教材,是在资源库课程和项目开发成果的基础上,融入现代信息技术、助力新型混合教学方式,实现了线上、线下两种教育形式,课上、课下两种教育时空,自学、导学两种教学模式,具有以下鲜明特色:

第一,体现了工学交替的课程体系。新教材紧紧抓住专业教学改革和教学实施这一主线,围绕培养模式、专业课程、课堂教学内容等,充分体现专业最具代表性的教学成果、最合适的教学手段、最职业性的教学环境,充分助力工学交替的课程体系。

第二,结构化的教材内容。根据工程造价行业发展对人才培养的需求、课堂教学需求、学生自主学习需求、中高职衔接需求及造价行业在职培训需求等,按照结构化的单元设计,典型工作的任务驱动,从能力培养目标出发,进行教材内容编写,符合学习者的认知规律和学习实践规律,体现了任务驱动、理实结合的情境化学习内涵,实现了职业能力培养的递进衔接。

第三,创新教材形式。有效整合教材内容与教学资源,实现纸质教材与数字资源的互通。通过嵌入资源标识和二维码,链接视频、微课、作业、试卷等资源,方便学习者随扫随学相关微课、动画,即可分享到专业(真实或虚拟)场景、任务的操作演示、案例的示范解析,增强学习的趣味性和学习效果,弥补传统课堂形式对授课时间和教学环境的制约,并辅以要点提示、笔记栏等,具有新颖、实用的特点。

国家职业教育工程造价专业教学资源库项目组

2020年5月

前言

本书是工程造价专业“行动导向、任务引领”的教改教材。本书针对如何充分调动学生在学习中的积极性,依据“主动学习”与“螺旋进度教学法”的理念和教学方式,更好地掌握工程造价专业的核心知识和基本技能,做了有益的尝试。

本书在“工学结合”理念指导下,认真研究工程造价人员实际工作岗位上,具有相当独立性的建筑工程量计算工作内容后,构建了“理实一体化”体系结构的学习和实训内容。

本书全体编者和主审均是国家一级造价工程师。教材内容取自工作中所使用的施工图、预算定额和工程量计算规范等真实的资料,紧密结合了工程造价工作实际。

本书由四川建筑职业技术学院袁建新和李剑心担任主编,袁建新编写了第1章、第5章、第11章、第12章、第15章,李剑心编写了第4章、第13章;四川建筑职业技术学院贺攀明、蒋飞担任副主编,贺攀明编写了第2章、第6章,蒋飞编写了第3章、第14章;四川建筑职业技术学院吴英男、曹碧清参加了编写,吴英男编写了第9章、第10章,曹碧清编写了第7章、第8章。

本书主审是四川建筑职业技术学院刘静,她提出了许多工程造价“工学结合”方面的建议和意见,高等教育出版社为本书的出版也提供了大力的帮助与支持,在此一并致谢!

由于编者水平有限,书中难免有不足之处,敬请广大读者批评指正。

编　者

2021年4月

目 录

第一篇 建筑工程量计算方法

第二篇 建筑工程量计算实训

第一篇

建筑工程量计算方法

第1章 概述

1.1 工程量的概念

工程量是指房屋建筑工程的实物数量。工程量是用物理计量单位或自然计量单位表示的分项工程的实物数量。

物理计量单位是指用公制度量表示的 m、m^2、m^3、t、kg 等单位。例如，楼梯扶手以 m 为单位，水泥砂浆抹地面以 m^2 为单位，预应力空心板以 m^3 为单位，钢筋制作安装以 t 为单位等。

自然计量单位是指个、组、件、套等具有自然属性的单位。例如，砖砌拖布池以套为单位，雨水斗以个为单位，洗脸盆以组为单位，日光灯安装以套为单位等。

微课
为什么要计算工程量

1.2 计算工程量的原因

计算工程量是编制施工图预算的需要。概略地说，施工图预算、工程量清单报价是确定房屋工程造价的文件，因为工程造价的主要计算过程是先根据图纸计算该工程的实物数量，然后分别乘以各自的工程单价才能得出工程造价，所以编制施工图预算和工程量清单报价必须计算工程量。

微课
建筑工程量有何用

1.3 工程量的计算步骤

1.3.1 建设项目划分

编制施工图预算一般是以单位工程为对象进行的，单位工程是基本建设项目划分的一个概念。按照合理确定工程造价和基本建设管理工作的要求，一般将一个基本建设项目划分为建设项目、单项工程、单位工程、分部工程、分项工程五个层次。

1. 建设项目

建设项目一般是指在一个总体设计范围内，由一个或几个工程项目组成，经济上实行独立核算，行政上实行独立管理，并且具有法人资格的建设单位。通常，一个企业、事业单位或一个独立工程就是一个建设项目。

2. 单项工程

单项工程又称工程项目，它是建设项目的组成部分，是指具有独立的设计文件，竣工后可以独立发挥生产能力或使用效益的工程。例如，一个工厂的生产车间、仓库等，学校的教学楼、图书馆等分别都是一个单位工程。

3. 单位工程

单位工程是单项工程的组成部分。单位工程是指具有独立的设计文件，能单独施工，但建成后不能独立发挥生产能力或使用效益的工程。例如，一个生产车间的土建工程、电气照明工程、给排水工程、机械设备安装工程、电气设备安装工程等分别是一个单位工程，它们是生产车间这个单项工程的组成部分。

4. 分部工程

分部工程是单位工程的组成部分。分部工程一般按工种工程来划分，例如，土建单位工程划分为土石方工程、砌筑工程、脚手架工程、钢筋混凝土工程、木结构工程、金属结构工程、装饰工程等；也可按单位工程的构成部分来划分，例如，土建单位工程划分为基础工程、墙体工程、梁柱工程、楼地面工程、门窗工程、屋面工程等。一般来说，建筑工程预算定额综合了上述两种方法来划分分部工程。

5. 分项工程

分项工程是分部工程的组成部分。一般来说，按照分部工程划分的方法，再将分部工程划分为若干个分项工程。例如，基础工程还可以划分为基槽开挖、基础垫层、基础砌筑、基础防潮层、基槽回填土、土方运输等分项工程。

分项工程是建筑工程的基本构造要素。通常，我们把这一基本构造要素称为“假定建筑产品”。假定建筑产品虽然没有独立存在的意义，但是这一概念在预算编制原理、计划统计、建筑施工及管理、工程成本核算等方面都是十分重要的概念。建设项目划分见图 1.1。

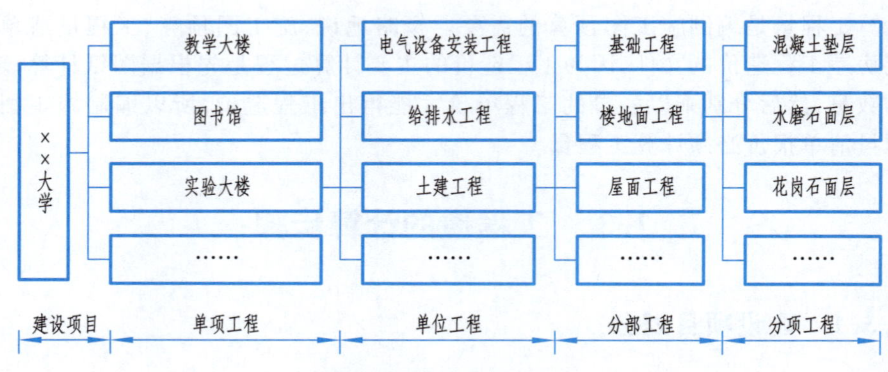

图 1.1 建设项目划分

1.3.2　计算工程量的步骤

1. 计算定额工程量的步骤

计算定额工程量是以分项工程为对象进行的。其步骤是，首先要根据施工图和预算定额（或消耗量定额）列出全部分项工程量项目，简称列项；然后根据施工图和工程量计算规则分别计算分项工程的工程量；最后再根据预算定额的项目或编制预算的需要对全部工程量进行汇总和整理，为计算直接工程费的后续工作做好准备，见图 1.2。

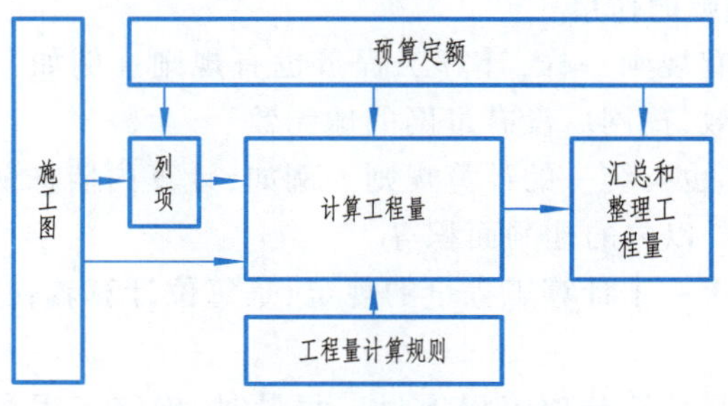

图 1.2　定额工程量计算步骤

2. 计算清单工程量的步骤

计算清单工程量是以工程量计算规范所列项目为对象进行的。其步骤是，首先要根据施工图和工程量计算规范列出全部清单工程量项目；然后根据施工图和清单计价规范中的工程量计算规则分别计算所列项目工程量；最后再根据工程量计算规范的项目顺序对全部工程量进行汇总和整理，为计算分部分项工程费的后续工作做好准备，见图 1.3。

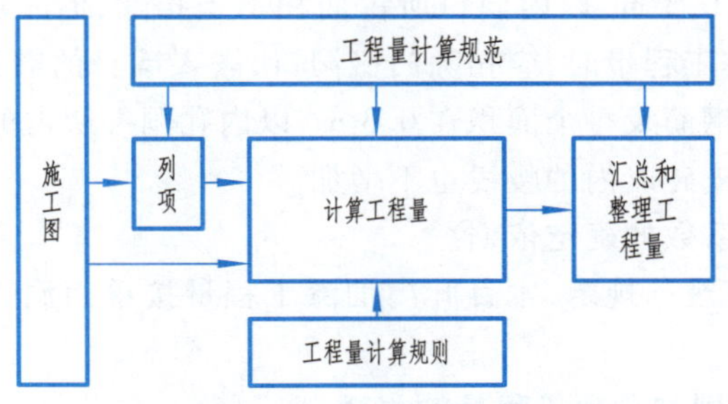

图 1.3　清单工程量计算步骤

1.4　计算工程量的主要依据

1.4.1　施工图

1. 施工图的作用

建筑施工图是房屋工程施工图中具有全局性地位的图纸，反映房屋的平面形状、功能布局、外观特征、各项尺寸和构造做法等。施工图是建造房屋和编制施工图预算不可缺少的依据。

2. 施工图与分项工程量的关系

我们需要依据施工图中表达的各项尺寸和构造做法等信息来计算分项工程的长度、面积、体积、重量等实物数量，如果图纸表达错了，那么计算结果就是错误的；如果看错了尺寸，那么计算结果也是错误的。

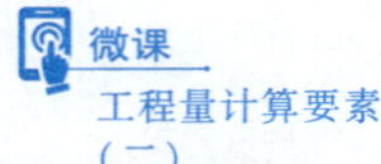

工程量计算要素（二）

1.4.2 工程量计算规则

1. 工程量计算规则的作用

就像乒乓球比赛有规则一样，计算工程量也有规则。例如，在比赛中乒乓球擦网落在对方的球桌上有效，擦网后没有过网的球无效。

同理，工程量计算也有统一的计算规则。例如，计算内墙抹灰面积，要扣除门窗洞口面积，不扣除 0.3 m^2 以内的孔洞面积等。

工程量计算规则统一了计算工程量的规定，是每位计算者在计算工程量时必须遵守的规则。

工程量计算规则是计算分项工程项目工程量时，确定工程量项目，施工图尺寸数据取定、内容取舍，工程量调整系数、工程量计算方法的重要依据。工程量计算规则是具有权威性的规定，是确定工程消耗量的重要依据，主要作用如下。

（1）确定工程量项目的依据。

例如，工程量计算规则规定，建筑场地挖填土方厚度在±30 cm 以内及找平，算人工平整场地项目；超过±30 cm 的就要按挖土方项目计算。

（2）施工图尺寸数据取定、内容取舍的依据。

例如，外墙墙基按外墙中心线长度计算，内墙墙基按内墙净长计算，基础大放脚 T 形接头处的重叠部分，0.3 m^2 以内洞口所占面积不予扣除，但靠墙暖气沟的挑檐也不增加。又如，计算墙体工程量时，应扣除门窗洞口，嵌入墙身的圈梁、过梁体积，不扣除梁头、外墙板头、加固钢筋及每个面积在 0.3 m^2 以内孔洞等所占的体积，凸出墙面的窗台虎头砖、压顶线、三皮砖以内的腰线也不增加。

（3）工程量调整系数的确定依据。

例如，工程量计算规则规定，木百叶门油漆工程量按单面洞口面积乘以系数 1.25 计算。

2. 工程量计算规则与分项工程量的关系

在计算分项工程工程量时，任何人和任何单位都必须执行工程量计算规则，没有按工程量计算规则算出的工程量将被认为是错误的计算结果。

1.4.3 预算（消耗量）定额

1. 预算（消耗量）定额的作用

预算定额是确定单位分项工程人工、材料、机械台班的消耗量标准，该标准起到了将不同建筑物工料机消耗量水平统一的作用。

虽然不同的建筑工程由不同的分项工程项目和不同的工程量构成，但是有了预算定额后，就可以计算出价格水平基本一致的工程造价。这是因为预算定额确定的每一单位分项工程的人工、材料、机械台班消耗量起到了统一建筑产品劳动消耗水平的作用，从而使我们能够将千差万别的各建筑工程不同的工程数量，计算出符合统一价格水平的工程造价。

例如，甲工程砖基础工程量为 68.56 m^3，乙工程砖基础工程量为 205.66 m^3，虽然工程量不同，但使用统一的预算定额后，它们的人工、材料、机械台班消耗量水平是一致的。

2. 预算（消耗量）定额与分项工程量的关系

只要能计算出一个建筑物的全部人工、材料、机械台班消耗量，就可以计算出这个建筑物的工程造价。一个建筑物的全部分项工程量分别乘以对应的预算定额项目的工料机消耗量，就可以汇总出这个建筑物的全部工料机消耗量，预算定额起到了确定分项工程工料机消耗量的作用。

1.4.4　《建设工程工程量清单计价规范》

1.《建设工程工程量清单计价规范》的作用

《建设工程工程量清单计价规范》（GB 50500—2013，下文简称《清单计价规范》）是编制工程量清单和工程量清单报价的重要依据。

2.《清单计价规范》与分项工程项目的关系

以预算定额为依据编制的施工图预算是确定工程造价的一种计价方式，简称定额计价方式。

按照《清单计价规范》编制工程量清单报价确定工程造价是另一种计价方式，简称清单计价方式。

一个建筑物工程量清单的分项工程项目是根据《清单计价规范》中的“建筑工程工程量清单项目及计算规则”确定的，清单计价规范是确定建筑物分部分项工程量清单项目的依据。

第 2 章

建筑面积计算

2.1 建筑面积的概念

建筑面积又称建筑展开面积，是建筑物各层面积的总和。建筑面积包括使用面积、辅助面积和结构面积三部分。

1. 使用面积

使用面积是指建筑物各层平面中直接为生产或生活使用的净面积之和。例如，住宅建筑中的居室、客厅、书房、卫生间、厨房等。

2. 辅助面积

辅助面积是指建筑物各层平面中为辅助生产或辅助生活所占净面积之和。例如，住宅建筑中的楼梯、走道等。使用面积与辅助面积之和称为有效面积。

3. 结构面积

结构面积是指建筑各层平面中的墙、柱等结构所占面积之和。

2.2 建筑面积的作用

1. 重要管理指标

建筑面积是建设投资、建设项目可行性研究、建设项目勘察设计、建设项目评估、建设项目招标投标、建筑工程施工和竣工验收、建设工程造价管理、建筑工程造价控制等一系列工作的重要管理指标。

2. 重要技术指标

建筑面积是计算开工面积、竣工面积、优良工程率、建筑装饰规模等的重要技术指标。

3. 重要经济指标

建筑面积是计算建筑、装饰等单位工程或单项工程的单位面积工程造价、人工消耗指标、机械台班消耗指标、工程量消耗指标的重要经济指标。

各经济指标的计算公式如下：

$$每平方米工程造价=\frac{工程造价}{建筑面积}(元/m^2)$$

$$每平方米人工消耗=\frac{单位工程用工量}{建筑面积}(工日/m^2)$$

$$每平方米材料消耗=\frac{单位工程某材料用量}{建筑面积}(kg/m^2、m^3/m^2\ 等)$$

$$每平方米机械台班消耗=\frac{单位工程某机械台班用量}{建筑面积}(台班/m^2\ 等)$$

$$每平方米工程量=\frac{单位工程某工程量}{建筑面积}(m^2/m^2、m/m^2\ 等)$$

4. 重要计算依据

建筑面积是计算有关工程量的重要依据。例如，装饰用满堂脚手架工程量等。

综上所述，建筑面积是重要的技术经济指标，在全面控制建筑工程、装饰工程造价和建设过程中起着重要作用。

2.3 建筑面积计算规则有关规定

由于建筑面积是计算各种技术经济指标的重要依据，这些指标又起着衡量和评价建设规模、投资效益、工程成本等方面重要尺度的作用。因此，中华人民共和国住房和城乡建设部颁发了《建筑工程建筑面积计算规范》(GB/T 50353—2013)，规定了建筑面积的计算方法。

《建筑工程建筑面积计算规范》(GB/T 50353—2013)主要规定了三个方面的内容：

(1) 计算全部建筑面积的范围和规定；

(2) 计算部分建筑面积的范围和规定；

(3) 不计算建筑面积的范围和规定。

这些规定主要基于以下几个方面的考虑。

① 尽可能准确地反映建筑物各组成部分的价值量。例如，有柱雨篷应按其结构板水平投影面积的1/2计算建筑面积；建筑物间有围护结构的走廊(增加了围护结构的工料消耗)应按其围护结构外围水平面积计算全面积。又如，多层建筑坡屋顶内和场馆看台下的建筑空间，结构净高在2.10 m及以上的部位应计算全面积；结构净高在1.20 m及以上至2.10 m以下的部位应计算1/2面积；结构净高在1.20 m以下的部位不应计算建筑面积。

② 通过《建筑工程建筑面积计算规范》(GB/T 50353—2013)的规定，简化建筑面积的计算过程。例如，附墙柱、垛等不计算建筑面积。

2.4　应计算建筑面积的范围

2.4.1　建筑物建筑面积计算

1. 计算规定

建筑物的建筑面积应按自然层外墙结构外围水平面积之和计算。结构层高在 2.20 m 及以上的，应计算全面积；结构层高在 2.20 m 以下的，应计算 1/2 面积。

2. 计算规定解读

（1）建筑物可以是民用建筑、公共建筑，也可以是工业厂房。

（2）建筑面积只包括外墙的结构面积，不包括外墙抹灰厚度、装饰材料厚度所占的面积。如图 2.1 所示，其建筑面积为 $S=ab$（外墙外边尺寸，不含勒脚厚度）。

（3）当外墙结构本身在一个层高范围内不等厚时，以楼地面结构标高处的外围水平面积计算。

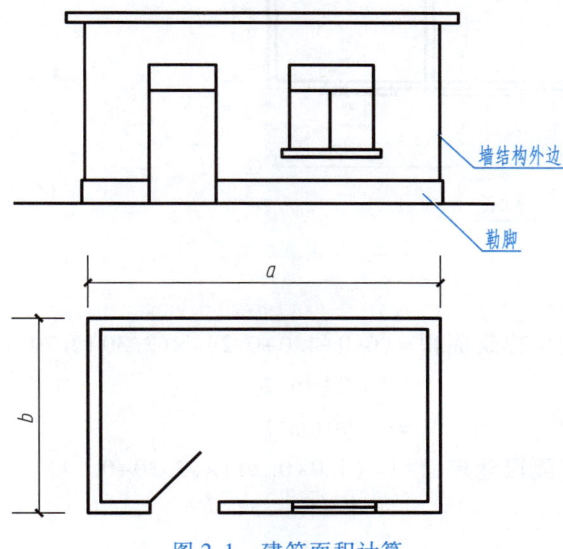

图 2.1　建筑面积计算

2.4.2　局部楼层建筑面积计算

1. 计算规定

建筑物内设有局部楼层时，对于局部楼层的二层及以上楼层，有围护结构的应按其围护结构外围水平面积计算，无围护结构的应按其结构底板水平面积计算，且结构层高在 2.20 m 及以上的，应计算全面积，结构层高在 2.20 m 以下的，应计算 1/2 面积。

2. 计算规定解读

（1）单层建筑物内设有部分楼层的例子见图 2.2。这时，局部楼层的围护结构墙厚应包括在楼层面积内。

（2）本规定没有说不计算建筑面积的部位，我们可以理解为局部楼层层高一般不会低于 1.20 m。

【例 2.1】 根据图 2.2 中所示尺寸，计算该建筑物的建筑面积（墙厚均为 240 mm）。

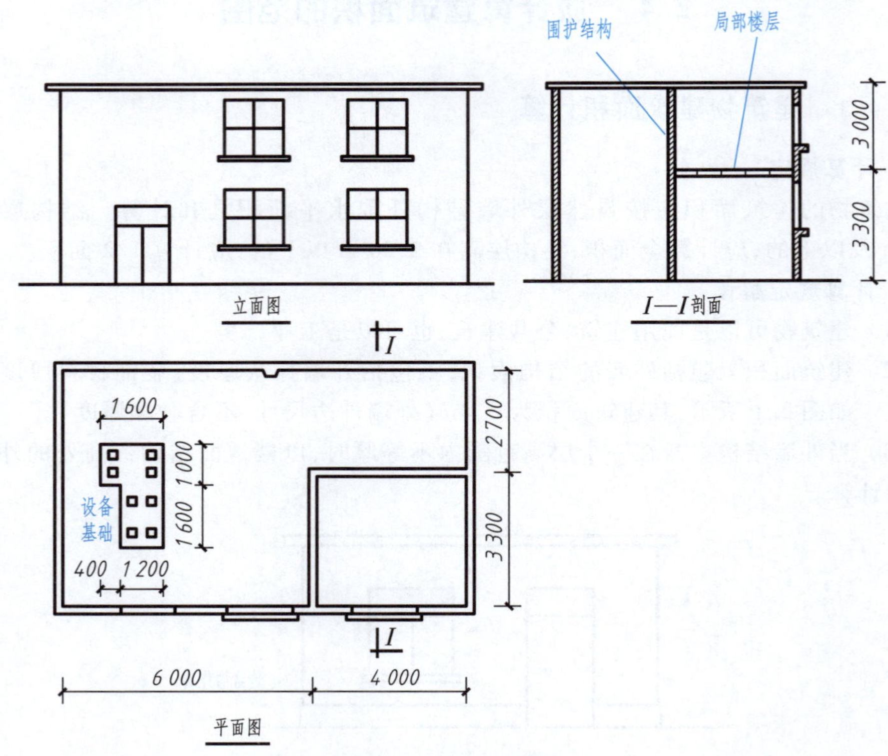

图 2.2 建筑物局部楼层

解：

$$底层建筑面积=(6.0+4.0+0.24)\times(3.30+2.70+0.24)$$
$$=10.24\times6.24$$
$$=63.90(\mathrm{m}^2)$$
$$楼隔层建筑面积=(4.0+0.24)\times(3.30+0.24)$$
$$=4.24\times3.54$$
$$=15.01(\mathrm{m}^2)$$
$$全部建筑面积=63.90+15.01=78.91(\mathrm{m}^2)$$

2.4.3 坡屋顶建筑面积计算

1. 计算规定

对于形成建筑空间的坡屋顶，结构净高在 2.10 m 及以上的部位应计算全面积；结构净高在 1.20 m 及以上至 2.10 m 以下的部位应计算 1/2 面积；结构净高在 1.20 m 以下的部位不应计算建筑面积。

2. 计算规定解读

多层建筑坡屋顶内和场馆看台下的空间应视为坡屋顶内的空间，设计加以利用时，应按其结构净高确定其建筑面积的计算；设计不利用的空间，不应计算建筑面积，见图 2.3。

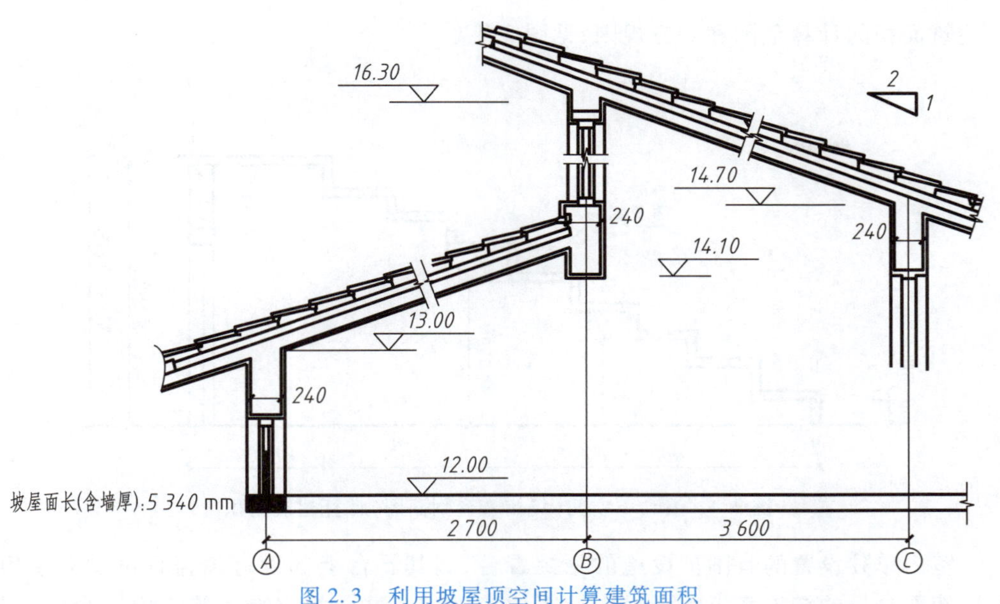

图 2.3　利用坡屋顶空间计算建筑面积

微课
坡屋顶建筑面积计算实例

【例 2.2】　根据图 2.3 中所示尺寸,计算坡屋顶内的建筑面积。

解:(1) 不计算建筑面积部位宽

1.20 m 净高与 1.00 m 净高,高差 0.20 m,依据 1∶2 坡度关系,可得

$$水平宽 = 0.20×2 = 0.40\ m$$

(2) 计算 1/2 面积部位宽

标高 14.10 m 与 13.00 m 相差 1.10 m,依据 1∶2 坡度关系,可得

$$水平宽 = 2.20\ m - 0.40\ m = 1.80\ m$$

(3) 计算全面积部位宽

$$2.70\ m - 0.40\ m - 1.80\ m + 3.60\ m + 0.12\ m = 4.22\ m$$

(4) 应计算 1/2 面积

$$S_1 = 1.80×5.34×0.50 = 4.81\ m^2$$

(5) 应计算全面积

$$S_2 = 4.22×5.34 = 22.53\ m^2$$

小计:$S_1 + S_2 = 27.34\ m^2$

2.4.4　看台下的建筑空间悬挑看台建筑面积计算

1. 计算规定

对于场馆看台下的建筑空间,结构净高在 2.10 m 及以上的部位应计算全面积;结构净高在 1.20 m 及以上至 2.10 m 以下的部位应计算 1/2 面积;结构净高在 1.20 m 以下的部位不应计算建筑面积。室内单独设置的有围护设施的悬挑看台,应按看台结构底板水平投影面积计算建筑面积。有顶盖无围护结构的场馆看台应按其顶盖水平投影面积的 1/2 计算面积。

2. 计算规定解读

场馆看台下的建筑空间因其上部结构多为斜(或曲线)板,所以采用净高的尺寸划

定建筑面积的计算范围和对应规则，见图 2.4。

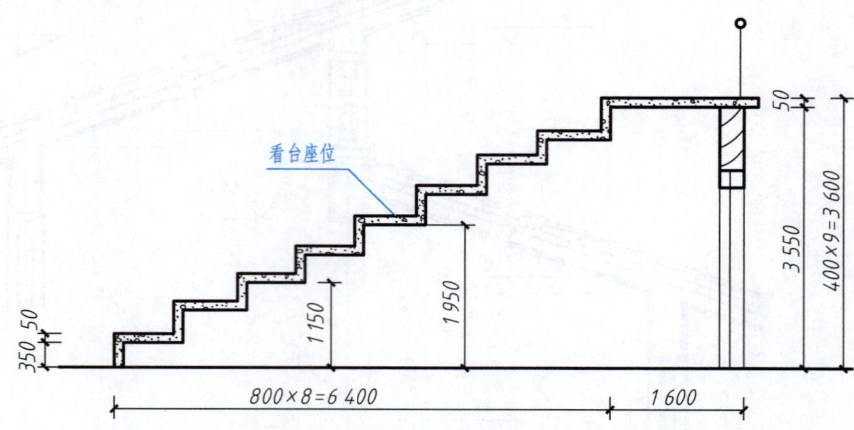

图 2.4 看台下空间(场馆看台剖面图)计算建筑面积

室内单独设置的有围护设施的悬挑看台，因其看台上部设有顶盖且可供人使用，所以按看台板的结构底板水平投影计算建筑面积。这一规定与建筑物内阳台的建筑面积计算规定是一致的。

室内单独设置的有围护设施的悬挑看台，应按看台结构底板水平投影面积计算建筑面积。

2.4.5 地下室、半地下室及出入口等建筑面积计算

1. 计算规定

地下室、半地下室应按其结构外围水平面积计算。结构层高在 2.20 m 及以上的，应计算全面积；结构层高在 2.20 m 以下的，应计算 1/2 面积。

出入口外墙外侧坡道有顶盖的部位，应按其外墙结构外围水平面积的 1/2 计算面积。

2. 计算规定解读

(1) 地下室采光井是为了满足地下室的采光和通风要求设置的。一般在地下室围护墙上口开设一个矩形或其他形状的竖井，井的上口一般设有铁栅，井的一个侧面安装采光和通风用的窗子，见图 2.5。

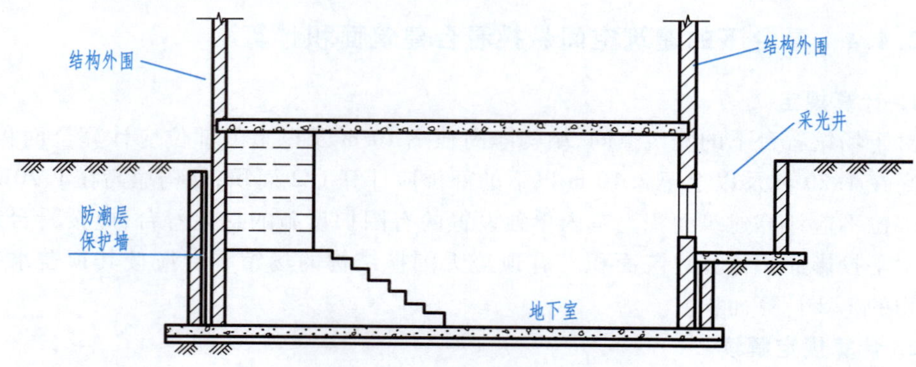

图 2.5 地下室建筑面积计算

（2）以前的计算规则规定：按地下室、半地下室上口外墙外围水平面积计算，文字上不太严密，“上口外墙”容易被理解成为地下室、半地下室的上一层建筑的外墙。因为通常情况下，上一层建筑外墙与地下室墙的中心线不一定完全重合，多数情况是凹进或凸出地下室外墙中心线。所以要明确规定地下室、半地下室应以其结构外围水平面积计算建筑面积。

（3）出入口坡道分有顶盖出入口坡道和无顶盖出入口坡道，出入口坡道顶盖的挑出长度为顶盖结构外边线至外墙结构外边线的长度；顶盖以设计图纸为准，对后增加及建设单位自行增加的顶盖等，不计算建筑面积。顶盖不分材料种类（如钢筋混凝土顶盖、彩钢板顶盖、阳光板顶盖等）。地下室出入口见图 2.6。

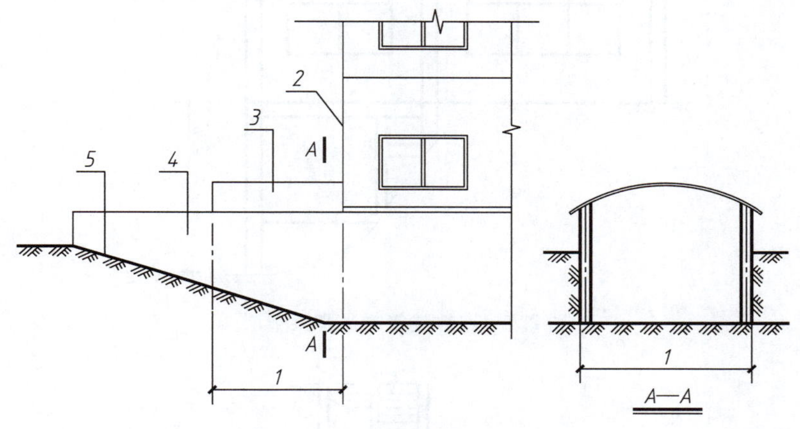

图 2.6　地下室出入口

1-计算 1/2 投影面积部位；2-主体建筑；3-出入口顶面；4-封闭出入口侧墙；5-出入口坡道

2.4.6　建筑物架空层及坡地建筑物吊脚架空层等建筑面积计算

1. 计算规定

建筑物架空层及坡地建筑物吊脚架空层，应按其顶板水平投影计算建筑面积。结构层高在 2.20 m 及以上的，应计算全面积；结构层高在 2.20 m 以下的，应计算 1/2 面积。

2. 计算规定解读

（1）建于坡地的建筑物吊脚架空层的例子见图 2.7。

（2）本规定既适用于建筑物吊脚架空层、深基础架空层建筑面积的计算，也适用于目前部分住宅、学校教学楼等工程在底层架空或在二楼及以上某个甚至多个楼层架空，作为公共活动、停车、绿化等空间的建筑面积的计算。架空层中有围护结构的建筑空间按相关规定计算。

2.4.7　门厅、大厅及设置的走廊等建筑面积计算

1. 计算规定

建筑物的门厅、大厅应按一层计算建筑面积，门厅、大厅内设置的走廊应按走廊结

构底板水平投影面积计算建筑面积。结构层高在 2.20 m 及以上的,应计算全面积;结构层高在 2.20 m 以下的,应计算 1/2 面积。

2. 计算规定解读

(1)“门厅、大厅内设置的走廊”是指建筑物大厅、门厅的上部(一般该大厅、门厅占两个或两个以上建筑物层高)四周向大厅、门厅、中间挑出的走廊,见图 2.8。

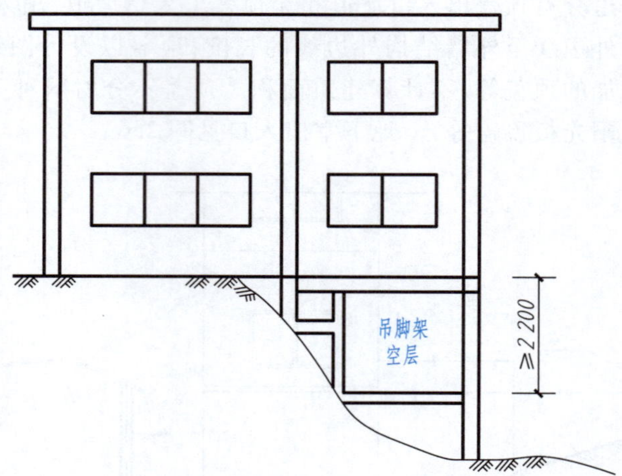

图 2.7 坡地建筑物吊脚架空层

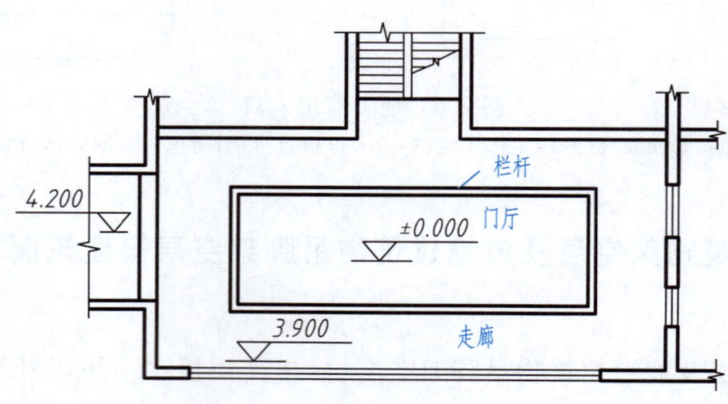

图 2.8 大厅、门厅内设置走廊平面图

(2)宾馆、大会堂、教学楼等大楼内的门厅或大厅,往往要占建筑物的二层或二层以上的层高,这时也只能计算一层面积。

(3)“结构层高在 2.20 m 以下的,应计算 1/2 面积”应该指门厅、大厅内设置的走廊结构层高可能出现的情况。

微课

走廊、挑廊、檐廊、架空走廊建筑面积计算

2.4.8 建筑物间的架空走廊建筑面积计算

1. 计算规定

对于建筑物间的架空走廊,有顶盖和围护设施的,应按其围护结构外围水平面积计算全面积;无围护结构、有围护设施的,应按其结构底板水平投影面积计算 1/2 面积。

2. 计算规定解读

架空走廊是指建筑物与建筑物之间,在二层或二层以上专门为水平交通设置的走廊。有永久性顶盖、无围护结构架空走廊见图 2.9,有围护结构架空走廊见图 2.10。

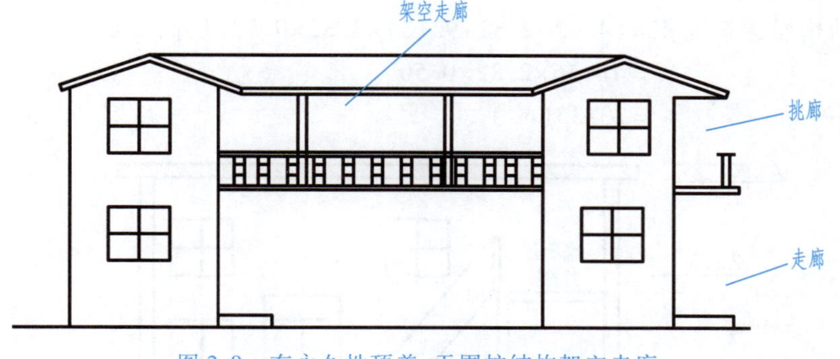

图 2.9　有永久性顶盖、无围护结构架空走廊

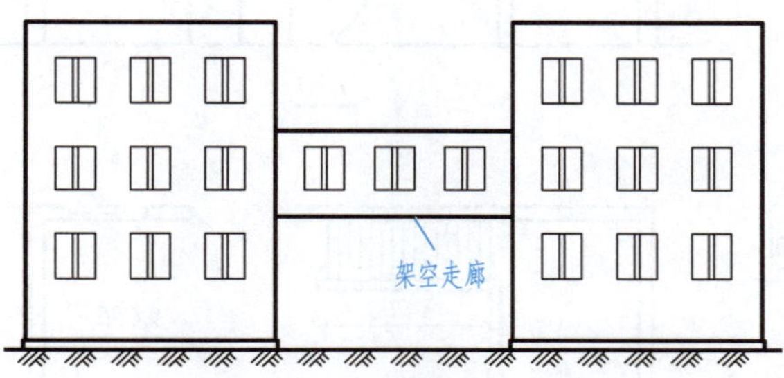

图 2.10　有围护结构的架空走廊

2.4.9　建筑物内门厅、大厅等建筑面积计算

计算规定:建筑物的门厅、大厅按一层计算建筑面积。门厅、大厅内设有回廊时,应按其结构底板水平面积计算。层高在 2.20 m 及以上的应计算全面积;层高不足 2.20 m 的应计算 1/2 面积。

2.4.10　立体书库、立体仓库、立体车库等建筑面积计算

1. 计算规定

对于立体书库、立体仓库、立体车库,有围护结构的,应按其围护结构外围水平面积计算建筑面积;无围护结构、有围护设施的,应按其结构底板水平投影面积计算建筑面积。无结构层的应按一层计算,有结构层的应按其结构层面积分别计算。结构层高在 2.20 m 及以上的,应计算全面积;结构层高在 2.20 m 以下的,应计算 1/2 面积。

2. 计算规定解读

本条主要规定了图书馆中的立体书库、仓储中的立体仓库、大型停车场的立体车库等建筑的建筑面积计算规定。起局部分隔、存储等作用的书架层、货架层或可升降的立体钢结构停车层均不属于结构层,故该部分隔层不计算建筑面积。

【例 2.3】　立体书库建筑面积计算(按图 2.11 计算)示例。

解：底层建筑面积 $=(2.82+4.62)\times(2.82+9.12)+\overbrace{3.0\times1.20}^{楼梯}$

$=7.44\times11.94+3.60$

$=92.43(m^2)$

结构层建筑面积 $=(4.62+2.82+9.12)\times2.82\times0.50$（层高 2 m）

$=16.56\times2.82\times0.50$

$=23.35(m^2)$

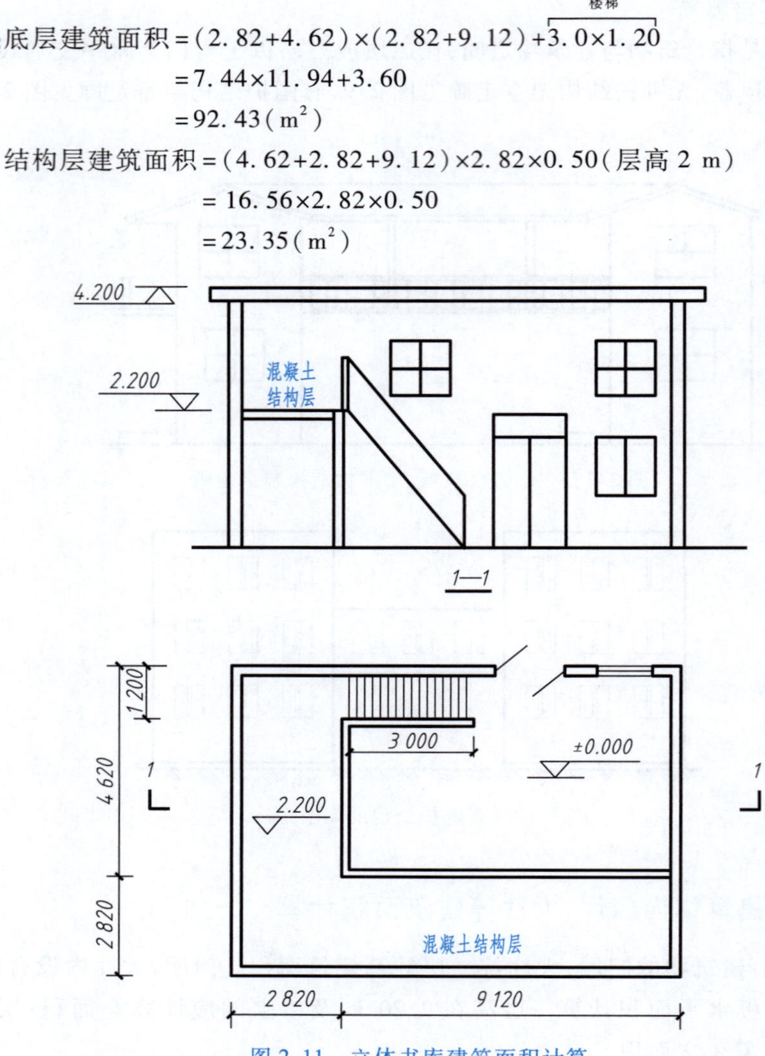

图 2.11 立体书库建筑面积计算

2.4.11 舞台灯光控制室建筑面积计算

1. 计算规定

有围护结构的舞台灯光控制室，应按其围护结构外围水平面积计算。结构层高在 2.20 m 及以上的，应计算全面积；结构层高在 2.20 m 以下的，应计算 1/2 面积。

2. 计算规定解读

如果舞台灯光控制室有围护结构且只有一层，那么就不能另外计算面积。因为整个舞台的面积计算已经包含了该灯光控制室的面积。

2.4.12 落地橱窗建筑面积计算

1. 计算规定

附属在建筑物外墙的落地橱窗，应按其围护结构外围水平面积计算。结构层高在

2.20 m 及以上的，应计算全面积；结构层高在 2.20 m 以下的，应计算 1/2 面积。

2. 计算规定解读

落地橱窗是指凸出外墙面，根基落地的橱窗。

2.4.13　飘窗建筑面积计算

1. 计算规定

窗台与室内楼地面高差在 0.45 m 以下且结构净高在 2.10 m 及以上的凸(飘)窗，应按其围护结构外围水平面积计算 1/2 面积。

2. 计算规定解读

飘窗是凸出建筑物外墙四周有围护结构的采光窗(图 2.12)。《建筑工程建筑面积计算规范》(GB/T 50353—2005)是不计算建筑面积的。由于实际飘窗的结构净高可能要超过 2.1 m，体现了建筑物的价值量，所以《建筑工程建筑面积计算规范》(GB/T 50353—2013)规定了，"窗台与室内楼地面高差在 0.45 m 以下且结构净高在 2.10 m 及以上的凸(飘)窗"应按其围护结构外围水平面积计算 1/2 面积。

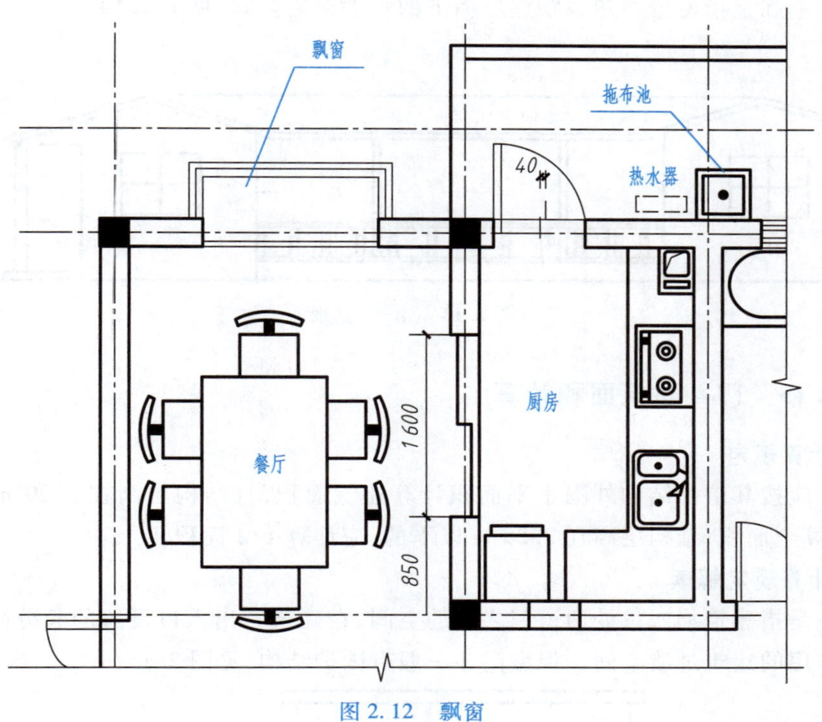

图 2.12　飘窗

2.4.14　走廊(挑廊)建筑面积计算

走廊、挑廊、檐廊建筑面积计算实例

1. 计算规定

有围护设施的室外走廊(挑廊)，应按其结构底板水平投影面积计算 1/2 面积；有围护设施(或柱)的檐廊，应按其围护设施(或柱)外围水平面积计算 1/2 面积。

2. 计算规定解读

(1) 走廊是指建筑物底层的水平交通空间，见图 2.13、图 2.14。

（2）挑廊是指挑出建筑物外墙的水平交通空间，见图 2.13。

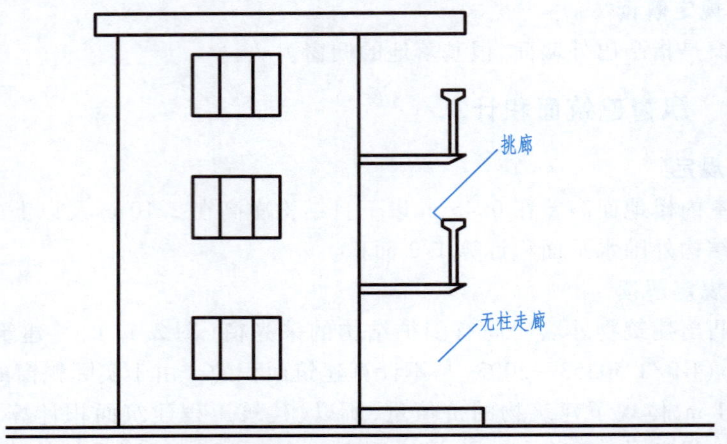

图 2.13 挑廊、无柱走廊

（3）檐廊是指设置在建筑物底层檐下的水平交通空间，见图 2.14。

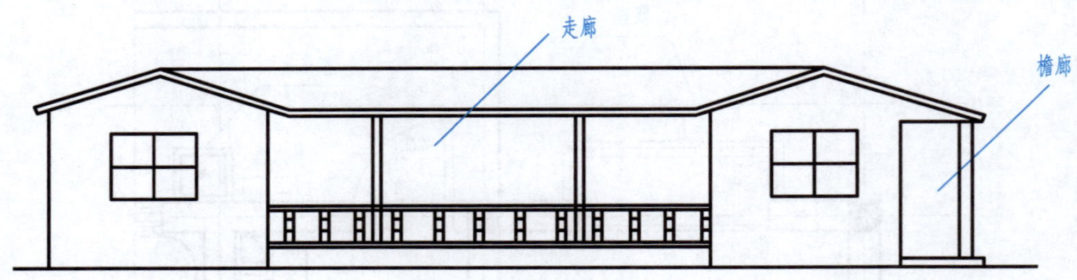

图 2.14 走廊、檐廊

2.4.15 门斗建筑面积计算

1. 计算规定

门斗应按其围护结构外围水平面积计算建筑面积，且结构层高在 2.20 m 及以上的，应计算全面积；结构层高在 2.20 m 以下的，应计算 1/2 面积。

2. 计算规定解读

门斗是指建筑物入口处两道门之间的空间，在建筑物出入口设置的起分隔、挡风、御寒等作用的建筑过渡空间。保温门斗一般有围护结构，见图 2.15。

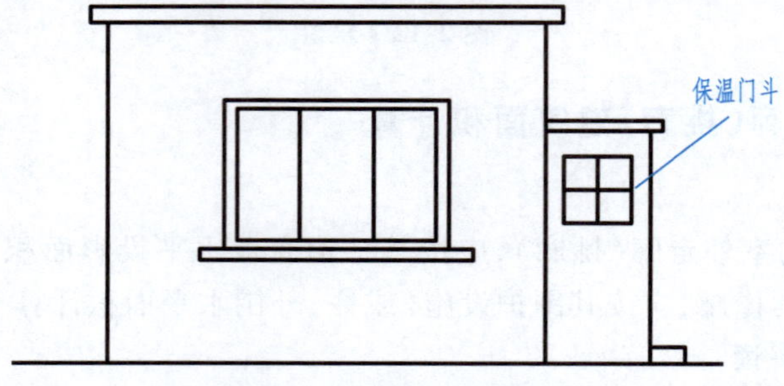

图 2.15 有围护结构门斗

2.4.16　门廊、雨篷等建筑面积计算

1. 计算规定

门廊应按其顶板的水平投影面积的 1/2 计算建筑面积；有柱雨篷应按其结构板水平投影面积的 1/2 计算建筑面积；无柱雨篷的结构外边线至外墙结构外边线的宽度在 2.10 m 及以上的，应按雨篷结构板的水平投影面积的 1/2 计算建筑面积。

2. 计算规定解读

（1）门廊是在建筑物出入口，三面或两面有墙，上部有板（或借用上部楼板）围护的部位，见图 2.16。

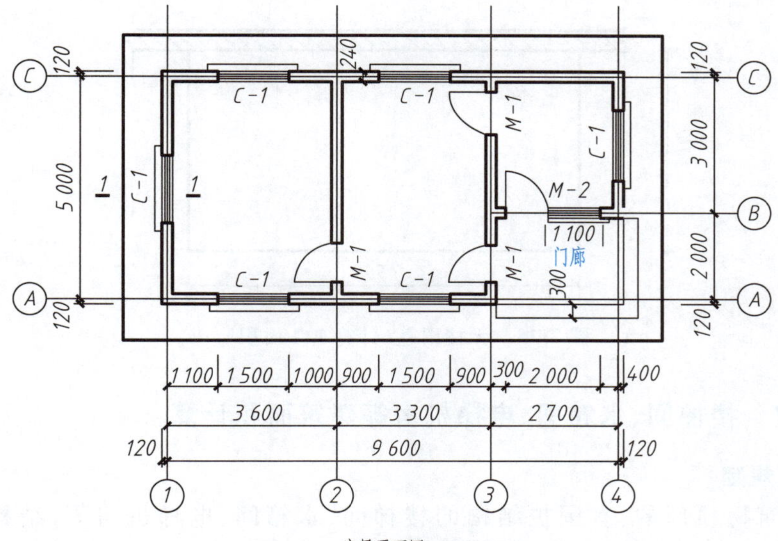

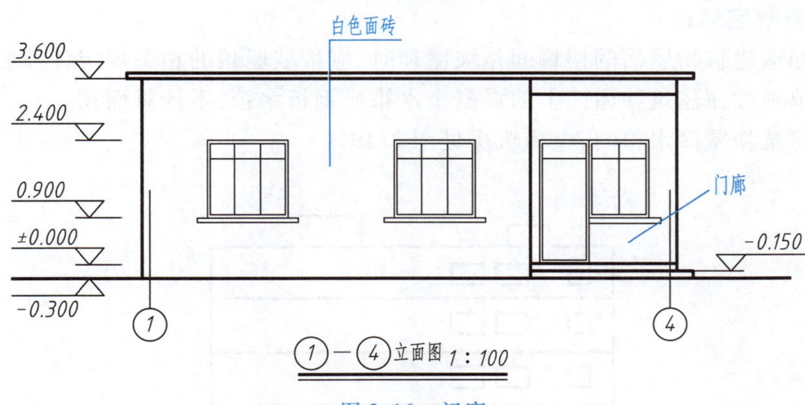

图 2.16　门廊

（2）雨篷分为有柱雨篷和无柱雨篷。有柱雨篷，没有出挑宽度的限制，也不受跨越层数的限制，均计算建筑面积。无柱雨篷，其结构板不能跨层，并受出挑宽度的限制，设计出挑宽度大于或等于 2.10 m 时才计算建筑面积。出挑宽度是指雨篷结构外边线至外墙结构外边线的宽度，当雨篷为弧形或异形时，取最大宽度。

有柱雨篷、无柱雨篷见图 2.17、图 2.18。

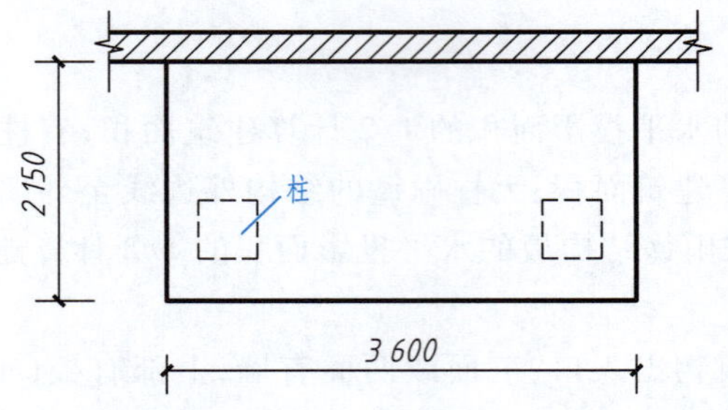

图 2.17 有柱雨篷(计算 1/2 面积)

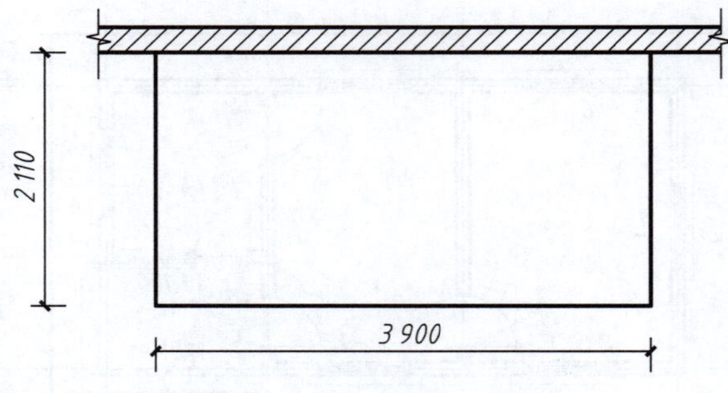

图 2.18 无柱雨篷(计算 1/2 面积)

2.4.17 楼梯间、水箱间、电梯机房等建筑面积计算

1. 计算规定

设在建筑物顶部的、有围护结构的楼梯间、水箱间、电梯机房等,结构层高在 2.20 m 及以上的应计算全面积;结构层高在 2.20 m 以下的,应计算 1/2 面积。

2. 计算规定解读

(1) 如遇建筑物屋面的楼梯间是坡屋顶时,应按坡屋顶的相关规定计算面积。

(2) 单独放在建筑物屋面上的混凝土水箱或钢板水箱,不计算面积。

(3) 建筑物屋面水箱间、电梯机房见图 2.19。

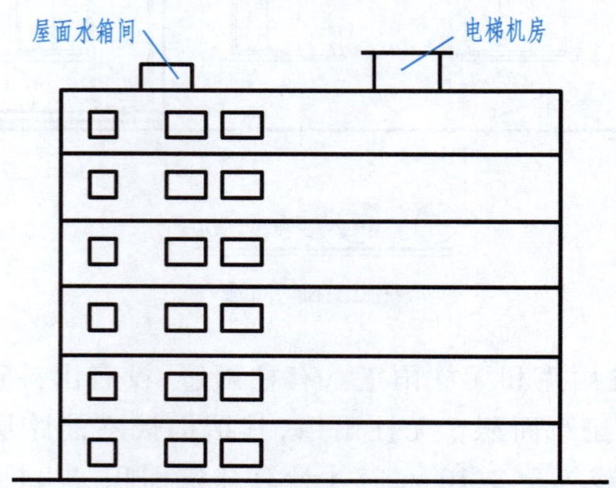

图 2.19 屋面水箱间、电梯机房

2.4.18　围护结构不垂直于水平面楼层建筑物建筑面积计算

1. 计算规定

围护结构不垂直于水平面的楼层，应按其底板面的外墙外围水平面积计算。结构净高在2.10 m及以上的部位，应计算全面积；结构净高在1.20 m及以上至2.10 m以下的部位，应计算1/2面积；结构净高在1.20 m以下的部位，不应计算建筑面积。

2. 计算规定解读

设有围护结构不垂直于水平面而超出底板外沿的建筑物，是指向外倾斜的墙体超出地板外沿的建筑物，见图2.20。若遇有向建筑物内倾斜的墙体，应视为坡屋面，应按坡屋顶的有关规定计算面积。

2.4.19　室内楼梯、电梯井、提物井、管道井等建筑面积计算

1. 计算规定

建筑物的室内楼梯、电梯井、提物井、管道井、通风排气竖井、烟道，应并入建筑物的自然层计算建筑面积。有顶盖的采光井应按一层计算面积，且结构净高在2.10 m及以上的，应计算全面积；结构净高在2.10 m以下的，应计算1/2面积。

图2.20　不垂直于水平面的建筑

2. 计算规定解读

（1）室内楼梯间的面积计算，应按楼梯依附的建筑物的自然层数计算，合并在建筑物面积内。若遇跃层建筑，其共用的室内楼梯应按自然层计算面积；上下两错层户室共用的室内楼梯，应选上一层的自然层计算面积，见图2.21。

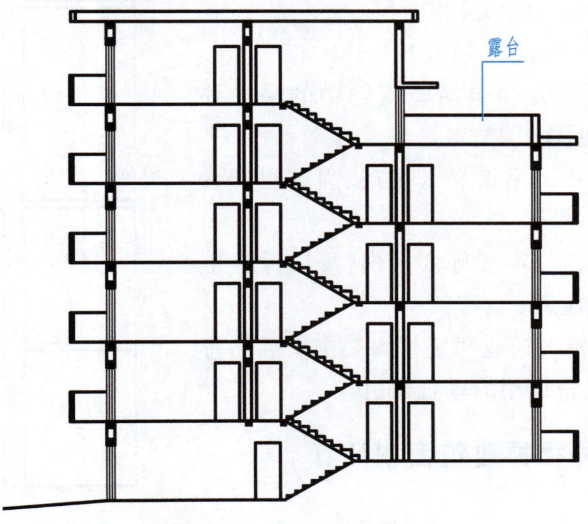

图2.21　户室错层剖面

(2) 电梯井是指安装电梯用的垂直通道,见图 2. 22。

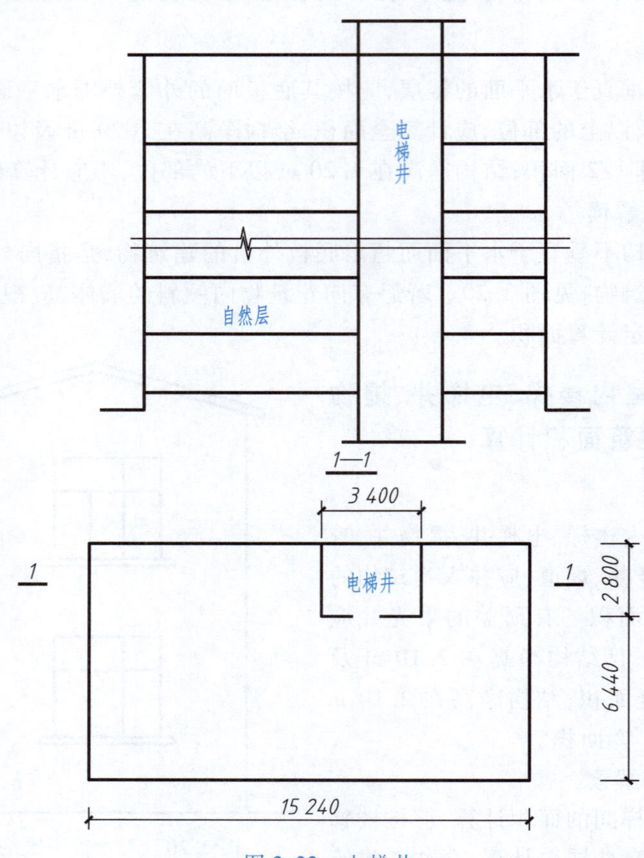

图 2. 22 电梯井

【例 2. 4】 某建筑物共 12 层,电梯井尺寸(含壁厚)如图 2. 21 所示,求电梯井面积。

解:$S=2.80\times3.40\times12=114.24(m^2)$

(3) 有顶盖的采光井包括建筑物中的采光井和地下室采光井,见图 2. 23。

(4) 提物井是指图书馆提升书籍、酒店提升食物的垂直通道。

(5) 垃圾道是指写字楼等大楼内,每层设的带垃圾倾倒口的垂直通道。

(6) 管道井是指宾馆或写字楼内集中安装给排水、采暖、消防、电线管道用的垂直通道。

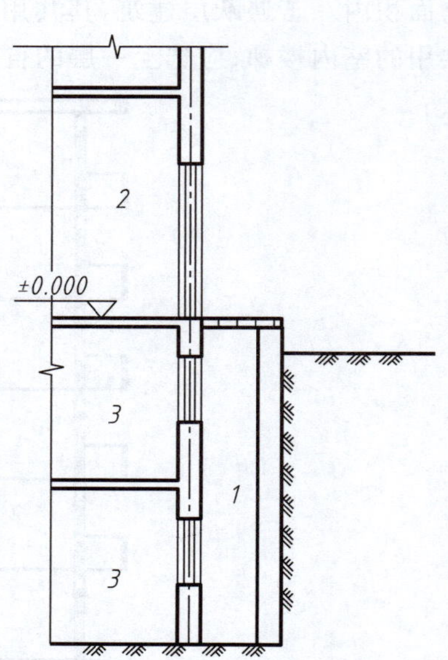

图 2. 23 地下室采光井

1-采光井;2-室内;3-地下室

2. 4. 20 室外楼梯建筑面积计算

1. 计算规定

室外楼梯应并入所依附建筑物自然层,并应按其水平投影面积的 1/2 计算建筑面积。

2. 计算规定解读

（1）室外楼梯作为连接该建筑物层与层之间交通不可缺少的基本部件，无论从其功能，还是工程计价的要求来说，均需计算建筑面积。层数为室外楼梯所依附的楼层数，即梯段部分投影到建筑物范围的层数。利用室外楼梯下部的建筑空间不得重复计算建筑面积；利用地势砌筑的为室外踏步，不计算建筑面积。

（2）室外楼梯见图 2.24。

图 2.24　室外楼梯

微课
阳台建筑面积计算

2.4.21　阳台建筑面积计算

1. 计算规定

在主体结构内的阳台，应按其结构外围水平面积计算全面积；在主体结构外的阳台，应按其结构底板水平投影面积计算 1/2 面积。

2. 计算规定解读

（1）建筑物的阳台，不论是凹阳台、挑阳台、封闭阳台均按其是否在主体结构内来外划分，在主体结构外的阳台才能按其结构底板水平投影面积计算 1/2 建筑面积。

（2）主体结构外阳台、主体结构内阳台见图 2.25、图 2.26。

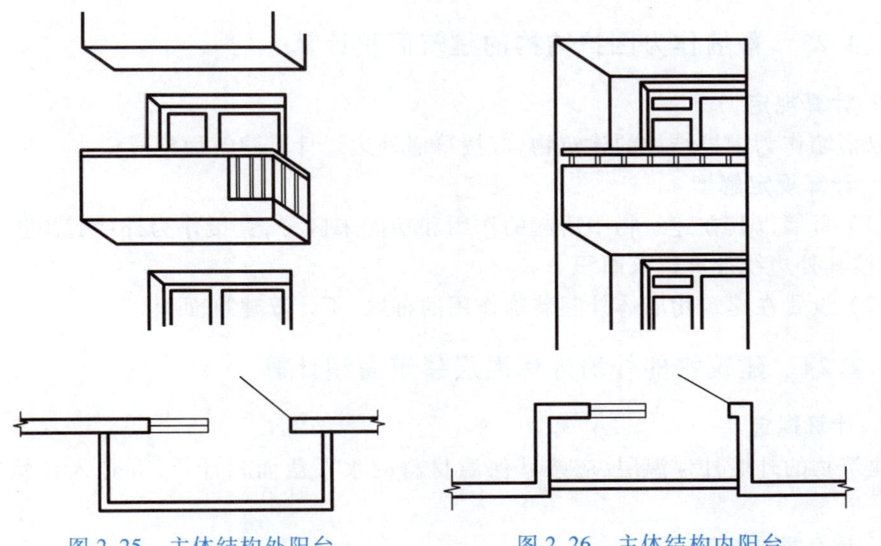

图 2.25　主体结构外阳台

图 2.26　主体结构内阳台

2.4.22　车棚、货棚、站台、加油站、收费站等建筑面积计算

1. 计算规定

有顶盖无围护结构的车棚、货棚、站台、加油站、收费站等，应按其顶盖水平投影面积的 1/2 计算建筑面积。

2. 计算规定解读

(1)车棚、货棚、站台、加油站、收费站等的面积计算，由于建筑技术的发展，出现许多新型结构，如柱不再是单纯的直立柱，而出现∨形、∧形等不同类型的柱，给面积计算带来许多争议。因此，我们不以柱来确定面积，而依据顶盖的水平投影面积计算面积。

(2)在车棚、货棚、站台、加油站、收费站内设有带围护结构的管理房间、休息室等，应另按有关规定计算面积。

【例 2.5】 单排柱站台示例见图 2.27，计算其面积。

解：$S=2.0\times5.50\times0.5=5.50(m^2)$

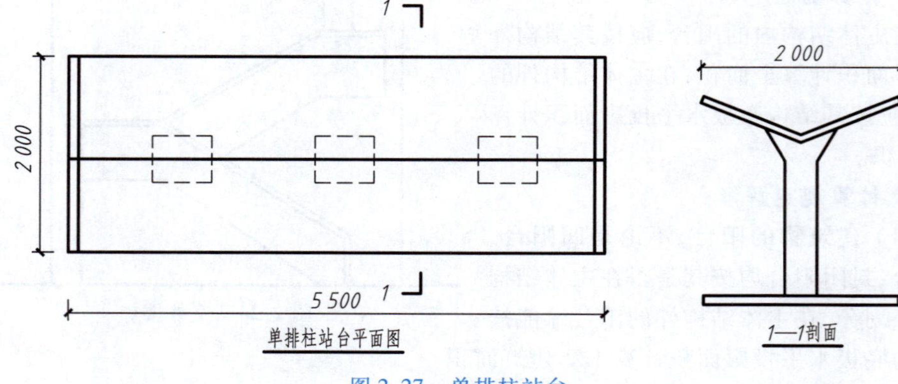

图 2.27 单排柱站台

2.4.23 幕墙作为围护结构的建筑面积计算

1. 计算规定

以幕墙作为围护结构的建筑物，应按幕墙外边线计算建筑面积。

2. 计算规定解读

(1)幕墙以其在建筑物中所起的作用和功能来区分，直接作为外墙起围护作用的幕墙，按其外边线计算建筑面积。

(2)设置在建筑物墙体外起装饰作用的幕墙，不计算建筑面积。

2.4.24 建筑物的外墙外保温层建筑面积计算

1. 计算规定

建筑物的外墙外保温层，应按其保温材料的水平截面积计算，并计入自然层建筑面积。

2. 计算规定解读

建筑物外墙外侧有保温隔热层的，保温隔热层以保温材料的净厚度乘以外墙结构外边线长度按建筑物的自然层计算建筑面积，其外墙外边线长度不扣除门窗和建筑物外已计算建筑面积构件(如阳台、室外走廊、门斗、落地橱窗等部件)所占长度。

当建筑物外已计算建筑面积的构件(如阳台、室外走廊、门斗、落地橱窗等部件)有保温隔热层时，其保温隔热层也不再计算建筑面积。外墙是斜面者按楼面楼板处的外墙外边线长度乘以保温材料的净厚度计算。外墙外保温以沿高度方向满铺为准，某层外墙外保温铺设高度未达到全部高度时(不包括阳台、室外走廊、门斗、落地橱窗、雨篷、飘窗等)，不计算建筑面积。保温隔热层的建筑面积是以保温隔热材料的厚度来计算的，不包含抹灰层、防潮层、保护层(墙)的厚度。建筑外墙外保温见图 2.28。

2.4.25　变形缝建筑面积计算

1. 计算规定

与室内相通的变形缝，应按其自然层合并在建筑物建筑面积内计算。对于高低联跨的建筑物，当高低跨内部连通时，其变形缝应计算在低跨面积内。

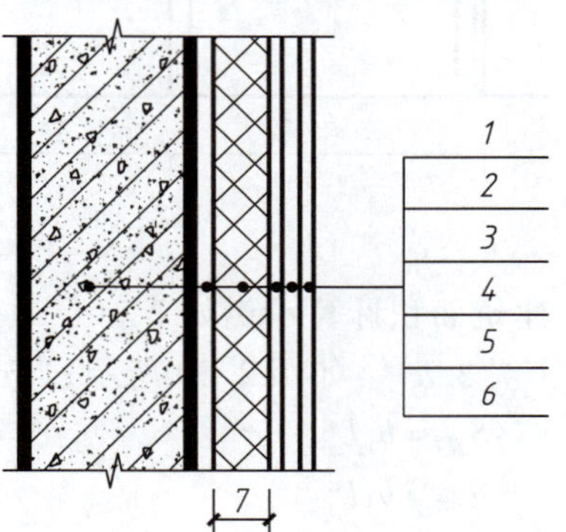

图 2.28　建筑外墙外保温

1-墙体；2-黏结胶浆；3-保温材料；4-标准网；5-加强网；6-抹面胶浆；7-计算建筑面积部位

2. 计算规定解读

(1) 变形缝是指在建筑物因温差、不均匀沉降及地震作用而可能引起结构破坏变形的敏感部位或其他必要的部位，预先设缝将建筑物断开，令断开后建筑物的各部分成为独立的单元，或者是划分为简单、规则的段，并令各段之间的缝达到一定的宽度，以能够适应变形的需要。根据外界破坏因素的不同，变形缝一般分为伸缩缝、沉降缝、抗震缝三种。

(2) 本条规定所指建筑物内的变形缝是与建筑物相连通的变形缝，即暴露在建筑物内，可以看得见的变形缝。

室内看得见的变形缝如图 2.29 所示。

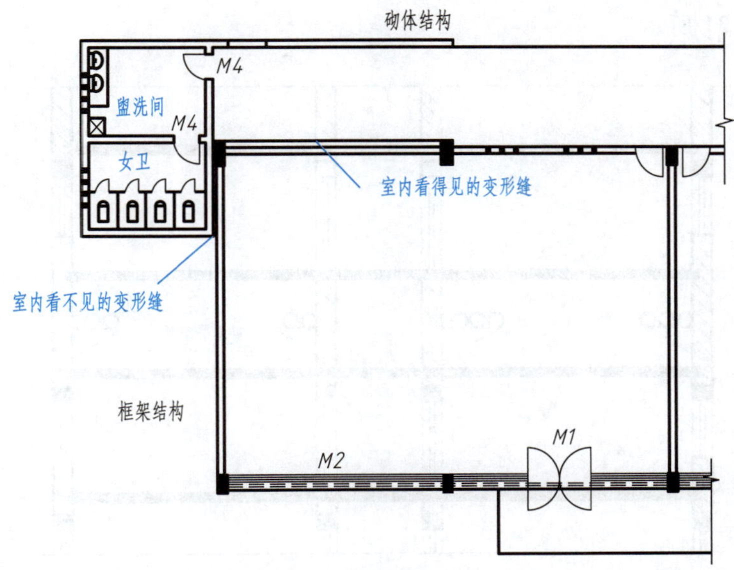

图 2.29　室内看得见的变形缝

高低跨单层建筑物建筑面积计算见图 2.30。

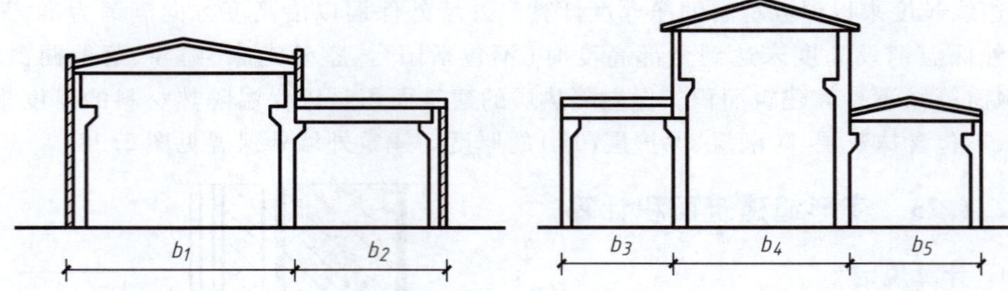

图 2.30 高低跨单层建筑物建筑面积计算

建筑面积计算示例如下。

【例 2.6】 如图 2.30 所示，当建筑物长为 L 时，计算其建筑面积。

解：$S_{高1}=b_1L$

$S_{高2}=b_4L$

$S_{低1}=b_2L$

$S_{低2}=(b_3+b_5)L$

2.4.26 建筑物内的设备层、管道层、避难层等建筑面积计算

1. 计算规定

建筑物内的设备层、管道层、避难层等有结构层的楼层，结构层高在 2.20 m 及以上的，应计算全面积；结构层高在 2.20 m 以下的，应计算 1/2 面积。

2. 计算规定解读

(1) 高层建筑的宾馆、写字楼等，通常在建筑物高度的中间部位分别设置管道、设备层等，主要用于集中放置水、暖、电、通风管道及设备。这一设备管道层应计算建筑面积，如图 2.31 所示。

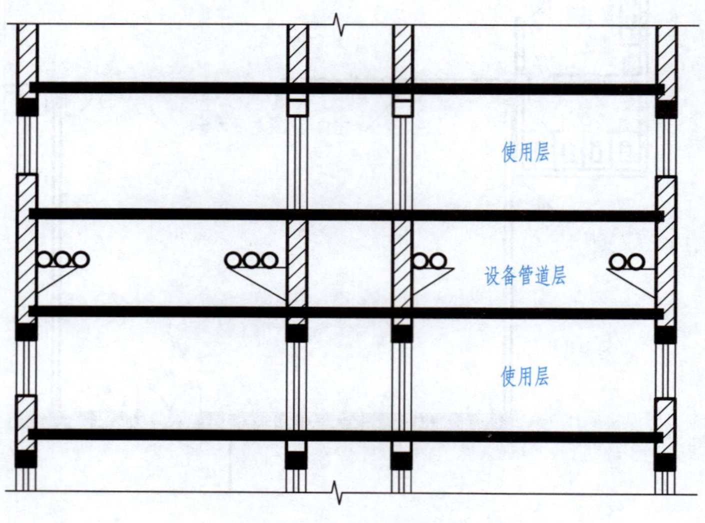

图 2.31 设备管道层

(2) 虽然设备层、管道层的具体功能与普通楼层不同，但在结构上及施工消耗上

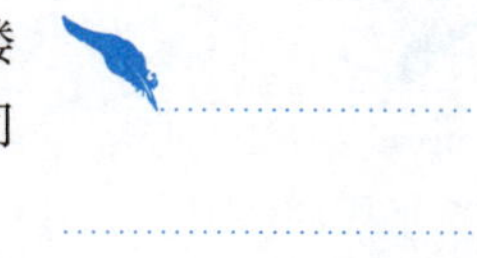

并无本质区别，且本规范定义自然层为“按楼地面结构分层的楼层”，因此设备、管道楼层归为自然层，其计算规则与普通楼层相同。在吊顶空间内设置管道的，则吊顶空间部分不能被视为设备层、管道层。

2.5　不计算建筑面积的范围

2.5.1　与建筑物不相连的建筑部件不计算建筑面积

与建筑物不相连的建筑部件是指依附于建筑物外墙外不与户室开门连通，起装饰作用的敞开式挑台（廊）、平台，以及不与阳台相通的空调室外机搁板（箱）等设备平台部件。

2.5.2　建筑物的通道不计算建筑面积

1. 计算规定

骑楼、过街楼底层的开放公共空间和建筑物通道，不应计算建筑面积。

2. 计算规定解读

（1）骑楼是指楼层部分跨在人行道上的临街楼房，见图 2.32。

（2）过街楼是指有道路穿过建筑空间的楼房，见图 2.33。

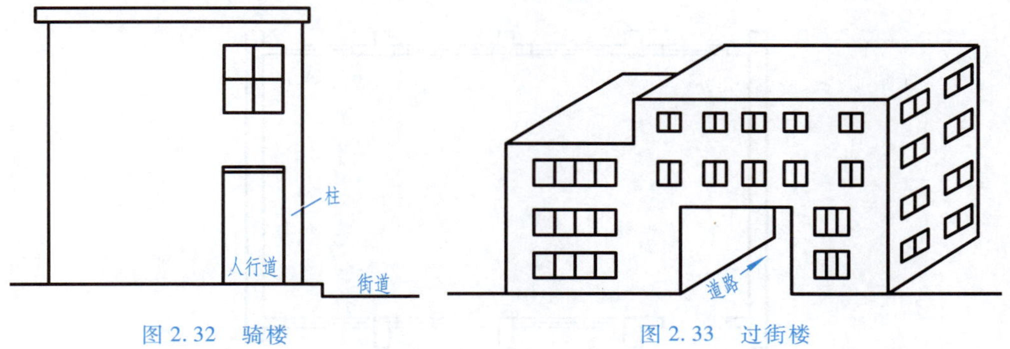

图 2.32　骑楼　　图 2.33　过街楼

2.5.3　其他不计算建筑面积

1. 舞台等

舞台及后台悬挂幕布和布景的天桥、挑台等不计算建筑面积。

这里的舞台、天桥、挑台指的是影剧院的舞台及为舞台服务的可供上人维修、悬挂幕布、布置灯光、布景等搭设的天桥和挑台等构件设施。

2. 露台等

露台、露天游泳池、花架、屋顶的水箱及装饰性结构构件不计算建筑面积。

3. 操作平台

建筑物内的操作平台、上料平台、安装箱和罐体的平台不计算建筑面积。

建筑物内不构成结构层的操作平台、上料平台（包括工业厂房、搅拌站和料仓等建筑中的设备操作控制平台、上料平台等),其主要作用是作为室内构筑物或设备服务的独立上人设施,因此不计算建筑面积。建筑物内操作平台见图 2.34。

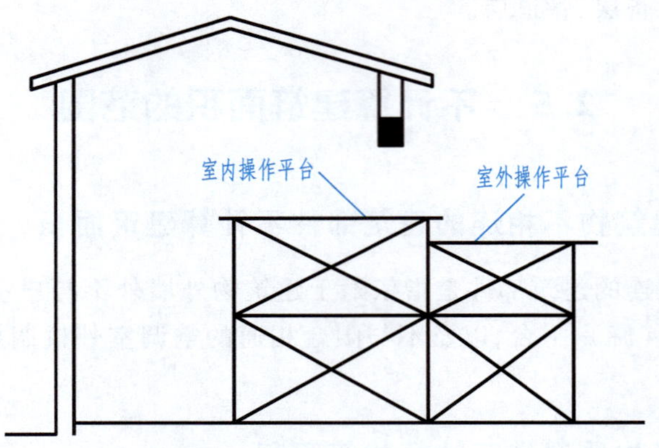

图 2.34 建筑物内操作平台

4. 勒脚、附墙柱、垛等

勒脚、附墙柱、垛、台阶、墙面抹灰、装饰面、镶贴块料面层、装饰性幕墙,主体结构外的空调室外机搁板(箱)、构件、配件,挑出宽度在 2.10 m 以下的无柱雨篷和顶盖高度达到或超过两个楼层的无柱雨篷不计算建筑面积。附墙柱、垛见图 2.35。

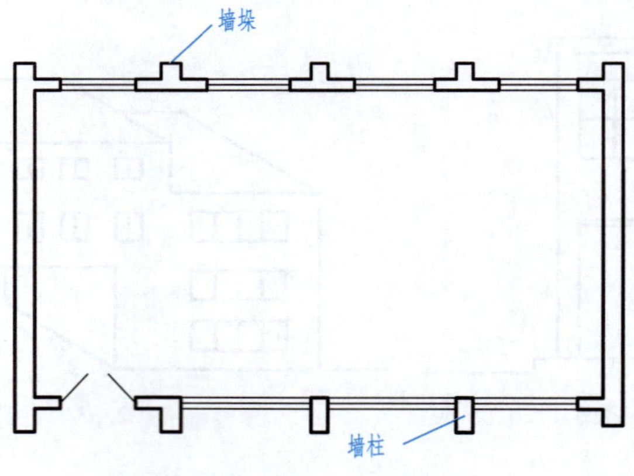

图 2.35 附墙柱、垛

5. 飘窗

窗台与室内地面高差在 0.45 m 以下且结构净高在 2.10 m 以下的凸(飘)窗,应按其围护结构外围水平面积计算 1/2 面积;窗台与室内地面高差在 0.45 m 及以上的凸(飘)窗不计算建筑面积。

6. 室外楼梯

室外爬梯、室外专用消防钢楼梯不计算建筑面积。

室外钢楼梯需要区分具体用途,如专用于消防楼梯,则不计算建筑面积;如果是建筑物唯一通道,兼用于消防,则需要按《建筑工程建筑面积计算规范》(GB/T 50353—2013)的规定计算建筑面积。室外消防钢梯见图 2.36。

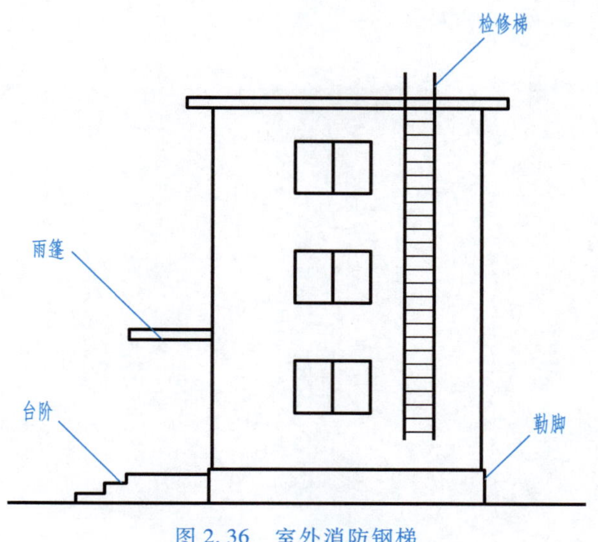

图 2.36　室外消防钢梯

7. 观光电梯

无围护结构的观光电梯不计算建筑面积。

8. 栈桥等构筑物

建筑物以外的地下人防通道，独立的烟囱、烟道、地沟、油(水)罐、气柜、水塔、贮油(水)池、贮仓、栈桥等构筑物不计算建筑面积。

第 3 章

土石方工程量计算

3.1 土石方工程

土石方工程量包括平整场地，挖掘沟槽、基坑，挖土，回填土，运土和井点降水等内容。

3.1.1 土石方工程量计算的有关规定

计算土石方工程量前，应确定下列各项资料。

（1）土壤及岩石类别的确定。

土石方工程土壤及岩石类别的划分，依工程勘测资料与《土壤及岩石分类表》对照后确定（该表一般在建筑工程预算定额中）。

（2）地下水位标高及排（降）水方法。

（3）土方、沟槽、基坑挖（填）土起止标高、施工方法及运距。

（4）岩石开凿、爆破方法、石渣清运方法及运距。

（5）其他有关资料。

土方体积均以挖掘前的天然密实度体积为准计算。如遇有必须以天然密实度体积折算时，可按表 3.1 所列数值换算。

表 3.1　土方体积折算

虚方体积	天然密实度体积	夯实后体积	松填体积
1. 00	0. 77	0. 67	0. 83
1. 30	1. 00	0. 87	1. 08
1. 50	1. 15	1. 00	1. 25
1. 20	0. 92	0. 80	1. 00

注：查表方法实例：已知挖天然密实度 4 m^3 土方，求虚方体积 V。

解：
$$V=4.0\times1.30=5.20(m^3)$$

挖土一律以设计室外地坪标高为准计算。

3.1.2 平整场地

人工平整场地是指建筑场地挖、填土方厚度在±30 cm 以内及找平（图 3.1）。挖、填土方厚度超过±30 cm 以外时，按场地土方平衡竖向布置图另行计算。

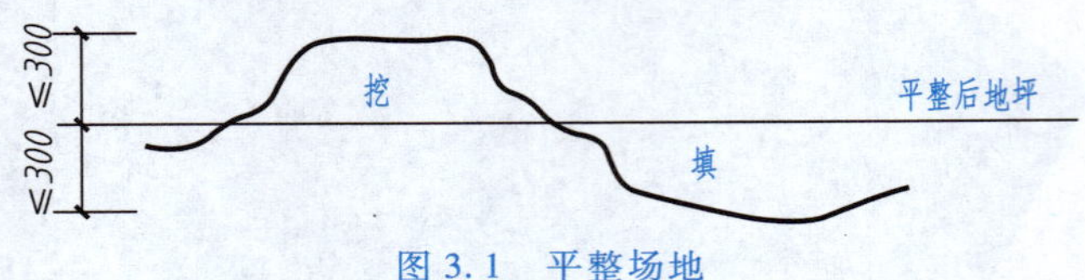

图 3.1 平整场地

说明：

（1）人工平整场地见图 3.2，超过±30 cm 的按挖、填土方计算工程量。

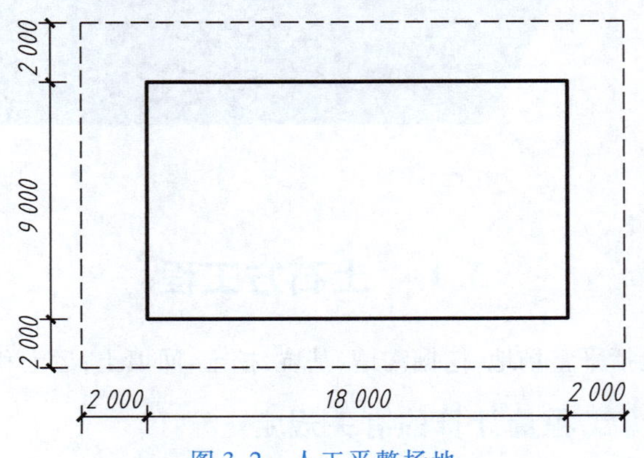

图 3.2 人工平整场地

（2）场地土方平衡竖向布置，是将原有地形划分成 20 m×20 m 或 10 m×10 m 若干个方格网，将设计标高和自然地形标高分别标注在方格点的右上角和左下角，再根据这些标高数据计算出零线位置，然后确定挖方区和填方区的精度较高的土方工程量计算方法。

平整场地工程量按建筑物外墙外边线（用 $L_{外}$ 表示）每边各加 2 m，以平方米计算。

【例 3.1】 根据图 3.2 计算人工平整场地工程量。

解： $S_{平}=(9.0+2.0\times2)\times(18.0+2.0\times2)=286(\text{m}^2)$

根据例 3.1 可以整理出平整场地工程量计算公式。

$$\begin{aligned}S_{平}&=(9.0+2.0\times2)\times(18.0+2.0\times2)\\&=9.0\times18.0+9.0\times2.0\times2+2.0\times2\times18+2.0\times2\times2.0\times2\\&=9.0\times18.0+(9.0\times2+18.0\times2)\times2.0+2.0\times2.0\times4\\&=162+54\times2.0+16\\&=286(\text{m}^2)\end{aligned}$$

式中，9.0×18.0 为底面积，用 $S_{底}$ 表示；54 为外墙外边周长，用 $L_{外}$ 表示。故可以归纳为

$$S_{平}=S_{底}+L_{外}\times2+16$$

上述公式示意图见图 3.3。

【例 3.2】 根据图 3.4 计算人工平整场地工程量。

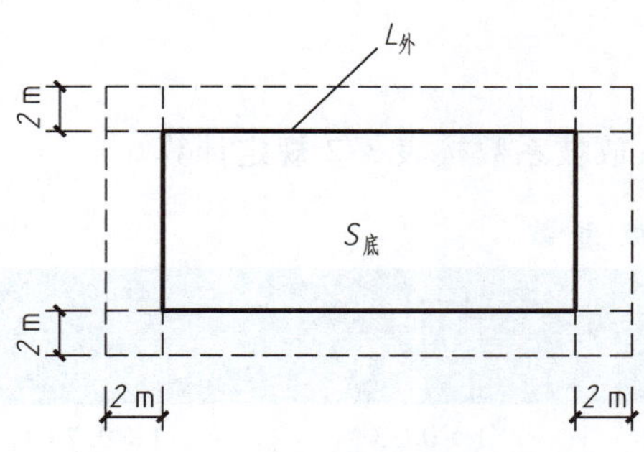

图 3.3　平整场地计算公式示意图

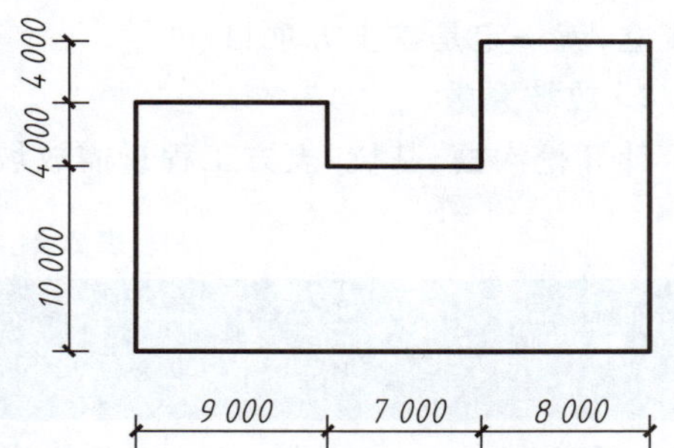

图 3.4　人工平整场地工程量计算实例

解：$S_{底}=(10.0+4.0)\times9.0+10.0\times7.0+18.0\times8.0=340(m^2)$

$L_{外}=(18+24+4)\times2=92(m)$

$S_{平}=340+92\times2+16=540(m^2)$

注：上述平整场地工程量计算公式只适合于由矩形组成的建筑物平面布置的场地平整工程量计算，如遇其他形状，还需按有关方法计算。

3.1.3　挖掘沟槽、基坑土方的有关规定

1. 沟槽、基坑划分

（1）凡底宽在 7 m 以内，且长度大于槽宽度 3 倍以上的为沟槽，见图 3.5。

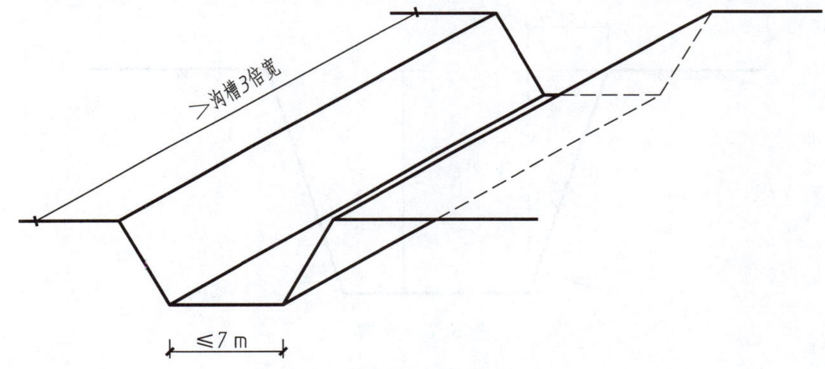

图 3.5　沟槽

（2）凡底面积在 150 m^2 以内的为基坑，见图 3.6。

（3）凡沟槽底宽 7 m 以上，坑底面积 150 m^2 以上，平整场地挖土方厚度在 30 cm 以上，均按挖土方计算。

说明：

（1）沟槽底宽和基坑底面积的长、宽均不含两边工作面的宽度。

（2）根据施工图判断沟槽、基坑、挖土方的顺序是：先根据尺寸判断是否是沟槽，若不成立，再判断是否属于基坑；若还

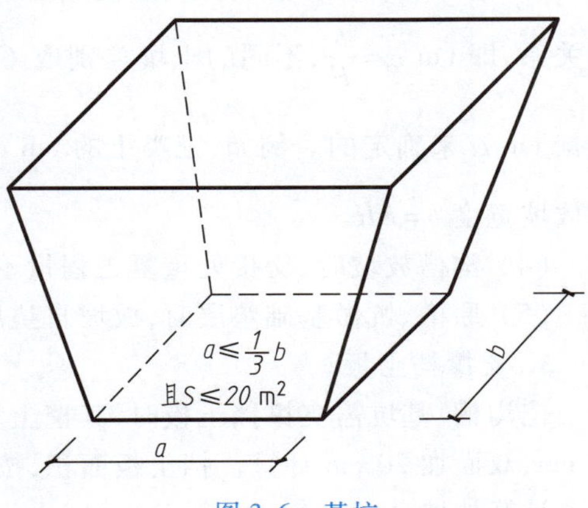

图 3.6　基坑

不成立，就一定是挖土方项目。

2. 放坡系数

计算挖沟槽、基坑、土方工程量需放坡时，放坡系数按表 3.2 规定计算。

表 3.2 放坡系数

土壤类别	放坡起点/m	人工挖土	机械挖土	
			在坑内作业	在坑外作业
一、二类土	1.20	1 : 0.5	1 : 0.33	1 : 0.75
三类土	1.50	1 : 0.33	1 : 0.25	1 : 0.67
四类土	2.00	1 : 0.25	1 : 0.10	1 : 0.33

注：1. 沟槽、基坑中土壤类别不同时，分别按其放坡起点、放坡系数，依不同土壤厚度加权平均计算。

2. 计算放坡时，在交接处的重复工程量不予扣除，原槽、坑做基础垫层时，放坡从垫层上表面开始计算。

说明：

（1）放坡起点是指挖土方时，各类土超过表中的放坡起点，才能按表中的系数计算放坡工程量。例如，图 3.7 中若是三类土时，$H>1.50$ m 时才能计算放坡。

（2）表 3.3 中，人工挖四类土超过 2 m 深时，放坡系数为 1 : 0.25，含义是每挖深 1 m，放坡宽度 b 就增加 0.25 m。

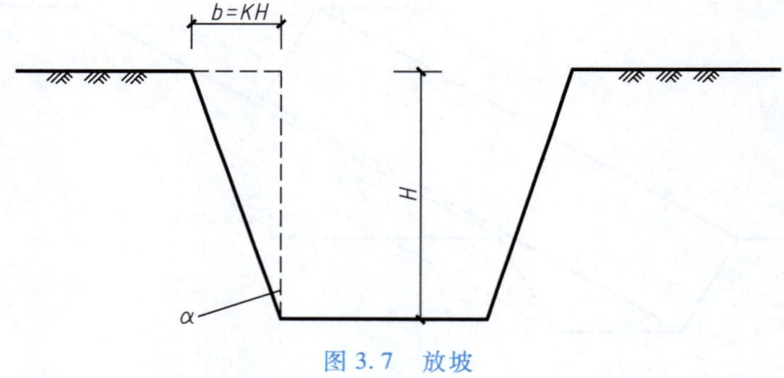

图 3.7 放坡

（3）从图 3.7 中可以看出，放坡宽度 b 与深度 H 和放坡角度之间的关系是正切函数关系，即 $\tan\alpha=\frac{b}{H}$，不同的土壤类别取不同的角度值，所以不难看出，放坡系数就是根据 $\tan\alpha$ 来确定的。例如，三类土的 $\tan\alpha=\frac{b}{H}=0.33$，其中，$\tan\alpha=K$ 表示放坡系数，则放坡宽度 $b=KH$。

（4）沟槽放坡时，交接处重复工程量不予扣除，见图 3.8。

（5）原槽、坑做基础垫层时，放坡自垫层上表面开始，见图 3.9。

3. 支撑挡土板

挖沟槽、基坑需支撑挡土板时，其挖土宽度按图 3.10 所示沟槽、基坑底宽，单面加 10 cm、双面加 20 cm 计算。挡土板面积，按槽、坑垂直支撑面积计算。支挡土板后，不得再计算放坡。

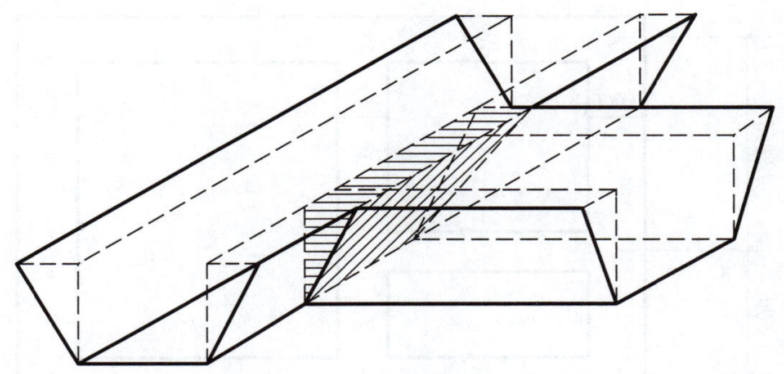

图 3.8　沟槽放坡时,交接处重复工程量

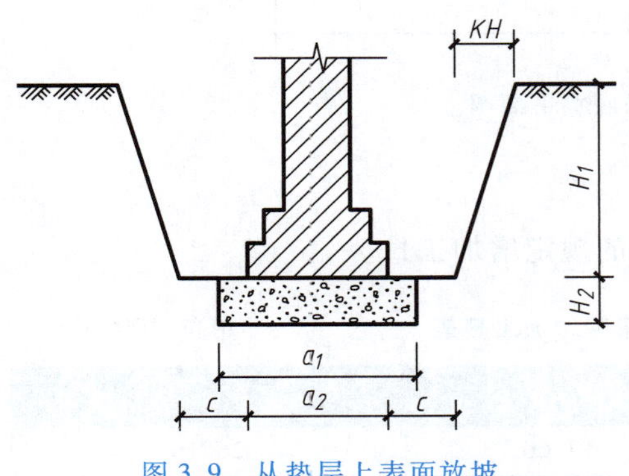

图 3.9　从垫层上表面放坡

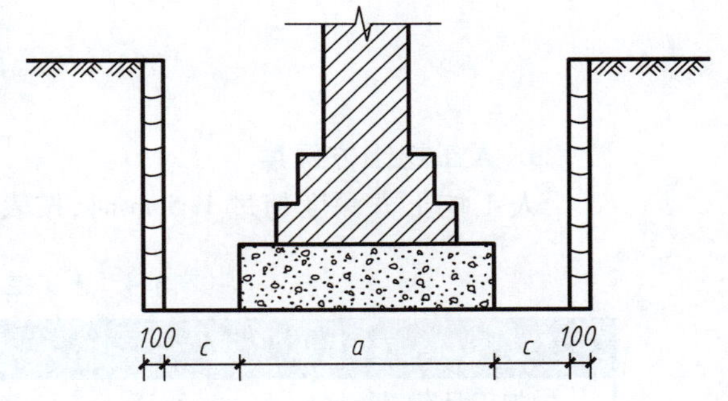

图 3.10　支撑挡土板地槽

4. 基础施工所需工作面

基础施工所需工作面宽度按表 3.3 规定计算。

表 3.3　基础施工所需工作面宽度计算表　　单位:mm

基础材料	每边各增加工作面宽度	基础材料	每边各增加工作面宽度
砖基础	200	混凝土基础支模板	300
浆砌毛石、条石基础	150	基础垂直面做防水层	800
混凝土基础垫层支模板	300		

5. 沟槽长度

挖沟槽长度,外墙按中心线长度计算;内墙按基础底面之间净长线长度计算;内外凸出部分(垛、附墙烟囱等)体积并入沟槽土方工程量内计算。

【例 3.3】 根据图 3.11 计算地槽长度。

解:外墙地槽长(宽 1.0 m) = (12+6+8+12)×2 = 76(m)

内墙地槽长(宽 0.9 m) $= 6+12-\frac{1.0}{2}\times 2 = 17$(m)

内墙地槽长(宽 0.8 m) $= 8-\frac{1.0}{2}-\frac{0.9}{2} = 7.05$(m)

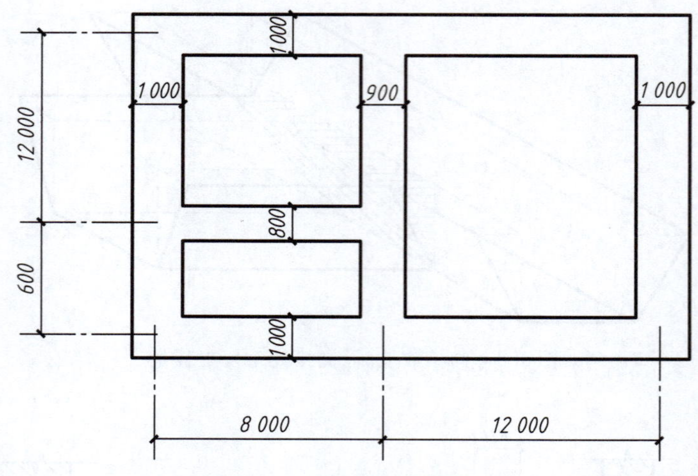

图 3.11 地槽及槽底宽平面图

6. 人工挖土方深度

人工挖土方深度超过 1.5 m 时，按表 3.4 的规定增加工日。

表 3.4 人工挖土方超深增加工日表 单位：100 m^3

超深	深 2 m 以内	深 4 m 以内	深 6 m 以内
增加工日/工日	5.55	17.60	26.16

7. 挖管道沟槽土方

挖管道沟槽按中心线长度计算，沟底宽度，设计有规定的，按设计规定尺寸计算，设计无规定时，可按表 3.5 规定的宽度计算。

表 3.5 管道地沟沟底宽度计算表

管径/mm	铸铁管、钢管、石棉水泥管/m	混凝土、钢筋混凝土、预应力混凝土管/m	陶土管/m
50～70	0.60	0.80	0.70
100～200	0.70	0.90	0.80
250～350	0.80	1.00	0.90
400～450	1.00	1.30	1.10
500～600	1.30	1.50	1.40
700～800	1.60	1.80	
900～1 000	1.80	2.00	
1 100～1 200	2.00	2.30	
1 300～1 400	2.20	2.60	

注：1. 按上表计算管道沟土方工程量时，各种井类及管道（不含铸铁给排水管）接口等处需加宽增加的土方量不另行计算，底面积大于 20 m^2 的井类，其增加工程量并入管沟土方内计算。

2. 铺设铸铁给排水管道时，其接口等处土方增加量，可按铸铁给排水管道地沟土方总量的 2.5% 计算。

8. 沟槽、基坑、管道地沟深度

沟槽、基坑深度，按槽、坑底面至室外地坪深度计算；管道地沟深度按沟底至室外地坪深度计算。

3.2　土方工程量计算

1. 地槽(沟)土方

(1) 有放坡地槽(图3.12)。

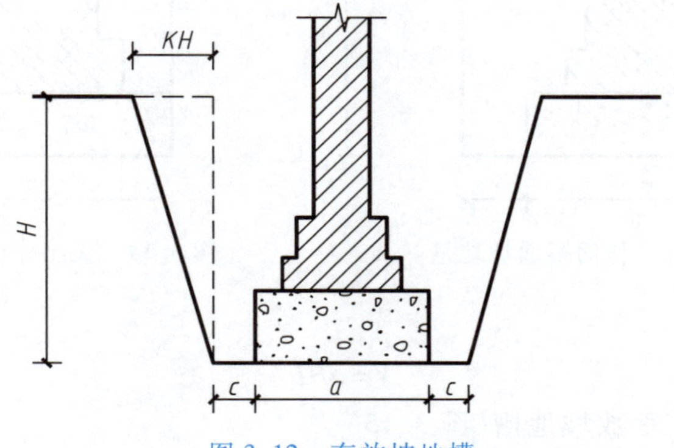

图3.12　有放坡地槽

微课
挖基坑土方工程量计算

计算公式

$$V=(a+2c+KH)HL$$

式中：a——基础垫层宽度；

c——工作面宽度；

H——地槽深度；

K——放坡系数；

L——地槽长度。

【例3.4】　某地槽长15.50 m，槽深1.60 m，混凝土基础垫层宽0.90 m，有工作面，三类土，计算人工挖地槽工程量。

解：已知：$a=0.90$ m

$c=0.30$ m(查表3.4)

$H=1.60$ m

$L=15.50$ m

$K=0.33$(查表3.3)

故：

$$\begin{aligned}V&=(a+2c+KH)HL\\&=(0.90+2\times0.30+0.33\times1.60)\times1.60\times15.50\\&=2.028\times1.60\times15.50=50.29(\mathrm{m}^3)\end{aligned}$$

(2) 支撑挡土板地槽。

计算公式：

$$V=(a+2c+2\times0.10)HL$$

式中，变量含义同上。

(3) 有工作面不放坡地槽(图 3.13)。

计算公式:

$$V=(a+2c)HL$$

(4) 无工作面不放坡地槽(图 3.14)。

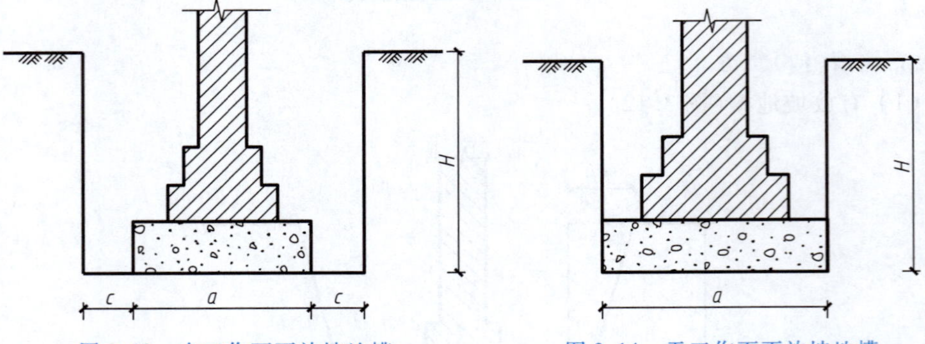

图 3.13 有工作面不放坡地槽　　图 3.14 无工作面不放坡地槽

计算公式:

$$V=aHL$$

(5) 自垫层上表面放坡地槽(图 3.15)。

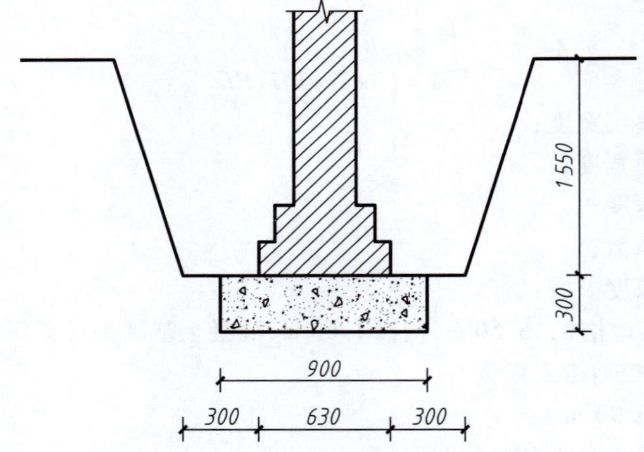

图 3.15 自垫层上表面放坡地槽实例

计算公式:

$$V=[a_1H_2+(a_2+2c+KH_1)H_1]L$$

【例 3.5】 根据图中的数据计算 12.8 m 长地槽的土方工程量(三类土)。

解:已知:$a_1=0.90$ m

$a_2=0.63$ m

$c=0.30$ m

$H_1=1.55$ m

$H_2=0.30$ m

$K=0.33$(查表 3.3)

故： $V=[0.9\times0.30+(0.63+2\times0.30+0.33\times1.55)\times1.55]\times12.8$

$=(0.27+2.70)\times12.80=2.97\times12.80=38.02(m^3)$

2. 地坑土方

(1) 矩形不放坡地坑。计算公式：

$$V=abH$$

(2) 矩形放坡地坑(图3.16)。

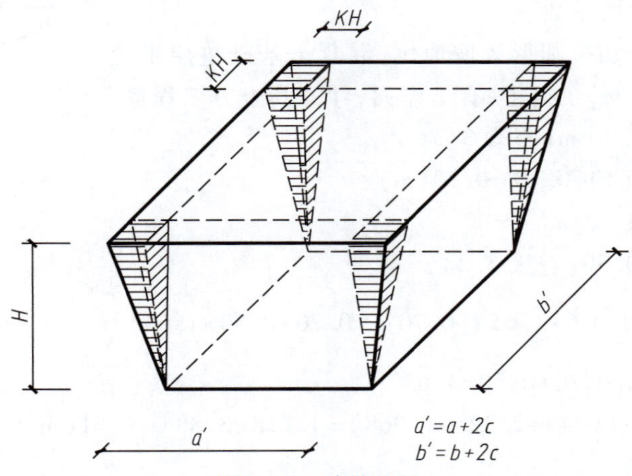

图3.16 放坡地坑

计算公式：

$$V=(a+2c+KH)(b+2c+KH)H+\frac{1}{3}K^2H^3$$

式中：a——基础垫层宽度；

b——基础垫层长度；

c——工作面宽度；

H——地坑深度；

K——放坡系数。

【例3.6】 已知某基础土方为四类土，混凝土基础垫层长、宽分别为1.50 m和1.20 m，深度2.20 m，有工作面，计算该基础工程土方工程量。

解： 已知：$a=1.20$ m

$b=1.50$ m

$H=2.20$ m

$K=0.25$(查表3.3)

$c=0.30$(查表3.4)

故： $V=(1.20+2\times0.30+0.25\times2.20)\times(1.50+2\times0.30+0.25\times2.20)\times$

$2.20+\frac{1}{3}\times0.25^2\times2.20^3$

$=2.35\times2.65\times2.20+0.22=13.92(m^3)$

(3) 圆形不放坡地坑。

计算公式：

$$V=\pi r^2H$$

（4）圆形放坡地坑（图 3.17）。

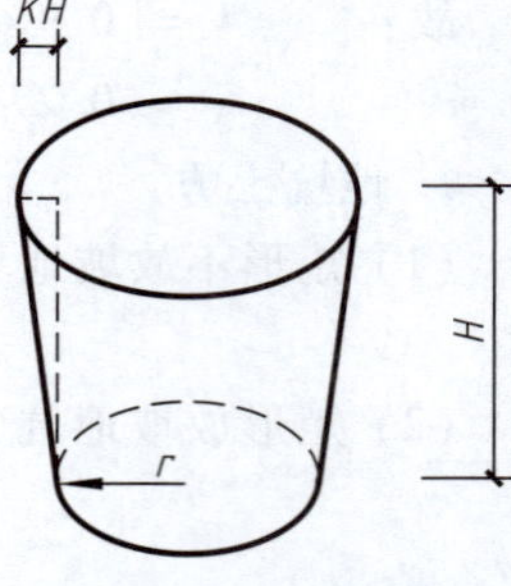

图 3.17 圆形放坡地坑

计算公式：

$$V=\frac{1}{3}\pi H[r^2+(r+KH)^2+r(r+KH)]$$

式中：r——坑底半径（含工作面）；

H——坑深度；

K——放坡系数。

【例 3.7】 已知一圆形放坡地坑，混凝土基础垫层半径 0.40 m，坑深 1.65 m，二类土，有工作面，计算其土方工程量。

解：已知：$c=0.30$ m（查表 3.3）

$r=0.40+0.30=0.70$（m）

$H=1.65$ m

$K=0.50$（查表 3.2）

故：$V=\frac{1}{3}\times3.141\ 6\times1.65\times[0.70^2+(0.70+0.50\times1.65)^2+0.70\times(0.70+0.50\times1.65)]$

$=1.728\times(0.49+2.326+1.068)=1.728\times3.884=6.71$（m^3）

3. 挖孔桩土方

微课

挖孔桩土方工程量计算

人工挖孔桩土方应按桩断面积乘以设计桩孔中心线深度计算。

挖孔桩的底部一般是球冠体（图 3.18）。

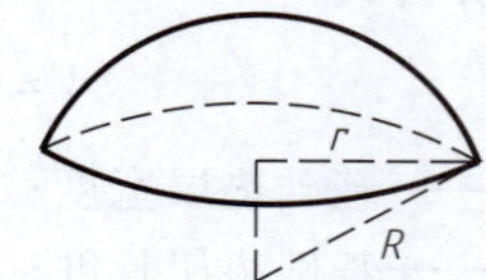

图 3.18 球冠

球冠体的体积计算公式为

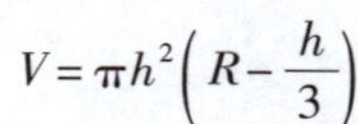

$$V=\pi h^2\left(R-\frac{h}{3}\right)$$

由于施工图中一般只标注 r 的尺寸，无 R 尺寸，所以需变换一下求 R 的公式。

已知：$r^2=R^2-(R-h)^2$

故：$r^2=2Rh-h^2$

所以：$R=\frac{r^2+h^2}{2h}$

【例 3.8】 根据图 3.19 中的有关数据和上述计算公式，计算挖孔桩土方工程量。

解：（1）桩身部分。

$$V=3.141\ 6\times\left(\frac{1.15}{2}\right)^2\times10.90=11.32\ (\text{m}^3)$$

（2）圆台部分。

$$\begin{aligned}V&=\frac{1}{3}\pi h(r^2+R^2+rR)\\&=\frac{1}{3}\times3.141\ 6\times1.0\times\left[\left(\frac{0.80}{2}\right)^2+\left(\frac{1.20}{2}\right)^2+\frac{0.80}{2}\times\frac{1.20}{2}\right]\\&=1.047\times(0.16+0.36+0.24)\\&=1.047\times0.76=0.80\ (\text{m}^3)\end{aligned}$$

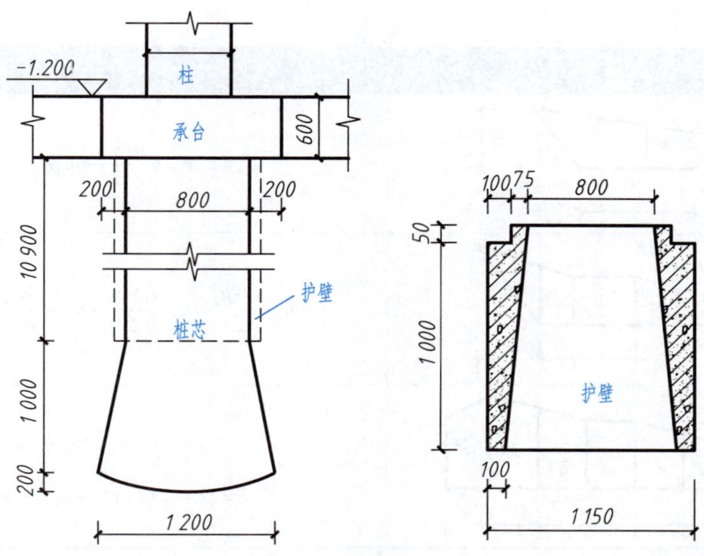

图 3.19　挖孔桩

（3）球冠部分。

$$R=\frac{\left(\frac{1.20}{2}\right)^{2}+0.2^{2}}{2\times0.2}=\frac{0.40}{0.4}=1.0(\text{m})$$

$$V=\pi h^{2}\left(R-\frac{h}{3}\right)=3.1416\times0.20^{2}\times\left(1.0-\frac{0.20}{3}\right)=0.12(\text{m}^{3})$$

挖孔桩体积 $=11.32+0.80+0.12=12.24(\text{m}^{3})$

4. 挖土方

挖土方是指不属于沟槽、基坑和平整场地厚度超过±30 cm 按土方平衡竖向布置图的挖方。

建筑工程中竖向布置平整场地，常有大规模土方工程。所谓大规模土方工程是指一个单位工程的挖方或填方工程分别在 2 000 m^{3} 以上及无砌筑管道沟的挖土方。其土方量计算，常用的方法有横截面计算法和方格网计算法两种。

（1）横截面计算法。

常用不同截面的计算公式见表 3.6。

表 3.6　常用不同截面的计算公式

截面简图	计算公式
h　1∶n　b	$F=h(b+nh)$
1∶m　h　1∶n　b	$F=h\left[b+\frac{h(m+n)}{2}\right]$

续表

截面简图	计算公式
	$F=b\frac{h_1+h_2}{2}nh_1h_2$
	$F=h_1\frac{a_1+a_2}{2}+h_2\frac{a_2+a_3}{2}+h_3\frac{a_3+a_4}{2}+h_4\frac{a_4+a_5}{2}$
	$F=\frac{a}{2}(h_0+2h+h_n)$ $h=h_1+h_2+h_3+h_4+h_5+\cdots+h_n$

按照计算的各截面面积以及相邻两截面间的距离计算出土方量，其计算公式如下：

$$V=\frac{F_1+F_2}{2}L$$

式中：V——相邻两截面间土方量，m^3

F_1,F_2——相邻两截面的填、挖方截面积，m^2；

L——相邻两截面之间的距离，m。

（2）方格网计算法。

在一个方格网内同时有挖土和填土时（挖土地段冠以“+”号，填土地段冠以“-”号），应求出零点（即不填不挖点），零点相连就是划分挖土和填土的零界线（图 3.20）。计算零点可采用以下公式：

$$x=\frac{h_1}{h_1+h_4}a$$

式中：x——施工标高至零界点间的距离；

h_1,h_4——挖土和填土的施工标高；

a——方格网的每边长度。

方格网内的土方工程量计算有下列几个公式：

① 四点均为填土或挖土（图 3.21）。

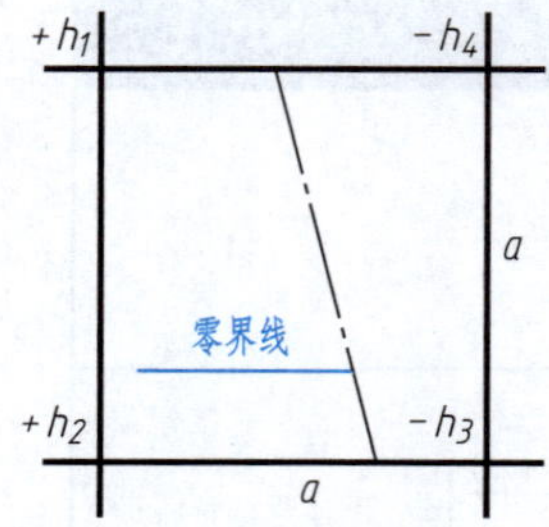

图 3.20 挖土和填土零界线示意

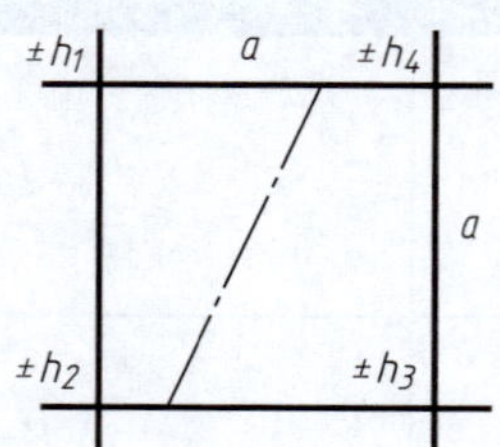

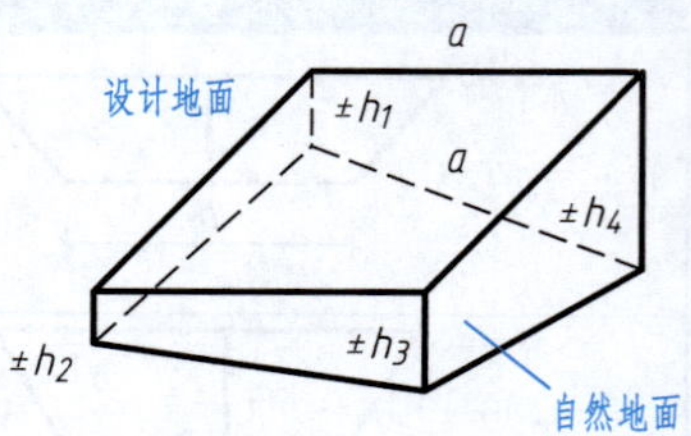

图 3.21 四点均为填土或挖土示意

计算公式：

$$\pm V=\frac{h_1+h_2+h_3+h_4}{4}a^2$$

式中：　$\pm V$——填土或挖土的工程量，m^3；

h_1,h_2,h_3,h_4——施工标高，m；

a——方格网的每边长度，m。

② 二点为挖土和二点为填土（图 3.22）。

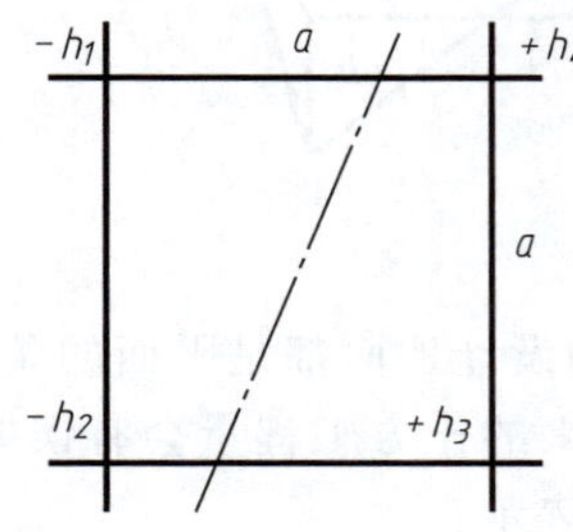

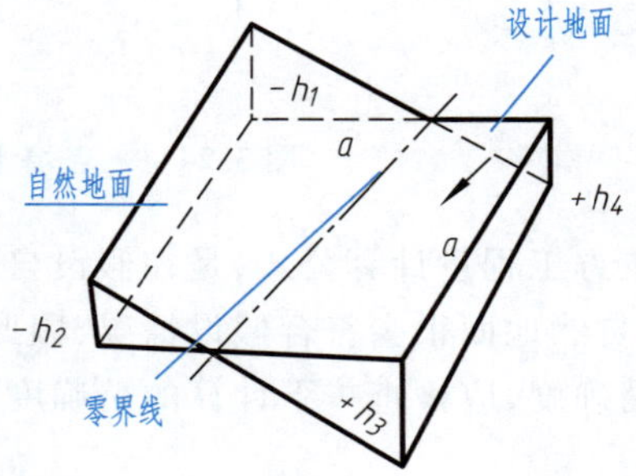

图 3.22　二点为挖土和二点为填土示意

计算公式：

$$+V=\frac{(h_1+h_2)^2}{4(h_1+h_2+h_3+h_4)}a^2$$

$$-V=\frac{(h_3+h_4)^2}{4(h_1+h_2+h_3+h_4)}a^2$$

③ 三点挖土一点填土或三点填土一点挖土（图 3.23）。

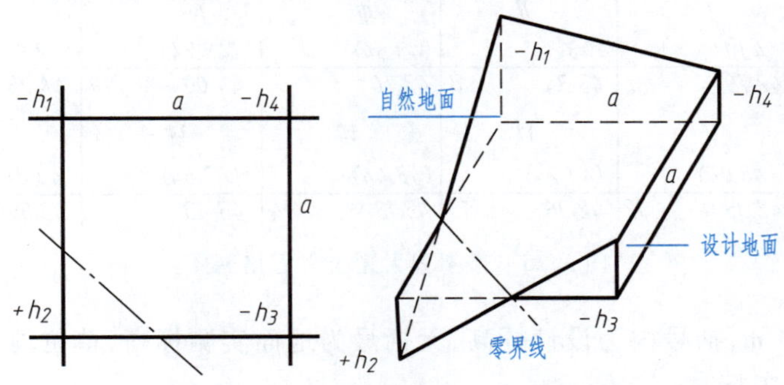

图 3.23　三点挖土一点填土或三点填土一点挖土示意

计算公式：

$$+V=\frac{h_2^3}{6(h_1+h_2)(h_2+h_3)}a^2$$

$$-V=+V+\frac{a^2}{b}(2h_1+2h_2+h_4-h_3)$$

④ 二点挖土和二点填土成对角形（图 3.24）。

中间一块（即四周）为零界线，就不挖不填，所以只要计算四个三角锥体，公式为

$$\pm V=\frac{1}{6}\times 底面积\times 施工标高$$

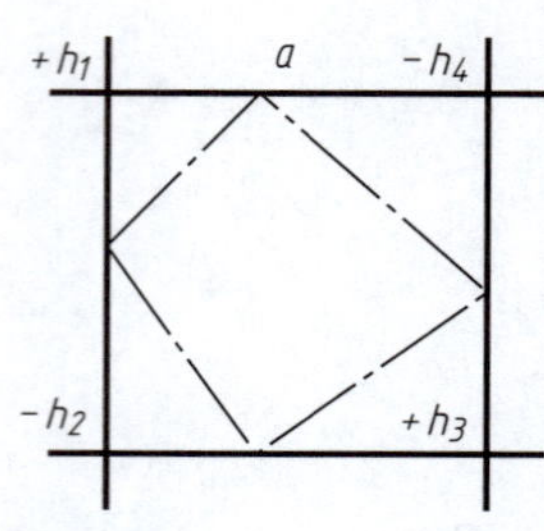

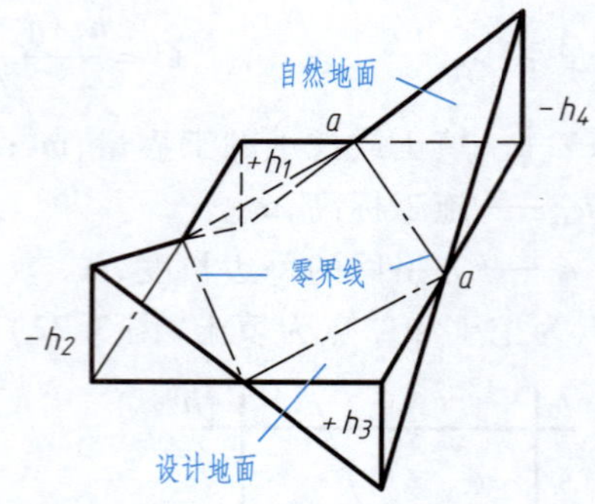

图 3.24 一点填土和二点挖土示意

以上土方工程量计算公式,是在假设自然地面和设计地面都是平面的条件下进行计算的,但自然地面很少符合假设情况,因此计算出来的土方工程量会有误差,为了提高计算的精确度,应检查一下计算的精确度,用 K 值表示:

$$K=\frac{h_2+h_4}{h_1+h_3}$$

上式即方格网的二对角点的施工标高总和的比例计算公式。当 $K=0.75\sim1.35$ 时,计算精确度为 5%;$K=0.80\sim1.20$ 时,计算精确度为 3%;一般土方工程量计算的精确度为 5%。

【例 3.9】 某建设工程场地大型土方方格网图见图 3.25,计算土方工程量。

1	2	3	4	5
(43.24) 43.24	(43.44) 43.72	(43.64) 43.93	(43.84) 44.09	(44.04) 44.56
Ⅰ	Ⅱ	Ⅲ	Ⅳ	
6	**7**	**8**	**9**	**10**
(43.14) 42.79	(43.34) 43.34	(43.54) 43.70	(43.74) 44.00	(43.94) 44.25
Ⅴ	Ⅵ	Ⅶ	Ⅷ	
11	**12**	**13**	**14**	**15**
(43.04) 42.35	(43.24) 42.36	(43.44) 43.18	(43.64) 43.43	(43.84) 43.89

图 3.25 某工程大型土方方格网图

已知:$a=30$ m,括号内为设计标高,无括号为地面实测标高,单位均为 m。

解: a. 求施工标高。

施工标高=地面实测标高-设计标高(制成图 3.26)

b. 求零线。

先求零点,图中已知 1 和 7 为零点,尚需求 8~13;9~14,14~15 线上的零点,如 8~13 线上的零点为

$$x=\frac{ah_1}{h_1+h_2}=\frac{30\times0.16}{0.26+0.16}=11.4$$

另一段为 $a-x=30-11.4=18.6$

求出零点后,连接各零点即为零线。图 3.26 上的折线为零线,折线以上为挖方区,以下为填方区。

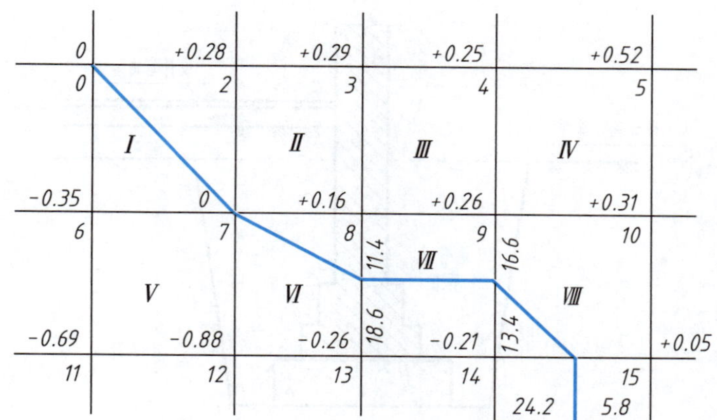

图 3.26　零界线划分示意

c. 求土方量:计算结果见表 3.7。

表 3.7　土方工程量计算表

方格编号	挖方(+)	填方(-)
Ⅰ	$\frac{1}{2}\times30\times30\times\frac{0.28}{3}=42$	$\frac{1}{2}\times30\times30\times\frac{0.35}{3}=52.5$
Ⅱ	$30\times30\times\frac{0.29+0.16+0.28}{4}=164.25$	
Ⅲ	$30\times30\times\frac{0.25+0.26+0.16+0.29}{4}=216$	
Ⅳ	$30\times30\times\frac{0.52+0.31+0.26+0.25}{4}=301.5$	
Ⅴ		$30\times30\times\frac{0.88+0.69+0.35}{4}=432$
Ⅵ	$\frac{1}{2}\times30\times11.4\times\frac{0.16}{3}=9.12$	$\frac{1}{2}\times(30+18.6)\times30\times\frac{0.88+0.26}{4}=207.77$
Ⅶ	$\frac{1}{2}\times(11.4+16.6)\times30\times\frac{0.16+0.26}{4}=44.10$	$\frac{1}{2}\times(13.4+18.6)\times30\times\frac{0.21+0.26}{4}=56.40$
Ⅷ	$\left[30\times30-\frac{(30-5.8)\times(30-16.6)}{2}\right]\times\frac{0.26+0.31+0.05}{5}=91.49$	$\frac{1}{2}\times13.4\times24.2\times\frac{0.21}{3}=11.35$
合计	868.46	760.02

5. 回填土

回填土分夯填和松填,按设计尺寸和下列规定计算。

(1) 沟槽、基坑回填土。

沟槽、基坑回填土体积以挖方体积减去设计室外地坪以下埋设砌筑物(包括基础垫层、基础等)体积计算,见图 3.27。

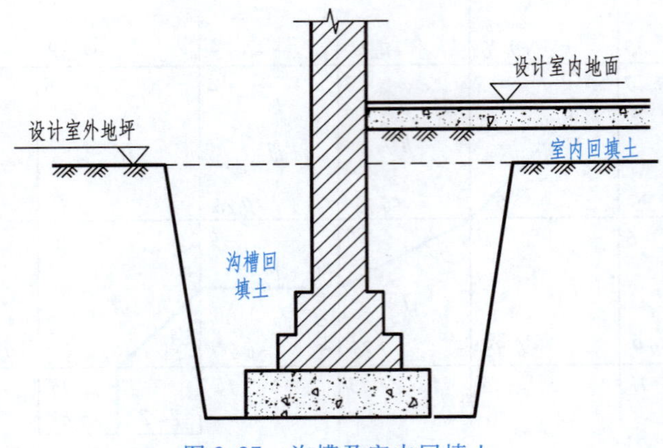

图 3.27 沟槽及室内回填土

计算公式：

$$V=\text{挖方体积}-\text{设计室外地坪以下埋设砌筑物}$$

说明：如图 3.27 所示，在减去沟槽内砌筑的基础时，不能直接减去砖基础的工程量，因为砖基础与砖墙的分界线在设计室内地面，而回填土的分界线在设计室外地坪，所以要注意调整两个分界线之间相差的工程量。

即：回填土体积=挖方体积-基础垫层体积-砖基础体积+高出设计室外地坪砖基础体积

（2）房心回填土。

房心回填土即室内回填土，按主墙之间的面积乘以回填土厚度计算，见图 3.27。

计算公式：

$$V=\text{室内净面积}\times(\text{设计室内地坪标高}-\text{设计室外地坪标高}-\text{地面面层厚}-\text{地面垫层厚})$$
$$=\text{室内净面积}\times\text{回填土厚度}$$

（3）管道沟槽回填土。

管道沟槽回填土，以挖方体积减去管道所占体积计算。管径在 500 mm 以下的不扣除管道所占体积；管径超过 500 mm 时，按表 3.8 的规定扣除管道所占体积。

表 3.8 管道扣除土方体积 单位：m^3

管道名称	管道直径/mm					
	501 ~ 600	601 ~ 800	801 ~ 1 000	1 001 ~ 1 200	1 201 ~ 1 400	1 401 ~ 1 600
钢管	0.21	0.44	0.71			
铸铁管	0.24	0.49	0.77			
混凝土管	0.33	0.60	0.92	1.15	1.35	1.55

6. 运土

运土包括余土外运和取土。当土方总回填量小于总挖方量时，需余土外运；反之，需取土。各地区的预算定额规定，土方的挖、填、运工程量均按天然密实度体积计算，不换算为虚方体积。

计算公式：

$$运土体积=总挖方量-总回填量$$

式中，计算结果为正值时，为余土外运体积；负值时，为取土体积。

土方运距按下列规定计算。

推土机运距：按挖方区重心至回填区重心之间的直线距离计算。

铲运机运土距离：按挖方区重心至卸土区重心加转向距离 45 m 计算。

自卸汽车运距：按挖方区重心至填土区（或堆放地点）重心的最短距离计算。

第 4 章

桩基及脚手架工程量计算

4.1 预制钢筋混凝土桩

1. 打桩

打预制钢筋混凝土桩的体积，按设计桩长（包括桩尖，不扣除桩尖虚体积）乘以桩截面面积计算。管桩的空心体积应扣除。如管桩的空心部分按设计要求灌注混凝土或其他填充材料时，应另行计算。预制桩、桩靴见图 4.1。

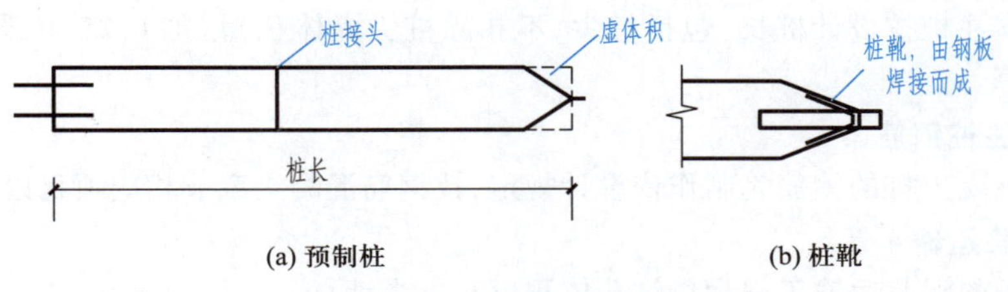

图 4.1 预制桩、桩靴

2. 接桩

电焊接桩按设计接头，以个计算（图 4.2）；硫磺胶泥接桩按桩断面积以平方米计算（图 4.3）。

3. 送桩

送桩按桩截面面积乘以送桩长度（即打桩架底至桩顶面高度或自桩顶面至自然地坪面另加 0.5 m）计算。

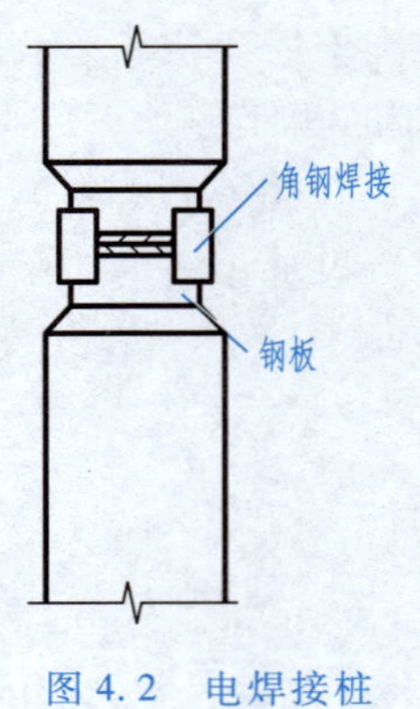

图 4.2 电焊接桩

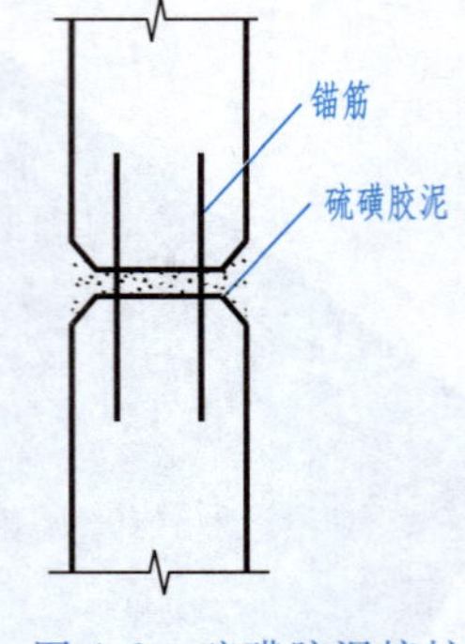

图 4.3 硫磺胶泥接桩

4.2 钢 板 桩

打拔钢板桩按钢板桩质量以吨计算。

4.3 灌 注 桩

1. 打孔灌注桩

（1）混凝土桩、砂桩、碎石桩的体积，按设计规定的桩长（包括桩尖，不扣除桩尖虚体积）乘以钢管管箍外径截面面积计算。

（2）扩大桩的体积按单桩体积乘以次数计算。

（3）打孔后先埋入预制混凝土桩尖，再灌注混凝土的，桩尖按钢筋混凝土章节规定计算体积，灌注桩按设计长度（自桩尖顶面至桩顶面高度）乘以钢管管箍外径截面面积计算。

2. 钻孔灌注桩

钻孔灌注桩按设计桩长（包括桩尖，不扣除桩尖虚体积）增加 0.25 m 乘以设计断面面积计算。

3. 灌注桩钢筋

灌注混凝土桩的钢筋笼制作依设计规定，按钢筋混凝土章节相应项目以吨计算。

4. 泥浆运输

灌注桩的泥浆运输工程量按钻孔体积以立方米计算。

4.4 脚手架工程

建筑工程施工中所需搭设的脚手架，应计算工程量。

目前，脚手架工程量有两种计算方法，即综合脚手架和单项脚手架。具体采用哪种方法计算，应按本地区预算定额的规定执行。

4.1.1 综合脚手架

为了简化脚手架工程量的计算，一些地区以建筑面积为综合脚手架的工程量。

综合脚手架不管搭设方式，一般综合了砌筑、浇注、吊装、抹灰等所需脚手架材料的摊销量；综合了木制、竹制、钢管脚手架等，但不包括浇灌满堂基础等脚手架的项目。

综合脚手架一般按单层建筑物或多层建筑物分不同檐口高度来计算工程量，若是高层建筑，还必须计算高层建筑超高增加费。

4.1.2　单项脚手架

单项脚手架是根据工程具体情况按不同的搭设方式搭设的脚手架，一般包括单排脚手架、双排脚手架、里脚手架、满堂脚手架、悬空脚手架、挑脚手架、防护架、烟囱（水塔）脚手架、电梯井字架、架空运输道等。

单项脚手架的项目应根据批准了的施工组织设计或施工方案确定。如施工方案无规定，应根据预算定额的规定确定。

1. 单项脚手架工程量计算一般规则

（1）建筑物外墙脚手架：凡设计室外地坪至檐口（或女儿墙上表面）的砌筑高度在 15 m 以下的按单排脚手架计算；砌筑高度在 15 m 以上的或砌筑高度虽不足 15 m，但外墙门窗及装饰面积超过外墙表面积 60% 时，均按双排脚手架计算。采用竹制脚手架时，按双排计算。

（2）建筑物内墙脚手架：凡设计室内地坪至顶板下表面（或山墙高度的 1/2 处）的砌筑高度在 3.6 m 以下的（含 3.6 m），按里脚手架计算；砌筑高度超过 3.6 m 时，按单排脚手架计算。

（3）石砌墙体，凡砌筑高度超过 1.0 m 时，按外脚手架计算。

（4）计算内、外墙脚手架时，均不扣除门、窗洞口、空圈洞口等所占的面积。

（5）同一建筑物高度不同时，应按不同高度分别计算。

【例 4.1】　根据图 4.4 所示尺寸，计算建筑物外墙脚手架工程量。

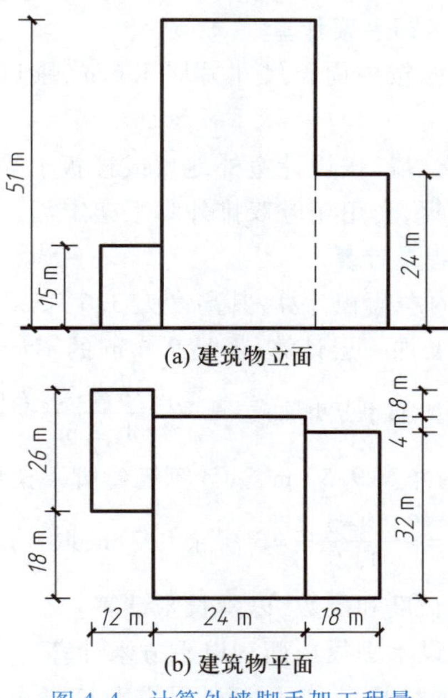

图 4.4　计算外墙脚手架工程量

解:单排脚手架(15 m 高) = (26+12×2+8)×15 = 870(m^2)

双排脚手架(24 m 高) = (18×2+32)×24 = 1 632(m^2)

双排脚手架(27 m 高) = 32×27 = 864(m^2)

双排脚手架(36 m 高) = (26−8)×36 = 648(m^2)

双排脚手架(51 m 高) = (18+24×2+4)×51 = 3 570(m^2)

(6) 现浇钢筋混凝土框架柱、梁按双排脚手架计算。

(7) 围墙脚手架:凡室外自然地坪至围墙顶面的砌筑高度在 3.6 m 以下的,按里脚手架计算;砌筑高度超过 3.6 m 时,按单排脚手架计算。

(8) 室内顶棚装饰面距设计室内地坪在 3.6m 以上时,应计算满堂脚手架。计算满堂脚手架后,墙面装饰工程则不再计算脚手架。

(9) 滑升模板施工的钢筋混凝土烟囱、筒仓,不另计算脚手架。

(10) 砌筑贮仓,按双排外脚手架计算。

(11) 贮水(油)池、大型设备基础,凡距地坪高度超过 1.2 m 时,均按双排脚手架计算。

(12) 整体满堂钢筋混凝土基础,凡其宽度超过 3 m 时,按其底板面积计算满堂脚手架。

2. 砌筑脚手架工程量计算

(1) 外脚手架按外墙外边线长度,乘以外墙砌筑高度以平方米计算,凸出墙面宽度在 24 cm 以内的墙垛,附墙烟囱等不计算脚手架;宽度超过 24 cm 时按设计尺寸展开计算,并计入外脚手架工程量之内。

(2) 里脚手架按墙面垂直投影面积计算。

(3) 独立柱按柱结构外围周长另加 3.6 m,乘以砌筑高度以平方米计算,套用相应外脚手架定额。

3. 现浇钢筋混凝土框架脚手架计算

(1) 现浇钢筋混凝土柱,按柱周长尺寸另加 3.6 m,乘以柱高以平方米计算,套用外脚手架定额。

(2) 现浇钢筋混凝土梁、墙,按设计室外地坪或楼板上表面至楼板底之间的高度,乘以梁、墙净长以平方米计算,套用相应双排外脚手架定额。

4. 装饰工程脚手架工程量计算

(1)满堂脚手架,按室内净面积计算,其高度为 3.6~5.2 m 时,计算基本层。超过 5.2 m 时,每增加 1.2 m 按增加一层计算,不足 0.6 m 的不计,计算式表示如下:

$$满堂脚手架增加层 = \frac{室内净高 - 5.2\ \text{m}}{1.2\ \text{m}}$$

【例 4.2】 某大厅室内净高 9.50 m,试计算满堂脚手架增加层数。

解:满堂脚手架增加层 $= \dfrac{9.50-5.2}{1.2}$ = 3 层余 0.7 m,取 4 层。

(2) 挑脚手架,按搭设长度和层数,以延长米计算。

(3) 悬空脚手架,按搭设水平投影面积以平方米计算。

(4) 高度超过 3.6 m 的墙面装饰不能利用原砌筑脚手架时,可以计算装饰脚手架。装饰脚手架按双排脚手架乘以 0.3 计算。

5. 其他脚手架工程量计算

(1) 水平防护架,按实际铺板的水平投影面积,以平方米计算。

(2) 垂直防护架,按自然地坪至最上一层横杆之间的搭设高度,乘以实际搭设长度,以平方米计算。

(3) 架空运输脚手架,按搭设长度以延长米为单位计算。

(4) 烟囱、水塔脚手架,区别不同搭设高度以座计算。

(5) 电梯井脚手架,按单孔以座计算。

(6) 斜道,区别不同高度,以座计算。

(7) 砌筑贮仓脚手架,不分单筒或贮仓组,均按单筒外边线周长乘以设计室外地坪至贮仓上口之间高度,以平方米计算。

(8) 贮水(油)池脚手架,按外壁周长乘以室外地坪至池壁顶面之间高度,以平方米计算。

(9) 大型设备基础脚手架,按其外形周长乘以地坪至外形顶面边线之间高度,以平方米计算。

(10) 建筑物垂直封闭工程量,按封闭面的垂直投影面积计算。

6. 安全网工程量计算

(1) 立挂式安全网,按网架部分的实挂长度乘以实挂高度计算。

(2) 挑出式安全网,按挑出的水平投影面积计算。

第 5 章

砌筑工程量计算

5.1 砖墙的一般规定

5.1.1 计算墙体工程量的规定

(1) 墙体工程量计算。计算墙体时,应扣除门窗洞口、过人洞、空圈、嵌入墙身的钢筋混凝土柱、梁(包括过梁、圈梁及埋入墙内的挑梁)、砖平碹(图 5.1)、平砌砖过梁和暖气包壁龛(图 5.2)及内墙板头(图 5.3)的体积,不扣除梁头、外墙板头(图 5.4)、檩头、垫木、木楞头、沿椽木、木砖、门窗框(图 5.5)走头、砖墙内的加固钢筋、木筋、铁件、钢管及每个面积在 0.3 m^2 以下的孔洞等所占的体积,凸出墙面的窗台虎头砖(图 5.6)、压顶线(图 5.7)、山墙泛水和排水(图 5.11)、烟囱根(图 5.8、图 5.9)、门套、窗套(图 5.12)及坡屋面砖挑檐(图 5.10)以内的腰线和挑檐等体积也不增加。

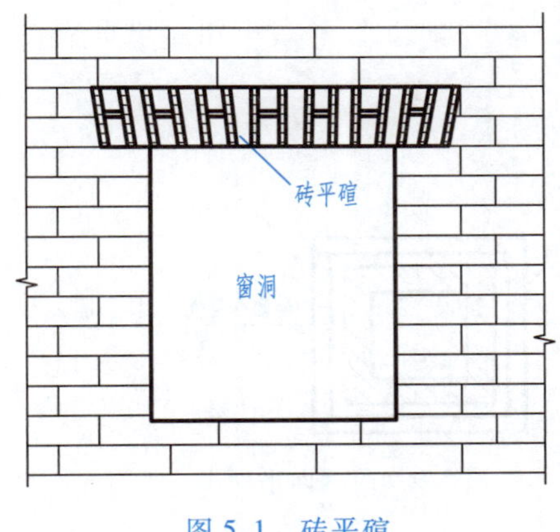

图 5.1 砖平碹

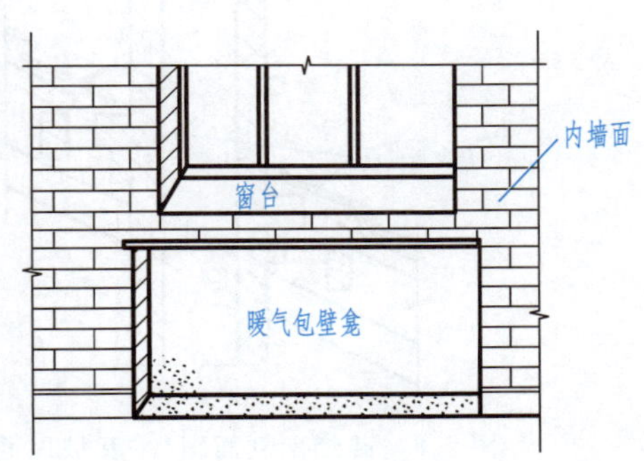

图 5.2 暖气包壁龛

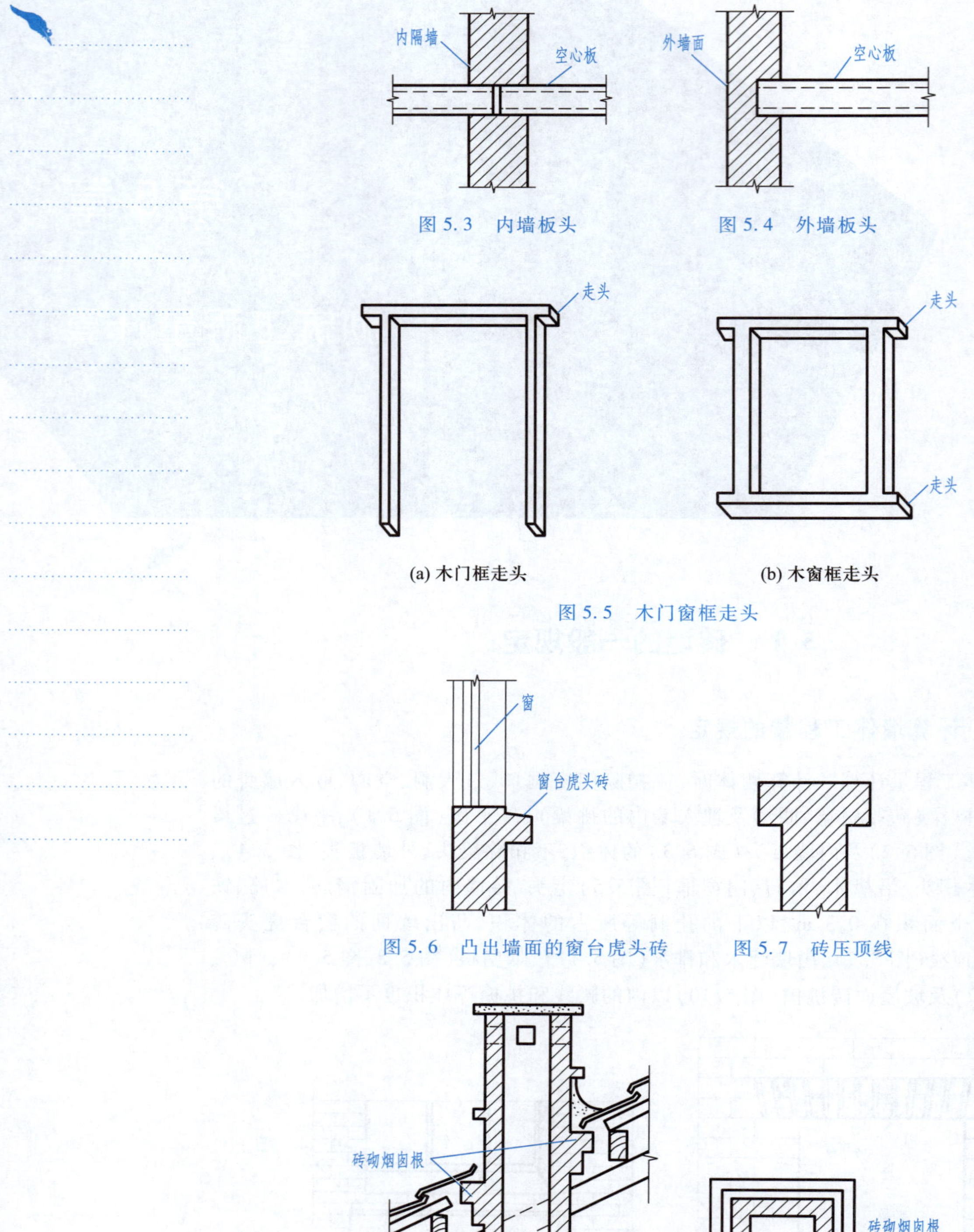

图 5.3 内墙板头

图 5.4 外墙板头

(a) 木门框走头

(b) 木窗框走头

图 5.5 木门窗框走头

图 5.6 凸出墙面的窗台虎头砖

图 5.7 砖压顶线

图 5.8 砖烟囱剖面图(平瓦坡屋面)

图 5.9 砖烟囱平面图

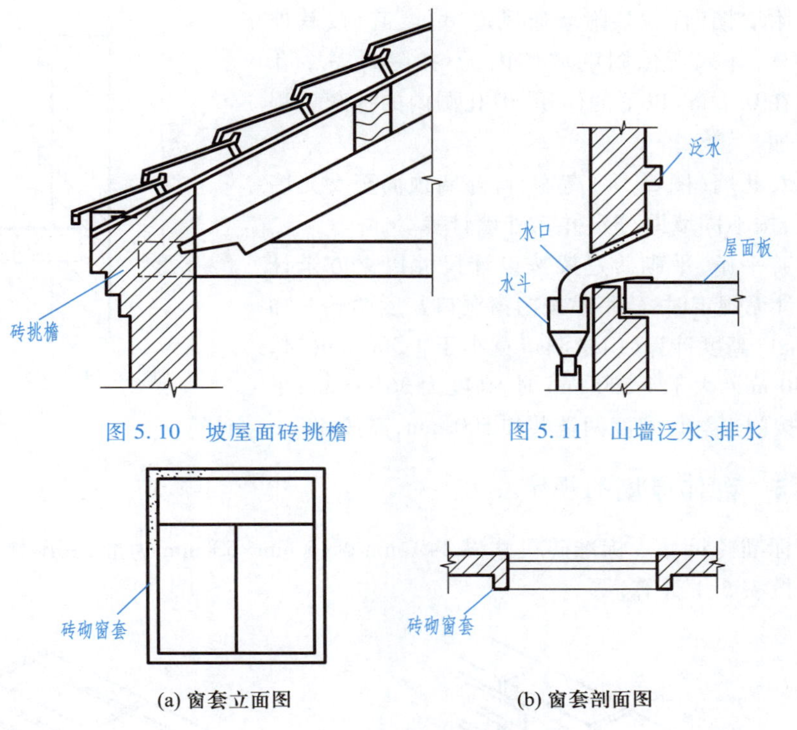

图 5.10　坡屋面砖挑檐　　图 5.11　山墙泛水、排水

图 5.12　窗套

（2）砖垛、三皮砖以上的腰线和挑檐等体积，并入墙身体积内计算（图 5.13）。

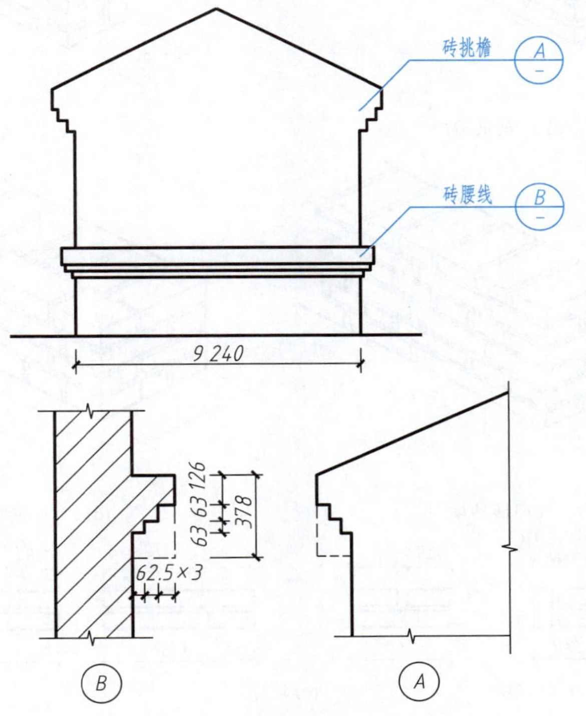

图 5.13　砖挑檐、腰线

（3）附墙烟囱（包括附墙通风道、垃圾道）按其外形体积计算，并入所依附的墙体内，不扣除每一个孔洞横截面在 0.1 m^2 以下的体积，但孔洞内的抹灰工程量也不增加。

（4）女儿墙（图 5.14）高度，自外墙顶面至女儿墙顶面高度，按不同墙厚分别并入外墙计算。

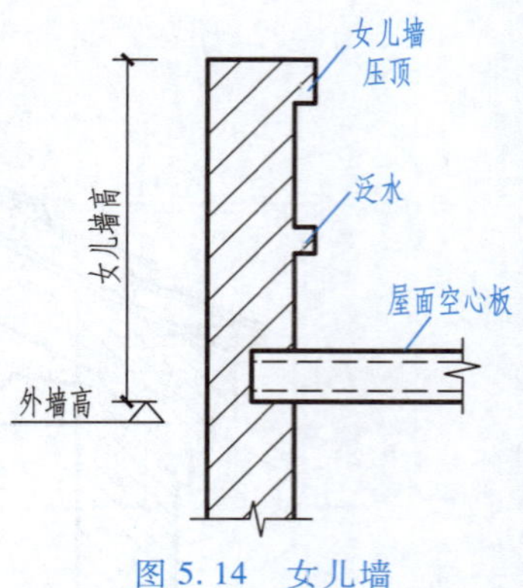

图 5.14 女儿墙

（5）砖平碹、平砌砖过梁按设计尺寸以立方米计算。当设计无规定时，砖平碹按门窗洞口宽度两端共加 100 mm，乘以高度计算（门窗洞口宽小于 1 500 mm 时，高度为 240 mm；大于 1 500 mm 时，高度为 365 mm）；平砌砖过梁按门窗洞口宽度两端共加 500 mm，高按 440 mm 计算。

5.1.2 砌体厚度的规定

（1）标准砖尺寸。标准砖尺寸以 240 mm×115 mm×53 mm 为准，其砌体（图 5.15）计算厚度按表 5.1 计算。

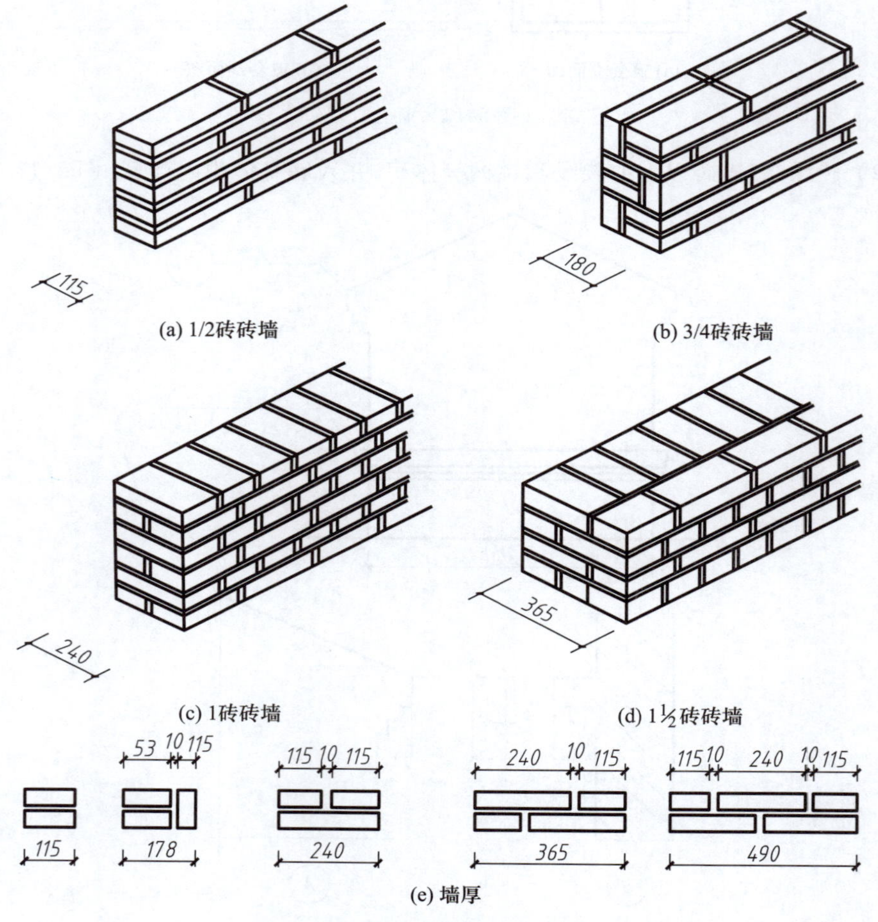

图 5.15 墙厚与标准砖规格的关系

表 5.1　标准砖砌体计算厚度

砖数(厚度)	1/4	1/2	3/4	1	1.5	2	2.5	3
计算厚度/mm	53	115	180	240	365	490	615	740

(2) 使用非标准砖时,其砌体厚度应按砖实际规格和设计厚度计算。

5.2　砖　基　础

5.2.1　基础与墙(柱)身的划分

(1) 基础与墙(柱)身(图 5.16)使用同一种材料时,以设计室内地面为界;有地下室的,以地下室室内设计地面为界(图 5.17),以下为基础、以上为墙(柱)身。

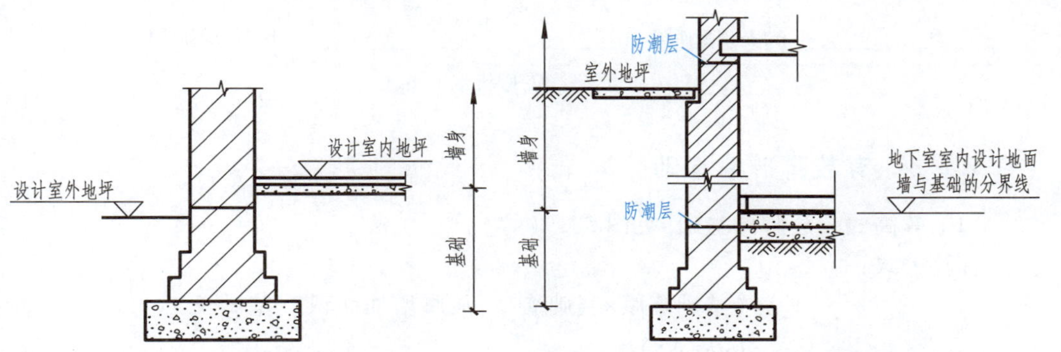

图 5.16　基础与墙身划分　　图 5.17　地下室的基础与墙身划分

(2) 基础与墙身使用不同材料时,位于设计室内地面±300 mm 以内时,以不同材料为分界线;超过±300 mm 时,以设计室内地面为分界线。

(3) 砖、石围墙,以设计室外地坪为界线,以下为基础、以上为墙身。

5.2.2　基础长度

外墙墙基按外墙中心线长度计算;内墙墙基按内墙基净长计算。基础大放脚 T 形接头处的重叠部分以及嵌入基础的钢筋、铁件、管道、基础防潮层及单个面积在 0.3 m^2 以内孔洞所占体积不予扣除,但靠墙暖气沟的挑檐也不增加。附墙垛基础宽出部分体积应并入基础工程量内。

砖砌挖孔桩护壁工程量按实砌体积计算。

【例 5.1】 根据图 5.18 所示基础施工图的尺寸,计算砖基础的长度(基础墙均为 240 mm 厚)。

解:(1) 外墙砖基础长($L_中$)

$$L_中=[(4.5+2.4+5.7)+(3.9+6.9+6.3)]\times2$$
$$=(12.6+17.1)\times2=59.40(\text{m})$$

(2) 内墙砖基础净长($l_内$)

$$l_内=(5.7-0.24)+(8.1-0.24)+(4.5+2.4-0.24)+(6.0+4.8-0.24)+6.3$$
$$=5.46+7.86+6.66+10.56+6.3$$
$$=36.84(\text{m})$$

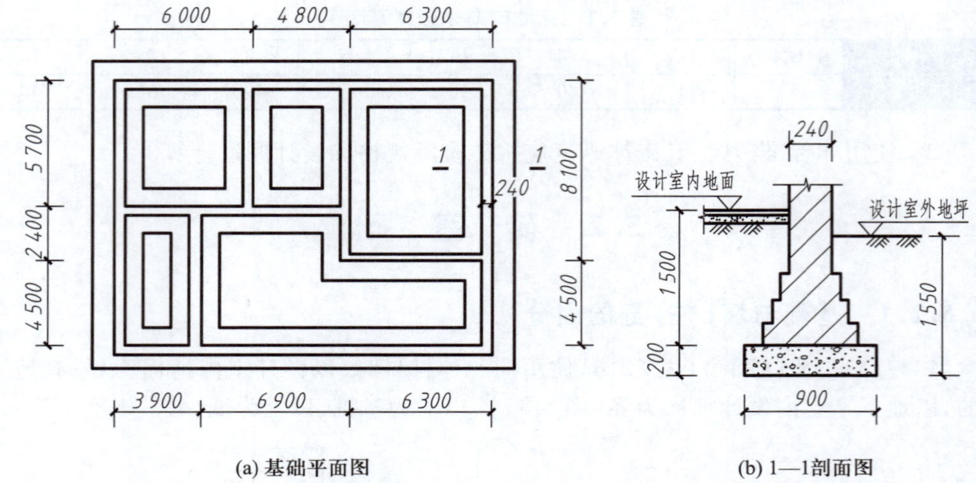

(a) 基础平面图 (b) 1—1剖面图

图 5.18 砖基础施工图

5.2.3 有放脚砖墙基础

(1) 等高式大放脚砖基础[见图 5.19(a)]。

计算公式：

$$
\begin{aligned}
V_{基} &= (\text{基础墙厚}\times\text{基础墙高}+\text{放脚增加面积})\times\text{基础长} \\
&= (dh+\Delta S)l \\
&= [dh+0.126\times0.062\ 5n(n+1)]l \\
&= [dh+0.007\ 875n(n+1)]l
\end{aligned}
$$

式中： 0.007 875——一个放脚标准块面积；

$0.007\ 875n(n+1)$——全部放脚增加面积；

n——放脚层数；

d——基础墙厚；

h——基础墙高；

l——基础长。

【例 5.2】 某工程砌筑的等高式标准砖放脚基础如图 5.19(a)所示，当基础墙高 $h=1.4$ m，基础长 $l=25.65$ m 时，计算砖基础工程量。

解：已知：$d=0.365$，$h=1.4$ m，$l=25.65$ m，$n=3$。

$$
\begin{aligned}
V_{砖基} &= (0.365\times1.40+0.007\ 875\times3\times4)\times25.65 \\
&= 0.605\ 5\times25.65=15.53(\text{m}^3)
\end{aligned}
$$

(2) 不等高式大放脚砖基础[见图 5.19(b)]。

计算公式：

$$V_{基}=\{dh+0.007\ 875[n(n+1)-\Sigma\text{半层放脚层数值}]\}l$$

式中：半层放脚层数值——半层放脚(0.063 m 高)所在放脚层的值，如图 5.19(b)中为 1+3=4。

其余字母含义同上述公式。

(3) 基础放脚 T 形接头重复部分(图 5.20)。

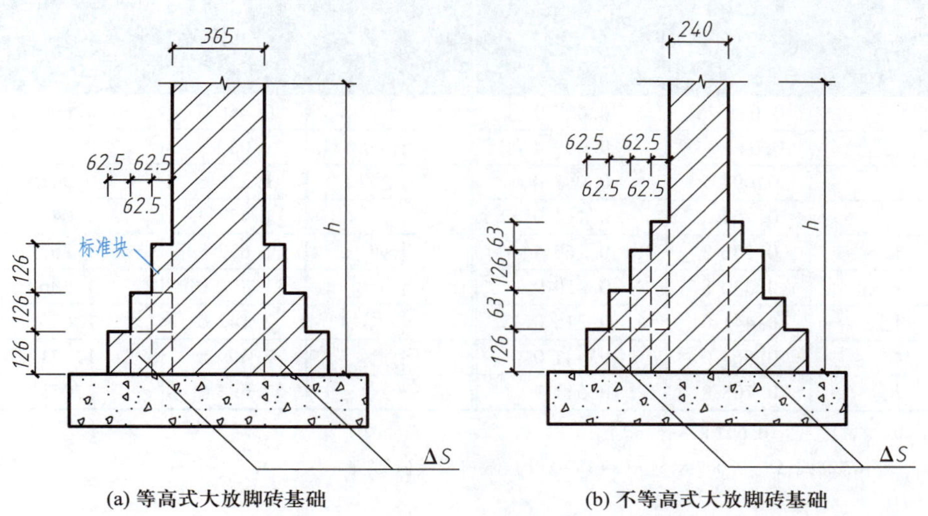

图 5.19 大放脚砖基础

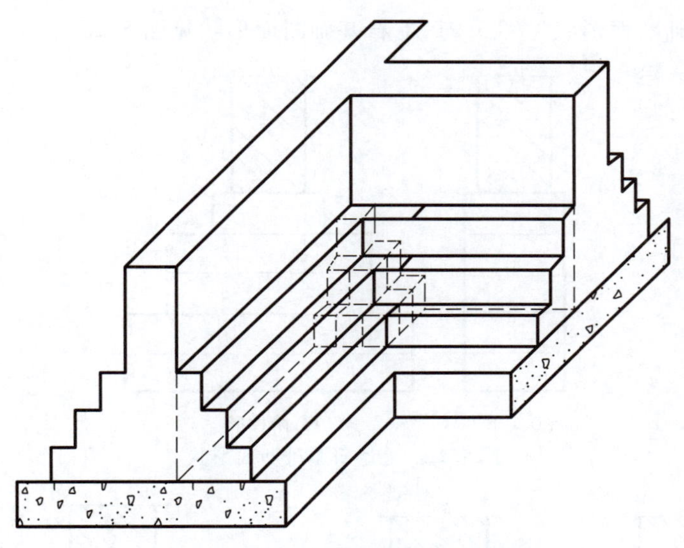

图 5.20 基础放脚 T 形接头重复部分

【例 5.3】 某工程大放脚砖基础的尺寸见图 5.19(b),当 $h=1.56$ m,基础长 $l=18.5$ m 时,计算砖基础工程量。

解:已知:$d=0.24$ m,$h=1.56$ m,$l=18.5$ m,$n=4$。

$$
\begin{aligned}
V_{砖基} &= \{0.24\times1.56+0.007\ 875\times[4\times5-(1+3)]\}\times18.5 \\
&=(0.374\ 4+0.007\ 875\times16)\times18.5 \\
&=0.500\ 4\times18.5 \\
&=9.26(\mathrm{m}^3)
\end{aligned}
$$

标准砖大放脚基础,放脚面积 ΔS 见表 5.2。

表 5.2 砖墙基础大放脚面积增加表 单位:m^2

放脚层数(n)	增加断面积 ΔS		放脚层数(n)	增加断面积 ΔS	
	等高	不等高（奇数层为半层）		等高	不等高（奇数层为半层）
一	0.015 75	0.007 9	十	0.866 3	0.669 4
二	0.047 25	0.039 4	十一	1.039 5	0.756 0
三	0.094 5	0.063 0	十二	1.228 5	0.945 0
四	0.157 5	0.126 0	十三	1.433 3	1.047 4
五	0.236 3	0.165 4	十四	1.653 8	1.267 9
六	0.330 8	0.259 9	十五	1.890 0	1.386 0
七	0.441 0	0.315 0	十六	2.142 0	1.638 0
八	0.567 0	0.441 0	十七	2.409 8	1.771 9
九	0.708 8	0.511 9	十八	2.693 3	2.055 4

注:1. 等高式 $\Delta S=0.007\ 875n(n+1)$。

2. 不等高式 $\Delta S=0.007\ 875[n(n+1)-\Sigma$ 半层放脚层数值]。

5.2.4 毛条石、条石基础

毛条石基础断面形状见图 5.21,毛石基础断面形状见图 5.22。

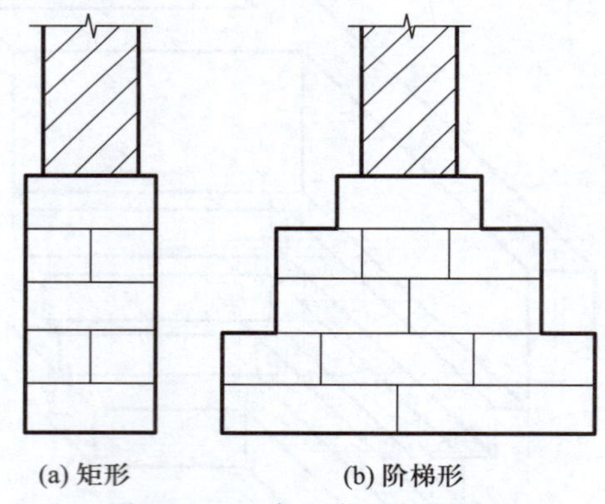

图 5.21 毛条石基础断面形状

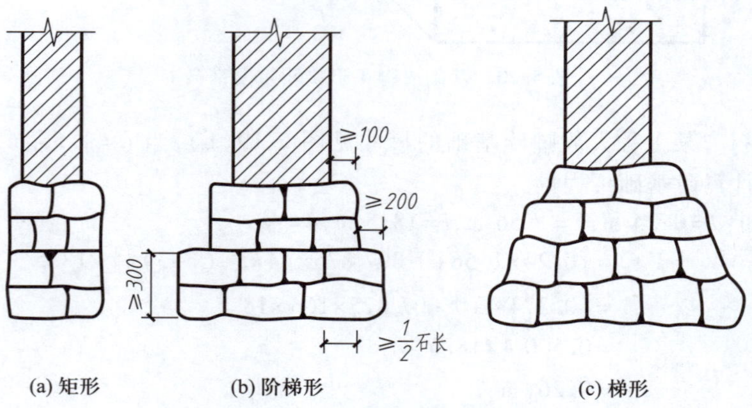

图 5.22 毛石基础断面形状

5.2.5　有放脚砖柱基础

有放脚砖柱基础工程量计算分为两个部分：一是将柱的体积算至基础底；二是将柱四周放脚体积算出（图 5.23、图 5.24）。

微课
砖柱基础工程量计算

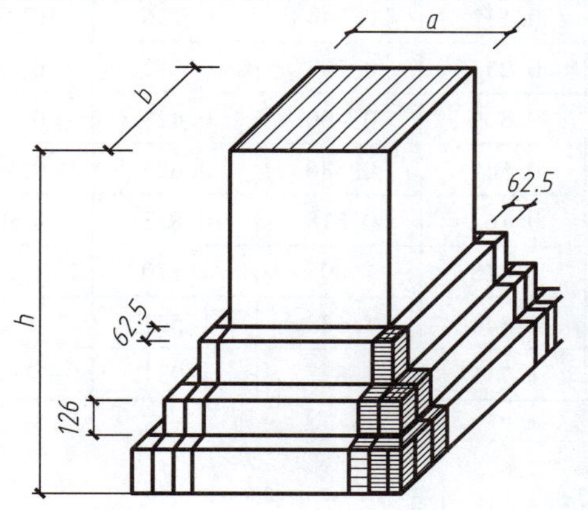

图 5.23　砖柱基四周放脚

图 5.24　砖柱基四周放脚体积 ΔV

计算公式：

$$V_{柱基}=abh+\Delta V$$
$$=abh+n(n+1)[0.007\ 875(a+b)+0.000\ 328\ 125(2n+1)]$$

式中：a——柱断面长；

b——柱断面宽；

h——柱基高；

n——放脚层数；

ΔV——砖柱基四周放脚体积。

【例 5.4】　某工程有 5 个等高式放脚砖柱基础，根据下列条件计算砖基础工程量：

柱断面　0.365 m×0.365 m

柱基高　1.85 m

放脚层数　5 层

解：已知 $a=0.365$ m，$b=0.365$ m，$h=1.85$ m，$n=5$。

$$V_{柱基}=5\times\{0.365\times0.365\times1.85+5\times6\times[0.007\ 875\times(0.365+0.365)+0.000\ 328\ 125\times(2\times5+1)]\}$$
$$=5\times(0.246+0.281)$$
$$=5\times0.527$$
$$=2.64(\mathrm{m}^3)$$

砖柱基四周放脚体积见表 5.3。

表 5.3　砖柱基四周放脚体积表

单位：m^3

ab / 放脚层数	0.24×0.24	0.24×0.365	0.365×0.365 0.24×0.49	0.365×0.49 0.24×0.615	0.49×0.49 0.365×0.615	0.49×0.615 0.365×0.74	0.365×0.865 0.615×0.615	0.615×0.74 0.49×0.865	0.74×0.74 0.615×0.865
一	0.010	0.011	0.013	0.015	0.017	0.019	0.021	0.024	0.025
二	0.033	0.038	0.045	0.050	0.056	0.062	0.068	0.074	0.080

续表

放脚层数 \ ab	0.24×0.24	0.24×0.365	0.365×0.365 0.24×0.49	0.365×0.49 0.24×0.615	0.49×0.49 0.365×0.615	0.49×0.615 0.365×0.74	0.365×0.865 0.615×0.615	0.615×0.74 0.49×0.865	0.74×0.74 0.615×0.865
三	0.073	0.085	0.097	0.108	0.120	0.132	0.144	0.156	0.167
四	0.135	0.154	0.174	0.194	0.213	0.233	0.253	0.272	0.292
五	0.221	0.251	0.281	0.310	0.340	0.369	0.400	0.428	0.458
六	0.337	0.379	0.421	0.462	0.503	0.545	0.586	0.627	0.669
七	0.487	0.543	0.597	0.653	0.708	0.763	0.818	0.873	0.928
八	0.674	0.745	0.816	0.887	0.957	1.028	1.095	1.170	1.241
九	0.910	0.990	1.078	1.167	1.256	1.344	1.433	1.521	1.61
十	1.173	1.282	1.390	1.498	1.607	1.715	1.823	1.931	2.04

5.3 砖 墙

5.3.1 墙的长度

外墙长度按外墙中心线长度计算，内墙长度按内墙净长线计算。

墙的长度计算方法如下。

1. 转角处的墙的长度计算

墙体在 90° 转角时，用中轴线尺寸计算墙长，就能算准墙体的体积。例如，图 5.25Ⓐ中，按箭头方向的尺寸算至两轴线的交点时，墙厚方向的水平断面积重复计算的矩形部分正好等于没有计算到的矩形面积。因而，凡是 90°转角的墙，算到中轴线交叉点时，就算够了墙的长度。

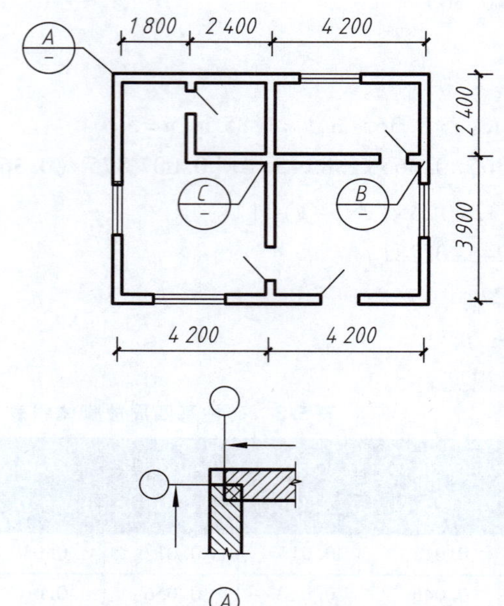

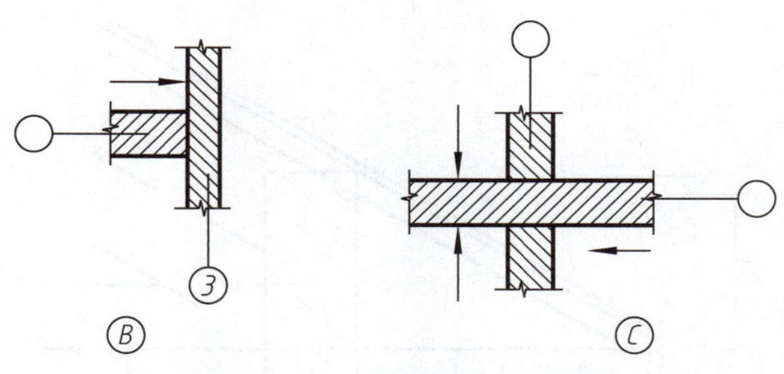

图 5.25　墙长计算示意图

2. T 形接头的墙的长度计算

当墙体处于 T 形接头时,T 形上部水平墙拉通算完长度后,垂直部分的墙只能从墙内边算净长。例如,图 5.25Ⓑ中,当③轴上的墙算完长度后,B 轴的墙的长度只能从③轴墙内边起计算,故内墙应按净长线计算。

3. 十字形接头的墙的长度计算

当墙体处于十字形接头形状时,计算方法基本与 T 形接头相同,见图 5.25Ⓒ。因此,十字形接头处分断的二道墙也应算净长。

【例 5.5】　根据图 5.25,计算内、外墙长(墙厚均为 240 mm)。

解:(1) 240 mm 厚外墙长。

$$l_{中}=[(4.2+4.2)+(3.9+2.4)]\times 2=29.40(\text{m})$$

(2) 240 mm 厚内墙长。

$$l_{中}=(3.9+2.4-0.24)+(4.2-0.24)+(2.4-0.12)+(2.4-0.12)=14.58(\text{m})$$

5.3.2　墙身高度的规定

(1) 外墙墙身高度。斜(坡)屋面无檐口顶棚的算至屋面板底;有屋架,且室内外均有顶棚的(图 5.26),算至屋架下弦底面另加 200 mm;无顶棚的算至屋架下弦底面另加 300 mm(图 5.27),出檐宽度超过 600 mm 时,应按实砌高度计算;平屋面算至钢筋混凝土板底(图 5.28)。

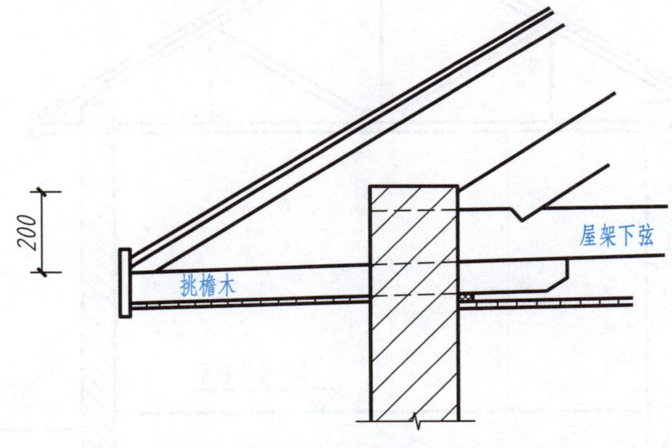

图 5.26　室内外均有顶棚时,外墙高度

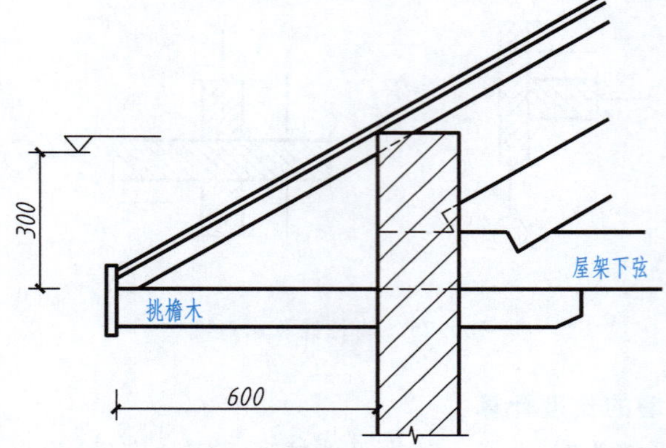

图 5.27 有屋架，无顶棚时，外墙高度

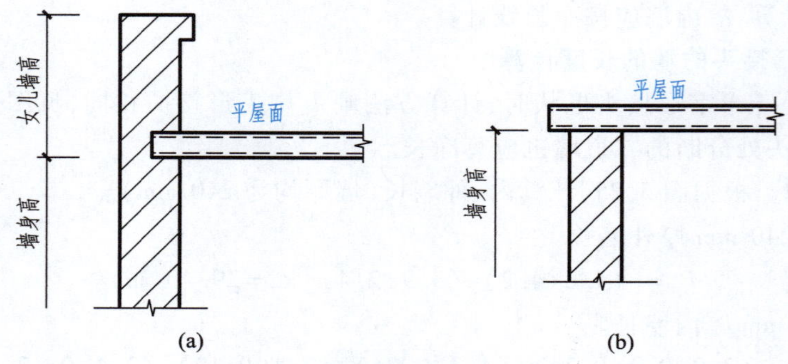

图 5.28 平屋面外墙墙身高度

（2）内墙墙身高度。内墙位于屋架下弦的（图 5.29），其高度算至屋架底；无屋架的（图 5.30）算至顶棚底另加 100 mm；有钢筋混凝土楼板隔层的（图 5.31）算至板底；有框架梁时（图 5.32）算至梁底面。

（3）内、外山墙墙身高度，按其平均高计算（图 5.33、图 5.34）。

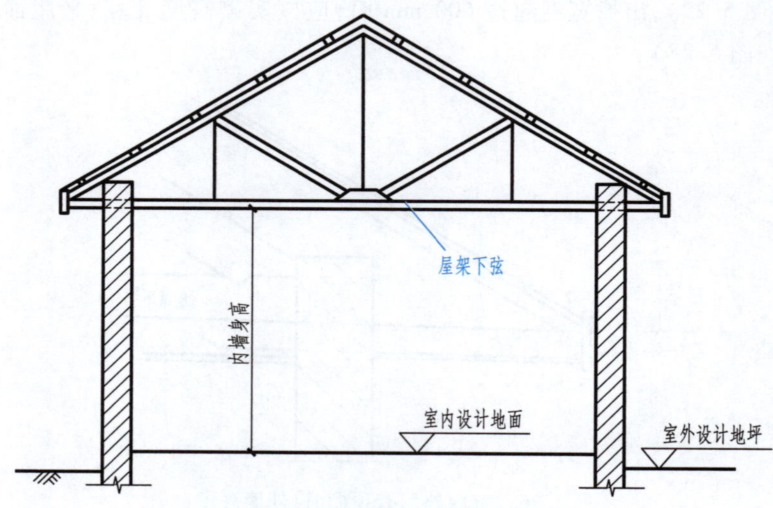

图 5.29 屋架下弦的内墙墙身高度

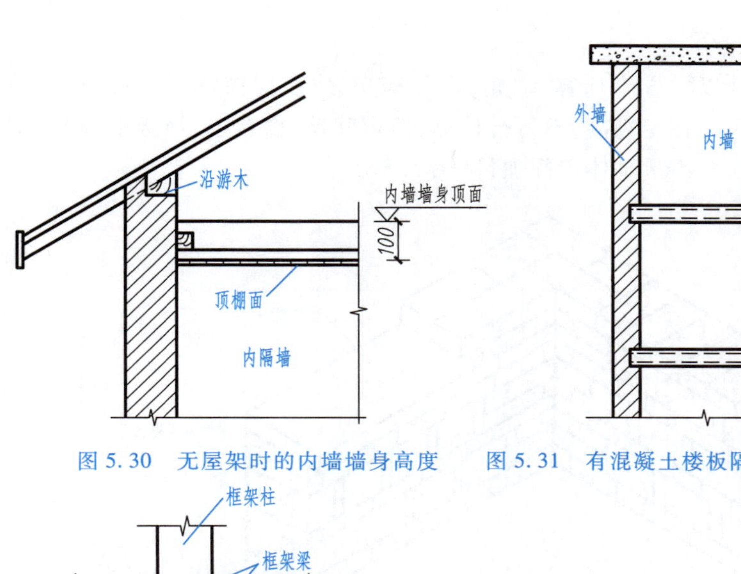

图 5.30　无屋架时的内墙墙身高度　　图 5.31　有混凝土楼板隔层时的内墙墙身高度

图 5.32　有框架梁时的墙身高度　　图 5.33　一坡水屋面外山墙墙高

5.3.3　框架间砌体、空斗墙等计算规定

1. 框架间砌体

框架间砌体，内外墙分别以框架间的净空面积（图 5.32）乘以墙厚计算。框架外表镶贴砖部分也并入框架间砌体工程量内计算。

空花墙按空花部分外形体积以立方米计算，空花部分不予扣除，其中实体部分另行计算，见图 5.35。

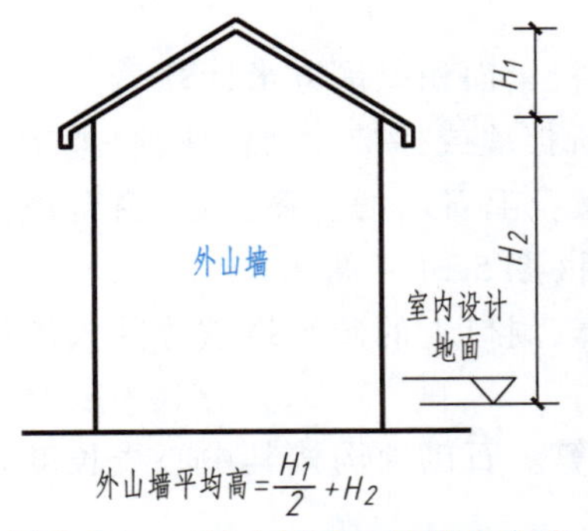

图 5.34　二坡水屋面山墙墙身高度

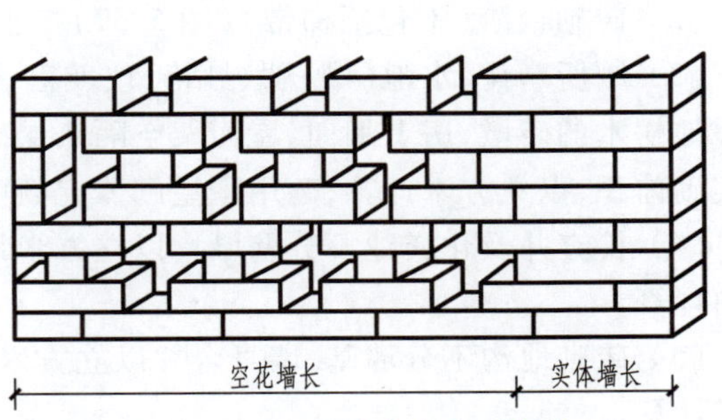

图 5.35　空花墙与实体墙划分

2. 空斗墙

空斗墙按外形尺寸以立方米计算，墙角、内外墙交接处，门窗洞口立边，窗台砖及屋檐处的实砌部分已包括在定额内，不另行计算，但窗间墙、窗台下、楼板下、梁头下等实砌部分，应另行计算，套零星砌体定额项目(图5.36)。

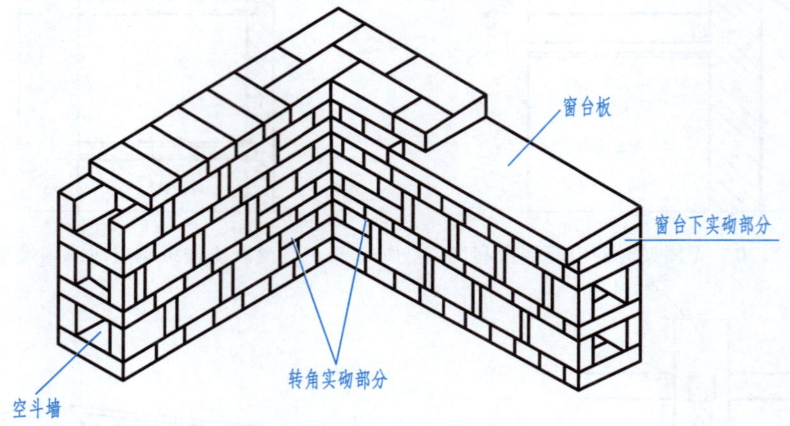

图5.36 空斗墙转角及窗台下实砌部分

3. 多孔砖墙

多孔砖、空心砖按厚度以立方米计算，不扣除其孔、空心部分体积。

4. 填充墙

填充墙按外形尺寸以立方米计算，其中实砌部分已包括在定额内，不另计算。

5. 加气混凝土墙

加气混凝土墙、硅酸盐砌块墙、小型空心砌块，按设计尺寸以立方米计算，按设计规定需要镶嵌砖砌体部分已包括在定额内，不另计算。

5.3.4 其他砌体

(1) 砖砌锅台、炉灶，不分大小，均按外形尺寸以立方米计算，不扣除各种空洞的体积。

说明：

① 锅台一般指大食堂、餐厅里用的锅灶；

② 炉灶一般指住宅里每户用的灶台。

(2) 砖砌台阶(不包括梯带)(图5.37)按水平投影面积以平方米计算。

(3) 厕所蹲位、水池(槽)腿、灯箱、垃圾箱、台阶挡墙或梯带、花台、花池、地垄墙及支撑地楞木的砖墩，房上烟囱、屋面架空隔热层砖墩及毛石墙的门窗立边、窗台虎头砖等实砌体积，以立方米计算，套用零星砌体定额项目(图5.38～图5.43)。

(4) 检查井及化粪池不分壁厚均以立方米计算，洞口上的砖平拱碹等并入砌体体积内计算。

(5) 砖砌地沟不分墙基、墙身合并以立方米计算。石砌地沟按其中心线长度以延长米计算。

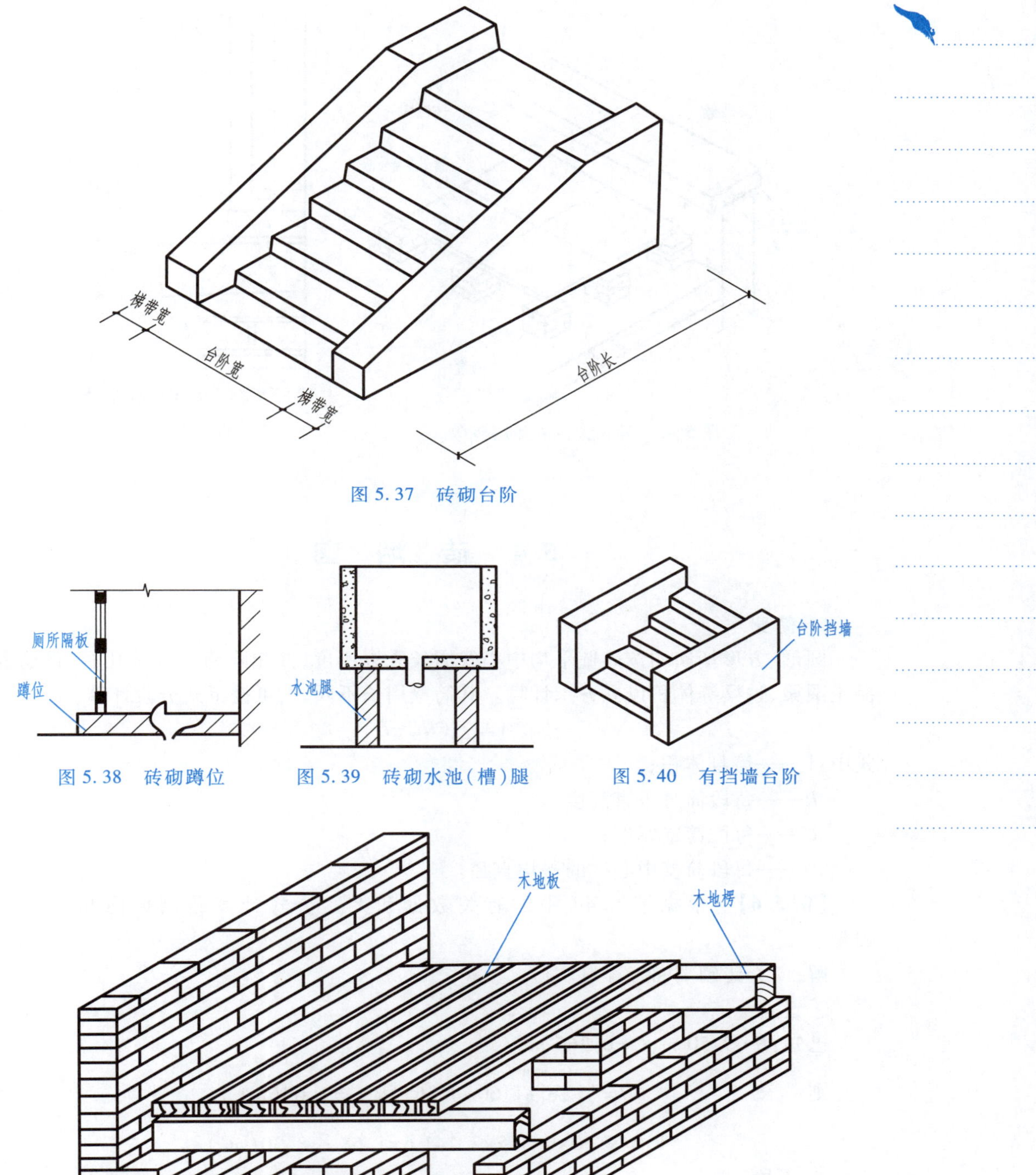

图 5.37　砖砌台阶

图 5.38　砖砌蹲位

图 5.39　砖砌水池(槽)腿

图 5.40　有挡墙台阶

图 5.41　地垄墙及支撑地楞砖墩

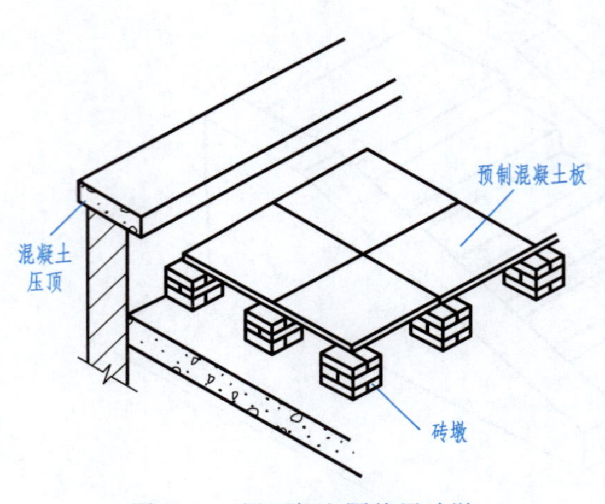

图 5.42 屋面架空隔热层砖墩

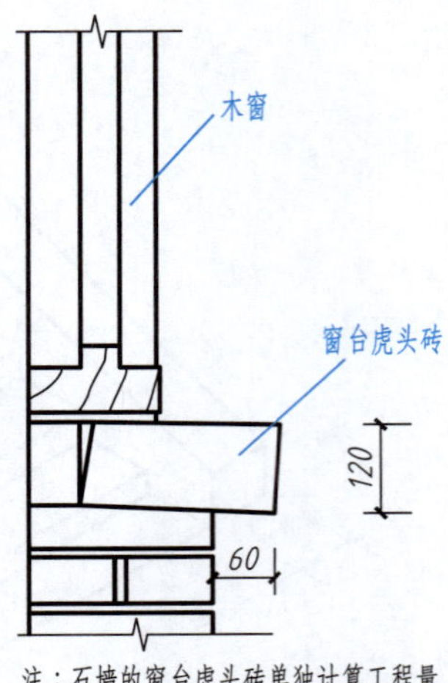

图 5.43 窗台虎头砖

5.4 砖 烟 囱

1. 筒身

圆形、方形烟囱均按筒壁平均中心线周长乘以厚度，并扣除筒身各种孔洞、钢筋混凝土圈梁、过梁等体积以立方米计算。其筒壁周长不同时，可按下式分段计算。

$$V=\sum(HC\pi D)$$

式中：V——筒身体积；

H——每段筒身垂直高度；

C——每段筒壁厚度；

D——每段筒壁中心线的平均直径。

【例 5.6】 根据图 5.44 中的有关数据和上述公式计算砖砌烟囱和圈梁工程量。

解：(1) 砖砌烟囱工程量。

① 上段。

已知：$H=9.50$ m，$C=0.365$ m。

则
$$D=(1.40+1.60+0.365)\times\frac{1}{2}=1.68(\mathrm{m})$$

$$V_{上}=9.50\times0.365\times3.1416\times1.68=18.30(\mathrm{m}^3)$$

② 下段。

已知：$H=9.0$ m，$C=0.490$ m。

则
$$D=(2.0+1.60+0.365\times2-0.49)\times\frac{1}{2}=1.92(\mathrm{m})$$

$$V_{下}=9.0\times0.49\times3.1416\times1.92=26.60(\mathrm{m}^3)$$

$$V=18.30+26.60=44.90(\mathrm{m}^3)$$

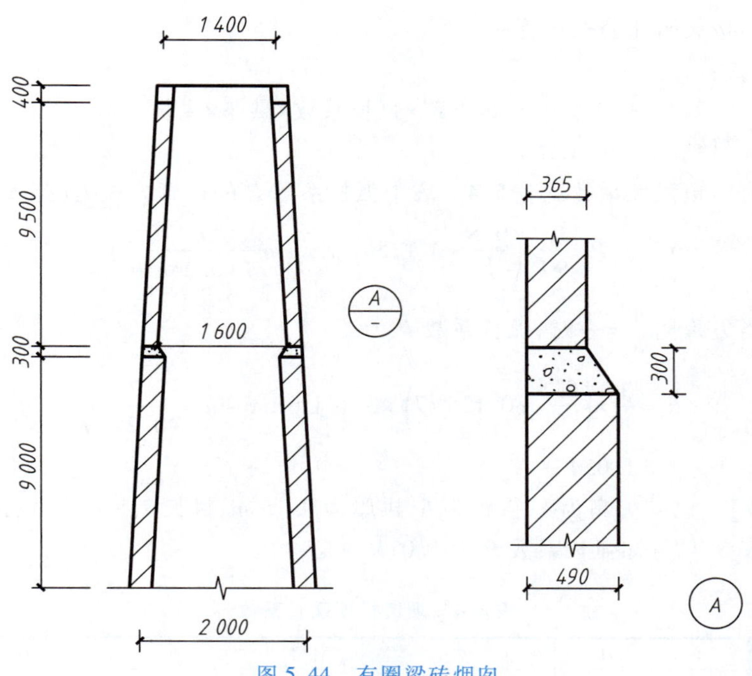

图 5.44　有圈梁砖烟囱

(2) 混凝土圈梁工程量。

① 上部圈梁。

$$V_{上} = 1.40 \times 3.1416 \times 0.4 \times 0.365 = 0.64 (m^3)$$

② 中部圈梁。

$$圈梁中心直径 = 1.60 + 0.365 \times 2 - 0.49 = 1.84 (m)$$

$$圈梁断面面积 = (0.365 + 0.49) \times \frac{1}{2} \times 0.30 = 0.128 (m^2)$$

$$V_{中} = 1.84 \times 3.1416 \times 0.128 = 0.74 (m^3)$$

则 $$V = 0.74 + 0.64 = 1.38 (m^3)$$

2. 烟道

烟道、烟囱内衬按不同材料，扣除孔洞后，以实体积计算。

3. 烟囱隔热层

烟囱内壁表面隔热层，按筒身内壁并扣除各种孔洞后的面积以平方米计算；填料按烟囱内衬与筒身之间的中心线平均周长乘以设计宽度和筒高，并扣除各种孔洞所占体积(但不扣除连接横砖及防沉带的体积)后以立方米计算。

4. 烟道砌砖

烟道与炉体的划分以第一道闸门为界，炉体内的烟道部分列入炉体工程量计算。烟道拱顶(图 5.45)按实体积计算，其计算方法有两种。

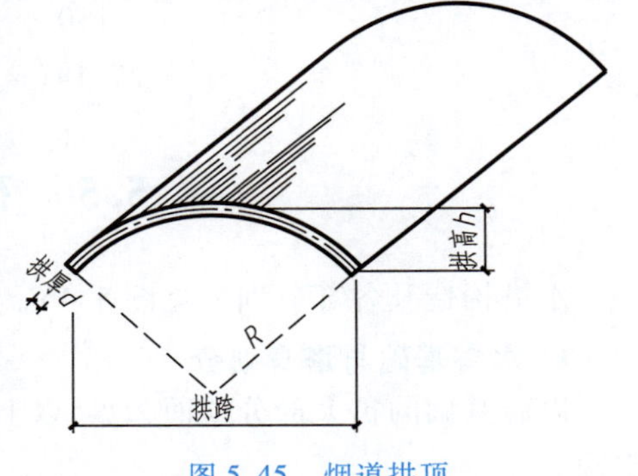

图 5.45　烟道拱顶

方法一:按矢跨比公式计算

计算公式:

$$V = 中心线拱跨 \times 弧长系数 \times 拱厚 \times 拱长 = bPdL$$

注:烟道拱顶弧长系数见表5.4。表中弧长系数 P 的计算公式为(当 $h=1$ 时)

$$P=\frac{1}{90}\times\left(\frac{0.5}{b}+0.125b\right)\pi\arcsin\frac{b}{1+0.25b^2}$$

例如:当矢跨比 $\frac{h}{b}=\frac{1}{7}$ 时,弧长系数 P 为

$$P=\frac{1}{90}\times\left(\frac{0.5}{7}+0.125\times7\right)\times3.1416\times\arcsin\frac{7}{1+0.25\times7^2}=1.054$$

【例5.7】 已知矢高为1,拱跨为6,拱厚为0.15 m,拱长7.8 m,求拱顶体积。

解:查表5.4,可知弧长系数 P 为1.07。

表5.4 烟道拱顶弧长系数

矢跨比 $\frac{h}{b}$	$\frac{1}{2}$	$\frac{1}{3}$	$\frac{1}{4}$	$\frac{1}{5}$	$\frac{1}{6}$	$\frac{1}{7}$	$\frac{1}{8}$	$\frac{1}{9}$	$\frac{1}{10}$
弧长系数 P	1.57	1.27	1.16	1.10	1.07	1.05	1.04	1.03	1.02

故 $V=6\times1.07\times0.15\times7.8=7.51(\mathrm{m}^3)$

方法二:按圆弧长公式计算

计算公式:

$$V = 圆弧长 \times 拱厚 \times 拱长 = ldL$$

式中: $l=\frac{\pi}{180}R\theta$

【例5.8】 某烟道拱顶厚0.18 m,半径4.8 m,θ 角为180°,拱长10 m,求拱顶体积。

解:已知:$d=0.18$ m,$R=4.8$ m,$\theta=180°$,$L=10$ m。

$$V=\frac{3.1416}{180}\times4.8\times180\times0.18\times10=27.14(\mathrm{m}^3)$$

5.5 砖砌水塔

水塔构造及各部分划分见图5.46。

1. 水塔基础与塔身划分

以砖基础的扩大部分顶面为界,以上为塔身、以下为基础,分别套用相应基础砌体定额。

2. 实砌体积计算

塔身以实砌体积计算,并扣除门窗洞口和混凝土构件所占的体积,砖平拱碹及砖出檐等并入塔身体积内计算,套水塔砌筑定额。

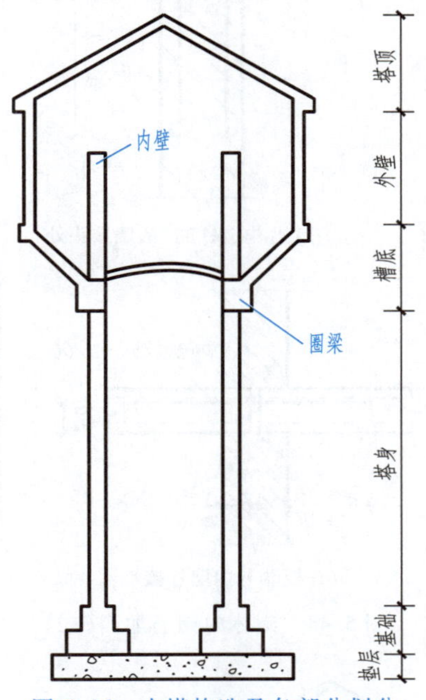

图 5.46　水塔构造及各部分划分

3. 砖水箱

砖水箱内外壁,不分壁厚,均以实砌体积计算,套相应的内外砖墙定额。

5.6　砌体内钢筋加固

砌体内钢筋加固根据设计规定,以吨计算,套用钢筋混凝土章节相应项目,见图 5.47 ~ 图 5.50。

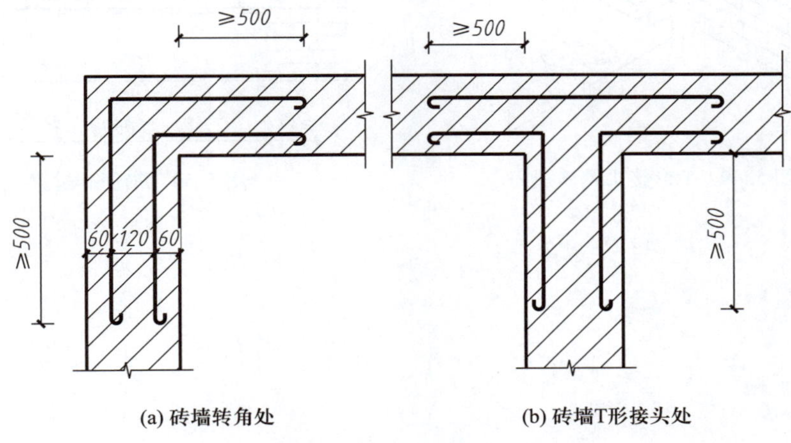

图 5.47　砌体内钢筋加固(一)

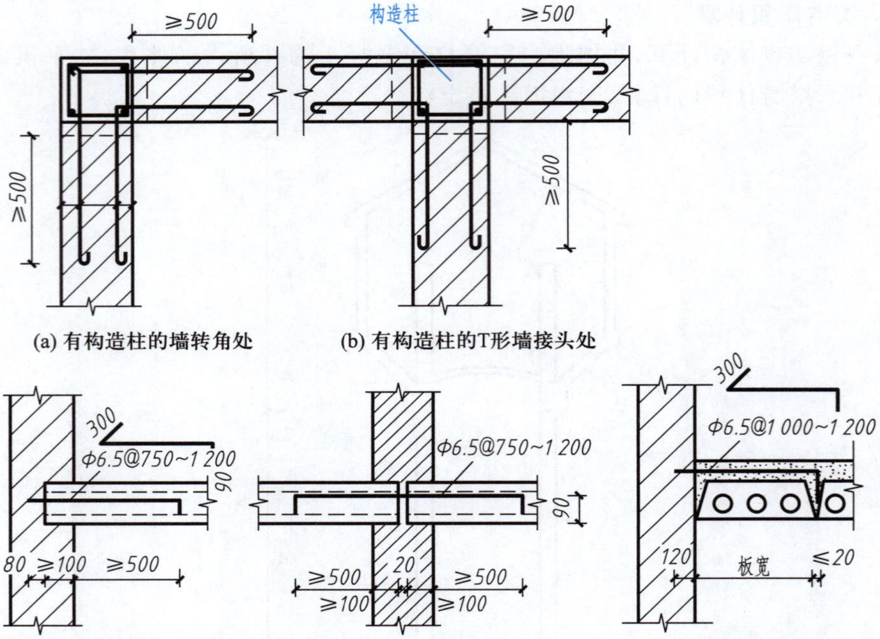

(a) 有构造柱的墙转角处 (b) 有构造柱的T形墙接头处

(c) 板端与外墙连接 (d) 板端与内墙连接 (e) 板与纵墙连接

图 5.48 砌体内钢筋加固(二)

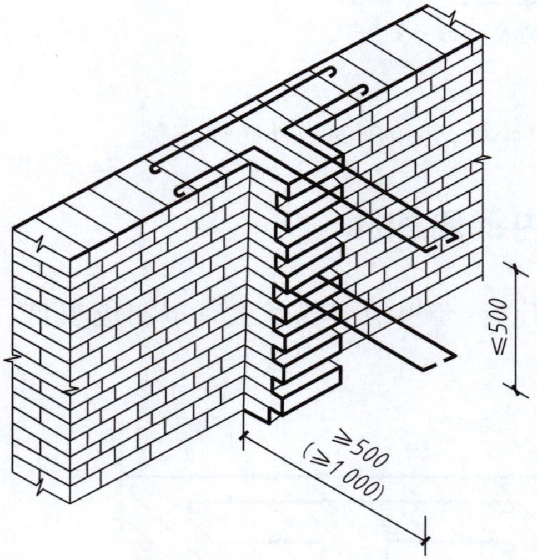

图 5.49 T 形接头钢筋加固

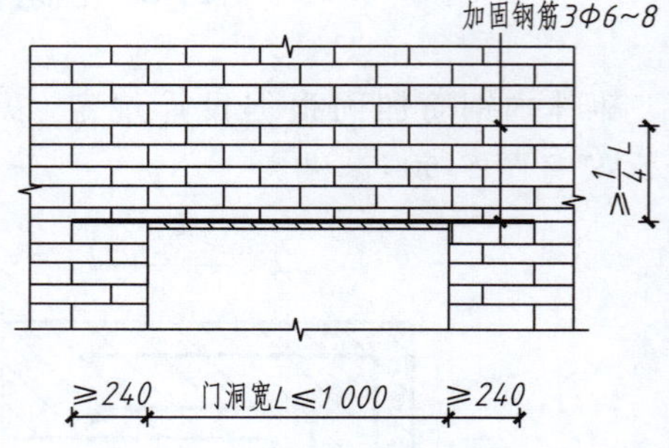

图 5.50 钢筋砖过梁

第6章

混凝土及钢筋混凝土工程量计算

6.1 现浇混凝土及钢筋混凝土模板工程量计算

1. 模板计算规则

现浇混凝土及钢筋混凝土模板工程量，除另有规定者外，均应区别模板的不同材质，按混凝土与模板接触面积，以平方米计算。

说明：除底面有垫层、构件（侧面有构件）及上表面不需支撑模板外，其余各个方向的面均应计算模板接触面积。

2. 支模高度

现浇钢筋混凝土柱、梁、板、墙的支模高度（即室外地坪至板底或板面至板底之间的高度）以3.6 m以内为准，超过3.6 m的部分，另按超过部分计算增加支撑工程量（图6.1）。

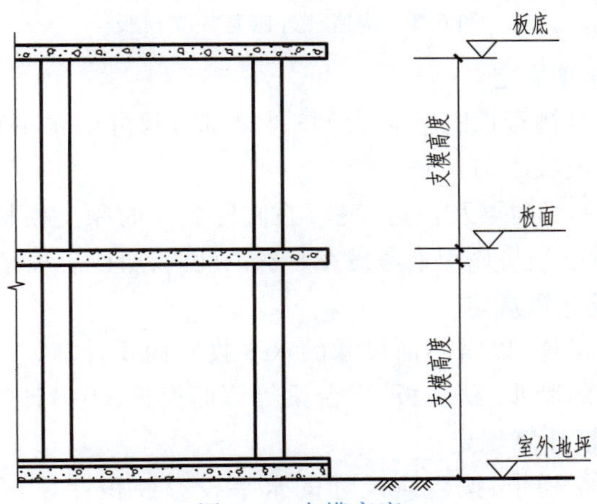

图6.1　支模高度

3. 混凝土模板计算规定

现浇钢筋混凝土墙、板上单孔面积在0.3 m^2 以内的孔洞,不予扣除,洞侧壁模板也不增加,单孔面积在0.3 m^2 以外时,应予扣除,洞侧壁模板面积并入墙、板模板工程量内计算。

4. 混凝土框架模板计算规定

现浇钢筋混凝土框架的模板分别按梁、板、柱、墙有关规定计算,附墙柱,并入墙内工程量计算。

5. 杯形基础模板计算规定

杯形基础杯口高度大于杯口大边长度的,套高杯基础模板定额项目(图6.2)。

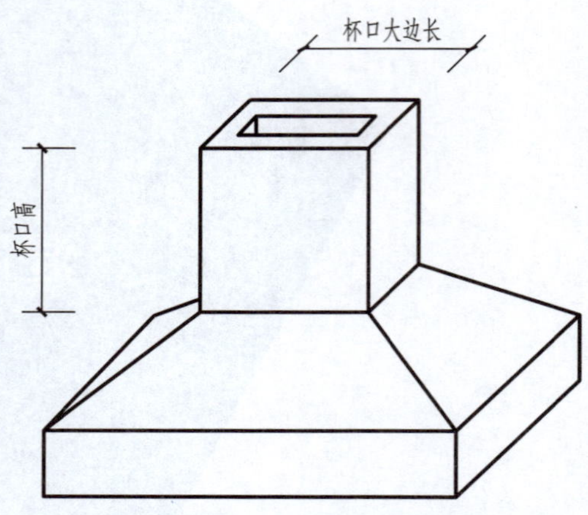

图6.2 高杯基础(杯口高大于杯口大边长时)

6. 构件连接重叠部分模板计算规定

柱与梁、柱与墙、梁与梁等连接的重叠部分以及伸入墙内的梁头、板头部分,均不计算模板面积。

7. 构造柱模板计算规定

构造柱外露面均应按外露部分计算模板面积。构造柱与墙接触部分不计算模板面积(图6.3)。

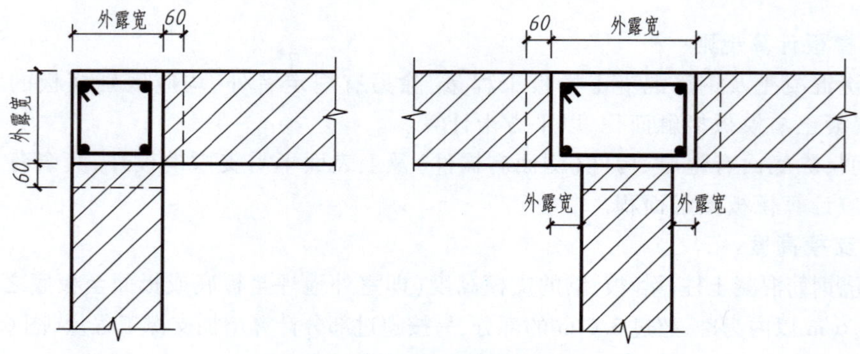

图6.3 构造柱外露宽须支模板

8. 悬挑板模板计算规定

现浇钢筋混凝土悬挑板(雨篷、阳台)按外挑部分尺寸的水平投影面积计算。挑出墙外的牛腿梁及板边模板不另计算。

说明:“挑出墙外的牛腿梁及板边模板”在实际施工时须支模板,为了简化工程量计算,在编制该项定额时已经将该因素考虑在定额消耗内,所以工程量就不单独计算了。

9. 现浇楼梯模板计算规定

现浇钢筋混凝土楼梯,以露明面尺寸的水平投影面积计算,不扣除小于500 mm楼梯井所占面积。楼梯的踏步、踏步板、平台梁等侧面模板,不另计算。

10. 现浇台阶模板计算规定

混凝土台阶不包括梯带,按台阶尺寸的水平投影面积计算,台阶端头两侧不另计算模板面积。

11. 现浇小型池槽模板计算规定

现浇混凝土小型池槽按构件外围体积计算，池槽内、外侧及底部的模板不应另计算。

6.2　预制钢筋混凝土构件模板工程量计算

(1) 预制钢筋混凝土模板工程量，除另有规定者外，均按混凝土实体体积以立方米计算。

(2) 小型池槽按外形体积以立方米计算。

(3) 预制桩尖按虚体积(不扣除桩尖虚体积部分)计算。

6.3　构筑物钢筋混凝土模板工程量计算

(1) 构筑物工程的模板工程量，除另有规定者外，区别现浇、预制和构件类别，分别按有关规定计算。

(2) 大型池槽等分别按基础、墙、板、梁、柱等有关规定计算并套相应定额项目。

(3) 液压滑升钢模板施工的烟囱、水塔塔身、贮仓等，均按混凝土体积，以立方米计算。

(4) 预制倒圆锥形水塔罐壳模板按混凝土体积，以立方米计算。

(5) 预制倒圆锥形水塔罐壳组装、提升、就位，按不同容积以座计算。

6.4　钢筋工程量计算

1. 钢筋工程量有关规定

(1) 钢筋工程，应区别现浇、预制构件、不同钢种和规格，分别按设计长度乘以单位质量，以吨计算。

(2) 计算钢筋工程量时，设计已规定钢筋搭接长度的，按规定搭接长度计算；设计未规定搭接长度的，已包括在钢筋的损耗率内，不另计算搭接长度。

2. 钢筋长度的确定

钢筋长 = 构件长 − 保护层厚度×2 + 弯钩长×2 + 弯起钢筋增加值(ΔL)×2

(1) 钢筋的混凝土保护层的确定。受力钢筋的混凝土保护层，应符合设计要求；当设计无具体要求时，不应小于受力钢筋直径，并应符合表 6.1 的要求。

表 6.1　纵向受力钢筋的混凝土保护层的最小厚度　　单位：mm

环境类别		板、墙、壳			梁			柱		
		≤C20	C25～C45	≥C50	≤C20	C25～C45	≥C50	≤C20	C25～C45	≥C50
一		20	15	15	30	25	25	30	30	30
二	*a*	—	20	20	—	30	30	—	30	30
	b	—	25	20	—	35	30	—	35	30
三		—	30	25	—	40	35	—	40	35

微课
钢筋弯钩长度计算

（2）钢筋的弯钩长度的确定。

Ⅰ级钢筋末端需要做180°、135°、90°弯钩时，其圆弧弯曲直径 D 不应小于钢筋直径 d 的 2.5 倍，平直部分长度不宜小于钢筋直径 d 的 3 倍（图 6.4）；HRB335 级、HRB400 级钢筋的弯弧内直径不应小于钢筋直径的 4 倍，弯钩的弯后平直部分应符合设计要求。

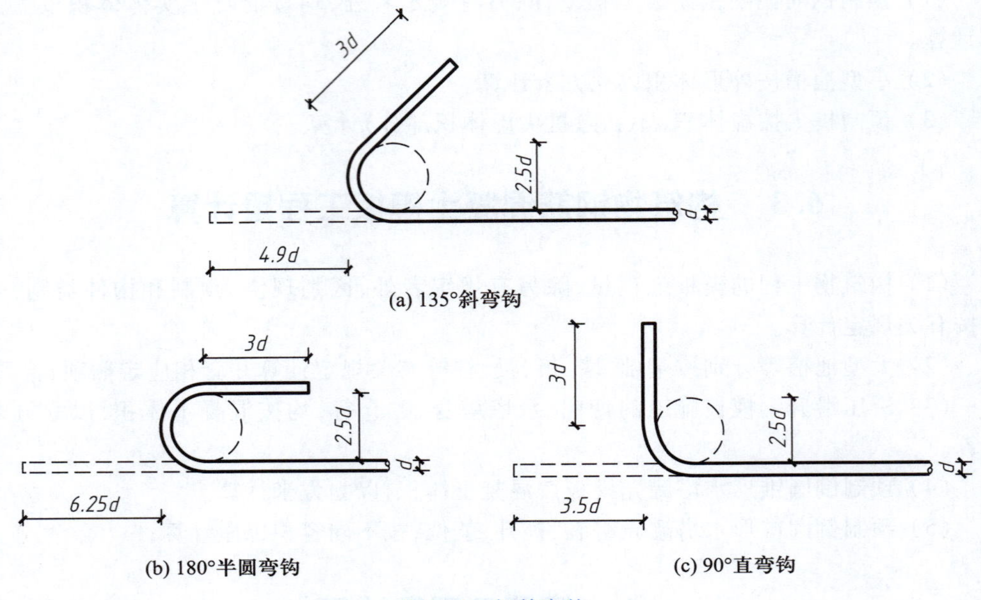

图 6.4 钢筋弯钩

由图 6.4 可见：

180°弯钩每个长 $=6.25d$

135°弯钩每个长 $=4.9d$

90°弯钩每个长 $=3.5d$

注：d 是以毫米为单位的钢筋直径。

（3）弯起钢筋的增加长度的确定。

弯起钢筋的弯起角度，一般有 30°、45°、60°三种，其弯起增加值是指斜边长与水平投影长度之间的差值，见图 6.5。

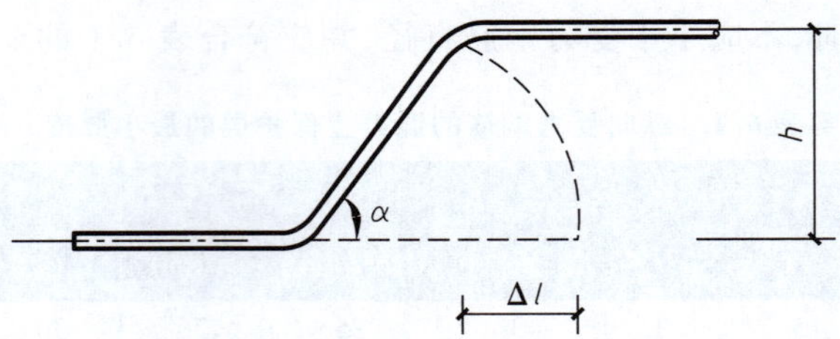

图 6.5 弯起钢筋增加长度

弯起钢筋斜边长及增加长度计算方法见表 6.2。

表 6.2　弯起钢筋斜边长及增加长度计算方法

形状		30°	45°	60°
计算方法	斜边长 S	$2\ h$	$1.414\ h$	$1.155\ h$
	增加长度 $S-L=\Delta l$	$0.268\ h$	$0.414\ h$	$0.577\ h$

（4）箍筋长度的确定。

箍筋的末端应做弯钩，弯钩形式应符合设计要求。当设计无具体要求时，用Ⅰ级钢筋或冷拔低碳钢丝制作的箍筋，其弯钩的弯曲直径应大于受力钢筋直径，且不小于箍筋直径的 2.5 倍；弯钩平直部分的长度，对一般结构来说，不宜小于箍筋直径的 5 倍；对有抗震要求的结构，不应小于箍筋直径的 10 倍，见图 6.6。

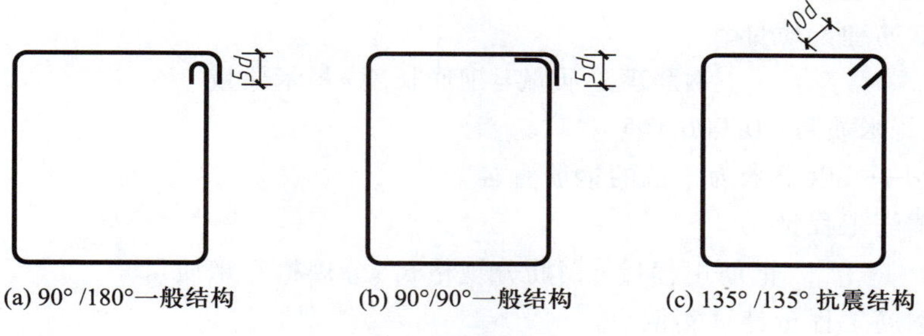

(a) 90° /180°一般结构　(b) 90°/90°一般结构　(c) 135° /135° 抗震结构

图 6.6　箍筋弯钩长度

箍筋长度，可按构件断面外边周长减去 8 个混凝土保护层厚度再加弯钩长计算，也可按构件断面外边周长加上箍筋增减值计算。其中公式为

箍筋长度 = 构件断面外边周长 + 箍筋增减值

箍筋增减值见表 6.3。

表 6.3　箍筋增减值　　单位：mm

形状		直径 d 4	6	6.5	8	10	12	备注
		Δl						
抗震结构		−88	−33	−20	22	78	133	$\Delta l=200-27.8\ d$
一般结构		−133	−100	−90	−66	−33	0	$\Delta l=200-16.75\ d$

续表

形状		直径 d						备注
		4	6	6.5	8	10	12	
		Δl						
一般结构		-140	-110	-103	-80	-50	-20	$\Delta l=200-15\ d$

3. 钢筋其他计算问题

在计算钢筋用量时，除要准确计算出图纸所表示的钢筋外，还要注意设计图纸未画出及未明确表示的钢筋，如楼板上负弯矩筋的分布筋、满堂基础底板的双层钢筋在施工时支撑所用的马凳及混凝土墙施工时所用的拉筋等。这些钢筋在设计图纸上，有时只有文字说明，或有时没有文字说明，但这些钢筋在构造上及施工上是必要的，则应按施工验收规范、抗震构造规范等要求补齐，并入钢筋用量中。

4. 钢筋质量计算

（1）钢筋理论质量。

$$钢筋理论质量=钢筋长度\times每米质量$$

式中：每米质量 $=0.006\ 165\ d^2$；

d——以毫米为单位的钢筋直径。

（2）钢筋工程量。

$$钢筋工程量=钢筋分规格长\times分规格每米质量$$

（3）钢筋工程量计算实例。

【例 6.1】 根据图 6.7 计算 8 根现浇 C20 钢筋混凝土矩形梁的钢筋工程量，混凝土保护层厚度为 25 mm。

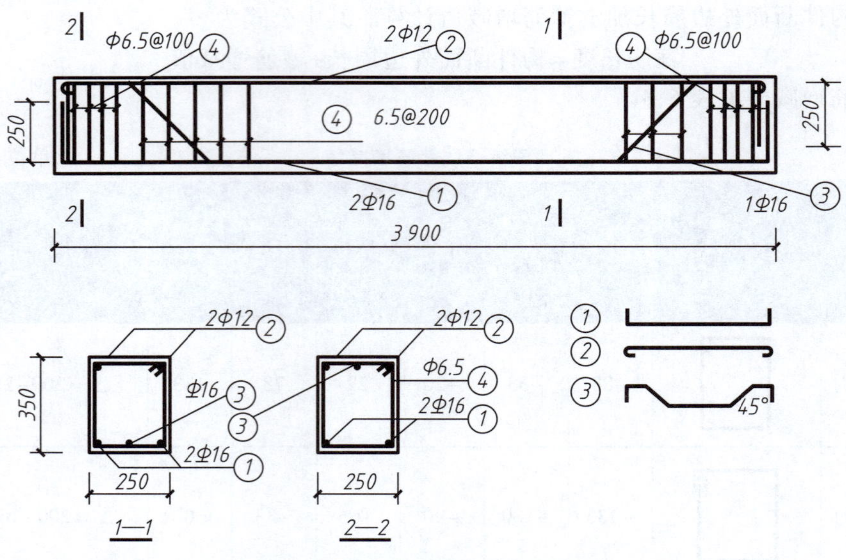

图 6.7　现浇 C20 钢筋混凝土矩形梁

解：(1) 计算一根矩形梁钢筋长度。

① 号筋(Φ16,2 根)。

$$l=(3.90-0.025\times2+0.25\times2)\times2$$
$$=4.35\times2=8.70(\mathrm{m})$$

② 号筋(Φ12,2 根)。

$$l=(3.90-0.025\times2+0.012\times6.25\times2)\times2$$
$$=4.0\times2=8.0(\mathrm{m})$$

③ 号筋(Φ16,1 根)。

弯起增加值计算,见表 6.2(下同)

$$l=3.90-0.025\times2+0.25\times2+(0.35-0.025\times2-0.016)\times0.414\times2$$
$$=4.35+0.284\times0.414\times2=4.35+0.24=4.59(\mathrm{m})$$

④ 号筋(Φ6.5)。

箍筋根数 $=(3.90-0.025\times2)\div0.20+1+4$(两端加密筋)

$=24$(根)

调整值见表 6.3(下同)

箍筋长 $=(0.35+0.25)\times2-0.02=1.18(\mathrm{m})$

$l=$ 箍筋长 × 根数 $=1.18\times24=28.32(\mathrm{m})$

(2) 计算 8 根矩形梁的钢筋质量。

Φ16:$(8.7+4.59)\times8\times1.58=167.99(\mathrm{kg})$

Φ12:$8.0\times8\times0.888=56.83(\mathrm{kg})$　} 286 kg

Φ6.5:$28.32\times8\times0.26=58.91(\mathrm{kg})$

注:Φ16 钢筋每米质量 $=0.006\,165\times16^2=1.58(\mathrm{kg/m})$

Φ12 钢筋每米质量 $=0.006\,165\times12^2=0.888(\mathrm{kg/m})$

Φ6.5 钢筋每米质量 $=0.006\,165\times6.5^2=0.26(\mathrm{kg/m})$

6.5　铁件工程量计算

钢筋混凝土构件预埋铁件工程量,按设计尺寸,以吨计算。

【例 6.2】　根据图 6.8,计算 5 根预制柱的预埋件工程量。

解：(1) 每根柱预埋件工程量。

M-1:钢板:$0.4\times0.4\times78.5=12.56(\mathrm{kg})$

Φ12:$2\times(0.30+0.36\times2+12.5\times0.012)\times0.888=2.08(\mathrm{kg})$

M-2:钢板:$0.3\times0.4\times78.5=9.42(\mathrm{kg})$

Φ12:$2\times(0.25+0.36\times2+12.5\times0.012)\times0.888=1.99(\mathrm{kg})$

M-3:钢板:$0.3\times0.35\times78.5=8.24(\mathrm{kg})$

Φ12:$2\times(0.25+0.36\times2+12.5\times0.012)\times0.888=1.99(\mathrm{kg})$

M-4:钢板:$2\times0.1\times0.32\times2\times78.5=10.05(\mathrm{kg})$

Φ18:$2\times3\times0.38\times2.00=4.56(\mathrm{kg})$

M-5:钢板:$4\times0.1\times0.36\times2\times78.5=22.61(\mathrm{kg})$

Φ18:$4\times3\times0.38\times2.00=9.12(\mathrm{kg})$

小计:82.62 kg

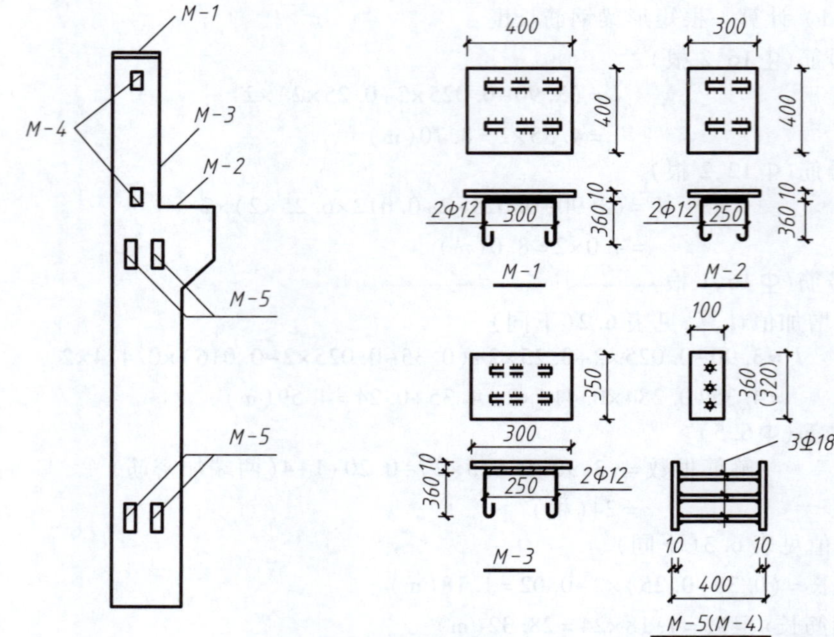

图 6.8 钢筋混凝土预制柱预埋件

(2) 5 根柱预埋铁件工程量。

$$82.62\times5=413.1(\text{kg})=0.413(\text{t})$$

6.6 现浇混凝土工程量计算

6.6.1 计算规定

混凝土工程量除另有规定者外，均按设计尺寸实体体积以立方米计算。不扣除构件内钢筋、预埋铁件及墙、板中 0.3 m² 内的孔洞所占体积。

6.6.2 现浇基础

各种现浇基础如图 6.9～图 6.13 所示。

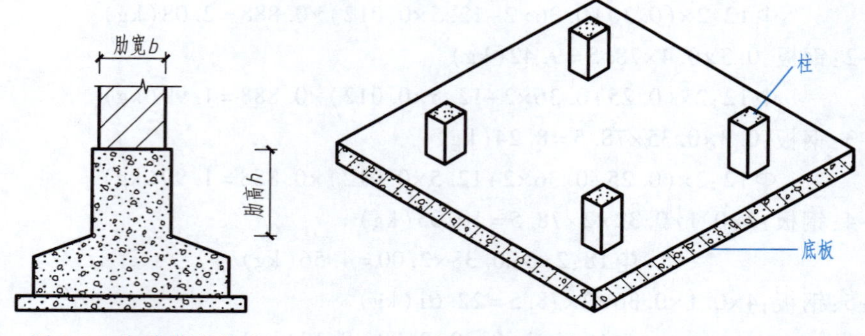

图 6.9 有肋带形基础

$h/b>4$ 时，肋按墙计算

图 6.10 板式(筏形)满堂基础

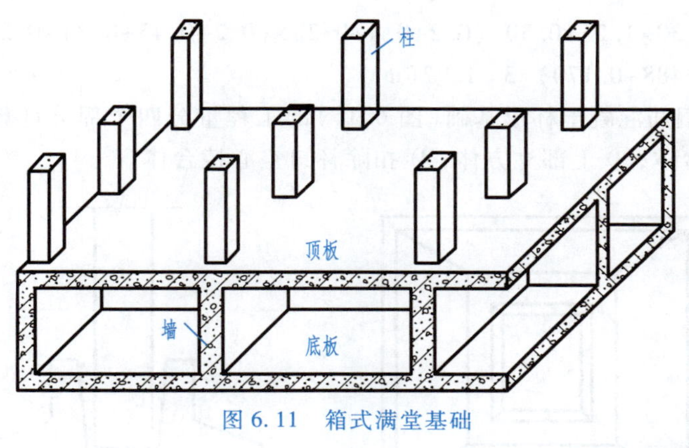

图 6.11　箱式满堂基础

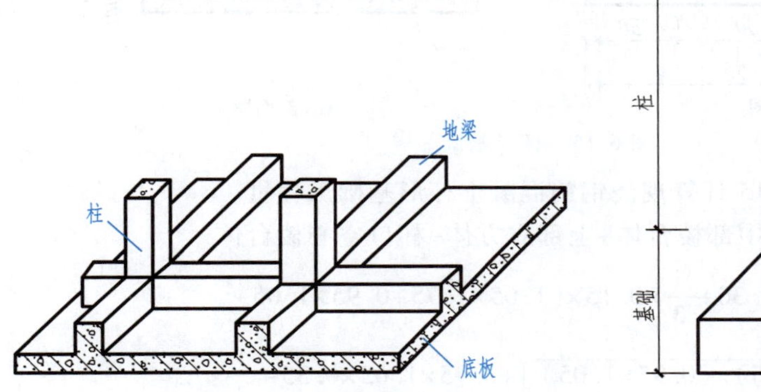

图 6.12　梁板式满堂基础

图 6.13　钢筋混凝土独立基础

（1）有肋带形混凝土基础（图 6.9），其肋高与肋宽之比在 4∶1 以内的按有肋带形基础计算。超过 4∶1 时，其基础底板按板式基础计算，以上部分按墙计算。

微课
有肋带形混凝土基础工程量计算

（2）箱式满堂基础应分别按无梁式满堂基础、柱、墙、梁、板有关规定计算，套相应定额项目（图 6.11）。

（3）设备基础除块体外，其他类型设备基础分别按基础、梁、柱、板、墙等有关规定计算，套相应的定额项目。

（4）钢筋混凝土独立基础与柱在基础上表面分界见图 6.13。

【例 6.3】　根据图 6.14 计算 3 个钢筋混凝土独立柱基工程量。

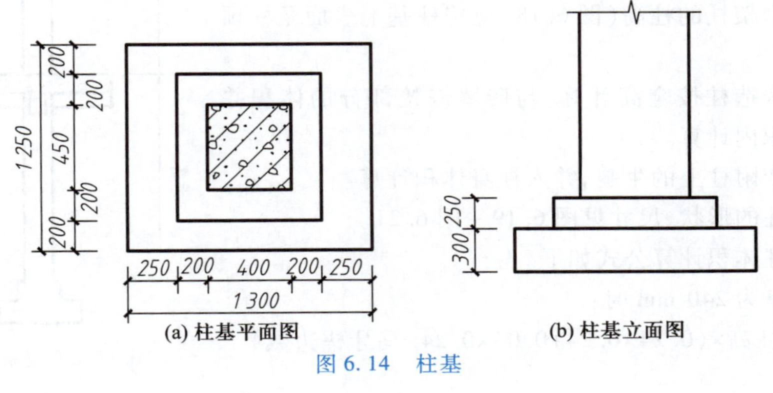

图 6.14　柱基

解：$V=[1.30\times1.25\times0.30+(0.2+0.4+0.2)\times(0.2+0.45+0.2)\times0.25]\times3$
$=(0.488+0.170)\times3=1.97(\text{m}^3)$

（5）现浇钢筋混凝土杯形基础（图6.15）的工程量分四个部分计算：① 底部立方体；② 中部棱台体；③ 上部立方体；④ 扣除杯口空心棱台体。

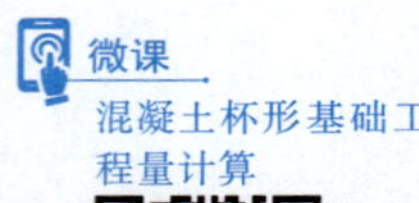

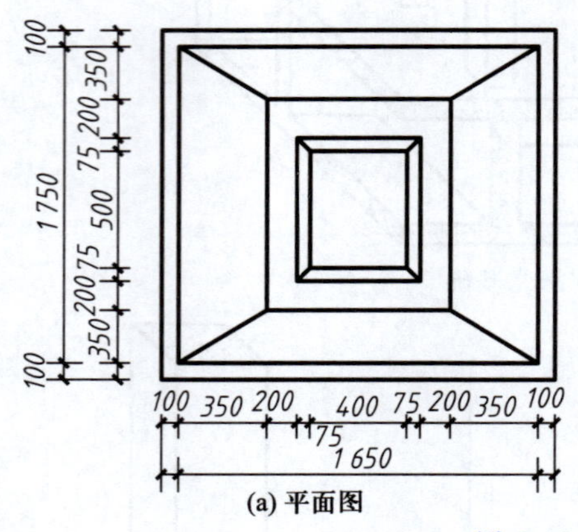

(a) 平面图

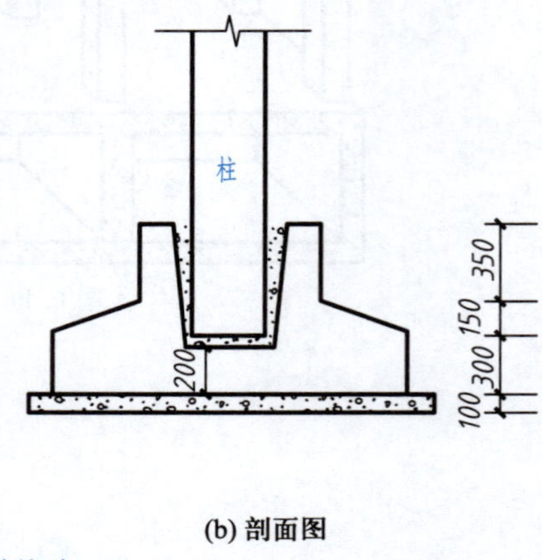

(b) 剖面图

图6.15 杯形基础

【例6.4】 根据图6.15计算现浇钢筋混凝土杯形基础工程量。

解 V=底部立方体+中部棱台体+上部立方体−杯口空心棱台体

$$=1.65\times1.75\times0.30+\frac{1}{3}\times0.15\times[1.65\times1.75+0.95\times1.05+\sqrt{(1.65\times1.75)\times(0.95\times1.05)}]+0.95\times1.05\times0.35-\frac{1}{3}\times(0.8-0.2)\times[0.4\times0.5+0.55\times0.65+\sqrt{(0.4\times0.5)\times(0.55\times0.65)}]$$
$$=0.866+0.279+0.349-0.165=1.33(\text{m}^3)$$

6.6.3 柱

柱按断面尺寸乘以柱高以立方米计算。柱高按下列规定确定。

（1）有梁板的柱高（图6.16），应按柱基上表面（或楼板上表面）至柱顶高度计算。

（2）无梁板的柱高（图6.17），应按柱基上表面（或楼板上表面）至柱帽下表面之间的高度计算。

（3）框架柱的柱高（图6.18）应按柱基上表面至柱顶高度计算。

（4）构造柱按全高计算，与砖墙嵌接部分的体积并入柱身体积内计算。

（5）依附柱上的牛腿，并入柱身体积计算。

构造柱的形状、尺寸见图6.19～图6.21。

构造柱体积计算公式如下。

当墙厚为240 mm时：

V=构造柱高×（0.24×0.24+0.03×0.24×马牙槎边数）

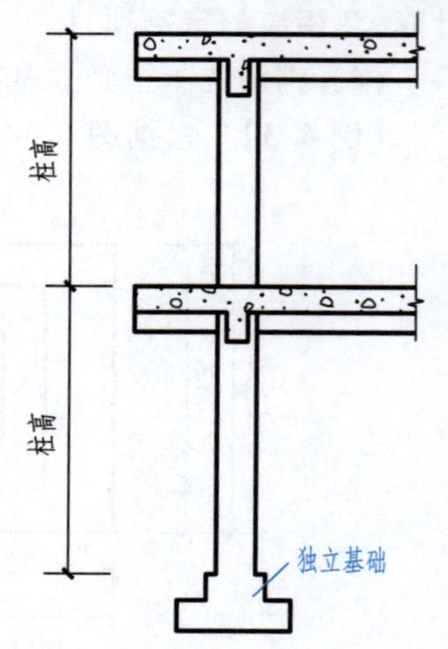

图6.16 有梁板的柱高

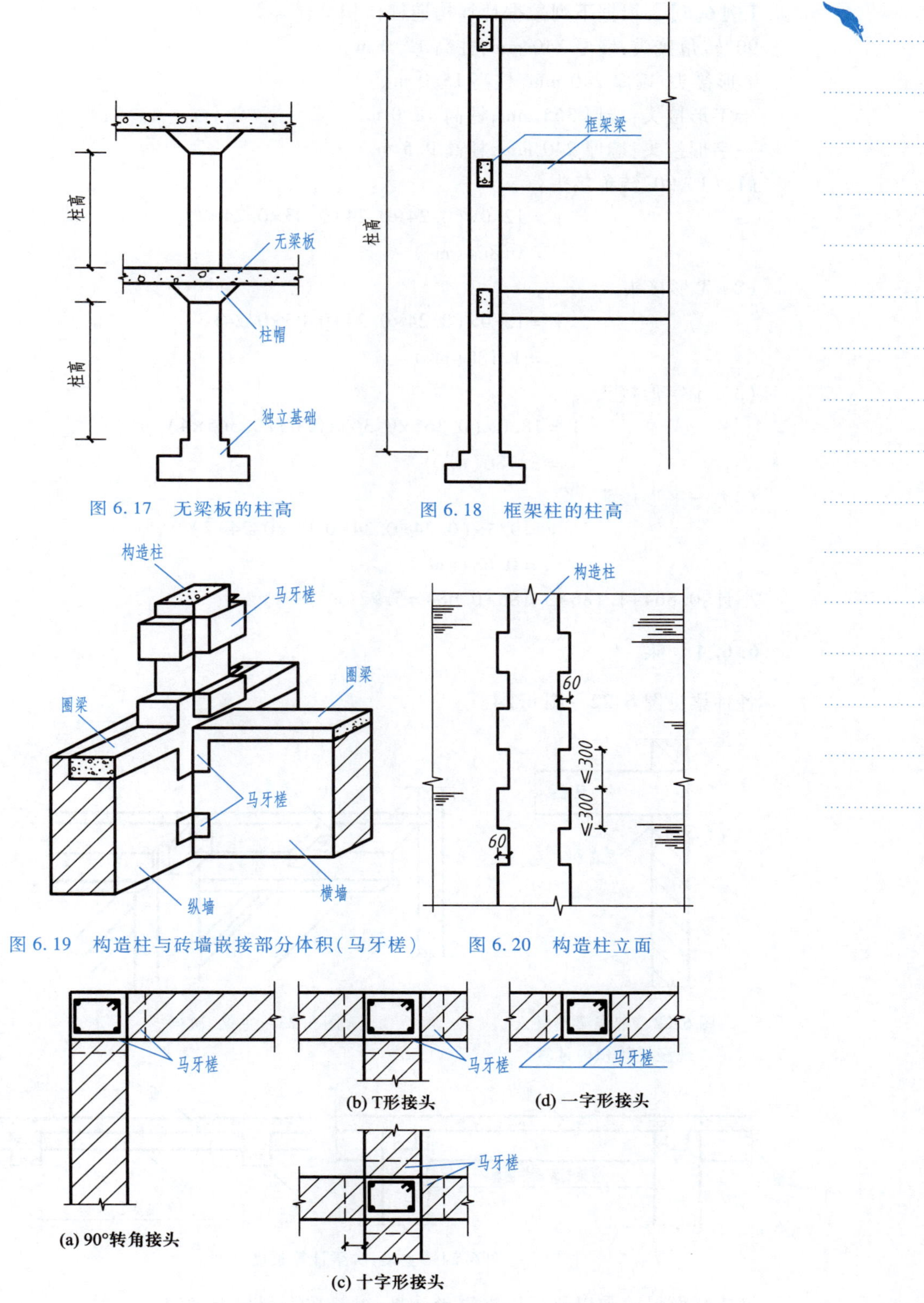

图 6.17　无梁板的柱高

图 6.18　框架柱的柱高

图 6.19　构造柱与砖墙嵌接部分体积(马牙槎)

图 6.20　构造柱立面

图 6.21　不同平面形状构造柱

【例 6.5】 根据下列数据计算构造柱体积。

90°转角接头:墙厚 240 mm,柱高 12.0 m。

T 形接头:墙厚 240 mm,柱高 15.0 m。

十字形接头:墙厚 365 mm,柱高 18.0 m。

一字形接头:墙厚 240 mm,柱高 9.5 m。

解:(1) 90°转角接头。

$$V = 12.0\times(0.24\times0.24+0.03\times0.24\times2) = 0.864(\mathrm{m}^3)$$

(2) T 形接头。

$$V = 15.0\times(0.24\times0.24+0.03\times0.24\times3) = 1.188(\mathrm{m}^3)$$

(3) 十字形接头。

$$V = 18.0\times(0.365\times0.365+0.03\times0.365\times4) = 3.186(\mathrm{m}^3)$$

(4) 一字形接头。

$$V = 9.5\times(0.24\times0.24+0.03\times0.24\times2) = 0.684(\mathrm{m}^3)$$

小计:0.864+1.188+3.186+0.684=5.92(m³)

6.6.4 梁

各种梁见图 6.22～图 6.24。

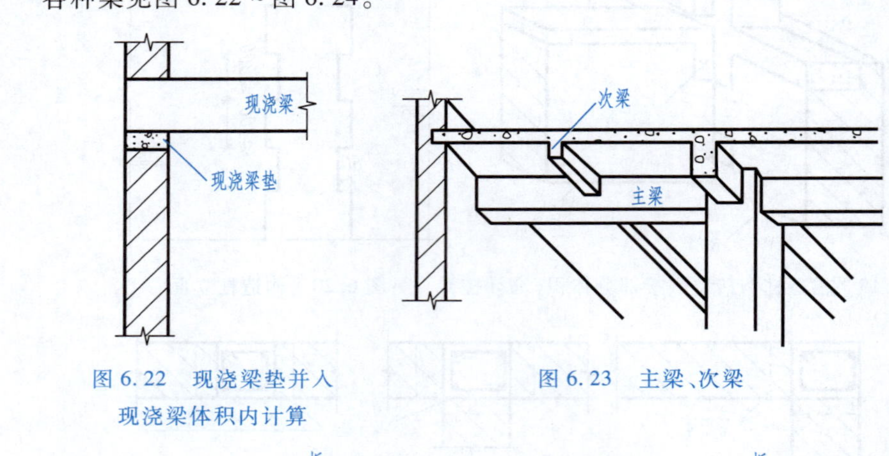

图 6.22 现浇梁垫并入现浇梁体积内计算

图 6.23 主梁、次梁

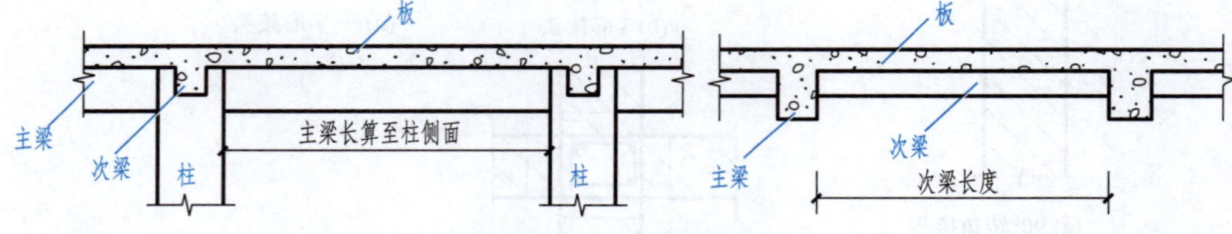

图 6.24 主梁、次梁计算长度

梁按断面尺寸乘以梁长以立方米计算,梁长按下列规定确定。

（1）梁与柱连接时，梁长算至柱侧面。

（2）主梁与次梁连接时，次梁长算至主梁侧面。

（3）伸入墙内梁头、梁垫体积并入梁体积内计算。

6.6.5　板

现浇板按面积乘以板厚以立方米计算。

（1）有梁板包括主、次梁与板，按梁板体积之和计算。

（2）无梁板按板和柱帽体积之和计算。

（3）平板按板实体积计算。

（4）现浇挑檐、天沟与板（包括屋面板、楼板）连接时，以外墙为分界线，与圈梁（包括其他梁）连接时，以梁外边线为分界线。外墙边线以外或梁外边线以外为挑檐、天沟（图 6.25）。

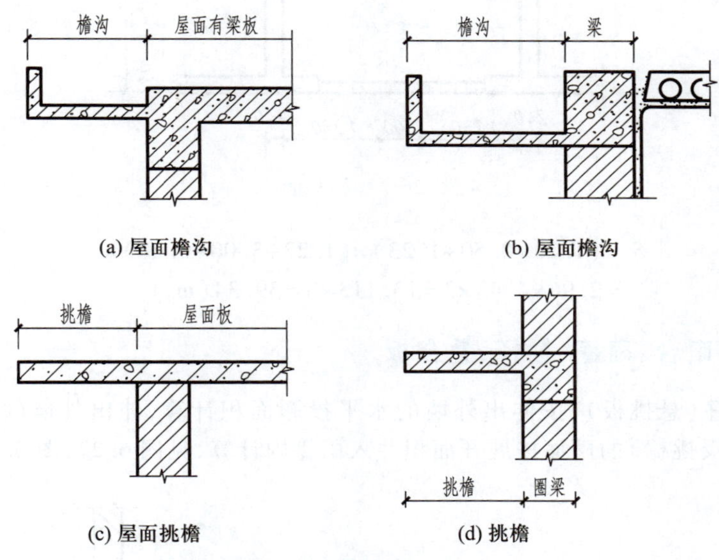

图 6.25　现浇挑檐、天沟与板、梁划分

（5）各类板伸入墙内的板头并入板体积内计算。

6.6.6　墙

现浇钢筋混凝土墙按中心线长度乘以墙高及厚度，以立方米计算。应扣除门窗洞口及 0.3 m^2 以外孔洞的体积，墙垛及凸出部分并入墙体积内计算。

6.6.7　整体楼梯

现浇钢筋混凝土整体楼梯，包括休息平台、平台梁、斜梁及楼梯的连接梁，按水平投影面积计算，不扣除宽度小于 500 mm 的楼梯井，伸入墙内部分不另增加。

说明：平台梁、斜梁比楼梯板厚，好像少算了；不扣除宽度小于 500 mm 楼梯井，好像多算了；伸入墙内部分不另增加等。这些因素在编制定额时已经作了综合考虑。

【例 6.6】 某工程现浇钢筋混凝土楼梯（图 6.26）包括休息平台至平台梁，试计算该楼梯工程量（建筑物 4 层，共 3 层楼梯）。

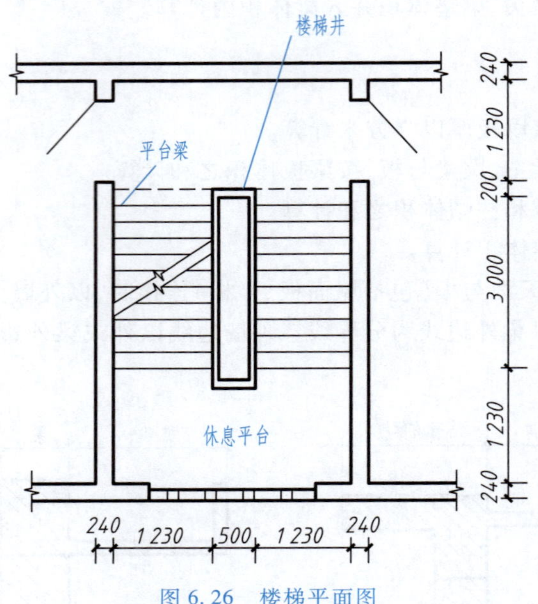

图 6.26 楼梯平面图

解：

$$S=(1.23+0.50+1.23)\times(1.23+3.00+0.20)\times3$$
$$=2.96\times4.43\times3=13.113\times3=39.34(\mathrm{m}^2)$$

6.6.8 阳台、雨篷、栏杆、叠合板

阳台、雨篷（悬挑板），按伸出外墙的水平投影面积计算，伸出外墙的牛腿不另计算。带反边（反挑檐）的雨篷按展开面积并入雨篷内计算，见图 6.27、图 6.28。

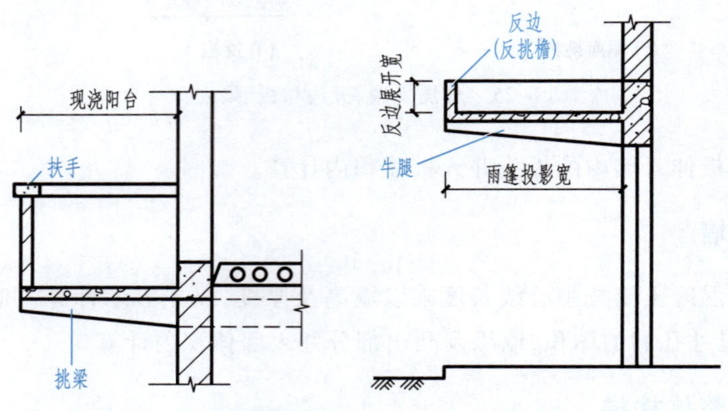

图 6.27 有现浇挑梁的现浇阳台　　图 6.28 带反边雨篷

栏杆按净长度以延长米计算。伸入墙内的长度已综合在定额内。栏板以立方米计算，伸入墙内的栏板，合并计算。

现浇叠合板，按平板计算，见图 6.29。

预制钢筋混凝土梁与现浇叠合层按设计规定断面和长度以立方米计算，见图 6.30。

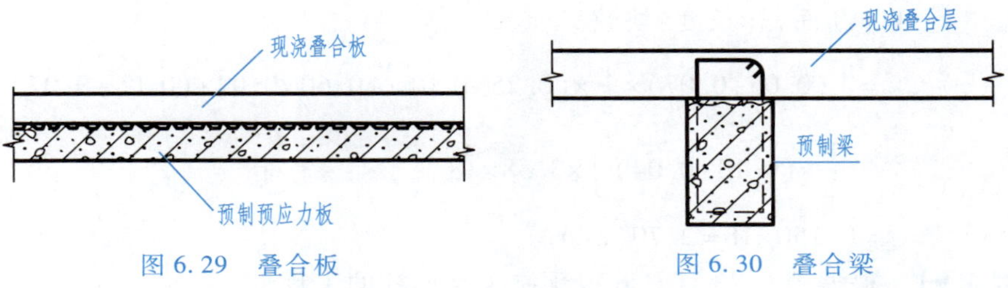

图 6.29　叠合板　　图 6.30　叠合梁

6.7　预制混凝土工程量计算

(1) 计算规则。预制混凝土工程量均按设计尺寸实体体积以立方米计算，不扣除构件内钢筋、铁件及小于 300 mm×30 mm 的孔洞面积。

(2) 计算实例。

【例 6.7】　根据图 6.31 计算 20 块 YKB-3364 预应力空心板的工程量。

解：

$$V=\text{空心板净断面积}\times\text{板长}\times\text{块数}$$

$$=\left[0.12\times(0.57+0.59)\times\frac{1}{2}-0.785\,4\times(0.076)^2\times6\right]\times3.28\times20$$

$$=(0.069\,6-0.027\,2)\times3.28\times20=0.042\,4\times3.28\times20=2.78\ \text{m}^3$$

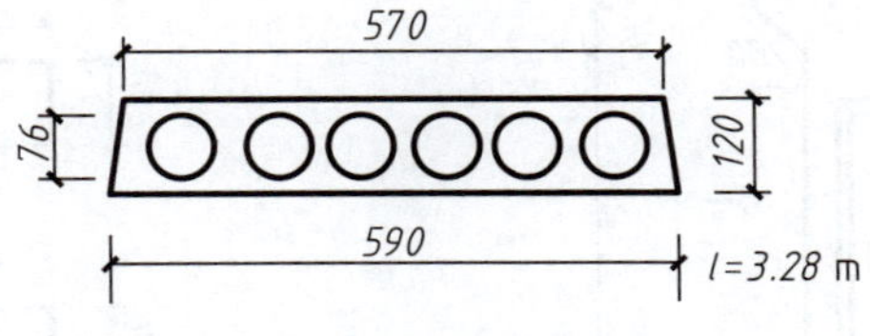

图 6.31　YKB-3364 预应力空心板

【例 6.8】　根据图 6.32 计算 18 块预制天沟板的工程量。

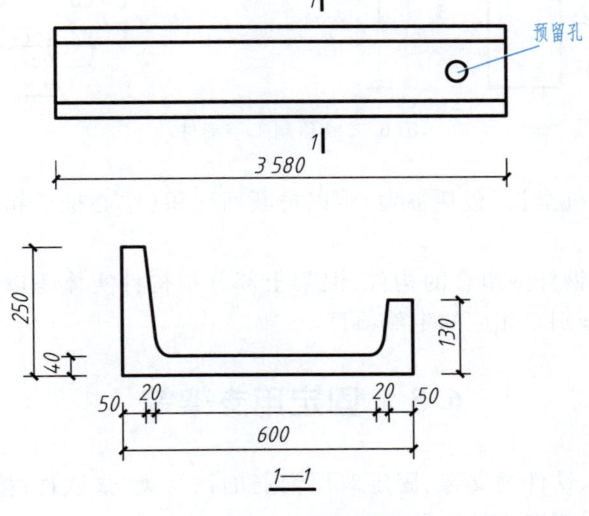

图 6.32　预制天沟板

解： V = 断面积×长度×块数

$$=\left[(0.05+0.07)\times\frac{1}{2}\times(0.25-0.04)+0.60\times0.04+(0.05+0.07)\times\frac{1}{2}\times(0.13-0.04)\right]\times3.58\times18$$

$$=0.150\times18=2.70(\text{m}^3)$$

【例 6.9】 根据图 6.33 计算 6 根预制工字形柱的工程量。

解：V =（上柱体积+牛腿部分体积+下柱外形体积−工字形槽口体积）×根数

$$=\left\{(0.40\times0.40\times2.40)+\left[0.40\times(1.0+0.80)\times\frac{1}{2}\times0.20+0.40\times1.0\times0.40\right]+(10.8\times0.80\times0.40)-\frac{1}{2}\times(8.5\times0.50+8.45\times0.45)\times0.15\times2\right\}\times6$$

$$=(0.384+0.232+3.456-1.208)\times6$$

$$=2.864\times6=17.18(\text{m}^3)$$

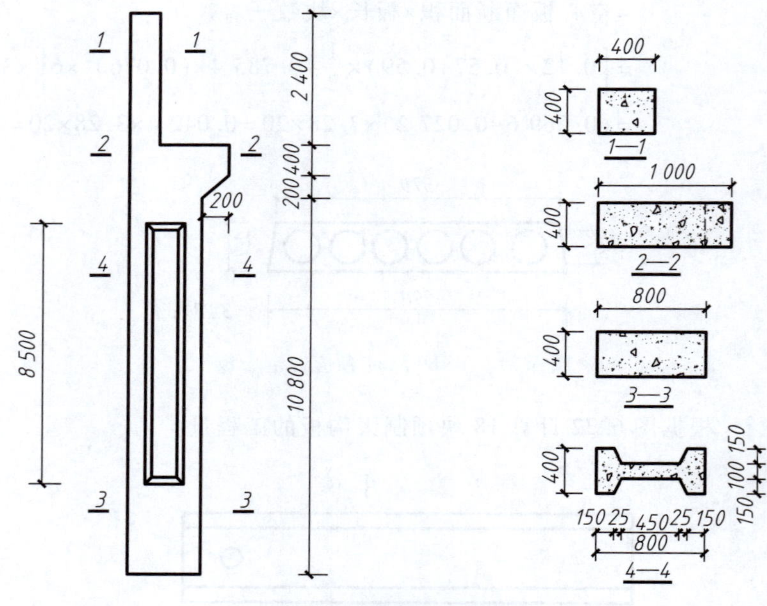

图 6.33 预制工字形柱

（3）预制桩按桩全长（包括桩尖）乘以桩断面面积（空心桩应扣除孔洞体积）以立方米计算。

（4）混凝土与钢杆件组合的构件，混凝土部分按构件实体积以立方米计算，钢构件部分按吨计算，分别套相应的定额项目。

6.8 固定用支架等

固定预埋螺栓、铁件的支架、固定双层钢筋的铁马凳、垫铁件，按审定的施工组织设计规定计算，套用相应定额项目。

6.9 构筑物钢筋混凝土工程量

1. 一般规定

构筑物混凝土除另有规定者外，均按设计尺寸扣除门窗洞口及0.3 m^2 以外孔洞所占体积以实体体积计算。

2. 水塔

（1）筒身与槽底以槽底连接的圈梁底为界，以上为槽底，以下为筒身。

（2）筒式塔身及依附于筒身的过梁、雨篷、挑檐等，并入筒身体积内计算；柱式塔身，柱、梁合并计算。

（3）塔顶包括顶板和圈梁，槽底包括底板挑出的斜壁板和圈梁等合并计算。

3. 贮水池

贮水池不分平底、锥底、坡底，均按池底计算；壁基梁、池壁不分圆形壁和矩形壁，均按池壁计算；其他项目均按现浇混凝土部分相应项目计算。

6.10 钢筋混凝土构件接头灌缝

1. 一般规定

钢筋混凝土构件接头灌缝，包括构件座浆、灌缝、堵板孔、塞板梁缝等，均按预制钢筋混凝土构件实体体积以立方米计算。

2. 柱的灌缝

柱与柱基的灌缝，按首层柱体积计算，首层以上柱灌缝，按各层柱体积计算。

3. 空心板堵孔

空心板堵孔的人工、材料，已包括在定额内。如不堵孔时，每10 m^3 空心板体积应扣除0.23 m^3 预制混凝土块和2.2个工日。

第 7 章

门窗及木结构工程量计算

7.1 一般规定

各类门、窗制作、安装工程量均按门、窗洞口面积计算。

1. 贴脸等工程量计算规定

门、窗的盖口条、贴脸、披水条，按设计尺寸以延长米计算，执行木装修项目规定（图 7.1）。

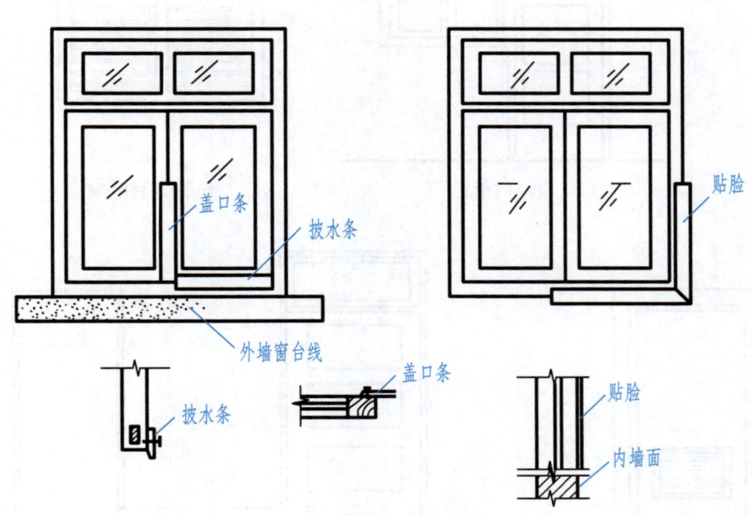

图 7.1 门、窗的盖口条、贴脸、披水条

2. 半圆窗计算规定

普通窗上部带有半圆窗(图 7.2)的工程量,应分别按半圆窗和普通窗计算。其分界线为普通窗和半圆窗之间的横框上裁口线。

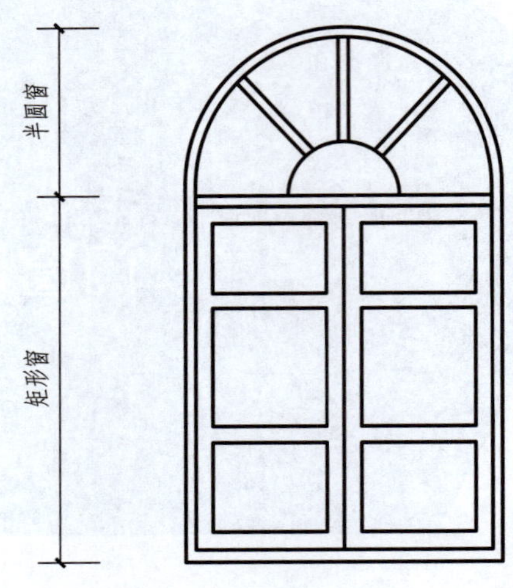

图 7.2 带半圆窗

3. 门钉橡皮条等计算规定

镀锌铁皮、钉橡皮条、钉毛毡按图 7.3 所示门窗洞口尺寸以延长米计算。

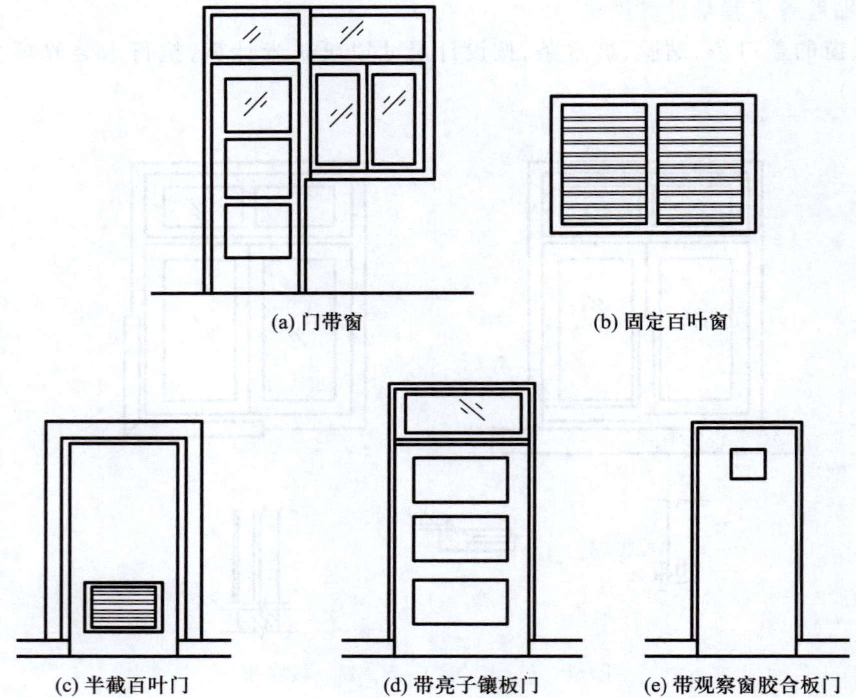

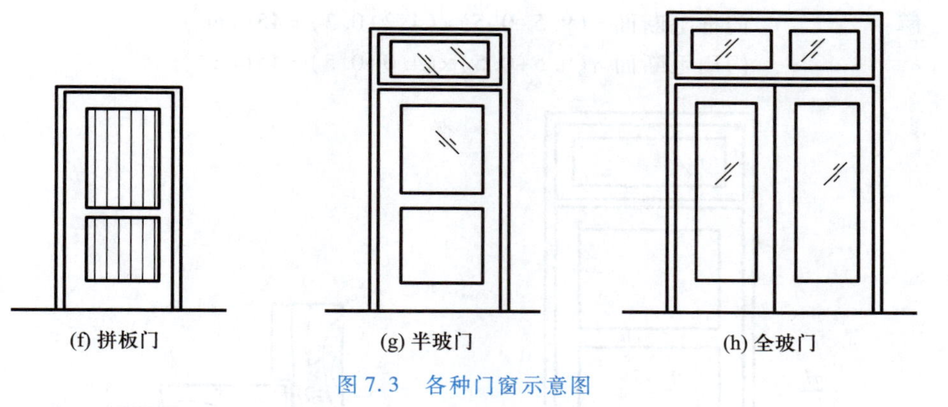

图 7.3　各种门窗示意图

7.2　套用定额的规定

1. 木材木种分类

全国统一建筑工程基础定额将木材分为以下四类。

一类：红松、水桐木、樟子松。

二类：白松（方杉、冷杉）、杉木、杨木、柳木、椴木。

三类：青松、黄花松、秋子木、马尾松、东北榆木、柏木、苦楝木、梓木、黄菠萝、椿木、楠木、柚木、樟木。

四类：栎木（柞木）、檩木、色木、槐木、荔木、麻栗木（麻栎、青杠）、桦木、荷木、水曲柳、华北榆木。

2. 板、枋材规格分类

板、枋材规格分类见表 7.1。

表 7.1　板、枋材规格分类

项目	按宽厚尺寸比例分类	按板材厚度、枋材宽与厚乘积分类				
板材	宽≥3×厚	名称	薄板	中板	厚板	特厚板
		厚度/mm	<18	19～35	36～65	≥66
枋材	宽<3×厚	名称	小枋	中枋	大枋	特大枋
		宽×厚/cm^2	<54	55～100	101～225	≥226

3. 门窗框扇断面的确定及换算

（1）框扇断面的确定。

定额中所注明的木材断面或厚度均以毛料为准。如设计图纸注明的断面或厚度为净料时，应增加刨光损耗：板、枋材按一面刨光增加 3 mm，两面刨光增加 5 mm 计算；圆木按每立方米材积增加 0.5 m^3 计算。

【例 7.1】 根据图 7.4 中门框断面的净尺寸计算含刨光损耗的毛断面。

解：

$$门框毛断面=(9.5+0.5)\times(4.2+0.3)=45(\text{cm}^2)$$

$$门扇毛断面=(9.5+0.5)\times(4.0+0.5)=45(\text{cm}^2)$$

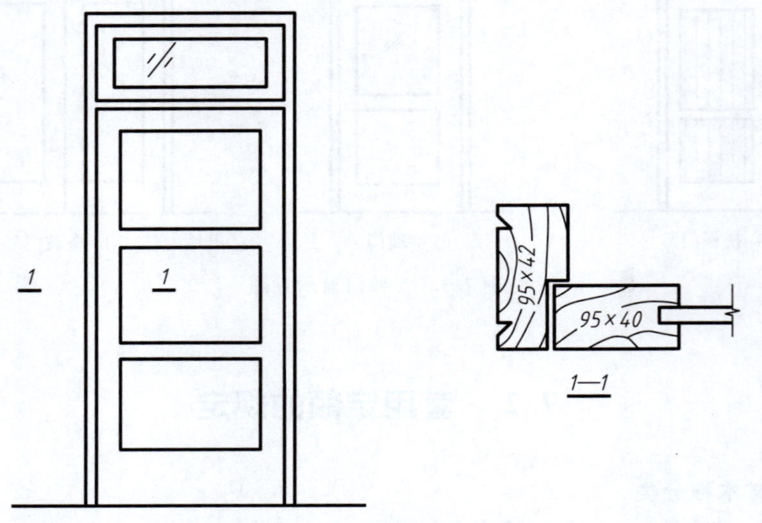

图 7.4 木门框扇断面

（2）框扇断面的换算。

当图纸设计的木门窗框扇断面与定额规定不同时，应按比例换算。框断面以边框断面为准（框裁口如为钉条者加贴条的断面）；扇断面以主挺断面为准。

框扇断面不同时的定额材积换算公式：

$$换算后材积=\frac{设计断面(加刨光损耗)}{定额断面}\times定额材积$$

【例 7.2】 某工程的单层镶板门框的设计断面为 63 mm×120 mm（净尺寸），查定额框断面 60 mm×100 mm（毛料），定额枋材耗用量 2.037 $\text{m}^3/100\ \text{m}^2$，试计算按图纸设计的门框枋材耗用量。

解：

$$\begin{aligned}换算后体积&=\frac{设计断面}{定额断面}\times定额材积\\&=\frac{63\times120}{60\times100}\times2.037\\&=2.567(\text{m}^3/100\ \text{m}^2)\end{aligned}$$

7.3 铝合金门窗、卷闸门等有关规定

1. 铝合金门窗

铝合金门窗制作、安装，不锈钢门窗、彩板组角钢门窗、塑料门窗、钢门窗安装，均按设计门窗洞口面积计算。

2. 卷闸门

卷闸门按设计卷闸门宽度乘以高度（包括卷闸门箱高）以面积计算。电动装置安

装以设计套数计算。

【例 7.3】 根据图 7.5 所示尺寸计算卷闸门工程量。

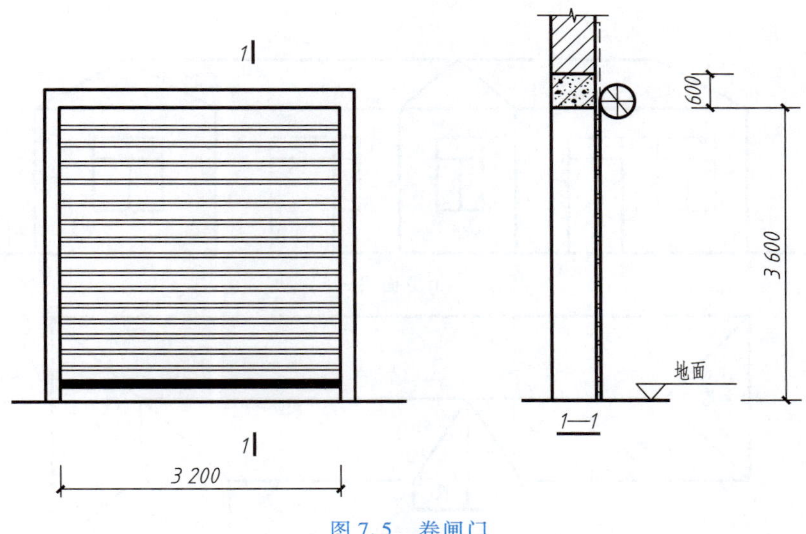

图 7.5　卷闸门

解：$S=3.20\times(3.60+0.60)$

$=3.20\times4.20$

$=13.44(m^2)$

7.4　包门框、安附框工程量计算规定

不锈钢片包门框，按框外表面面积以平方米计算。彩板组角钢门窗附框安装，按延长米计算。

7.5　木屋架工程量计算规定

1. 木屋架制作、安装工程量计算

木屋架制作、安装均按设计断面竣工木料以立方米计算，其后备长度及配制损耗均不另行计算。

2. 刨光损耗规定

方木屋架一面刨光时增加 3 mm，两面刨光时增加 5 mm；圆木屋架按屋架刨光时木材体积每立方米增加 0.05 m^3 计算。附属于屋架的夹板、垫木等已并入相应的屋架制作项目中，不另计算；与屋架连接的挑檐木（附木）、支撑等，其工程量并入屋架竣工木料体积内计算。

3. 屋架的确定

屋架的制作、安装应区别不同跨度，其跨度应以屋架上下弦杆的中心线交点之间的长度为准。带气楼的屋架并入所依附屋架的体积内计算。

4. 屋架马尾计算规定

屋架的马尾、折角和正交部分半屋架(图7.6),应并入相连接屋架的体积内计算。

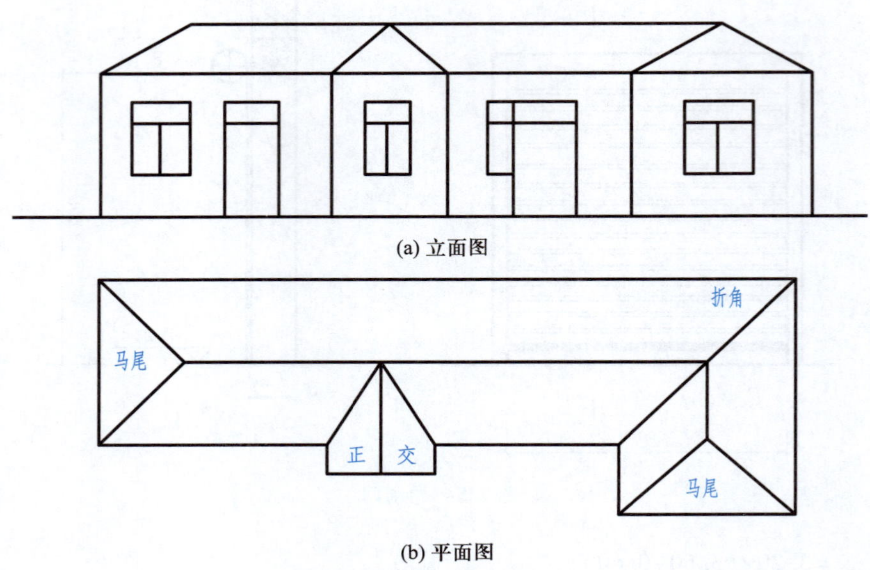

图7.6 屋架的马尾、折角和正交

5. 钢木屋架计算规定

钢木屋架区分圆、方木,按竣工木料以立方米计算。

6. 圆木屋架计算规定

圆木屋架连接的挑檐木、支撑等如为方木,其方木部分应乘以系数1.7折合成圆木并入屋架竣工木料内。单独的方木挑檐,按矩形檩木计算。

7. 屋架杆件长度系数表

木屋架各杆件长度可用屋架跨度乘以杆件长度系数计算。屋架杆件长度系数见表7.2。

8. 圆木材积计算方法

圆木材积是根据尾径计算的,《原木材积表》(GB/T 4814—2013)规定了原木材积的计算方法和计算公式。在实际工作中,一般都采取查表(表7.3、表7.4)的方式来确定圆木屋架的材积。

标准规定,检尺径自4~12 cm的小径原木材积由以下公式确定:

$$V=0.785\ 4L(D+0.45L+0.2)^2\div 10\ 000$$

检尺径自14 cm以上原木材积由以下公式确定:

$$V=0.785\ 4L[D+0.5L+0.005L^2+0.000\ 125L(14-L)^2(D-10)]^2\div 10\ 000$$

式中 V——材积,m^3;

L——检尺长,m;

D——检尺径,cm。

表 7.2　屋架杆件长度系数表

屋架形式	角度	杆件编号										
		1	2	3	4	5	6	7	8	9	10	11
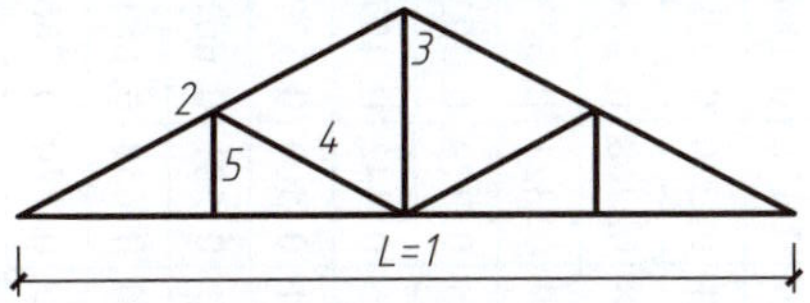	26°34′	1	0. 559	0. 250	0. 280	0. 125						
	30°	1	0. 577	0. 289	0. 289	0. 144						
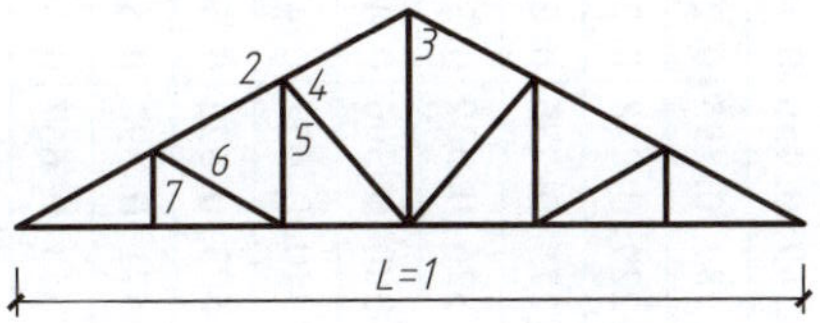	26°34′	1	0. 559	0. 250	0. 236	0. 167	0. 186	0. 083				
	30°	1	0. 577	0. 289	0. 254	0. 192	0. 192	0. 096				
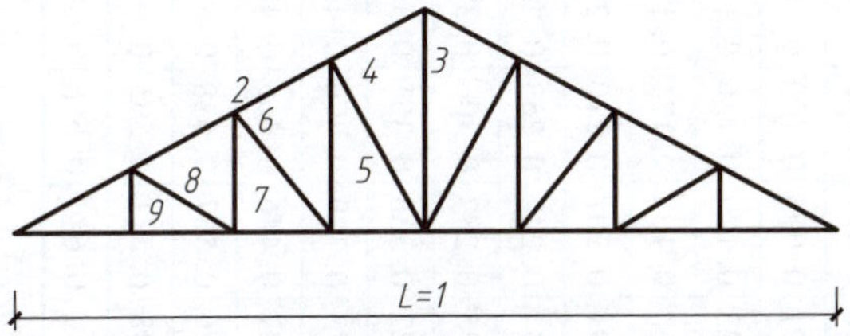	26°34′	1	0. 559	0. 250	0. 225	0. 188	0. 177	0. 125	0. 140	0. 063		
	30°	1	0. 577	0. 289	0. 250	0. 217	0. 191	0. 144	0. 144	0. 072		
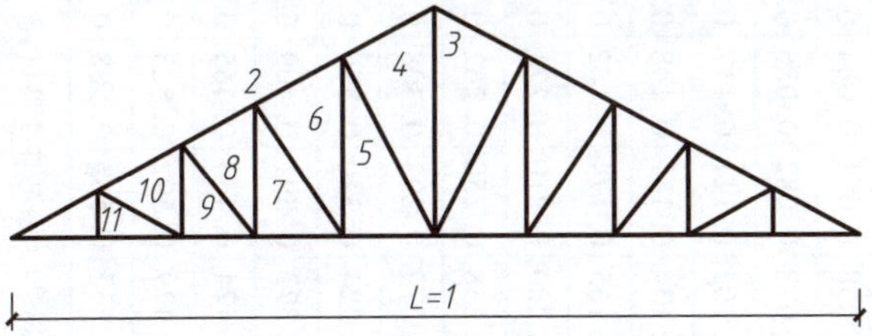	26°34′	1	0. 559	0. 250	0. 224	0. 200	0. 180	0. 150	0. 141	0. 100	0. 112	0. 050
	30°	1	0. 577	0. 289	0. 252	0. 231	0. 200	0. 173	0. 153	0. 116	0. 115	0. 057

表 7.3 原木材积表(一)

检尺径/cm	检尺长/m														
	2.0	2.2	2.4	2.5	2.6	2.8	3.0	3.2	3.4	3.6	3.8	4.0	4.2	4.4	4.6
	材积/m³														
8	0.013	0.015	0.016	0.017	0.018	0.020	0.021	0.023	0.025	0.027	0.029	0.031	0.034	0.036	0.038
10	0.019	0.022	0.024	0.025	0.026	0.029	0.031	0.034	0.037	0.040	0.042	0.045	0.048	0.051	0.054
12	0.027	0.030	0.033	0.035	0.037	0.040	0.043	0.047	0.050	0.054	0.058	0.062	0.065	0.069	0.074
14	0.036	0.040	0.045	0.047	0.049	0.054	0.058	0.063	0.068	0.073	0.078	0.083	0.089	0.094	0.100
16	0.047	0.052	0.058	0.060	0.063	0.069	0.075	0.081	0.087	0.093	0.100	0.106	0.113	0.120	0.126
18	0.059	0.065	0.072	0.076	0.079	0.086	0.093	0.101	0.108	0.116	0.124	0.132	0.140	0.148	0.156
20	0.072	0.080	0.088	0.092	0.097	0.105	0.114	0.123	0.132	0.141	0.151	0.160	0.170	0.180	0.190
22	0.086	0.096	0.106	0.111	0.116	0.126	0.137	0.147	0.158	0.169	0.180	0.191	0.203	0.214	0.226
24	0.102	0.114	0.125	0.131	0.137	0.149	0.161	0.174	0.186	0.199	0.212	0.225	0.239	0.252	0.266
26	0.120	0.133	0.146	0.153	0.160	0.174	0.188	0.203	0.217	0.232	0.247	0.262	0.277	0.293	0.308
28	0.138	0.154	0.169	0.177	0.185	0.201	0.217	0.234	0.250	0.267	0.284	0.302	0.319	0.337	0.354
30	0.158	0.176	0.193	0.202	0.211	0.230	0.248	0.267	0.286	0.305	0.324	0.344	0.364	0.383	0.404
32	0.180	0.199	0.219	0.230	0.240	0.260	0.281	0.302	0.324	0.345	0.367	0.389	0.411	0.433	0.456
34	0.202	0.224	0.247	0.258	0.270	0.293	0.316	0.340	0.364	0.388	0.412	0.437	0.461	0.486	0.511

表 7.4 原木材积表(二)

检尺径/cm	检尺长/m														
	4.8	5.0	5.2	5.4	5.6	5.8	6.0	6.2	6.4	6.6	6.8	7.0	7.2	7.4	7.6
	材积/m³														
8	0.040	0.043	0.045	0.048	0.051	0.053	0.056	0.059	0.062	0.065	0.068	0.071	0.074	0.077	0.081
10	0.058	0.061	0.064	0.068	0.071	0.075	0.078	0.082	0.086	0.090	0.094	0.098	0.102	0.106	0.111
12	0.078	0.082	0.086	0.091	0.095	0.100	0.105	0.109	0.114	0.119	0.124	0.130	0.135	0.140	0.146
14	0.105	0.111	0.117	0.123	0.129	0.136	0.142	0.149	0.156	0.162	0.169	0.176	0.184	0.191	0.199
16	0.134	0.141	0.148	0.155	0.163	0.171	0.179	0.187	0.195	0.203	0.211	0.220	0.229	0.238	0.247
18	0.165	0.174	0.182	0.191	0.201	0.210	0.219	0.229	0.238	0.248	0.258	0.268	0.278	0.289	0.300
20	0.200	0.210	0.221	0.231	0.242	0.253	0.264	0.275	0.286	0.298	0.309	0.321	0.333	0.345	0.358
22	0.238	0.250	0.262	0.275	0.287	0.300	0.313	0.326	0.339	0.352	0.365	0.379	0.393	0.407	0.421
24	0.279	0.293	0.308	0.322	0.336	0.351	0.366	0.380	0.396	0.411	0.426	0.442	0.457	0.473	0.489
26	0.324	0.340	0.356	0.373	0.389	0.406	0.423	0.440	0.457	0.474	0.491	0.509	0.527	0.545	0.563
28	0.372	0.391	0.409	0.427	0.446	0.465	0.484	0.503	0.522	0.542	0.561	0.581	0.601	0.621	0.642
30	0.424	0.444	0.465	0.486	0.507	0.528	0.549	0.571	0.592	0.614	0.636	0.658	0.681	0.703	0.726
32	0.479	0.502	0.525	0.548	0.571	0.595	0.619	0.643	0.667	0.691	0.715	0.740	0.765	0.790	0.815
34	0.537	0.562	0.588	0.614	0.640	0.666	0.692	0.719	0.746	0.772	0.799	0.827	0.854	0.881	0.909

注：长度以 20 cm 为增进单位，不足 20 cm 时，满 10 cm 进位，不足 10 cm 舍去；径级以 2 cm 为增进单位，不足 2 cm 时，满 1 cm 的进位，不足 1 cm 舍去。

【例 7.4】 根据图 7.7 中的尺寸计算跨度 $L=12$ m 的圆木屋架工程量。

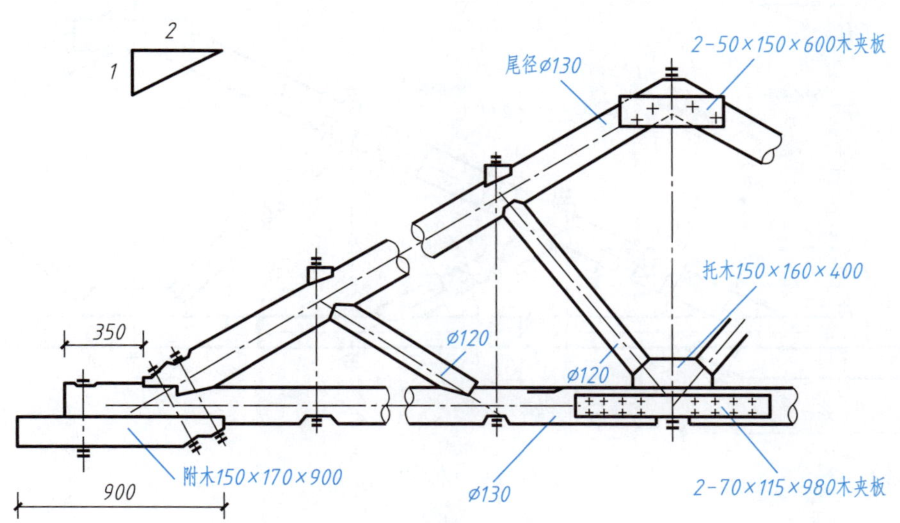

图 7.7 圆木屋架

解：屋架圆木材积计算见表 7.5。

表 7.5 屋架圆木材积计算表

名称	尾径/cm	数量	长度/m	单根材积/m^3	材积/m^3
上弦	$\phi 13$	2	12×0.559=6.708	0.169	0.338
下弦	$\phi 13$	2	6+0.35=6.35	0.156	0.312
斜杠 1	$\phi 12$	2	12×0.236=2.832	0.040	0.080
斜杠 2	$\phi 12$	2	12×0.186=2.232	0.030	0.060
托木		1	0.15×0.16×0.40×1.70		0.016
挑檐木		2	0.15×0.17×0.90×2×1.70		0.078
小计					0.884

【例 7.5】 根据图 7.8 中尺寸，计算跨度 $L=9.0$ m 的方木屋架工程量。

解：

上弦：9.0×0.559×0.18×0.16×2=0.290(m^3)

下弦：(9.0+0.4×2)×0.18×0.20=0.353(m^3)

斜杆 1：9.0×0.236×0.12×0.18×2=0.092(m^3)

斜杆 2：9.0×0.186×0.12×0.18×2=0.072(m^3)

托木：0.2×0.15×0.5=0.015(m^3)

挑檐木：1.20×0.20×0.15×2=0.072(m^3)

小计：0.894 m^3

注：木夹板、钢拉杆等已包括在定额中。

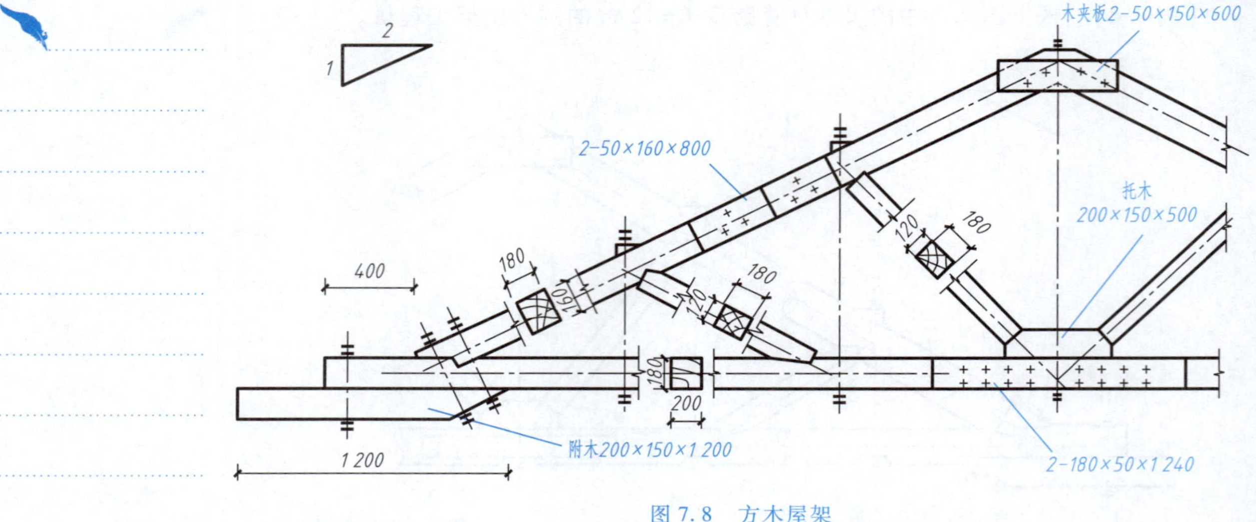

图 7.8 方木屋架

7.6 檩 木

1. 檩木长度计算

檩木按竣工木料以立方米计算。简支檩条长度按设计规定计算,如设计无规定者,按屋架或山墙中距增加 200 mm 计算;如两端出山,檩条算至博风板。

2. 连续檩条长度计算

连续檩条的长度按设计长度计算,其接头长度按全部连续檩木总体积的5%计算。檩条托木已计入相应的檩木制作安装项目中,不另计算。

3. 简支檩条长度计算

简支檩条增加长度和连续檩条接头见图 7.9、图 7.10。

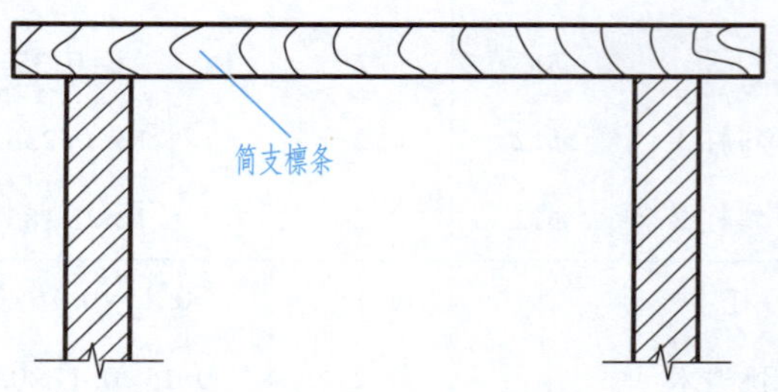

图 7.9 简支檩条增加长度

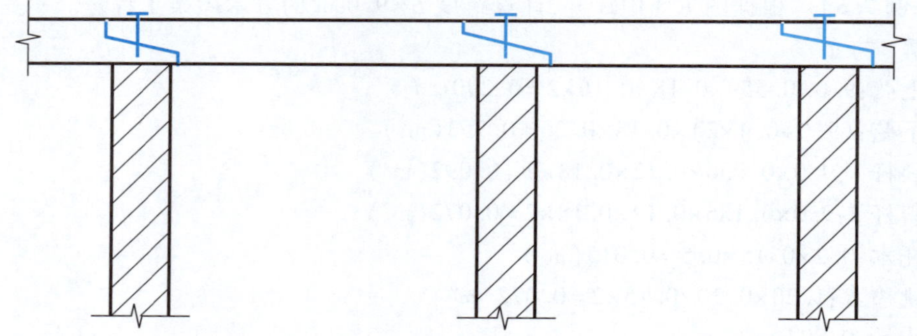
图 7.10 连续檩条接头

7.7　屋面木基层、封檐板、木楼梯

1. 屋面木基层

屋面木基层(图 7.11)按屋面的斜面积计算。天窗挑檐重叠部分按设计规定计算,屋面烟囱及斜沟部分所占面积不扣除。

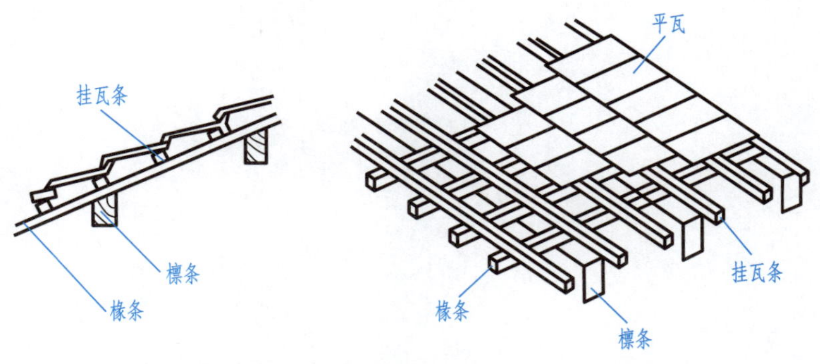

图 7.11　屋面木基层

2. 封檐板

封檐板按檐口外围长度计算,博风板按斜长计算,每个大刀头增加长度 500 mm。挑檐木、封檐板、博风板、大刀头见图 7.12、图 7.13。

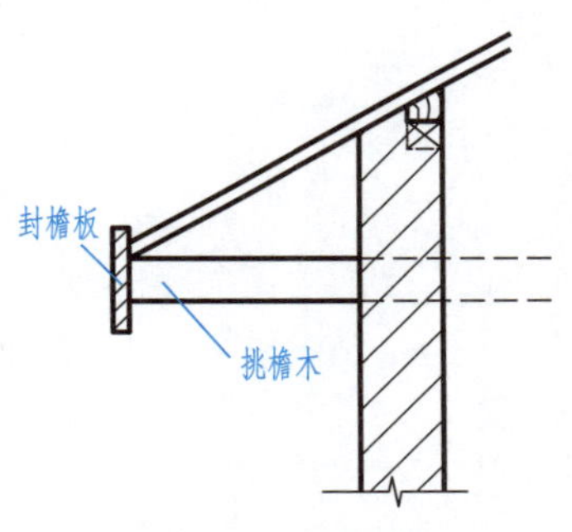

图 7.12　挑檐木、封檐板

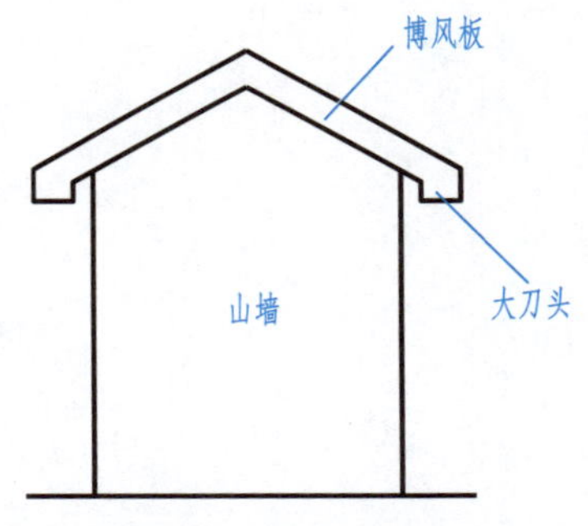

图 7.13　博风板、大刀头

3. 木楼梯

木楼梯按水平投影面积计算,不扣除宽度小于 300 mm 的楼梯井,其踢脚板、平台和伸入墙内部分,不另计算。

第 8 章

楼地面工程量计算

8.1 垫层

地面垫层按室内主墙间净空面积乘以设计厚度以立方米计算，应扣除凸出地面的构筑物、设备基础、室内铁道、地沟等所占体积，不扣除柱、垛、间壁墙、附墙烟囱及面积在 0.3 m^2 以内孔洞所占体积。

说明：

（1）间壁墙是在地面完成后再做，所以不扣除间壁墙；不扣除柱、垛及不增加门洞开口部分面积，是一种综合计算方法。

（2）凸出地面的构筑物、设备基础等是先做好后再做室内地面垫层，所以要扣除所占体积。

8.2 整体面层和找平层

整体面层、找平层均按主墙间净空面积以平方米计算，应扣除凸出地面的构筑物、设备基础、室内管道、地沟等所占面积，不扣除柱、垛、间壁墙、附墙烟囱及面积在 0.3 m^2 以内的孔洞所占面积，但门洞、空圈、暖气包槽、壁龛的开口部分也不增加。

1. 整体面层

整体面层包括水泥砂浆、水磨石、水泥豆石等，见图 8.1、图 8.2。

2. 找平层

找平层包括水泥砂浆、细石混凝土等。

3. 计算规定

不扣除柱、垛、间壁墙等所占面积，不增加门洞、空圈、暖气包槽、壁龛的开口部分，各种面积经过正负抵消后就能确定定额用量，这是编制定额时采用的综合计算方法。

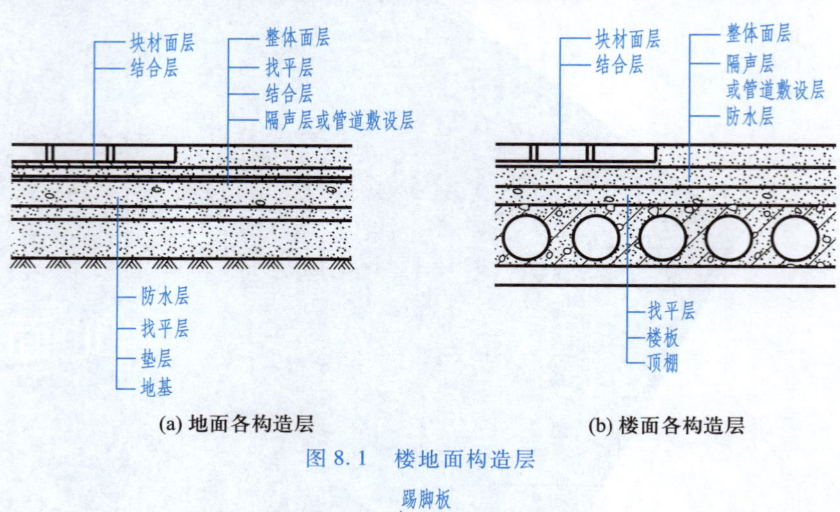

(a) 地面各构造层　　(b) 楼面各构造层

图 8.1　楼地面构造层

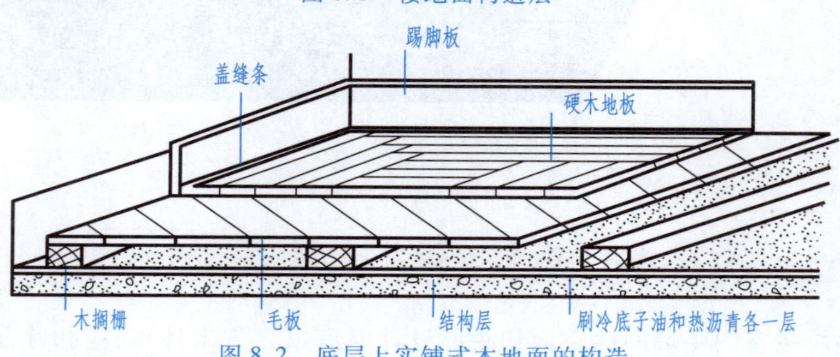

图 8.2　底层上实铺式木地面的构造

4. 计算实例

【例 8.1】 根据图 8.3 计算该建筑物的室内地面面层工程量。

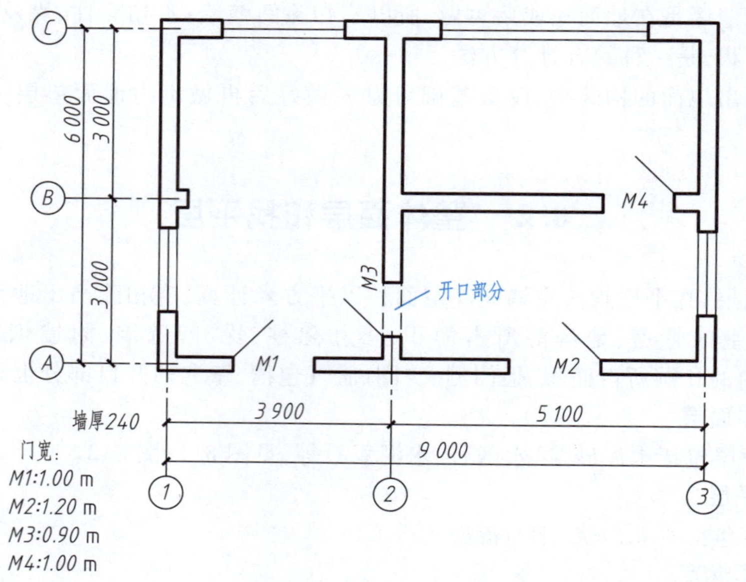

图 8.3　某建筑平面图

解： 室内地面面积=建筑面积-墙结构面积

=9.24×6.24-[(9+6)×2+6-0.24+5.1-0.24]×0.24

=57.66-40.62×0.24

=57.66-9.75=47.91(m^2)

8.3　块料面层

1. 计算规定

块料面层按设计尺寸实铺面积以平方米计算，门洞、空圈、暖气包槽和壁龛的开口部分的工程量并入相应的面层内计算。

说明：块料面层包括大理石、花岗岩、彩釉砖、缸砖、陶瓷锦砖、木地板等。

2. 计算实例

【例 8.2】 根据图 8.3 和例 8.1 的数据，计算该建筑物室内花岗岩地面工程量。

解： 花岗岩地面面积=室内地面面积+门洞开口部分面积

=47.91+(1.0+1.2+0.9+1.0)×0.24

=47.91+0.98=48.89(m^2)

楼梯面层（包括踏步、平台及小于 500 mm 宽的楼梯井）按水平投影面积计算。

【例 8.3】 根据图 8.4 的尺寸计算水泥豆石浆楼梯间面层（只算一层）工程量。

解： 水泥豆石浆楼梯间面层=(1.23×2+0.50)×(0.200+1.23×2+3.0)

= 2.96×5.66=16.75(m^2)

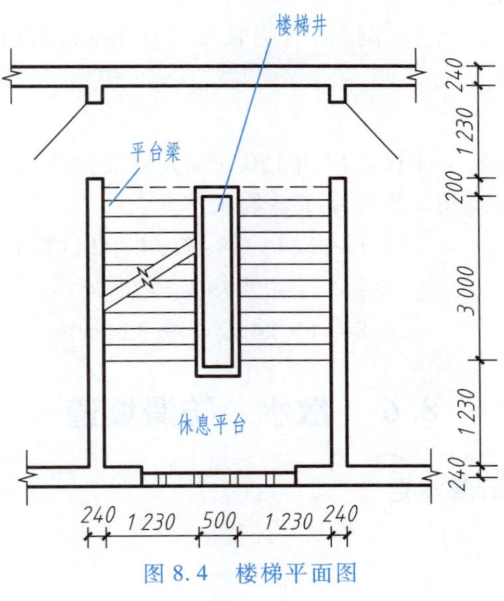

图 8.4　楼梯平面图

8.4　台阶面层

1. 计算规定

台阶面层（包括踏步及最上一层踏步沿 300 mm）按水平投影面积计算。

说明：台阶的整体面层和块料面层均按水平投影面积计算。这是因为定额已将台阶踢脚立面的工料综合到水平投影面积中了。

2. 计算举例

【例 8.4】 根据图 8.5，计算花岗岩台阶面层工程量。

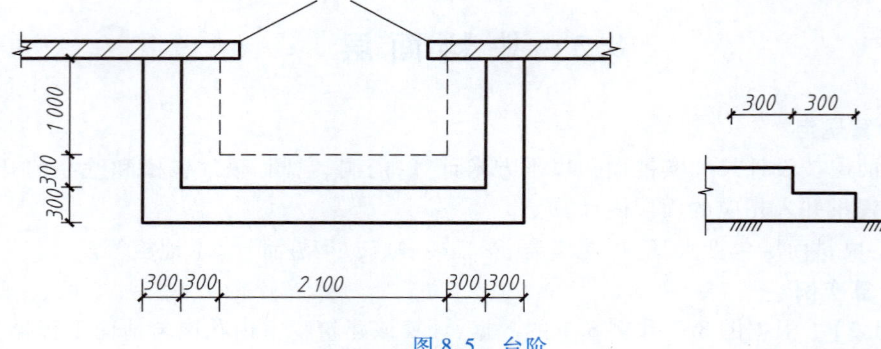

图 8.5 台阶

解： 花岗岩台阶面层=台阶中心线长×台阶宽

=[(0.30×2+2.1)+(0.30+1.0)×2]×(0.30×2)

=5.30×0.6=3.18(m^2)

8.5 踢 脚 线

1. 踢脚线计算规定

踢脚线(板)按延长米计算，洞口、空圈长度不予扣除，洞口、空圈、垛、附墙烟囱等侧壁长度也不增加。

2. 计算实例

【例 8.5】 根据图 8.3 计算各房间 150 mm 高瓷砖踢脚线工程量。

解： 瓷砖踢脚线长=∑房间净空周长

=(6.0−0.24+3.9−0.24)×2+(5.1−0.24+3.0−0.24)×2+(5.1−0.24+3.0−0.24)×2

=18.84+15.24×2=49.32(m)

8.6 散水、防滑坡道

1. 散水、防滑坡道计算规定

散水、防滑坡道按设计尺寸以平方米计算。

散水面积计算公式：

$S_{散水}$=(外墙外边周长+散水宽×4)×散水宽−坡道、台阶所占面积

2. 计算实例

【例 8.6】 根据图 8.6 计算散水工程量。

解：$S_{散水}$=[(12.0+0.24+6.0+0.24)×2+0.80×4]×0.80−2.50×0.80−0.60×1.50×2

=40.16×0.80−3.80=28.33(m^2)。

【例 8.7】 根据图 8.6，计算防滑坡道工程量。

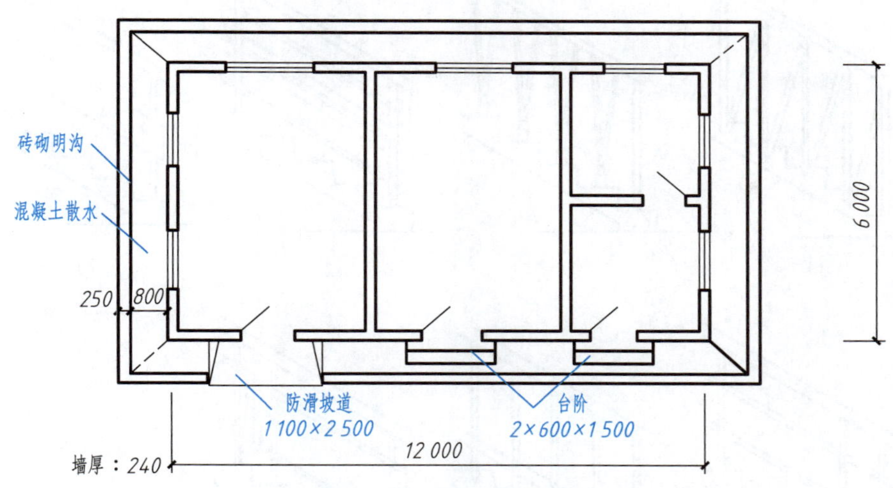

图 8.6　散水、防滑坡道、明沟、台阶

解：$S_{防滑坡道} = 1.10 \times 2.50 = 2.75(m^2)$

8.7　栏杆、扶手（含弯头）

1. 计算规定

栏杆、扶手（含弯头）长度按延长米计算。

2. 栏杆、扶手（含弯头）

栏杆、扶手（含弯头）见图 8.7～图 8.9。

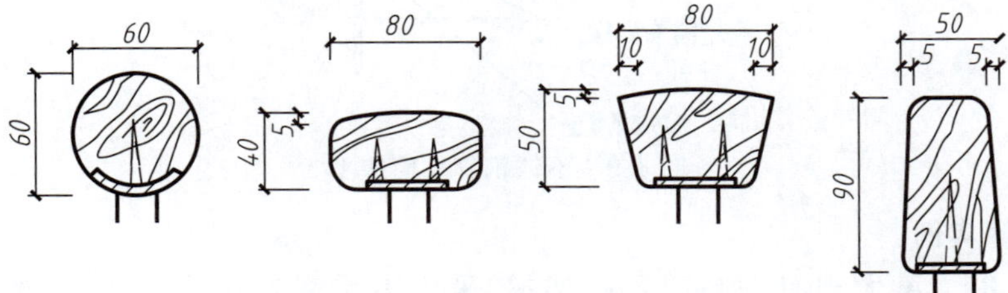

图 8.7　硬木扶手

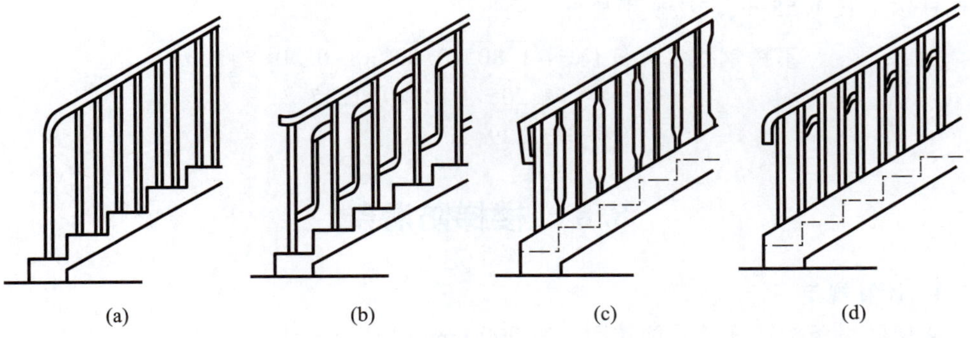

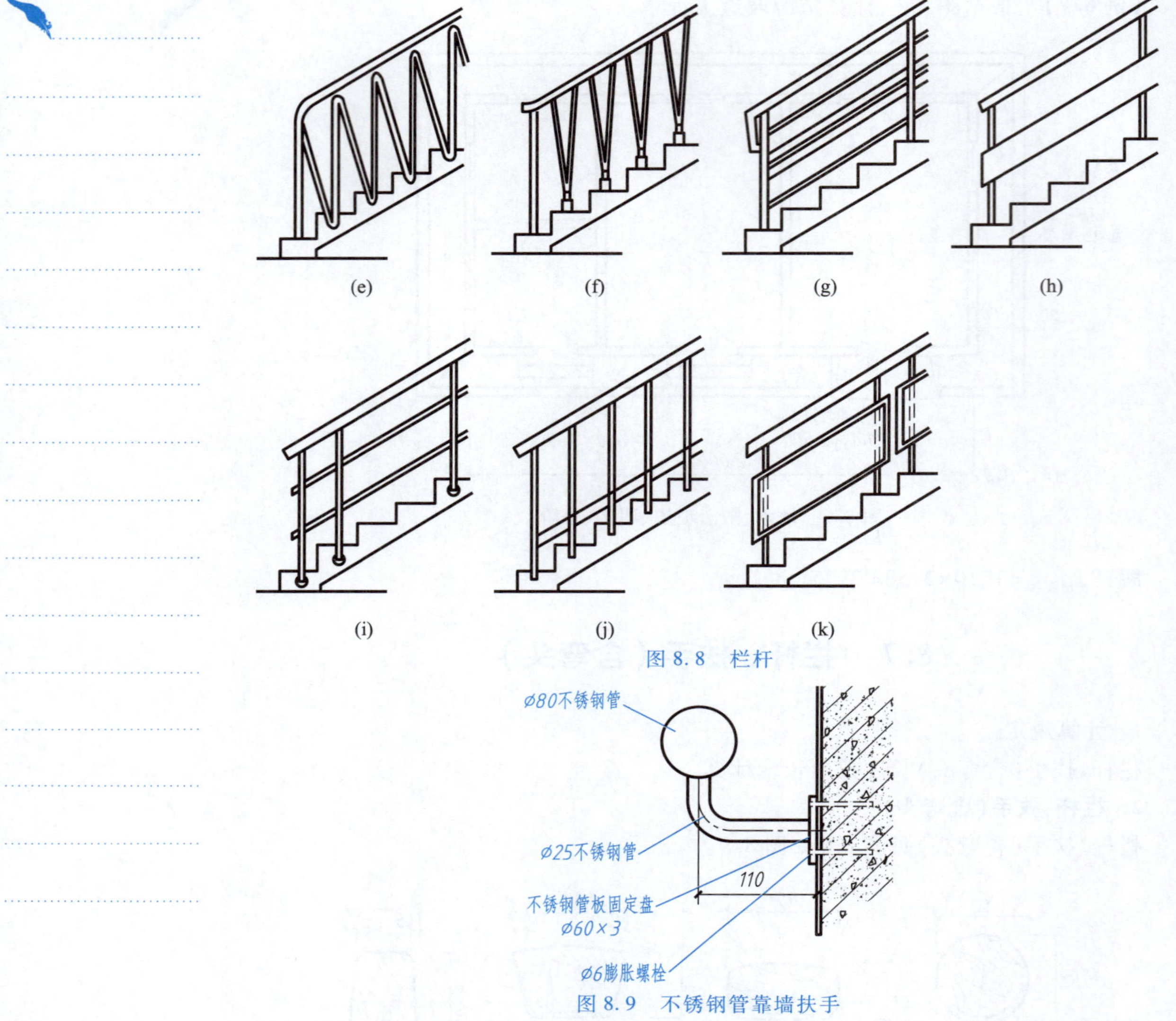

图 8.8 栏杆

图 8.9 不锈钢管靠墙扶手

3. 计算实例

【例 8.8】 某大楼有等高的 8 跑楼梯，采用不锈钢管扶手栏杆，每跑楼梯高为 1.80 m，每跑楼梯扶手水平长为 3.80 m，扶手转弯处为 0.30 m，最后一跑楼梯连接的安全栏杆水平长 1.55 m，求该扶手栏杆工程量。

解：

$$
\begin{aligned}
\text{不锈钢扶手栏杆长} &= \sqrt{1.80^2+3.80^2}\times 8+0.30\times 7+1.55 \\
&= 4.205\times 8+2.10+1.55 \\
&= 37.29(\text{m})
\end{aligned}
$$

8.8 楼梯防滑条

1. 计算规定

楼梯防滑条按楼梯踏步两端距离减 300 mm，以延长米计算。

2. 楼梯防滑条图示

楼梯防滑条图示见图 8.10。

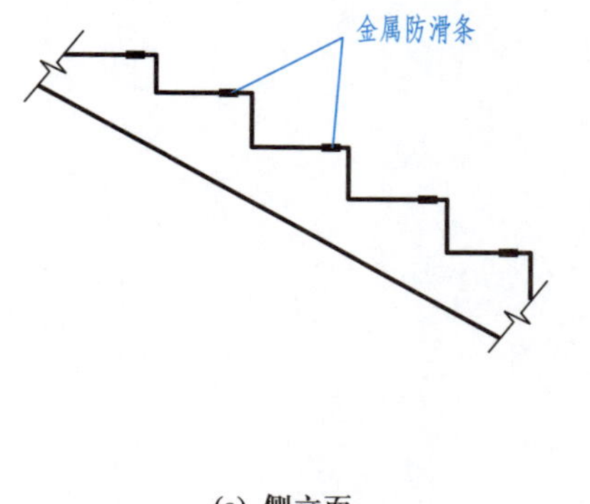

(a) 侧立面

防滑条

150　150

(b) 平面

图 8.10　防滑条

8.9　明　　沟

1. 计算规定

明沟按设计尺寸以延长米计算。

明沟长度计算公式：

明沟长 = 外墙外边周长 + 散水宽 ×8 + 明沟宽 ×4 − 台阶、坡道长

2. 计算举例

【例 8.9】 根据图 8.6 计算砖砌明沟工程量。

解：　明沟长 = (12.24+6.24)×2+0.80×8+0.25×4−2.50

= 41.86(m)

第9章

屋面防水、防腐、保温及隔热工程量计算

9.1 坡 屋 面

9.1.1 计算规定

瓦屋面、金属压型板屋面,均按设计尺寸的水平投影面积乘以屋面坡度系数以平方米计算。不扣除房上烟囱、风帽底座、风道、屋面小气窗、斜沟等所占面积,屋面小气窗的出檐部分也不增加。

9.1.2 屋面坡度系数

利用屋面坡度系数来计算坡屋面工程量是一种简便有效的计算方法。屋面坡度系数的计算方法是:

$$屋面坡度系数=\frac{斜长}{水平长}=\sec\alpha$$

屋面坡度系数见表9.1,屋面坡度系数各字母含义示意图见图9.1。

表9.1 屋面坡度系数

坡度			延尺系数 C ($A=1$)	隅延尺系数 D ($A=1$)
以高度 B 表示(当 $A=1$ 时)	以高跨比表示($B/2A$)	以角度表示(α)		
1	1/2	45°	1.414 2	1.732 1
0.75		36°52′	1.250 0	1.600 8

续表

坡度			延尺系数 C (A=1)	隅延尺系数 D (A=1)
以高度 B 表示（当 A=1 时）	以高跨比表示（B/2A）	以角度表示（α）		
0. 70		35°	1. 220 7	1. 577 9
0. 666	1/3	33°40′	1. 201 5	1. 562 0
0. 65		33°01′	1. 192 6	1. 556 4
0. 60		30°58′	1. 166 2	1. 536 2
0. 577		30°	1. 154 7	1. 527 0
0. 55		28°49′	1. 141 3	1. 517 0
0. 50	1/4	26°34′	1. 118 0	1. 500 0
0. 45		24°14′	1. 096 6	1. 483 9
0. 40	1/5	21°48′	1. 077 0	1. 469 7
0. 35		19°17′	1. 059 4	1. 456 9
0. 30		16°42′	1. 044 0	1. 445 7
0. 25		14°02′	1. 030 8	1. 436 2
0. 20	1/10	11°19′	1. 019 8	1. 428 3
0. 15		8°32′	1. 011 2	1. 422 1
0. 125		7°8′	1. 007 8	1. 419 1
0. 100	1/20	5°42′	1. 005 0	1. 417 7
0. 083		4°45′	1. 003 5	1. 416 6
0. 066	1/30	3°49′	1. 002 2	1. 415 7

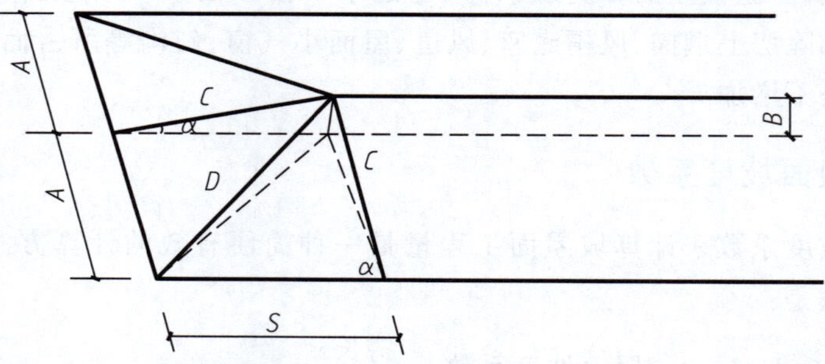

注：1.两坡水排水屋面(当α角相等时，可以是任意坡水)面积为屋面水平投影面积乘以延尺系数C。
2.四坡水排水屋面斜脊长度=A×D(当S=A时)。
3.沿山墙泛水长度=A×C。

图 9.1 屋面坡度系数各字母含义示意图

9.1.3 计算实例

【例 9.1】 根据图 9.2 所示尺寸，计算四坡水屋面工程量。

解：

$$S = \text{水平面积} \times \text{延尺系数 } C$$
$$= 8.0 \times 24.0 \times 1.118 \text{（查表 9.1）}$$
$$= 214.66 (m^2)$$

【例9.2】　根据图9.2中有关数据，计算4角斜脊的长度。

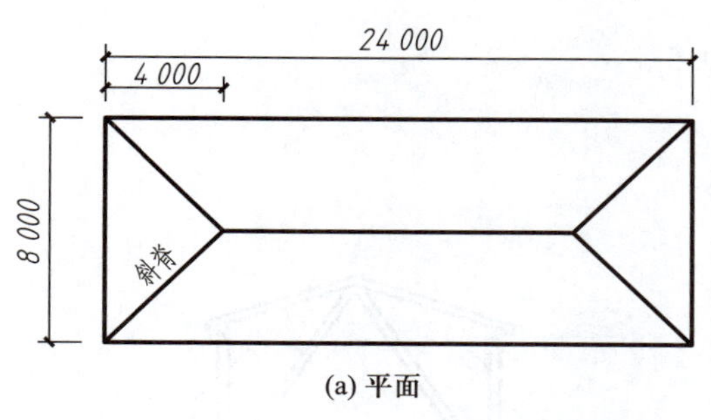

(a) 平面

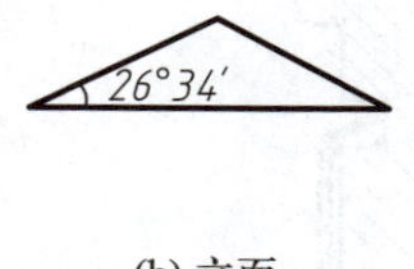

(b) 立面

图9.2　四坡水屋面

解：

$$屋面斜脊长 = 跨长 \times 0.5 \times 隅延尺系数 D \times 4$$
$$= 8.0 \times 0.5 \times 1.50(查表9.1) \times 4 = 24.0(m)$$

【例9.3】　根据图9.3所示尺寸，计算六坡水（正六边形）屋面的斜面面积。

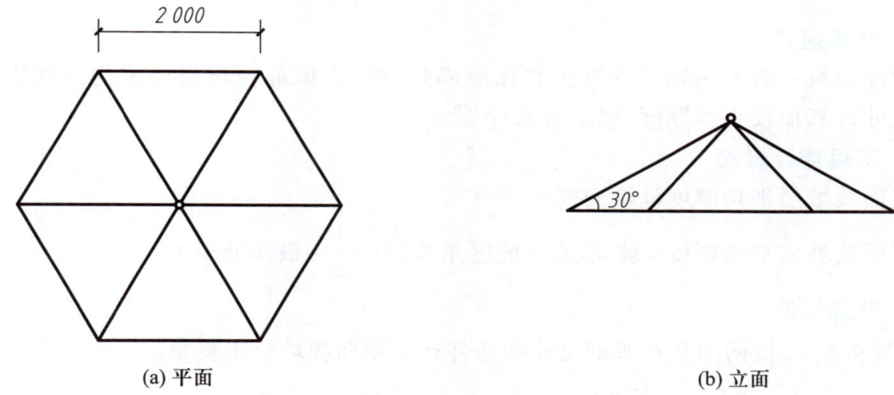

(a) 平面　　(b) 立面

图9.3　六坡水屋面

解：

$$屋面斜面面积 = 水平面积 \times 延尺系数 C$$
$$= \frac{3}{2} \times \sqrt{3} \times 2.0^2 \times 1.118$$
$$= 10.39 \times 1.118 = 11.62(m^2)$$

9.2　屋面工程量计算

9.2.1　卷材屋面

1. 计算规定

卷材屋面按设计尺寸的水平投影面积乘以规定的坡度系数以平方米计算，但不扣除房上烟囱、风帽底座、风道、屋面小气窗和斜沟所占的面积。屋面女儿墙、伸缩缝和天窗弯起部分，按设计尺寸并入屋面工程量计算，如图纸无规定时，伸缩缝、女儿墙的弯起部分可按 250 mm 计算，天窗弯起部分可按 500 mm 计算。

2. 屋面卷材示意图

屋面卷材示意图见图 9.4、图 9.5。

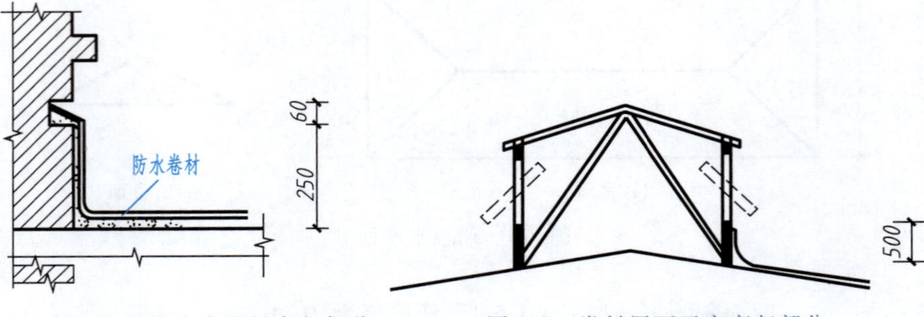

图 9.4 屋面女儿墙防水卷材弯起部分　　图 9.5 卷材屋面天窗弯起部分

9.2.2 屋面找坡

1. 计算规定

屋面找坡一般采用轻质混凝土和保温隔热材料。屋面找坡层的平均厚度需根据设计尺寸计算加权平均厚度，以立方米计算。

2. 工程量计算式

屋面找坡层平均厚度计算公式：

$$屋面找坡层平均厚度=坡宽(L)\times坡度系数(i)\times\frac{1}{2}+最薄处厚度$$

3. 计算实例

【例 9.4】 根据图 9.6 所示尺寸和条件计算屋面找坡层工程量。

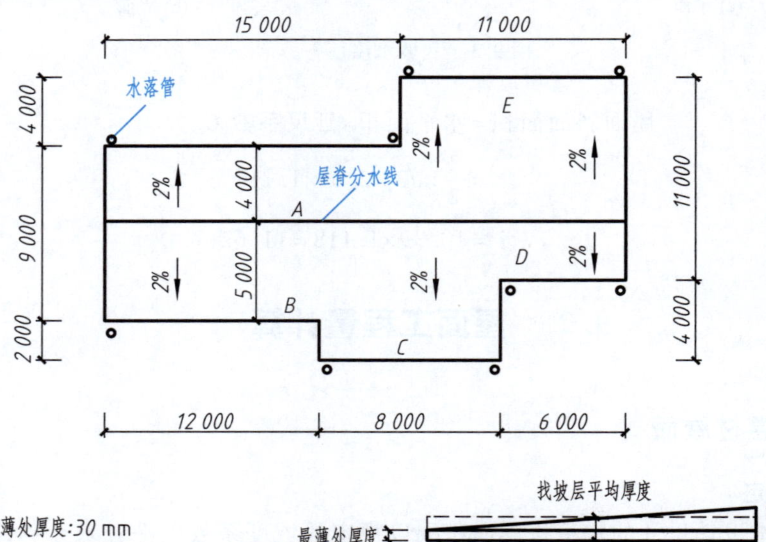

图 9.6 平屋面找坡

解：(1) 计算加权平均厚度。

$$A\ 区\begin{cases}面积:15\times4=60(\mathrm{m}^2)\\ 平均厚度:4.0\times2\%\times\dfrac{1}{2}+0.03=0.07(\mathrm{m})\end{cases}$$

$$B\ 区\begin{cases}面积:12\times5=60(\mathrm{m}^2)\\ 平均厚度:5.0\times2\%\times\dfrac{1}{2}+0.03=0.08(\mathrm{m})\end{cases}$$

$$C\ 区\begin{cases}面积:8\times(5+2)=56(\mathrm{m}^2)\\ 平均厚度:7\times2\%\times\dfrac{1}{2}+0.03=0.10(\mathrm{m})\end{cases}$$

$$D\ 区\begin{cases}面积:6\times(5+2-4)=18(\mathrm{m}^2)\\ 平均厚度:3\times2\%\times\dfrac{1}{2}+0.03=0.06(\mathrm{m})\end{cases}$$

$$E\ 区\begin{cases}面积:11\times(4+4)=88(\mathrm{m}^2)\\ 平均厚度:8\times2\%\times\dfrac{1}{2}+0.03=0.11(\mathrm{m})\end{cases}$$

$$\begin{aligned}加权平均厚度&=\frac{60\times0.07+60\times0.08+56\times0.10+18\times0.06+88\times0.11}{60+60+56+18+88}\\&=\frac{25.36}{282}\\&=0.0899\\&\approx0.09(\mathrm{m})\end{aligned}$$

（2）屋面找坡层体积。

$$\begin{aligned}V&=屋面面积\times平均厚度\\&=282\times0.09\\&=25.38(\mathrm{m}^3)\end{aligned}$$

9.2.3　屋面排水

1. 铁皮排水工程量计算规定

铁皮排水按设计尺寸以展开面积计算，当图纸没有注明尺寸时，可按表 9.2 规定计算。咬口和搭接用量等已计入定额项目内，不另计算。

表 9.2　铁皮排水单体零件折算表

名称		单位	水落管/m	檐沟/m	水斗/个	漏斗/个	下水口/个		
铁皮排水	水落管、檐沟、水斗、漏斗、下水口	m^2	0.32	0.30	0.40	0.16	0.45		
	天沟、斜沟、天窗窗台泛水、天窗侧面泛水、烟囱泛水、通气管泛水、滴水檐头泛水、滴水	m^2	天沟/m	斜沟、天窗窗台泛水/m	天窗侧面泛水/m	烟囱泛水/m	通气管泛水/m	滴水檐头泛水/m	滴水/m
			1.30	0.50	0.70	0.80	0.22	0.24	0.11

2. 铸铁、玻璃钢水落管工程量计算规定

铸铁、玻璃钢水落管区别不同直径按设计尺寸以延长米计算，雨水口、水斗、弯头、短管以个计算。

9.2.4 屋面的其他规定

1. 卷材屋面附加层等规定

卷材屋面的附加层、接缝、收头、找平层的嵌缝、冷底子油已计入定额内，不另计算。

2. 涂膜屋面的工程量计算规定

涂膜屋面的工程量计算同卷材屋面。涂膜屋面的油膏嵌缝、玻璃布盖缝、屋面分格缝，以延长米计算。

9.3 防水工程

9.3.1 地面防水

建筑物地面防水、防潮层，按主墙间净空面积计算，扣除凸出地面的构筑物、设备基础等所占的面积，不扣除柱、垛、间壁墙、烟囱及 0.3 m^2 以内孔洞所占面积。与墙面连接处高度在 500 mm 以内者按展开面积计算，并入平面工程量内；超过 500 mm 时，按立面防水层计算。

9.3.2 墙基防水

1. 计算规定

建筑物墙基防水、防潮层，外墙长度按中心线，内墙长度按净长乘以宽度以平方米计算。

2. 计算实例

【例 9.5】 根据图 9.7 有关数据，计算墙基水泥砂浆防潮层工程量（墙厚均为 240）。

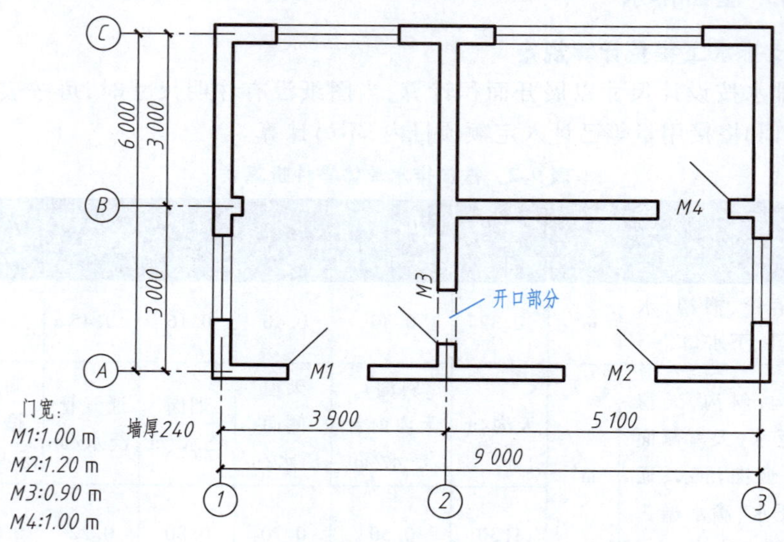

图 9.7 某建筑平面图

解：

$$
\begin{aligned}
S &= (\text{外墙中线长}+\text{内墙净长})\times\text{墙厚} \\
&= [(6.0+9.0)\times 2+6.0-0.24+5.1-0.24]\times 0.24 \\
&= 40.62\times 0.24 = 9.75(\text{m}^2)
\end{aligned}
$$

9.3.3　其他

1. 地下室防水层计算规定

构筑物及建筑物地下室防水层，按实铺面积计算，但不扣除 0.3 m^2 以内的孔洞面积。平面与立面交接处的防水层，其上卷高度超过 500 mm 时，按立面防水层计算。

2. 不计算的内容

防水卷材的附加层、接缝、收头、冷底子油等人工材料均已计入定额内，不另计算。

3. 变形缝计算规定

变形缝按延长米计算。

9.4　防腐、保温隔热工程

9.4.1　防腐工程

1. 一般计算规定

防腐工程项目，应区分不同防腐材料的种类及其厚度，按设计实铺面积以平方米计算。应扣除凸出地面的构筑物、设备基础等所占的面积，砖垛等凸出墙面部分按展开面积计算后并入墙面防腐工程量之内。

2. 防腐踢脚板计算规定

踢脚板按实铺长度乘以高度以平方米计算，应扣除门洞所占面积并相应增加侧壁展开面积。

3. 砌筑双层耐酸块料计算规定

平面砌筑双层耐酸块料时，按单层面积乘以 2 计算。

4. 其他规定

防腐卷材接缝、附加层、收头等人工材料，已计入定额内，不再另行计算。

9.4.2　保温隔热工程

1. 不同材料的规定

保温隔热层应区别不同保温隔热材料，除另有规定者外，均按设计实铺厚度以立方米计算。

2. 厚度规定

保温隔热层的厚度按隔热材料（不包括胶结材料）净厚度计算。

3. 不扣除的规定

地面隔热层按围护结构墙体间净面积乘以设计厚度以立方米计算，不扣除柱、垛所占的体积。

4. 墙体隔热层计算规定

外墙按隔热层中心线,内墙按隔热层净长乘以设计尺寸的高度及厚度以立方米计算。应扣除冷藏门洞口和管道穿墙洞口所占体积。

5. 柱隔热层计算规定

柱包隔热层,按柱的隔热层中心线的展开长度乘以设计尺寸高度及厚度以立方米计算。

9.4.3 其他

1. 池槽隔热层计算规定

池槽隔热层按池槽保温隔热层的长、宽及厚度以立方米计算。其中池壁按墙面计算,池底按地面计算。

2. 门洞口侧壁周围隔热层计算规定

门洞口侧壁周围的隔热部分,按隔热层尺寸以立方米计算,并入墙面的保温隔热工程量内。

3. 柱帽保温隔热层计算规定

柱帽保温隔热层按保温隔热层体积并入顶棚保温隔热层工程量内。

第 10 章

装饰工程量计算

10.1 内墙抹灰

10.1.1 工程量计算规定

1. 内墙抹灰

内墙抹灰面积，应扣除门窗洞口和空圈所占的面积，不扣除踢脚板、挂镜线（图 10.1）、0.3 m^2 以内的孔洞和墙与构件交接处的面积，洞口侧壁和顶面也不增加。

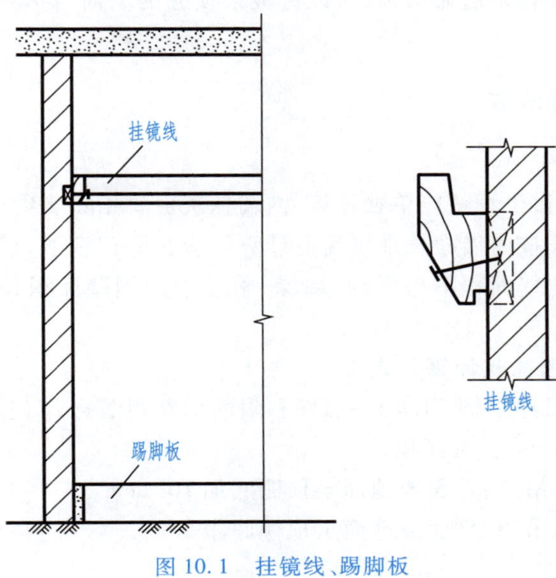

图 10.1 挂镜线、踢脚板

墙垛和附墙烟囱侧壁面积与内墙抹灰工程量合并计算。

2. 内墙面抹灰长度

内墙面抹灰的长度，以主墙间的净长尺寸计算，其高度确定如下。

(1) 无墙裙的，其高度按室内地面或楼面至顶棚底面之间距离计算。

(2) 有墙裙的，其高度按墙裙顶至顶棚底面之间距离计算。

(3) 钉板条顶棚的内墙面抹灰，其高度按室内地面或楼面至顶棚底面另加 100 mm 计算。

10.1.2 内墙与顶棚抹灰

1. 内墙抹灰

墙与构件交接处的面积(图 10.2)，主要是指各种现浇或预制梁头伸入墙内所占的面积。

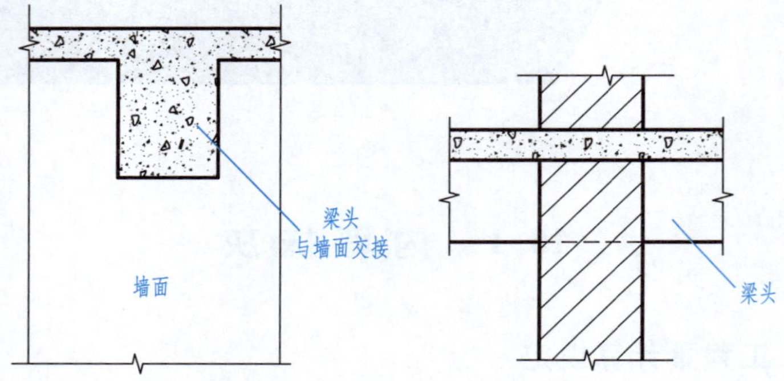

图 10.2 墙与构件交接处面积

2. 有顶棚的抹灰

由于一般墙面先抹灰后做吊顶，所以钉板条顶棚的墙面需抹灰时应抹至顶棚底再加 100 mm。

10.1.3 墙裙抹灰

1. 计算规定

墙裙单独抹灰时，工程量应单独计算，内墙抹灰也要扣除墙裙工程量。

内墙裙抹灰面积按内墙净长乘以高度计算。应扣除门窗洞口和空圈所占的面积，门窗洞口和空洞的侧壁面积不另增加，墙垛、附墙烟囱侧壁面积并入墙裙抹灰面积内计算。

2. 有墙裙的内墙抹灰计算公式

内墙面抹灰面积 =(主墙间净长+墙垛和附墙烟囱侧壁宽)×(室内净高-墙裙高)-门窗洞口及大于 0.3 m^2 孔洞面积

式中：室内净高 = $\begin{cases}\text{有吊顶：楼面或地面至顶棚底加 100 mm}\\ \text{无吊顶：楼面或地面至顶棚底净高}\end{cases}$

10.2 外墙抹灰

10.2.1 工程量计算规定

1. 外墙抹灰

外墙抹灰面积，按外墙面的垂直投影面积以平方米计算。应扣除门窗洞口、外墙裙和大于0.3 m^2 孔洞所占面积，洞口侧壁面积不另增加。附墙垛、梁、柱侧面抹灰面积并入外墙面抹灰工程量内计算。栏板、栏杆、窗台线、门窗套、扶手、压顶、挑檐、遮阳板、凸出墙外的腰线等，另按相应规定计算。

2. 外墙裙抹灰

外墙裙抹灰面积按其长度乘以高度计算，扣除门窗洞口和大于0.3 m^2 孔洞所占的面积，门窗洞口及孔洞的侧壁不增加。

3. 零星抹灰

窗台线、门窗套、挑檐、腰线、遮阳板等展开宽度在300 mm以内者，按装饰线以延长米计算，如果展开宽度超过300 mm，按设计尺寸以展开面积计算，套零星抹灰定额项目。

4. 栏板、栏杆抹灰

栏板、栏杆（包括立柱、扶手或压顶等）抹灰，按立面垂直投影面积乘以系数2.2以平方米计算。

5. 阳台底面抹灰

阳台底面抹灰按水平投影面积以平方米计算，并入相应顶棚抹灰面积内。阳台如带悬臂者，其工程量乘以系数1.30。

6. 雨篷抹灰

雨篷底面或顶面抹灰分别按水平投影面积以平方米计算，并入相应顶棚抹灰面积内。雨篷顶面带反沿或反梁者，其工程量乘以系数1.20，底面带悬臂梁者，其工程量乘以系数1.20。雨篷外边线按相应装饰或零星项目执行。

7. 墙面勾缝

墙面勾缝按垂直投影面积计算，应扣除墙裙和墙面抹灰的面积，不扣除门窗洞口、门窗套、腰线等零星抹灰所占的面积，附墙柱和门窗洞口侧面的勾缝面积也不增加。独立柱、房上烟囱勾缝，按设计尺寸以平方米计算。

10.2.2 外墙装饰抹灰

1. 外墙装饰抹灰计算规定

外墙各种装饰抹灰均按设计尺寸以实抹面积计算。应扣除门窗洞口空圈的面积，其侧壁面积不另增加。

2. 零星项目装饰抹灰计算规定

挑檐、天沟、腰线、栏杆、栏板、门窗套、窗台线、压顶等，均按设计尺寸展开面积以平方米计算，并入相应的外墙面积内。

10.2.3 墙面贴块料面层

1. 面积计算规定

墙面贴块料面层均按设计尺寸以实贴面积计算，见图 10.3、图 10.4。

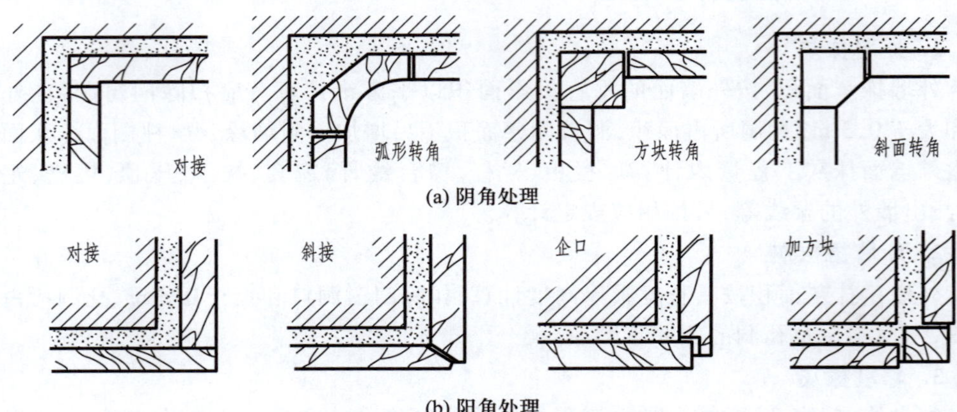

图 10.3 阴阳角的构造处理

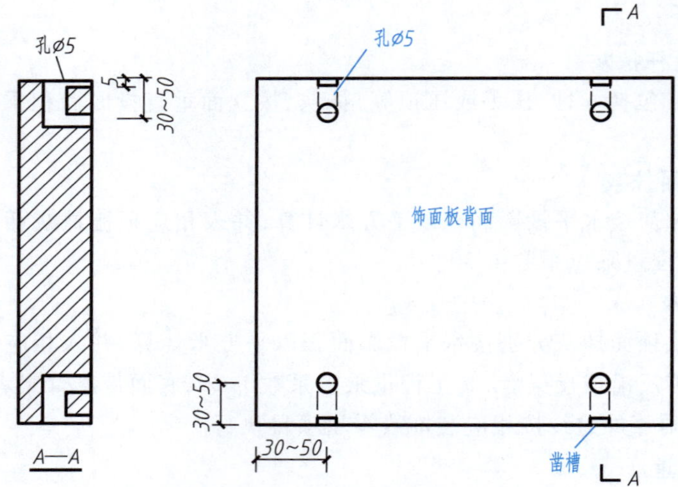

图 10.4 石材饰面板钻孔及凿槽

2. 高度计算规定

墙裙以高度 1 500 mm 为准，超过 1 500 mm 时按墙面计算，高度低于 300 mm 时，按踢脚板计算。

10.3 隔墙、隔断、幕墙

10.3.1 木隔墙、墙裙、护壁板计算规定

木隔墙、墙裙、护壁板均按设计尺寸长度乘以高度按实铺面积以平方米计算。

10.3.2　玻璃隔墙

玻璃隔墙按上横挡顶面至下横挡底面之间高度乘以宽度(两边立梃外边线之间)以平方米计算。

10.3.3　浴厕木隔断

浴厕木隔断,按下横挡底面至上横挡顶面高度乘以设计长度以平方米计算,门扇面积并入隔断面积内计算。

10.3.4　隔墙、幕墙

铝合金、轻钢隔墙、幕墙,按四周框外围面积计算。

10.4　独　立　柱

10.4.1　柱面抹灰与贴砖

一般抹灰、装饰抹灰、镶贴块料按结构断面周长乘以柱的高度,以平方米计算。

10.4.2　柱面有骨架装饰

柱面有骨架装饰按柱外围饰面尺寸乘以柱的高,以平方米计算(图 10.5)。

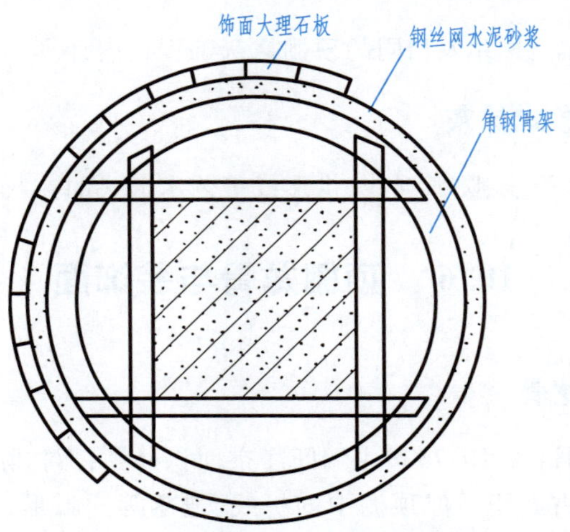

图 10.5　镶贴石材饰面板的圆柱构造

10.5　顶 棚 抹 灰

10.5.1　顶棚抹灰计算规定

顶棚抹灰面积,按主墙间的净面积计算,不扣除间壁墙、垛、柱、附墙烟囱、检查口和管道所占的面积。带梁顶棚，梁两侧抹灰面积，并入顶棚抹灰工程量内计算。

密肋梁和井字梁顶棚抹灰面积，按展开面积计算。

10.5.2 装饰线抹灰

顶棚抹灰如带有装饰线，区别按三道线以内或五道线以内按延长米计算，线角的道数以一个凸出的棱角为一道线（图 10.6）。

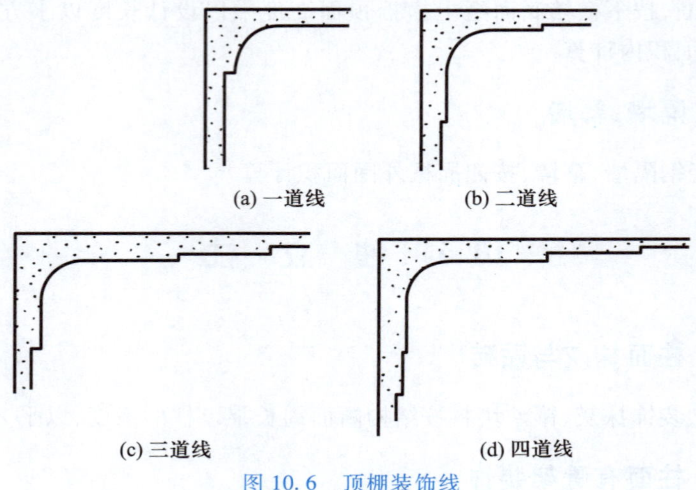

图 10.6 顶棚装饰线

10.5.3 檐口顶棚抹灰

檐口顶棚的抹灰面积，并入相同的顶棚抹灰工程量内计算。

10.5.4 艺术形式抹灰

顶棚中的折线、灯槽线、圆弧形线、拱形线等艺术形式的抹灰，按展开面积计算。

10.6 顶棚龙骨与装饰面

10.6.1 顶棚龙骨

各种吊顶顶棚龙骨（图 10.7）按主墙间净空面积计算，不扣除间壁墙、检查口、附墙烟囱、柱、垛和管道所占面积。但顶棚中的折线、迭落等圆弧形、高低吊灯槽等面积也不展开计算。

10.6.2 顶棚面装饰

1. 顶棚装饰面积计算规定

顶棚装饰面积（图 10.8、图 10.9），按主墙间实铺面积以平方米计算，不扣除间壁墙、检查口、附墙烟囱、附墙垛和管道所占面积，应扣除独立柱及与顶棚相连的窗帘盒所占的面积。

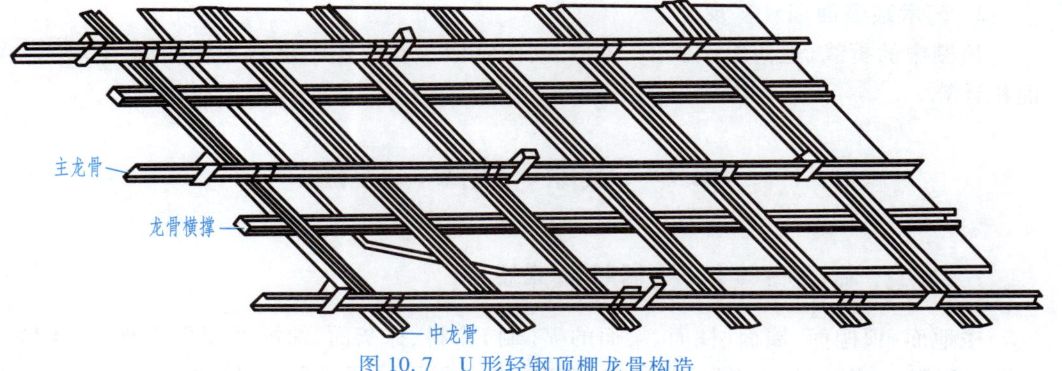

图 10.7 U 形轻钢顶棚龙骨构造

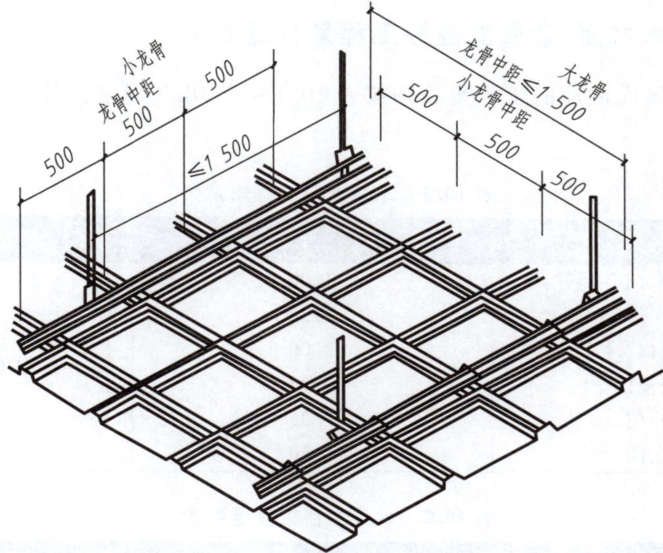

图 10.8 嵌入式铝合金方板顶棚

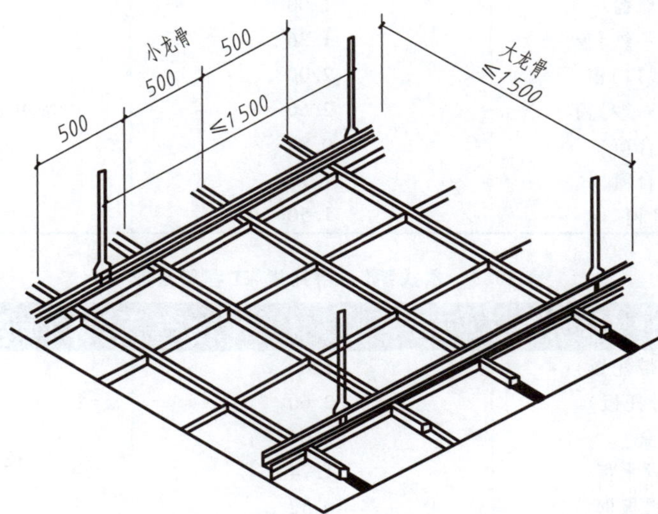

图 10.9 浮搁式铝合金方板顶棚

2. 艺术顶棚面积计算规定

顶棚中的折线、迭落等圆弧形、拱形、高低灯槽及其他艺术形式顶棚面层均按展开面积计算。

10.7 喷涂、油漆、裱糊

10.7.1 喷(刷)涂料、裱糊等计算规定

楼地面、顶棚面、墙面、柱面、梁面的喷(刷)涂料、抹灰面、油漆及裱糊工程,均按楼地面、顶棚面、墙面、柱面、梁面装饰工程相应的工程量计算规则规定计算。

10.7.2 木材面、金属面油漆工程量计算规定

木材面、金属面油漆的工程量分别按表 10.1 ~ 表 10.7 规定计算,并乘以表列系数以平方米计算。

表 10.1 单层木门工程量系数

项目名称	系数	工程量计算方法
单层木门	1.00	按单面洞口面积
双层(一板一纱)木门	1.36	
双层(单裁口)木门	2.00	
单层全玻门	0.83	
木百叶门	1.25	
厂库大门	1.20	

表 10.2 单层木窗工程量系数

项目名称	系数	工程量计算方法
单层玻璃窗	1.00	按单面洞口面积
双层(一玻一纱)窗	1.36	
双层(单裁口)窗	2.00	
三层(二玻一纱)窗	2.60	
单层组合窗	0.83	
双层组合窗	1.13	
木百叶窗	1.50	

表 10.3 木扶手(不带托板)工程量系数

项目名称	系数	工程量计算方法
木扶手(不带托板)	1.00	按延长米
木扶手(带托板)	2.60	
窗帘盒	2.04	
封檐板、顺水板	1.74	
挂衣板、黑板框	0.52	
生活园地框、挂镜线、窗帘棍	0.35	

表 10.4　其他木材面工程量系数

项目名称	系数	工程量计算方法
木板、纤维板、胶合板	1.00	长×宽
顶棚、檐口	1.07	
清水板条顶棚、檐口	1.07	
木方格吊顶	1.20	
吸声板、墙面、顶棚面	0.87	
鱼鳞板墙	2.48	
木护墙、墙裙	0.91	
窗台板、筒子板、盖板	0.82	
暖气罩	1.28	
屋面板(带檩条)	1.11	斜长×宽
木间壁、木隔断	1.90	单面外围面积
玻璃间壁露明墙筋	1.65	
木栅栏、木栏杆(带扶手)	1.82	
木屋架	1.79	跨度(长)×中高×$\frac{1}{2}$
衣柜、壁柜	0.91	投影面积(不展开)
零星木装修	0.87	展开面积

表 10.5　木地板工程量系数

项目名称	系数	工程量计算方法
木地板、木踢脚线	1.00	长×宽
木楼梯(不包括底面)	2.30	水平投影面积

表 10.6　单层钢门窗工程量系数

项目名称	系数	工程量计算方法
单层钢门窗	1.00	洞口面积
双层(一玻一纱)钢门窗	1.48	
钢百叶门窗	2.74	
半截百叶钢门	2.22	
满钢门或包铁皮门	1.63	
钢折叠门	2.30	
射线防护门	2.96	框(扇)外围面积
厂库房平开、推拉门	1.70	
铁丝网大门	0.81	
间壁	1.85	长×宽
平板屋面	0.74	斜长×宽
瓦楞板屋面	0.89	斜长×宽
排水、伸缩缝盖板	0.78	展开面积
吸气罩	1.63	水平投影面积

表 10.7 其他金属面工程量系数

项目名称	系数	工程量计算方法
钢屋架、天窗架、挡风架、屋架梁、支撑、檩条	1.00	按质量(t)
墙架(空腹式)	0.50	
墙架(格板式)	0.82	

第 11 章

金属结构制作、构件运输与安装及其他工程量计算

11.1 金属结构制作

11.1.1 一般规则

金属结构制作按钢材尺寸以吨计算,不扣除孔眼、切边的质量,焊条、铆钉、螺栓等的质量,已包括在定额内不另计算。在计算不规则或多边形钢板质量时均按其几何图形的外接矩形面积计算。

11.1.2 实腹柱、吊车梁

实腹柱、吊车梁、H 型钢按设计尺寸计算,其中腹板及翼板宽度按每边增加 25 mm 计算。

11.1.3 制动梁、墙架、钢柱

(1) 制动梁的制作工程量包括制动梁、制动桁架、制动板质量。

(2) 墙架的制作工程量包括墙架柱、墙架梁及连接柱杆质量。

(3) 钢柱制作工程量包括依附于柱上的牛腿及悬臂梁质量,见图 11.1。

11.1.4 轨道

轨道制作工程量,只计算轨道本身质量,不包括轨道垫板、压板、斜垫、夹板及连接角钢等的质量。

11.1.5 铁栏杆

铁栏杆制作,仅适用于工业厂房中平台、操作台的钢栏杆。民用建筑中铁栏杆等

按定额其他章节有关项目计算。

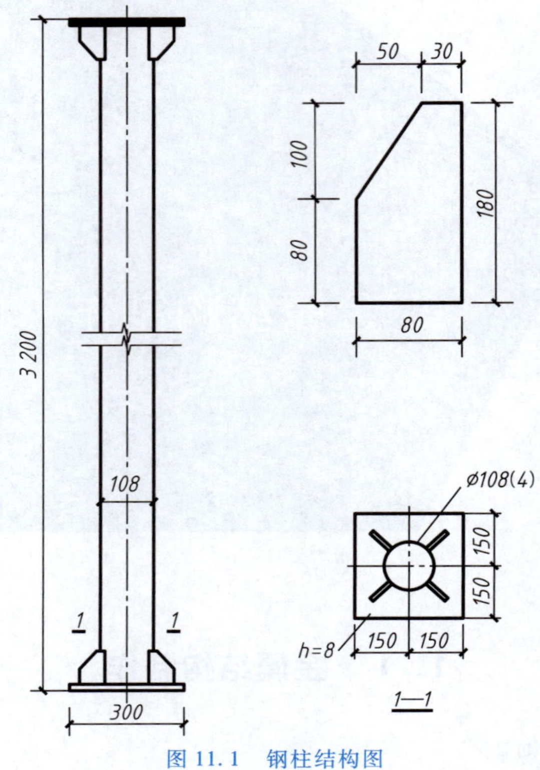

图 11.1 钢柱结构图

11.1.6 钢漏斗

钢漏斗制作工程量，矩形按设计分片，圆形按设计展开尺寸，并依钢板宽度分段计算，每段均以其上口长度（圆形以分段展开上口长度）与钢板宽度，按矩形计算，依附漏斗的型钢并入漏斗质量内计算。

11.1.7 计算实例

【例 11.1】 根据图 11.2 所示尺寸，计算柱间支撑的制作工程量。

解： 角钢每米质量 = 0.007 95×厚×（长边+短边-厚）

= 0.007 95×6×（75+50-6）

= 5.68（kg/m）

钢板每平方米质量 = 7.85×厚

= 7.85×8 = 62.8（kg/m^2）

角钢质量 = 5.90×2×5.68 = 67.02（kg）

钢板质量 =（0.205×0.21×4）×62.8

= 0.172 2×62.80

= 10.81（kg）

柱间支撑工程量 = 67.02+10.81 = 77.83（kg）

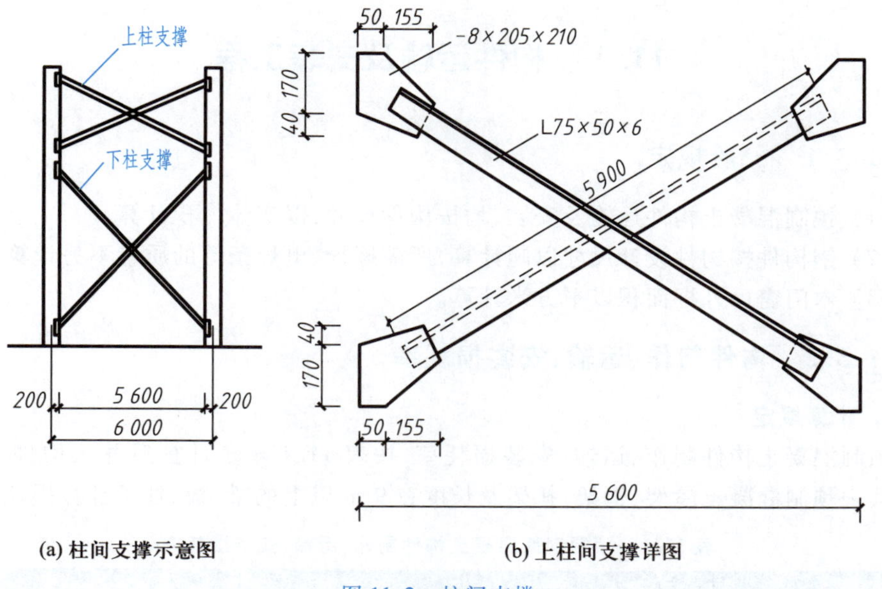

(a) 柱间支撑示意图　　(b) 上柱间支撑详图

图 11.2　柱间支撑

11.2　建筑工程垂直运输

11.2.1　建筑物

建筑物垂直运输机械台班用量,区分不同建筑物的结构类型及檐口高度按建筑面积以平方米计算。

檐高是指设计室外地坪至檐口的高度(图 11.3),凸出主体建筑屋顶的电梯间、水箱间等不计入檐口高度之内。

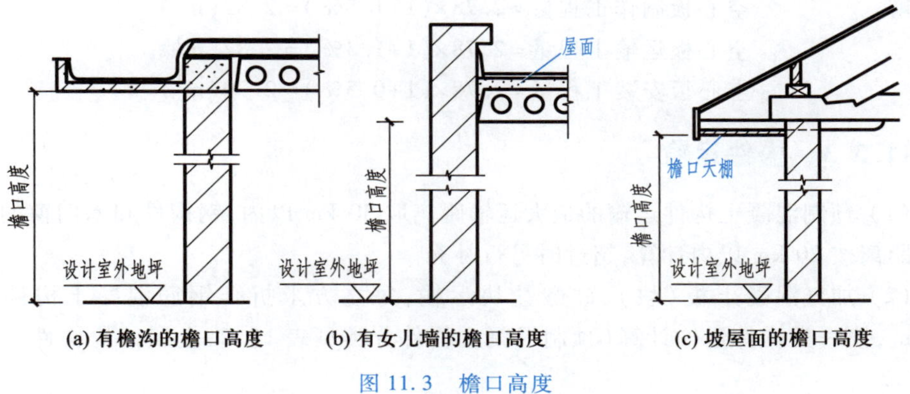

(a) 有檐沟的檐口高度　　(b) 有女儿墙的檐口高度　　(c) 坡屋面的檐口高度

图 11.3　檐口高度

11.2.2　构筑物

构筑物垂直运输机械台班以座计算。超过规定高度时,再按每增高 1 m 定额项目计算;其高度不足 1 m 时,也按 1 m 计算。

11.3 构件运输及安装工程

11.3.1 一般规定

(1) 预制混凝土构件运输及安装,均按构件尺寸,以实体体积计算。

(2) 钢构件按构件设计尺寸以吨计算,所需螺栓、电焊条等的质量不另计算。

(3) 木门窗以外框面积以平方米计算。

11.3.2 构件制作、运输、安装损耗率

1. 计算规定

预制混凝土构件制作、运输、安装损耗率,按表11.1规定计算后并入构件工程量内。其中预制混凝土屋架、桁架、托架及长度在9 m以上的梁、板、柱不计算损耗率。

表11.1 预制钢筋混凝土构件制作、运输、安装损耗率 %

名称	制作废品率	运输堆放损耗率	安装(打桩)损耗率
各类预制构件	0.2	0.8	0.5
预制钢筋混凝土柱	0.1	0.4	1.5

根据上述内容和表11.1的规定,预制构件含各种损耗的工程量计算方法如下:

预制构件制作工程量=设计尺寸实体体积×(1+1.5%)

预制构件运输工程量=设计尺寸实体体积×(1+1.3%)

预制构件安装工程量=设计尺寸实体体积×(1+0.5%)

2. 计算实例

【例11.2】 根据施工图计算出的预应力空心板体积为2.78 m^3,计算空心板的制作、运输、安装工程量。

解: 空心板制作工程量=2.78×(1+1.5%)=2.82(m^3)

空心板运输工程量=2.78×(1+1.3%)=2.82(m^3)

空心板安装工程量=2.78×(1+0.5%)=2.79(m^3)

11.3.3 构件运输

(1) 预制混凝土构件运输的最大运输距离取50 km以内;钢构件和木门窗的最大运输距离按20 km以内计算;超过时另行补充。

(2) 加气混凝土板(块)、硅酸盐块运输,每立方米折合钢筋混凝土构件体积0.4 m^3,按一类构件运输计算(预制混凝土构件分类见表11.2,金属结构构件分类见表11.3)。

表11.2 预制混凝土构件分类

类别	项目
1	4 m以内空心板、实心板
2	6 m以内的桩、屋面板、工业楼板、进深梁、基础梁、吊车梁、楼梯休息板、楼梯段、阳台板

续表

类别	项目
3	6 m 以上至 14 m 的梁、板、柱、桩，各类屋架、桁梁、托架（14 m 以上另行处理）
4	天窗架、挡风架、侧板、端壁板、天窗上下挡、门框及单件体积在 0.1 m^3 以内小构件
5	装配式内、外墙板，大楼板，厕所板
6	隔墙板（高层用）

表 11.3　金属结构构件分类

类别	项目
1	钢柱、屋架、托架梁、防风桁架
2	吊车梁、制动梁、型钢檩条、钢支撑、上下挡、钢拉杆、栏杆、盖板、垃圾出灰门、倒灰门、箅子、爬梯、零星构件、平台、操作台、走道休息台、扶梯、钢吊车梯台、烟囱紧固箍
3	墙架、挡风架、天窗架、组合檩条、轻型屋架、滚动支架、悬挂支架、管道支架

11.3.4　预制混凝土构件安装

（1）焊接形成的预制钢筋混凝土框架结构，其柱安装按框架柱计算，梁安装按框架梁计算；节点浇注成形的框架，按连体框架梁、柱计算。

（2）预制钢筋混凝土工字形柱、矩形柱、空腹柱、双肢柱、空心柱、管道支架等安装，均按柱安装计算。

（3）组合屋架安装，以混凝土部分实体体积计算，钢杆件部分不另计算。

（4）预制钢筋混凝土多层柱安装，首层柱按柱安装计算，二层及二层以上柱按柱接柱计算。

11.3.5　钢构件安装

（1）钢构件安装按构件钢材质量以吨计算。

（2）依附于钢柱上的牛腿及悬臂梁等，并入柱身主材质量计算。

（3）金属结构中所用钢板，设计为多边形者，按矩形计算，矩形的边长以设计尺寸中互相垂直的最大尺寸为准。

11.4　建筑物超高增加人工、机械费

11.4.1　有关规定

（1）本规定适用于建筑物檐口高 20 m（层数 6 层）以上的工程（图 11.4）。

（2）檐高是指设计室外地坪至檐口的高度，凸出主体建筑屋顶的电梯间、水箱间等不计入檐高之内。

（3）同一建筑物高度不同时，按不同高度的建筑面积，分别按相应项目计算。

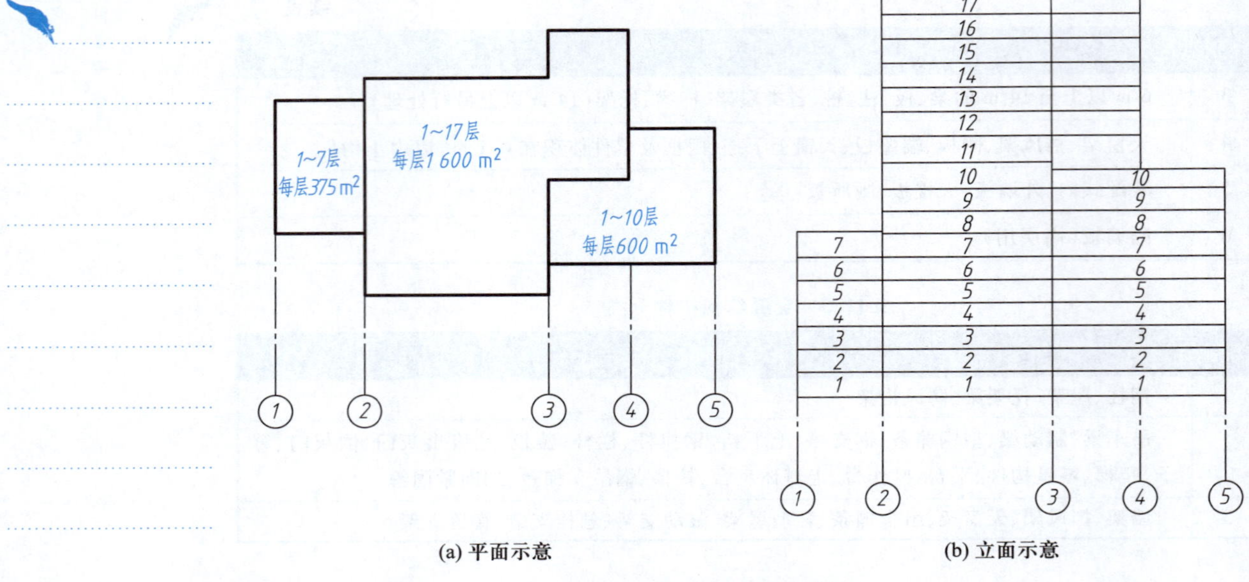

图 11.4　高层建筑

11.4.2　降效系数

（1）各项降效系数中包括的内容指建筑物基础以上的全部工程项目，但不包括垂直运输、各类构件的水平运输及各项脚手架。

（2）人工降效按规定内容中的全部人工费乘以定额系数计算。

（3）吊装机械降效按吊装项目中的全部机械费乘以定额系数计算。

（4）其他机械降效按除吊装机械外的全部机械费乘以定额系数计算。

11.4.3　加压水泵台班

建筑物施工用水加压增加的水泵台班，按建筑面积计算。

11.4.4　建筑物超高机械降效率定额

建筑物超高机械降效率定额摘录见表 11.4。

表 11.4　建筑物超高机械降效率定额摘录

定额编号	14-1	14-2	14-3	14-4
项目	檐高（层数）			
	30 m （7～10 层）以内	40 m （11～13 层）以内	50 m （14～16 层）以内	60 m （17～19 层）以内
人工降效率/%	3.33	6.00	9.00	13.33
吊装机械降效率/%	7.67	15.00	22.20	34.00
其他机械降效率/%	3.33	6.00	9.00	13.33

工作内容：

(1) 工人上下班降低工效、上楼工作前休息及自然休息增加的时间。

(2) 垂直运输影响的时间。

(3) 由于人工降效引起的机械降效。

11.4.5　建筑物超高加压水泵台班定额

工作内容：包括由于水压不足所发生的加压用水泵台班。

计量单位：100 m^2。

建筑物超高加压水泵台班定额摘录见表 11.5。

表 11.5　建筑物超高加压水泵台班定额摘录

定额编号		14-11	14-12	14-13	14-14
项目	单位	檐高（层数）			
		30 m （7～10 层）以内	40 m （11～13 层）以内	50 m （14～16 层）以内	60 m （17～19 层）以内
基价	元	87.87	134.12	259.88	301.17
加压用水泵	台班	1.14	1.74	2.14	2.48
加压用水泵停滞	台班	1.14	1.74	2.14	2.48

11.4.6　建筑物超高人工、机械降效费计算实例

【例 11.3】 某现浇钢筋混凝土框架结构的宾馆建筑面积及层数见图 11.4，根据下列数据和表 11.4、表 11.5 定额计算建筑物超高人工、机械降效费和建筑物超高加压水泵台班费。

1～7 层

①～②轴线 {
人工费：202 500 元
吊装机械费：67 800 元
其他机械费：168 500 元

1～17 层

②～④轴线 {
人工费：2 176 000 元
吊装机械费：707 200 元
其他机械费：1 360 000 元

1～10 层

③～⑤轴线 {
人工费：450 000 元
吊装机械费：120 000 元
其他机械费：300 000 元

解：(1) 人工降效费

①～②轴　③～⑤轴　定额 14-1

(202 500+450 000)×3.33% = 21 728.25（元）

②～④轴　定额 14-4

2 176 000×13.33% = 290 060.80（元）

} 311 789.05 元

(2) 吊装机械降效费

①~②轴 ③~⑤轴 定额 14-1 (67 800+120 000)×7.67% =14 404.26(元) ②~④轴 定额 14-4 707 200×34% =240 448.00(元)	254 852.26 元

(3) 其他机械降效费

①~②轴 ③~⑤轴 定额 14-1 (168 500+300 000)×3.33% =15 601.05(元) ②~④轴 定额 14-4 1 360 000×13.33% =181 288.00(元)	196 889.05 元

(4) 建筑物超高加压水泵台班费

①~②轴 ③~⑤轴 定额 14-11 (375×7+600×10)×0.88 =7 590(元) ②~④轴 定额 14-14 1 600×17×3.01 =81 872.00(元)	89 462.00 元

第二篇

建筑工程量计算实训

第 12 章

建筑工程量计算实训概述

12.1　建筑工程量计算实训性质

建筑工程量计算实训是与建筑工程预算、装饰工程预算、工程量清单计价等理论课程紧密配套的技能训练课程。

12.2　建筑工程量计算实训的特性

建筑工程量计算实训是一项由简单到复杂、由单一到综合的系列训练项目,可以在建筑工程预算、装饰工程预算、工程量清单计价课程教学中进行,也可以在一门课程结束后进行单项实训,还可以在全部专业课程结束后进行综合实训。

按照“螺旋进度教学法”的思路构建和编排了建筑工程量计算实训内容。

12.3　建筑工程量计算依据

本书工程量计算时,除依据施工图外,还要依据《房屋建筑与装饰工程工程量计算规范》和本地区的计价定额及工程量计算规则。

12.4　建筑工程量计算实训内容包含的范围

建筑工程量计算实训内容包括定额工程量计算和清单工程量计算,建筑装饰工程量计算内容也包含在内。

12.5 建筑工程量计算技能与知识点分析

工程造价员编制施工图预算、清单报价、工程结算中的建筑工程量计算技能分析见表 12.1。

表 12.1 建筑工程量计算技能与知识点分析

<table>
<tr><th>造价人员岗位工作</th><th>主要工程量计算能力</th><th>主要工程量计算实训内容</th><th>主要计算方法</th></tr>
<tr><td rowspan="14">1. 建筑工程预算编制
2. 房屋建筑工程量清单编制</td><td rowspan="3">(1) 土方工程量计算</td><td>平整场地工程量</td><td>S=底面积+外墙外边周长×放出宽+4×放出宽×放出宽</td></tr>
<tr><td>挖沟槽工程量</td><td>$V=(a+2c+kh)hL$</td></tr>
<tr><td>挖地坑工程量</td><td>$V=(a+2c+kh)\times(a+2c+kh)h+1/3K^2h^3$</td></tr>
<tr><td rowspan="3">(2) 砌筑工程量计算</td><td>砖基础工程量</td><td>砖基础体积=[基础墙高×墙厚+0.007 875n(n+1)]×砖基础长</td></tr>
<tr><td>砖墙体工程量</td><td>砖墙体积=[墙高×墙高−门窗及大于 0.3 m² 空洞面积]×墙厚−圈、过、挑梁体积</td></tr>
<tr><td>砌体柱工程量</td><td></td></tr>
<tr><td>(3) 脚手架工程量计算</td><td>单排、双排脚手架工程量
里脚手架、简易脚手架工程量
满堂脚手架工程量</td><td></td></tr>
<tr><td>(4) 混凝土基础工程量计算</td><td>独立基础工程量
带型基础工程量
满堂基础工程量</td><td></td></tr>
<tr><td>(5) 混凝土柱、梁、板工程量计算</td><td>矩形、异形柱工程量
矩形、异形梁工程量
平板、密肋板工程量
楼梯板工程量</td><td></td></tr>
<tr><td>(6) 金属结构工程量计算</td><td>钢支撑工程量
钢柱工程量
钢梁工程量</td><td></td></tr>
<tr><td>(7) 屋面工程量计算</td><td>屋面防水工程量
屋面保温工程量
屋面面层、找平层工程量</td><td></td></tr>
<tr><td>3. 装饰工程预算编制
4. 装饰工程量清单编制</td><td>楼地面装饰工程量计算</td><td>地面垫层工程量
砂浆面层工程量
块料面层工程量</td><td></td></tr>
</table>

续表

造价人员岗位工作	主要工程量计算能力	主要工程量计算实训内容	主要计算方法
3. 装饰工程预算编制 4. 装饰工程量清单编制	墙柱面装饰工程量计算	墙柱面抹灰工程量 墙柱面块料工程量 墙柱面装饰板工程量 墙柱面油漆涂料工程量	
	顶棚工程量计算	顶棚龙骨工程量 顶棚面层工程量 顶棚抹灰、涂料工程量	
	门窗工程量计算	木门窗工程量 铝合金门窗工程量 特殊门工程量	
5. 工程结算	设计变更工程量计算	土方工程量 门窗工程量 装饰工程量	
	工程变更工程量计算		

12.6 螺旋进度教学法在建筑工程量计算技能训练中的应用

建筑工程量实训内容是按照“螺旋进度教学法”的思路编写的。

1. 螺旋进度教学法简介

螺旋进度教学法的主要做法:将建筑工程量计算的技能训练内容划分为几个阶段(层面),通过各个阶段(层面)的反复实训,达到掌握好工程量计算方法和技能的目的。这里所指的各阶段(层面)之间的内容是既包含前一阶段的内容又增加新内容的递进关系。

螺旋进度教学法的理念是“学习、学习、再学习”。其基本思路是:每一阶段具体内容的学习都要建立在一个整体的概念基础之上。即在整体概念的把握中,从简单的阶段到复杂的阶段反复学习,前一阶段是后一阶段的基础;后一阶段是前一阶段的发展,如此下去反复循环,直到掌握好基本技能为止。由于该方法的学习进程像螺旋上升的弹簧一样,后一阶段在前一阶段的基础上不断增加学习内容和训练内容,进而不断提升学习质量,故称为“螺旋进度教学法”。

2. 螺旋进度教学法的教育学理论基础

教学原则是教育学理论的重要组成部分。在教学中通常采用的教学原则有循序渐进原则、温故知新原则、分层递进原则。

(1) 循序渐进原则。

按照认知规律,认识事物总是从简单到复杂、从点到面循序渐进地进行。朱熹说:“君子教人有序,先传以小者近者,而后教以远者大者”。任何一项实训也是这样,应该先介绍简单的方法和训练简单的内容,后训练复杂的项目,循序渐进,不断深入。

(2) 温故知新原则。

孔子说:“温故而知新,可以为师矣”。在重复实训的过程中,进一步归纳、总结,提炼出新的方法，而后再扩充、延伸实训新的方法，进而再通过实训提炼出新的方法和训练新的技能……如此反复进行，不断循环，就能达到掌握新技能和巩固新方法的目的。

(3) 分层递进原则。

根据学生具体的学习状况，将总体实训目标，从简单到复杂，分解为若干个层面。由少到多，由简单到复杂，由单因素到多因素，由表及里，不断递进地进行实训。

3. 螺旋进度教学法的哲学思想基础

马克思主义认为，人类社会的生产活动，是一步又一步地由低级向高级发展，因此，人们的认识，不论对于自然界方面还是对于社会方面，都是一步一步地由低级向高级发展，即由浅入深、由片面到更多的方面。

实践、认识、再实践、再认识，这种形式循环往复以至无穷，而实践和认识的每一循环的内容，都比较地进到了高一级的程度。这就是辩证唯物论的全部认识论，这就是辩证唯物论的知行统一观。

上述认识论的哲学思想，指导我们在教学中应该按照认知规律进行实训，以认识论为指导思想构建实训方法。

4. 螺旋进度教学法的实践

运用螺旋进度教学法组织实训，有助于提高学生的学习兴趣，有助于增强学习信心，有助于在掌握基本技能的同时进一步掌握实训方法，有助于学生扎实地掌握建筑工程量计算的基本方法和基本技能。

螺旋进度教学法在建筑工程量计算实训中的应用做法：实训开始以后，后一次实训在前一次实训基础上的螺旋进度法分为大螺旋进度和小螺旋进度两个层面进行。

大螺旋进度的做法分为三个阶段：在开始阶段，用较少的时间在建筑工程预算、装饰工程预算、工程量清单计价课程教学中完成简单的具有整体概念的工程量计算实训；第二阶段是在上述课程结束一门后，进行单位工程施工图预算及工程量清单计价编制的实训；第三阶段是在专业课程全部结束后，进行单项工程施工图预算及工程量清单计价编制的实训。

小螺旋进度是在上述三个阶段的某一个阶段中进行阶段内的反复循环。如此循环下去，直到在允许的时间内掌握好建筑工程量计算的方法和技能。

建筑工程量计算就是在上述思路下来编排实训内容和组织实训的。

第 13 章

建筑工程量计算进阶一

13.1 建筑工程量计算进阶一主要训练内容

建筑工程量计算进阶一主要是单层砌体结构建筑工程量计算，训练内容见表 13.1。

表 13.1 建筑工程量计算进阶一主要训练内容

训练能力	训练进阶	主要训练内容	选用施工图
1. 分项工程项目列项 2. 清单工程量计算 3. 定额工程量计算	进阶一	(1) 土石方工程清单及定额工程量计算 (2) 砌筑定额工程清单及定额工程量计算 (3) 混凝土、钢筋混凝土工程清单及定额工程量计算 (4) 门窗定额工程清单及定额工程量计算 (5) 屋面、防水工程清单及定额工程量计算 (6) 楼地面工程清单及定额工程量计算 (7) 墙、柱面装饰与隔断、幕墙工程清单及定额工程量计算 (8) 顶棚工程清单及定额工程量计算 (9) 油漆、涂料、裱糊工程清单及定额工程量计算 (10) 措施项目清单及定额工程量计算	100 m^2 以内的单层建筑物施工图（图 13.1）

13.2 建筑工程量计算进阶一选用传达室施工图

建筑工程量计算进阶一选用传达室（单层）工程施工图见图 13.1。

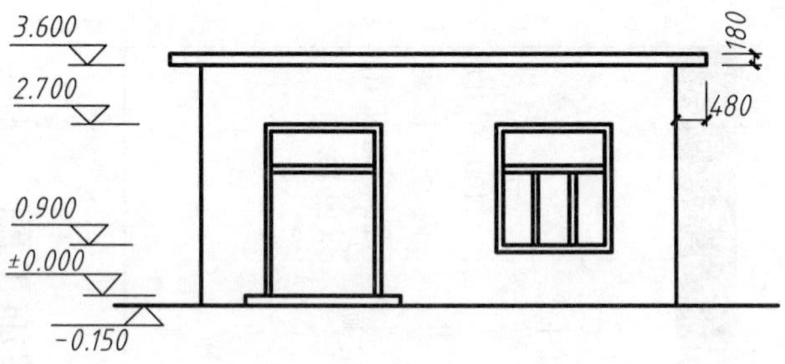

名称	代号	数量	洞口尺寸/mm 高	宽
半玻镶板门	M-1	1	2 700	1 800
镶板门	M-2	1	2 100	1 000
塑钢推拉窗	C-1	3	1 800	1 800
塑钢推拉窗	C-2	2	1 800	1 200

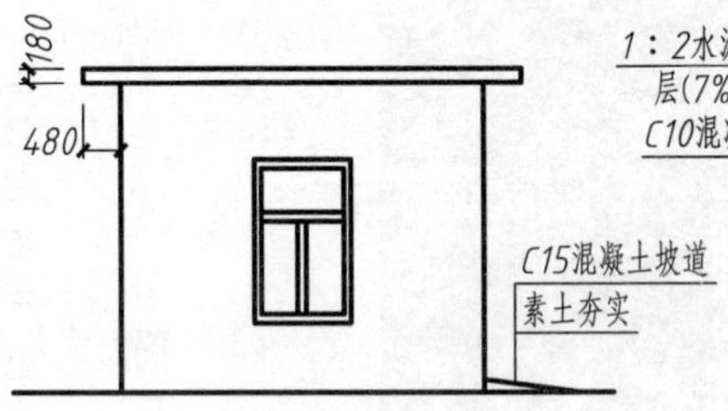

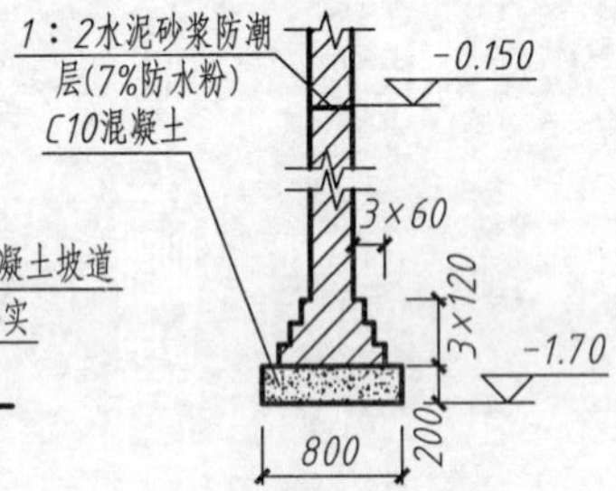

门窗统计表

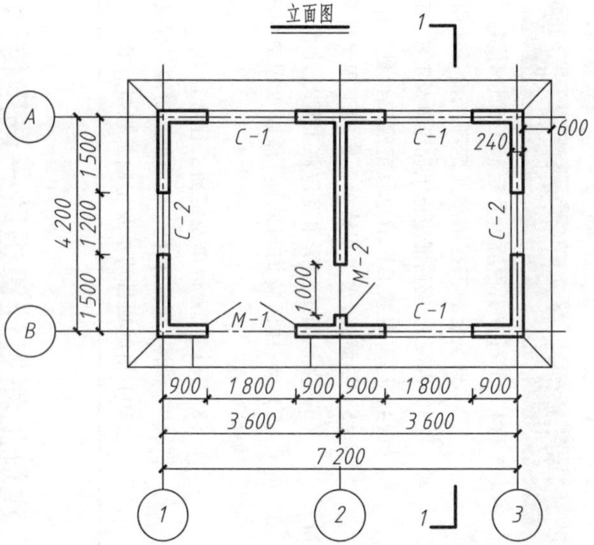

设计说明：

1.土壤类别：三类土。
2.M5水泥砂浆砌砖基础，M2.5混合砂浆砌砖墙。
3.C15混凝土散水80厚。
4.大门斜坡2 400×600，平均厚度75 mm。
5.门窗框断面50×100居中布置，底油一遍浅色调和油二遍。
6.彩釉砖踢脚线150高。
7.预制混凝土过梁1 500×240×180。
8.封檐、檐口天棚、外墙面、门窗侧面均贴黄色墙面瓷砖，1：1：6混合砂浆打底20 mm厚,1：2黏结层10 mm厚，瓷砖5 mm。
9.内墙面、天棚面腻子二遍，底漆一遍，面漆二遍。

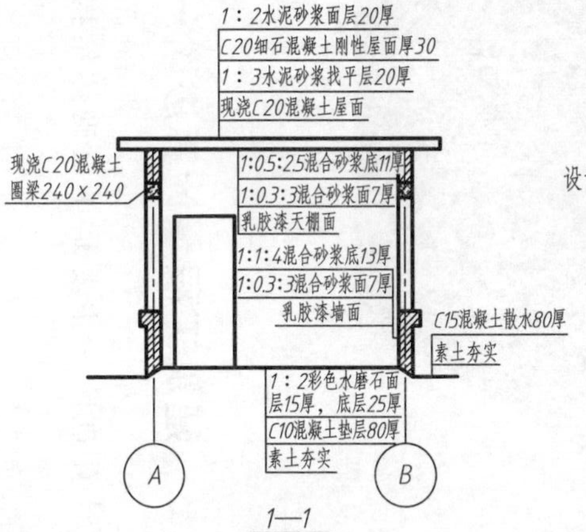

图 13.1 传达室(单层)工程施工图

13.3　传达室工程分部分项工程项目和单价措施项目列项

传达室工程分部分项工程项目和单价措施项目列项见表 13.2。

表 13.2　传达室工程分部分项工程项目和单价措施项目列项

序号	项目编码	项目名称	计量单位	利用基数	项目特征描述
A. 土石方工程					
1	010101001001	平整场地	m^2	$S_{底}$	1. 三类土。 2. 坑边堆放
2	010101003001	挖沟槽土方	m^3	$L_{中}$、$L_{内}$	1. 三类土。 2. 挖土深度 1.55 m
3	010103001001	室内回填土	m^3	$S_{底}$、$L_{中}$、$L_{内}$	1. 回填密度满足设计和规范要求。 2. 投标人根据设计要求验收后可填入，并符合相关工程的质量规范要求
4	010103001002	基础回填土	m^3		1. 回填密度满足设计和规范要求。 2. 投标人根据设计要求验收后可填入，并符合相关工程的质量规范要求
5	010103002001	余方弃置	m^3		1. 废弃料品种为土壤综合。 2. 运距为 2 km
D. 砌筑工程					
6	010401001001	M5 水泥砂浆砌砖基础	m^3	$L_{中}$	1. 页岩标砖，规格为 240 mm×115 mm×53 mm。 2. 条形基础。 3. M5 水泥砂浆。 4. 1∶2 水泥砂浆防潮层(7% 防水粉)
7	010401003001	M2.5 混合砂浆砌实心砖墙	m^3	$L_{中}$	1. 页岩标砖，规格为 240 mm×115 mm×53 mm。 2. 承重墙。 3. M2.5 混合砂浆
E. 混凝土及钢筋混凝土工程					
8	010501001001	C10 现浇混凝土条基垫层	m^3	$L_{中}$	1. 现场拌制混凝土。 2. C10 混凝土
9	010503004001	C20 现浇混凝土圈梁	m^3	$L_{中}$、$L_{内}$	1. 现场拌制混凝土。 2. C20 混凝土
10	010510003001	C20 预制混凝土过梁	m^3		C20 混凝土
11	010505003001	C20 现浇混凝土平板	m^3		1. 现场拌制混凝土。 2. C20 混凝土
12	010501001002	C10 现浇混凝土地面垫层	m^3		1. 现场拌制混凝土。 2. C10 混凝土
13	010507001001	C15 现浇混凝土坡道	m^2		1. 现场拌制混凝土。 2. C15 混凝土

续表

序号	项目编码	项目名称	计量单位	利用基数	项目特征描述
14	010507001002	C15 现浇混凝土散水	m^2	$L_外$	1. 现场拌制混凝土。 2. C15 混凝土
		H. 门窗工程			
15	010801001001	半玻镶板门	m^2		成品半玻镶板门
16	010801001002	镶板门	m^2		成品镶板门
17	010801001002	塑钢推拉窗	m^2		成品塑钢推拉窗
		J. 屋面及防水工程			
18	010902003001	C20 细石混凝土刚性层	m^2		1. 30 mm 厚。 2. C20 细石混凝土
		L. 楼地面工程			
19	011101002001	现浇水磨石楼地面	m^2	$S_底$、$L_中$、$L_内$	1. 1∶3 水泥砂浆底层:20 mm 厚。 2. 1∶2 彩色水磨石面层:20 mm 厚
20	011105003001	彩釉砖踢脚线	m^2		1. 150 mm 高。 2. 1∶2 水泥砂浆粘接层
21	011101001001	1∶2 水泥砂浆屋面层	m^2		1. 混凝土刚性屋面。 2. 1∶2 水泥砂浆面层
22	011101006001	1∶3 水泥砂浆屋面找平层	m^2		1. 混凝土屋面板。 2. 1∶3 水泥砂浆找平层
		M. 墙、柱面装饰与隔断、幕墙工程			
23	011201001001	内墙面抹灰	m^2		1. 实心砖墙。 2. 1∶0.5∶2.5 混合砂浆底 11 mm 厚。 3. 1∶0.3∶3 混合砂浆面 7 mm 厚
24	011201004001	外墙立面砂浆找平层	m^2	$L_外$	1. 实心砖墙。 2. 1∶1∶6 混合砂浆立面找平层 20 mm 厚
25	011204003001	外墙瓷砖贴面	m^2	$L_外$	1. 1∶2 水泥砂浆粘接层 5 mm 厚。 2. 白色瓷砖 115 mm×50 mm×5 mm
26	011206002001	镶贴零星块料	m^2	$L_外$	1. 1∶2 水泥砂浆粘接层 5 mm 厚。 2. 白色瓷砖 115 mm×50 mm×5 mm
		N. 顶棚工程			
27	011301001001	顶棚抹灰	m^2	$S_底$、$L_中$、$L_内$	1. C20 混凝土屋面板。 2. 1∶0.5∶2.5 混合砂浆底 11 mm 厚。 3. 1∶0.3∶3 混合砂浆面 7 mm 厚
		P. 油漆、涂料、裱糊工程			
28	011406001001	墙面乳胶漆	m^2		1. 成品腻子膏两遍。 2. 底漆一遍、面两遍。 3. 墙面乳胶漆
29	011406001002	顶棚乳胶漆	m^2		1. 成品腻子膏两遍。 2. 底漆一遍、面两遍。 3. 顶棚乳胶漆
		S. 措施项目			
30	011701001001	综合脚手架	m^2		

续表

序号	项目编码	项目名称	计量单位	利用基数	项目特征描述
31	011702025001	混凝土基础垫层模板及支架	m^2		
32	011702008001	混凝土圈梁模板及支架	m^2		
33	011702016001	混凝土平板模板及支架	m^2		支撑高度:3.60 m
34	011702025002	混凝土坡道模板及支架	m^2		

13.4　传达室工程基数计算

传达室工程基数计算表见表 13.3。

表 13.3　传达室工程基数计算表

基数名称	代号	图号	单位	数量	计算式
外墙中线长	$L_{中}$	建施 1	m	22.80	$L_{中}=(7.20+4.20)\times2=22.80(m)$
内墙净长	$L_{内}$	建施 1	m	3.96	$L_{内}=4.20-0.24=3.96(m)$ $L_{内墙垫层净长}=4.20-0.80=3.40(m)$
外墙外边长	$L_{外}$	建施 1	m	23.76	$L_{外}=22.80+0.24\times4=23.76(m)$
底层面积	$S_{底}$	建施 1	m^2	33.03	$S_{底面积}=(7.20+0.24)\times(4.20+0.24)=33.03(m^2)$

13.5　分部分项及单价措施项目工程量计算表使用说明

建筑工程量计算实训的工程量计算表是特别设计的。该表格表达的内容有:每个分项工程项目名称既可以表现“清单项目编码”,同时还要表现“计价定额编号”;每个分项工程项目要写出计算公式,可以表达清单工程量计算规则和定额工程量计算规则,写出了每项工程量计算的知识点和技能点,给出了工程量计算分析与示例。

在后面进阶的“分部分项工程项目及单价措施项目工程量计算表”内容中,如果上述内容有空缺的,需要教师指导学生完成填写任务。

13.6　传达室工程量计算

根据传达室施工图、《房屋建筑与装饰工程工程量计算规范》《××省建筑与装饰工程计价定额》计算的分部分项工程项目及单价措施项目工程量见表 13.4。

传达室分部分项工程量计算表中的计算式、项目编码、定额编号、计量单位、工程量、工程量计算规则空缺的内容,由学生计算后补充上去。

表 13.4 传达室分部分项工程项目及单价措施项目工程量计算表

<table>
<tr><th rowspan="2">序号</th><th>项目编码</th><th rowspan="2">项目名称</th><th rowspan="2">计量单位</th><th rowspan="2">工程量</th><th rowspan="2">计算式（计算公式）</th><th>清单工程量计算规则</th><th rowspan="2">知识点</th><th rowspan="2">技能点</th></tr>
<tr><th>定额编号</th><th>定额工程量计算规则</th></tr>
<tr><td colspan="9">A. 土石方工程</td></tr>
<tr><td rowspan="3">1</td><td>010101001001</td><td>平整场地（清单）</td><td>m^2</td><td>33.03</td><td>$S=S_{底}$</td><td>按设计尺寸以建筑物首层建筑面积计算</td><td rowspan="2">平整场地是指：建筑物场地挖、填方厚度在±30 cm以内及找平</td><td rowspan="2">1. “三线一面”。
2. 凸出外墙面的附墙柱不计算。
3. 底层建筑面积取外墙外边线围成面积计算</td></tr>
<tr><td>AA0001</td><td>平整场地（定额子目）</td><td>m^2</td><td>33.03</td><td>同清单工程量</td><td>按设计尺寸以建筑物首层面积计算</td></tr>
<tr><td colspan="8">工程量计算分析及示例：
$S_{平}=S_{底}=(7.2+0.24)\times(4.20+0.24)=33.03(m^2)$</td></tr>
<tr><td rowspan="3">2</td><td>010101003001</td><td>挖地槽土方（清单）</td><td>m^3</td><td>75.78</td><td>$V=(L_{中}+$内墙垫层长$)S_{断}$</td><td rowspan="2">按设计尺寸以基础垫层底面积乘以挖土深度计算</td><td rowspan="2">挖沟槽：底宽≤7 m且底长>3倍底宽</td><td rowspan="2">1. 外墙基槽长取$L_{中}$。
2. 内墙基槽取内墙槽净长。
3. 断面积根据省规定考虑放坡系数、工作面</td></tr>
<tr><td>AA0004</td><td>挖地槽土方（定额子目）</td><td>m^3</td><td>75.78</td><td>同清单工程量</td></tr>
<tr><td colspan="8">工程量计算分析及示例：
设基础底标高为-1.7 m，垫层采用非原槽浇筑，土壤类别为三类土。
根据××省370号文件规定，挖基础土方项目中，工作面和放坡均要计算。
挖土深度 $H=1.7-0.15=1.55(m)$
考虑人工挖土方，由放坡系数表3.2中取$K=0.33$，由表3.3工作面取300 mm，基槽断面图如图13.2所示。
$S_{断}=(0.8+0.3\times2+0.33\times1.55)\times1.55=2.96(m^2)$
外墙基槽长取外墙中心线，内墙取基槽净长线。
$L_{外}=(7.2+4.2)\times2=22.8(m)$
$L_{内}=4.2-(0.8+0.3\times2)=2.8(m)$
$L=L_{外}+L_{内}=22.8+2.8=25.6(m)$
挖基槽工程量：
$V=S_{断}\ L=2.96\times25.6=75.78(m^3)$
图 13.2 基槽断面图</td></tr>
</table>

续表

<table>
<tr><th rowspan="2">序号</th><th>项目编码</th><th rowspan="2">项目名称</th><th rowspan="2">计量单位</th><th rowspan="2">工程量</th><th rowspan="2">计算式
（计算公式）</th><th>清单工程量计算规则</th><th rowspan="2">知识点</th><th rowspan="2">技能点</th></tr>
<tr><th>定额编号</th><th>定额工程量计算规则</th></tr>
<tr><td colspan="9">A. 土石方工程</td></tr>
<tr><td rowspan="3">3</td><td>010103001001</td><td>室内回填土（清单）</td><td>m^3</td><td>0.80</td><td>$V=S_{净}\ h_{厚}$</td><td rowspan="2">按主墙间净面积乘以回填土厚度计算</td><td rowspan="2">室内回填土：地面垫层以下素土夯填</td><td rowspan="2">1. 回填土厚度扣除垫层、面层。
2. 间壁墙、凸出墙面的附墙柱不扣除。
3. 门洞开口部分不增加</td></tr>
<tr><td>AA0039</td><td>室内回填土（定额子目）</td><td>m^3</td><td>0.80</td><td>同清单工程量</td></tr>
<tr><td colspan="8">工程量计算分析及示例：
主墙间净面积（不增加门洞口面积）：
$S_{净}=(3.6-0.24)\times(4.2-0.24)\times2$
$=26.61(m^2)$
或：$S_{净}=S_{底}-(L_{外}+L_{内})\times$墙厚
$=33.03-(22.8+4.2-0.24)\times0.24$
$=26.61(m^2)$
填土厚度扣除地面面层、垫层厚度。
$h=$室内外高差$-$垫层厚$-$面层厚
$=0.15-0.04-0.08=0.03(m)$
室内回填土工程量：
$V=S_{净}\ h=26.61\times0.03$
$=0.80(m^3)$</td></tr>
<tr><td rowspan="3">4</td><td>010103001002</td><td>基础回填土（清单）</td><td>m^3</td><td>60.39</td><td>$V=V_{挖}-V_{垫}-V_{砖基(室外地坪以下)}$</td><td>按挖方清单项目工程量减去自然地坪以下埋设的基础体积（包括基础垫层及其他构筑物）计算</td><td rowspan="2">基础回填土：基础工程后回填至室外地坪标高</td><td rowspan="2">砖基础工程量应扣除自然地坪以下部分</td></tr>
<tr><td>AA0039</td><td>基础回填土（定额子目）</td><td></td><td>60.39</td><td>同清单工程量</td><td>同清单工程量计算规则</td></tr>
<tr><td colspan="8">工程量计算分析及示例：
室外地坪以下埋入构筑物有垫层、部分砖基础。
$V=75.78-26.76\times(0.24\times1.35+0.007\ 875\times3\times4)-4.19=60.39(m^3)$</td></tr>
</table>

续表

序号	项目编码 定额编号	项目名称	计量单位	工程量	计算式（计算公式）	清单工程量计算规则 定额工程量计算规则	知识点	技能点
A. 土石方工程								
5	010103002001	余方弃置（清单）	m^3	14.59	$V=V_{挖}-V_{回}$	按挖方清单项目工程量减去利用回填方体积（正数）计算	1. 回填后运走多余土方。 2. 挖方不够，买土回填	1. 正数为余方弃置。 2. 负数为卖土回填
	AA0013+AA0014	余方弃置（定额子目）	m^3	14.59	同清单工程量	同清单工程量计算规则		
	清程量计算分析及示例： $V=75.78-60.39-0.80=14.59(m^3)$							
D. 砌筑工程								
6	010401001001	M5 水泥砂浆砌砖基础（清单）	m^3	12.14	$V=(bH+\Delta s)(L_{中}+L_{内})-V_{构造柱}-V_{圈梁}+V_{垛}$	按设计尺寸以体积计算	1. 砖基础内应扣：地梁（圈梁）、构造柱等所占的体积。 2. 不扣：基础大放脚 T 形接头处的重叠部分、嵌入基础内的钢筋、铁件、管道、基础砂浆防潮层和单个面积 ≤0.3 m^2 孔洞等所占体积。 3. 靠墙暖气沟的挑檐不增加	1. 基础长度：外墙按中心线；内墙按净长线。 2. 基础高度：砖基础底面至室内地坪标高。 3. 基础墙厚度的确定。 4. 砖基础的大放脚增加面积的计算。 5. 砖基础的截面面积的计算。 6. 构造柱体积计算。 7. 地圈梁体积计算。 8. 附墙垛基础宽出部分体积的计算
	AC0003	M5 水泥砂浆砖基础（定额子目）	m^3	12.14	同清单工程量	按设计尺寸以体积计算		
	AG0529	1∶2 水泥砂浆防潮层（定额子目）	m^2	6.42	$S=b(L_{中}+L_{内})$	墙基防水，外墙按中心线、内墙按净长线乘以宽计算		
	工程量计算分析及示例： 本砖基础为等高式三层放脚基础，砖基础中无构造柱、圈梁等构件，也没有砖垛，故只需要计算砖基础实体工程量即可。 （1）基础长 $=L_{中}+L_{内}=(7.2+4.2)\times2+(4.2-0.24)=26.76(m)$。 （2）基础高 $=1.7-0.2=1.5(m)$。 （3）基础断面面积 $=0.24\times1.5+0.007\ 875\times3\times4=0.453\ 5(m^2)$。 （4）砖基础工程量 $=26.76\times0.453\ 5=12.14(m^3)$。							

续表

<table>
<tr><td rowspan="2">序号</td><td>项目编码</td><td rowspan="2">项目名称</td><td rowspan="2">计量单位</td><td rowspan="2">工程量</td><td rowspan="2">计算式
（计算公式）</td><td>清单工程量计算规则</td><td rowspan="2">知识点</td><td rowspan="2">技能点</td></tr>
<tr><td>定额编号</td><td>定额工程量计算规则</td></tr>
<tr><td colspan="9">D. 砌筑工程</td></tr>
<tr><td>6</td><td colspan="8">定额子项工程量计算分析及实例：
（1）M5 水泥砂浆砌砖基础工程量同清单工程量。
（2）1 : 2 水泥砂浆防潮层 $S=b(L_{中}+L_{内})=0.24\times26.76=6.42(m^2)$</td></tr>
<tr><td rowspan="3">7</td><td>010401003001</td><td>M2.5 混合砂浆砌砖墙（清单）</td><td>m^3</td><td>16.48</td><td>$V=(L_{墙}\ H_{墙}-S_{洞口})$ $b_{墙厚}-V_{梁、柱}+V_{垛}$</td><td>按设计尺寸以体积计算</td><td rowspan="2">1. 砖墙内应扣：门窗洞口，过人洞，空圈，单个孔洞面积>0.3 m^2所占的、嵌入墙身的钢筋混凝土柱、梁（包括圈梁、挑梁、过梁）和暖气槽、管槽、消火栓箱、壁龛等所占的体积。
2. 不扣：梁头、板头、梁垫、檩头、垫木、木楞头、沿椽木、木砖、门窗走头、砖墙内的加固钢筋，木筋、铁件、钢管、单个空洞≤0.3 m^2 等所占体积。
3. 凸出墙面的腰线、挑檐、压顶、窗台线、虎头砖、门窗套等体积不增加</td><td rowspan="2">1. 砖墙长度：外墙按中心线；内墙按净长线。
2. 砖墙高度：±0.000 到屋面板底。
3. 砖墙厚度的确定。
4. 门窗洞口面积的计算。
5. 构造柱、框架柱体积计算。
6. 圈梁、过梁体积计算。
7. 砖墙外应增加凸出墙面的砖垛体积</td></tr>
<tr><td>AC0011（换）</td><td>M2.5 混合砂浆砌砖墙（定额子目）</td><td>m^3</td><td>16.48</td><td>同清单工程量</td><td>同清单工程量计算规则</td></tr>
<tr><td colspan="8">工程量计算分析及示例：
本工程为无梁板，墙高取到板底；墙厚为一砖墙，故墙厚取 240 mm；墙体中有门窗、过梁、圈梁等构件，所以在计算砖墙体积时应该扣除门窗、过梁、圈梁所占的体积。
（1）砖墙长 $=L_{中}+L_{内}=(7.2+4.2)\times2+(4.2-0.24)=26.76(m)$。
（2）砖墙高 $=3.6(m)$。
（3）门窗工程量 $=S_{M-1}+S_{M-2}+S_{C-1}\times3+S_{C-2}\times2=2.7\times1.8+2.1\times1+1.8\times1.8\times3+1.8\times1.2\times2=21(m^2)$。
（4）过梁体积 $=0.24\times0.18\times(1+0.25\times2)=0.06(m^3)$。
（5）圈梁体积 $=0.24\times0.24\times[(7.2+4.2)\times2+(4.2-0.24)]=1.54(m^3)$。
（6）砖墙工程量 $=(26.76\times3.6-21)\times0.24-0.06-1.54=16.48(m^3)$</td></tr>
</table>

续表

<table>
<tr><th rowspan="2">序号</th><th>项目编码</th><th rowspan="2">项目名称</th><th rowspan="2">计量单位</th><th rowspan="2">工程量</th><th rowspan="2">计算式（计算公式）</th><th>清单工程量计算规则</th><th rowspan="2">知识点</th><th rowspan="2">技能点</th></tr>
<tr><th>定额编号</th><th>定额工程量计算规则</th></tr>
<tr><td colspan="9">E. 混凝土及钢筋混凝土工程</td></tr>
<tr><td rowspan="3">8</td><td>010501001001</td><td>C10 现浇混凝土基础垫层（清单）</td><td>m^3</td><td>4. 19</td><td>$V_{垫层}=S_{垫层剖面}L_{垫层长}$</td><td>按设计尺寸以体积计算</td><td rowspan="2">按设计尺寸以体积计算</td><td rowspan="2">1. 条基垫层构造的确定。
2. 条基垫层剖面的确定。
3. 条基垫层长度的确定</td></tr>
<tr><td>AD0016</td><td>C10 现浇混凝土基础垫层（定额子目）</td><td>m^3</td><td>4. 19</td><td>同清单工程量</td><td>同清单工程量计算规则</td></tr>
<tr><td colspan="8">工程量计算分析及示例：
C10 现浇混凝土基础垫层工程量的计算。
分析：(1) 根据基础断面图，计算出垫层的剖面面积。
$$S_{垫层剖面}=0.8\times0.2=0.16(m^2)$$
(2) 根据基础断面图和平面图，计算出垫层的长度，外墙基础下的垫层长度等于外墙中心线，内墙基础下的垫层长度为基础垫层净长。
$$L_{垫层长}=L_{中}+L_{内墙基垫层净长}$$
$$L_{中}=(7.2+4.2)\times2=22.80(m)$$
$$L_{内墙基垫层净长}=4.2-0.8=3.40(m)$$
$$L_{垫层长}=22.80+3.40=26.20(m)$$
(3) 计算基础垫层体积。
$$V_{垫层}=S_{垫层剖面}L_{垫层长}=0.16\times26.20=4.19(m^3)$$</td></tr>
<tr><td rowspan="2">9</td><td>010503004001</td><td>C20 现浇混凝土圈梁（清单）</td><td>m^3</td><td>1. 55</td><td>$V_{圈梁}=S_{圈梁剖面}L_{圈梁}$</td><td>按设计尺寸以体积计算</td><td rowspan="2">梁与柱连接时，梁长算至柱侧面</td><td rowspan="2">1. 圈梁剖面的确定。
2. 圈梁长度的确定</td></tr>
<tr><td>AD0131</td><td>C20 现浇混凝土圈梁（定额子目）</td><td>m^3</td><td>1. 55</td><td>同清单工程量</td><td>同清单工程量计算规则</td></tr>
</table>

续表

<table>
<tr><th rowspan="2">序号</th><th>项目编码</th><th rowspan="2">项目名称</th><th rowspan="2">计量单位</th><th rowspan="2">工程量</th><th rowspan="2">计算式
（计算公式）</th><th>清单工程量计算规则</th><th rowspan="2">知识点</th><th rowspan="2">技能点</th></tr>
<tr><th>定额编号</th><th>定额工程量计算规则</th></tr>
<tr><td colspan="9">E. 混凝土及钢筋混凝土工程</td></tr>
<tr><td>9</td><td colspan="8">工程量计算分析及示例：
C20 现浇混凝土圈梁工程量的计算。
分析：(1) 根据 1—1 剖面图，计算出圈梁的剖面面积。
$S_{圈梁剖面}=0.24\times0.24=0.058(m^2)$
(2) 根据 1—1 剖面图和平面图，计算出圈梁的长度，外墙上的圈梁长度等于外墙中心线，内墙上的圈梁长度为内墙净长线。
$L_{圈梁}=L_{中}+L_{内}$
$L_{中}=(7.2+4.2)\times2=22.80(m)$
$L_{内}=4.2-0.24=3.96(m)$
$L_{圈梁}=22.80+3.96=26.76(m)$
(3) 计算圈梁体积。
$V_{圈梁}=S_{圈梁剖面}L_{圈梁}=0.058\times26.76=1.55(m^3)$</td></tr>
<tr><td rowspan="4">10</td><td>010510003001</td><td>C20 预制混凝土过梁（清单）</td><td>m^3</td><td>0.06</td><td>$V_{过梁}=L_{梁长}B_{梁宽}H_{梁高}$</td><td>以立方米计量，按设计尺寸以体积计算</td><td rowspan="3">可以用根计量，按设计尺寸以数量计算</td><td rowspan="3">1. 过梁长度的确定。
2. 过梁体积的确定</td></tr>
<tr><td>AD0541</td><td>C20 预制混凝土过梁制作安装（定额子目）</td><td>m^3</td><td>0.06</td><td>同清单工程量</td><td>同清单工程量计算规则</td></tr>
<tr><td>AD0919</td><td>C20 预制混凝土过梁制作运输（定额子目）</td><td>m^3</td><td>0.06</td><td>同清单工程量</td><td>同清单工程量计算规则</td></tr>
<tr><td colspan="8">工程量计算分析及示例：
C20 预制混凝土过梁工程量的计算。
分析：需要注意的是，本工程中，大部分的门窗上部都是圈梁代过梁，只有内墙的门上部有过梁。另外，预制混凝土构件按现场制作编制项目，工作内容中包括模板工程，模板的措施费用不再单列，若采用成品预制混凝土构件，成品价（包括模板、钢筋、混凝土等所有费用）计入综合单价中。</td></tr>
</table>

续表

序号	项目编码 / 定额编号	项目名称	计量单位	工程量	计算式（计算公式）	清单工程量计算规则 / 定额工程量计算规则	知识点	技能点
	E. 混凝土及钢筋混凝土工程							
10	$V_{过梁}=1.5\times0.24\times0.18=0.06(m^3)$ 定额工程量计算分析及示例： 该清单项目包含以下定额子项。 （1）预制 C20 混凝土过梁制作安装。 $V_{过梁}=1.5\times0.24\times0.18=0.06(m^3)$ （2）预制 C20 混凝土过梁运输。 $V_{过梁}=1.5\times0.24\times0.18=0.06(m^3)$							
11	010505003001	C20 现浇混凝土平板（清单）	m^3	7.01	$V_{平板}=L_{板长}B_{板宽}H_{板厚}$	按设计尺寸以体积计算，不扣除单个面积≤0.3 m^2 的柱、垛及孔洞所占体积	按设计尺寸以体积计算	平板构造的确定
	AD0273	C20 现浇混凝土平板（定额子目）	m^3	7.01	同清单工程量	同清单工程量计算规则		
	工程量计算分析及示例： C20 现浇混凝土平板工程量的计算 分析：按设计尺寸以体积计算，不扣除单个面积≤0.3 m^2 的柱、垛及孔洞所占体积。 $V_{平板}=(7.2+0.24+0.48)\times(4.2+0.24+0.48)\times0.18=7.01(m^3)$							
12	010501001002	C10 现浇混凝土地面垫层（清单）	m^3	2.13	$V_{地面垫层}=L_{垫层长}B_{垫层宽}H_{垫层厚}$	按设计尺寸以体积计算	按设计尺寸以体积计算	地面垫层构造的确定
	AD0425	C10 现浇混凝土地面垫层（定额子目）	m^3	2.13	同清单工程量	同清单工程量计算规则		

续表

序号	项目编码 定额编号	项目名称	计量单位	工程量	计算式 （计算公式）	清单工程量计算规则 定额工程量计算规则	知识点	技能点
E. 混凝土及钢筋混凝土工程								
12	工程量计算分析及示例： C10 现浇混凝土地面垫层工程量的计算。 分析：按设计尺寸以体积计算。 $V_{地面垫层}=(3.6-0.24)\times(4.2-0.24)\times0.08\times2=2.13(m^3)$ 定额工程量计算分析及示例： 该项目的定额工程量计算规则同清单工程量计算规则。							
13	010507001001	C15 现浇混凝土坡道（清单）	m^2	1.44	$S_{坡道}=L_{坡道长}B_{坡道宽}$	按设计尺寸以水平投影面积计算。不扣除单个≤0.3 m^2的孔洞所占面积	按设计尺寸以水平投影面积计算	坡道水平投影面积的确定
	AD0341	C15 现浇混凝土坡道（定额子目）	m^3	0.11	$V_{坡道}=S_{水平投影}H_{厚}$	按设计尺寸以体积计算		
	工程量计算分析及示例： C15 现浇混凝土坡道工程量的计算。 分析：按设计尺寸以水平投影面积计算。 $S_{坡道}=2.4\times0.6=1.44(m^2)$ 定额工程量计算分析及示例： 现浇 C15 混凝土坡道工程量按体积计算。 $V_{坡道}=S_{水平投影}H_{厚}=1.44\times0.075=0.11(m^3)$							
14	010507001002	C15 现浇混凝土散水（清单）	m^2	14.26	$S_{散水}=B_{散水宽}L_{散水}$	按设计尺寸以水平投影面积计算。不扣除单个≤0.3 m^2 的孔洞所占面积	按设计尺寸以水平投影面积计算	1. 散水长度的确定。 2. 散水水平投影面积的确定
	AD0437（换）	C15 现浇混凝土散水（定额子目）	m^3	1.14	$V_{散水}=S_{散水}H_{散水}$	按设计尺寸以体积计算		

续表

序号	项目编码 定额编号	项目名称	计量单位	工程量	计算式（计算公式）	清单工程量计算规则 定额工程量计算规则	知识点	技能点
E. 混凝土及钢筋混凝土工程								
14	AG0544	沥青砂浆变形缝（定额子目）	m	25.95	$L_{变形缝}=L_{长度}$	按设计尺寸以长度计算		
	工程量计算分析及示例： 现浇 C15 混凝土散水工程量的计算。 分析：(1) 确定散水的中心线长度。 $L_{散水}=L_{外}+4B_{散水宽}-L_{坡道长}=(7.2+0.24+4.2+0.24)\times2+4\times0.6-2.4=23.76(m)$ (2) 计算散水水平投影面积。 $S_{散水}=B_{散水宽}L_{散水}=0.6\times23.76=14.26(m^2)$ 定额工程量计算分析及示例： 该清单项目包含以下两个定额子项。 (1) 现浇 C15 混凝土散水工程量。 根据定额计算规则，现浇 C15 混凝土散水工程量应当按照设计尺寸以体积计算。 $V_{散水}=S_{散水}H_{散水}=14.26\times0.08=1.14(m^3)$ (2) 沥青砂浆变形缝工程量。 $L_{变形缝}=(7.2+0.24+4.2+0.24)\times2-2.4+4\times\sqrt{0.6^2+0.6^2}+0.6\times2=25.95(m)$							
H. 门窗工程								
15	010801001001	半玻镶板门（清单）	樘	1	樘数	以樘计量，按设计数量计算		1. 门数量的确定。 2. 门洞口面积的确定
	010801001001	半玻镶板门（清单）	m^2	4.86	$S=\sum$(门洞口高×门洞口宽×数量)	以平方米计量，按设计洞口尺寸以面积计算		
	BD0020	半玻镶板门（定额）	m^2	4.86	同清单工程量	以平方米计量，按设计洞口尺寸以面积计算		

续表

<table>
<tr><th rowspan="2">序号</th><th>项目编码</th><th rowspan="2">项目名称</th><th rowspan="2">计量单位</th><th rowspan="2">工程量</th><th rowspan="2">计算式
（计算公式）</th><th>清单工程量计算规则</th><th rowspan="2">知识点</th><th rowspan="2">技能点</th></tr>
<tr><th>定额编号</th><th>定额工程量计算规则</th></tr>
<tr><td colspan="9">H. 门窗工程</td></tr>
<tr><td>15</td><td colspan="8">工程量计算分析及示例：
分析：(1) 按“樘”计算工程量时，应区别门洞口尺寸与种类分别列项计算。
M-1：半玻镶板门按“樘”计算工程量为 1 樘。
(2) 按面积计算工程量时，应注意区别门的种类分别列项计算（种类不同，门的单价不同）；同时，区别门框尺寸和门洞尺寸的区别，一般情况下，门洞口尺寸大于门框尺寸，以方便安装门。
$S=\sum$（门洞口高×门洞口宽×数量）
$S_{半玻镶板门}=2.70\times1.80\times1$
$=4.86(m^2)$
(3) 木质门应区分镶板木门、企口木板门、实木装饰门、胶合板门、夹板装饰门、木纱门、全玻门（带木质扇框）、木质半玻门（带木质扇框）等项目分别列项</td></tr>
<tr><td rowspan="4">16</td><td rowspan="2">010801001002</td><td rowspan="2">镶板门
（清单）</td><td>樘</td><td>1</td><td>樘数</td><td>以樘计量，按设计数量计算</td><td></td><td>1. 门数量的确定。
2. 门洞口面积的确定</td></tr>
<tr><td>m^2</td><td>2.10</td><td>$S=\sum$（门洞口高×门洞口宽×数量）</td><td>以平方米计量，按洞口尺寸以面积计算</td><td></td><td></td></tr>
<tr><td>BD0004</td><td>镶板门
（定额）</td><td>m^2</td><td>2.10</td><td>同清单工程量</td><td>以平方米计量，按洞口尺寸以面积计算</td><td></td><td></td></tr>
<tr><td colspan="8">工程量计算分析及示例：
分析：(1) 按“樘”计算工程量时，应区别门洞口尺寸与种类分别列项计算。
M-2：镶板门按“樘”计算工程量为 1 樘。
(2) 按面积计算工程量时，应注意区别门的种类分别列项计算（种类不同，门的单价不同）；同时，区别门框尺寸和门洞尺寸的区别，一般情况下，门洞口尺寸大于门框尺寸，以方便安装门。
$S=\sum$（门洞口高×门洞口宽×数量）
$S_{镶板门}=2.1\times1.00\times1$
$=2.10(m^2)$</td></tr>
</table>

续表

<table>
<tr><th rowspan="2">序号</th><th>项目编码</th><th rowspan="2">项目名称</th><th rowspan="2">计量单位</th><th rowspan="2">工程量</th><th rowspan="2">计算式
（计算公式）</th><th>清单工程量计算规则</th><th rowspan="2">知识点</th><th rowspan="2">技能点</th></tr>
<tr><th>定额编号</th><th>定额工程量计算规则</th></tr>
<tr><td colspan="9">H. 门窗工程</td></tr>
<tr><td rowspan="4">17</td><td>010807001001</td><td rowspan="2">塑钢推拉窗（清单）</td><td>樘</td><td>3</td><td>樘数</td><td>以樘计量，按设计数量计算</td><td rowspan="3"></td><td rowspan="3">1. 窗数量的确定。
2. 窗洞口面积的确定</td></tr>
<tr><td>010807001001</td><td>m^2</td><td>14.04</td><td>$S=\sum$（窗洞口高×窗洞口宽×数量）</td><td>以平方米计量，按洞口尺寸以面积计算</td></tr>
<tr><td>BD0162</td><td>塑钢推拉窗（定额）</td><td>m^2</td><td>14.04</td><td>同清单工程量</td><td>以平方米计量，按洞口尺寸以面积计算</td></tr>
<tr><td colspan="8">工程量计算分析及示例：
分析：(1) 按“樘”计算工程量时，应区别窗洞口尺寸与种类分别列项计算。
C-1：塑钢推拉窗按“樘”计算工程量为 3 樘。
(2) 按面积计算工程量时，应注意区别窗的种类分别列项计算（种类不同，窗的单价不同）；同时，区别窗框尺寸和窗洞尺寸的区别，一般情况下，窗洞口尺寸大于窗框尺寸，以方便窗的安装。
$S=\sum$（窗洞口高×窗洞口宽×数量）
C-1　　C-2
$S_{塑钢推拉窗}=1.80\times1.80\times3+1.80\times1.20\times2$
$=14.04(m^2)$</td></tr>
<tr><td colspan="9">J. 屋面及防水工程</td></tr>
<tr><td rowspan="2">18</td><td>010902003001</td><td>C20 细石混凝土刚性屋面层（清单）</td><td>m^2</td><td>45.36</td><td>$S_{平屋面}$ = 屋面净长×屋面净宽
$S_{斜}$ = 屋面净长×屋面斜高 = $S_{净}$×屋面斜率</td><td rowspan="2">按设计尺寸以面积计算</td><td rowspan="2">不扣除房上烟囱、风帽底座、风道等所占面积</td><td rowspan="2">1. 平屋面：屋面水平投影净面积的计算。
2. 斜屋面：屋面斜高或屋面斜率的确定</td></tr>
<tr><td>AG0434 减 2×AG0436</td><td>C20 细石混凝土刚性屋面层（定额）</td><td>m^2</td><td>45.36</td><td>同清单工程量</td></tr>
</table>

续表

<table>
<tr><th rowspan="2">序号</th><th>项目编码</th><th rowspan="2">项目名称</th><th rowspan="2">计量单位</th><th rowspan="2">工程量</th><th rowspan="2">计算式
（计算公式）</th><th>清单工程量计算规则</th><th rowspan="2">知识点</th><th rowspan="2">技能点</th></tr>
<tr><th>定额编号</th><th>定额工程量计算规则</th></tr>
<tr><td colspan="9">J. 屋面及防水工程</td></tr>
<tr><td>18</td><td colspan="8">工程量计算分析及示例：
分析：屋面为平屋面，图示屋面无女儿墙，屋面板每边挑出外墙外边 480 mm 宽，故屋面刚性层工程量应同屋面板的面积。
$S=$净长×净宽
$=(7.20+0.24+0.48\times2)\times(4.20+0.24+0.48\times2)$
$=45.36(m^2)$</td></tr>
<tr><td colspan="9">L. 楼地面装饰工程</td></tr>
<tr><td rowspan="3">19</td><td>011101002001</td><td>现浇彩色水磨石楼地面(清单)</td><td>m^2</td><td>26.61</td><td>$S=S_{净}=S_{底}-(L_{中}+L_{内})\times$墙厚</td><td rowspan="2">按设计尺寸以面积计算</td><td rowspan="2">1. 扣除凸出地面构筑物、设备基础、室内铁道、地沟等所占面积。
2. 不扣除间壁墙及≤0.3 m^2柱、垛、附墙烟囱及孔洞所占面积。
3. 门洞、空圈、暖气包槽、壁龛的开口部分不增加面积</td><td rowspan="2">1. 主墙间净面积。
2. 不增加门洞口面积</td></tr>
<tr><td>BA0050-BA0052</td><td>现浇彩色水磨石楼地面(定额子目)</td><td>m^2</td><td>26.61</td><td>同清单工程量</td></tr>
<tr><td colspan="8">清单工程量计算分析及示例：
$S_{净}=(3.6-0.24)\times(4.2-0.24)\times2=26.61(m^2)$
或：
$S_{净}=S_{底}-(L_{中}+L_{内})\times$墙厚
$=33.03-(22.8+4.2-0.24)\times0.24$
$=26.61(m^2)$</td></tr>
<tr><td rowspan="2">20</td><td>011101001001</td><td>1∶2 水泥砂浆屋面面层(清单)</td><td>m^2</td><td>45.36</td><td>$S=$净长×净宽</td><td>按设计尺寸以面积计算</td><td></td><td></td></tr>
<tr><td>BA0024-BA0026</td><td>1∶2 水泥砂浆屋面面层(定额子目)</td><td>m^2</td><td>45.36</td><td>同清单工程量</td><td>同清单工程量计算规则</td><td></td><td></td></tr>
</table>

续表

序号	项目编码 定额编号	项目名称	计量单位	工程量	计算式 （计算公式）	清单工程量计算规则 定额工程量计算规则	知识点	技能点
	L. 楼地面装饰工程							
20	工程量计算分析及示例： 屋面为平屋面，图示屋面无女儿墙，屋面板每边挑出外墙外边 480 mm 宽，故屋面面层工程量应同屋面板的面积。 S = 净长×净宽 = (7. 20+0. 24+0. 48×2)×(4. 20+0. 24+0. 48×2) = 45. 36(m^2)							
21	011101006001	1∶3 水泥砂浆找平层（清单）	m^2	45. 36	S = 净长×净宽	按设计尺寸以面积计算	屋面找平层按《房屋建筑与装饰工程工程量计算规范》（GB 50854—2013）附录 L 楼地面装饰工程“平面砂浆找平层”项目编码立项	
	BA0006	1∶3 水泥砂浆找平层（定额子目）	m^2	45. 36	同清单工程量	按设计尺寸以面积计算	屋面面层按楼地面面层项目编码列项	
	工程量计算分析及示例： 屋面为平屋面，图示屋面无女儿墙，屋面板每边挑出外墙外边 480 mm 宽，故屋面找平层工程量应同屋面板的面积。 S = 净长×净宽 = (7. 20+0. 24+0. 48×2)×(4. 20+0. 24+0. 48×2) = 45. 36(m^2)							
22	011105003001	彩釉砖踢脚线（清单）	m	25. 9	$L = L_{室内净长}$ − 门洞口长度+门洞侧面宽度	以米计量，按延长米计算	按室内净长计算	门洞口要扣除，侧壁也增加
		彩釉砖踢脚线（清单）	m^2	3. 89	$S = Lh$	以平方米计量，按设计尺寸以面积计算	按长度乘以面积计算	
	BA0145	彩釉砖踢脚线（定额子目）	m^2	3. 89	同清单工程量	以平方米计量，按设计尺寸以面积计算		
	工程量计算分析及示例： 以米计量：L = (3. 6−0. 24+4. 2−0. 24)×2×2−1. 8+(0. 24−0. 1) −1×2+(0. 24−0. 1) ×2 = 25. 9(m) 以平方米计量：$S = Lh$ = 25. 9×0. 15 = 3. 89(m^2)							

续表

<table>
<tr><th rowspan="2">序号</th><th>项目编码</th><th rowspan="2">项目名称</th><th rowspan="2">计量单位</th><th rowspan="2">工程量</th><th>计算式</th><th>清单工程量计算规则</th><th rowspan="2">知识点</th><th rowspan="2">技能点</th></tr>
<tr><th>定额编号</th><th>（计算公式）</th><th>定额工程量计算规则</th></tr>
<tr><td colspan="9">M. 墙、柱面装饰与隔断、幕墙工程</td></tr>
<tr><td rowspan="3">23</td><td>011201001001</td><td>1∶0.3∶3 混合砂浆抹内墙面（清单）</td><td>m^2</td><td>81.71</td><td>$S=L_{净长}H_{净高}-$内墙面门窗洞口所占面积</td><td>按设计尺寸以面积计算</td><td rowspan="2">1. 扣除墙裙、门窗洞口及单个>0.3 m^2 的孔洞面积。
2. 不扣除踢脚线、挂镜线和墙与构件交接处的面积，门窗洞口和孔洞的侧壁及顶面不增加面积。
3. 附墙柱、梁、垛、烟囱侧壁并入相应的墙面面积内</td><td rowspan="2">1. 内墙抹灰面按主墙间净长乘以高度计算。
2. 净长：设计尺寸（不考虑抹灰厚度）。
3. 净高：不扣除踢脚线高度</td></tr>
<tr><td>BB0007</td><td>1∶0.3∶3 混合砂浆抹内墙面（定额子目）</td><td>m^2</td><td>81.71</td><td>同清单工程量</td><td>同清单工程量计算规则</td></tr>
<tr><td colspan="8">工程量计算分析及示例：
$L_{净长}=(3.6-0.24+4.2-0.24)\times2\times2=29.28(m)$
$H_{净高}=3.6(m)$
内墙面门窗洞口所占面积：
C-1：$1.8\times1.8\times3=9.72(m^2)$
C-2：$1.8\times1.2\times2=4.32(m^2)$
M-2：$2.4\times1\times2=4.8(m^2)$ （M-2 在内墙上面积，扣除时应扣除两次）
M-1：$2.7\times1.8=4.86(m^2)$
$S_{门窗}=9.72+4.32+4.8+4.86=23.7(m^2)$
内墙面抹灰：
$S=29.28\times3.6-23.7=81.71(m^2)$</td></tr>
<tr><td>24</td><td>011201004001</td><td>1∶3 水泥砂浆外墙立面砂浆找平层（清单）</td><td>m^2</td><td>70.2</td><td>$S=L_{外}H_{外}+L_{外(女儿墙)}H_{外(女儿墙)}-$门窗洞口所占面积</td><td>按设计尺寸以面积计算</td><td>1. 扣除墙裙、门窗洞口及单个>0.3 m^2 的孔洞面积。</td><td>1. 外墙抹灰面按外墙垂直投影面积计算。
2. 净长：设计尺寸（不考虑抹灰厚度）。</td></tr>
</table>

续表

<table>
<tr><th rowspan="2">序号</th><th>项目编码</th><th rowspan="2">项目名称</th><th rowspan="2">计量单位</th><th rowspan="2">工程量</th><th rowspan="2">计算式
（计算公式）</th><th>清单工程量计算规则</th><th rowspan="2">知识点</th><th rowspan="2">技能点</th></tr>
<tr><th>定额编号</th><th>定额工程量计算规则</th></tr>
<tr><td colspan="9">M. 墙、柱面装饰与隔断、幕墙工程</td></tr>
<tr><td rowspan="2">24</td><td>BB0041</td><td>1∶3 水泥砂浆外墙立面砂浆找平层（定额子目）</td><td>m^2</td><td>70.2</td><td>同清单工程量</td><td>按设计尺寸以面积计算</td><td>2. 不扣除踢脚线、挂镜线和墙与构件交接处的面积，门窗洞口和孔洞的侧壁及顶面不增加面积。
3. 附墙柱、梁、垛、烟囱侧壁并入相应的墙面面积内</td><td>3. 高度：取至室外地坪 。
4. 挑檐挑出上女儿墙面积并入外墙</td></tr>
<tr><td colspan="8">工程量计算分析及示例：
$L_{外}=(7.2+0.247+4.2+0.24)\times2=23.76(m)$
$H_{净高}=3.6+0.15=3.75(m)$
外墙面门窗洞口所占面积：
C−1：$1.8\times1.8\times3=9.72(m^2)$
C−2：$1.8\times1.2\times2=4.32(m^2)$
M−1：$2.7\times1.8=4.86(m^2)$
$S_{门窗}=9.72+4.32+4.86=18.9(m^2)$
外墙立面砂浆找平层：$S=23.76\times3.75-18.9=70.2(m^2)$</td></tr>
<tr><td>25</td><td>011204003001</td><td>外墙面贴瓷砖（清单）</td><td>m^2</td><td>76.67</td><td>$S=L_{表}\ H_{表}$−门窗洞口所占面积+门窗洞口侧面积
$L_{表}=L_{外}$+（找平层厚+结合层厚+面砖厚）×8
$H_{表}=H_{外}$−（找平层厚+结合层厚+面砖厚）</td><td>按镶贴表面积计算</td><td>1. 扣除墙裙、门窗洞口及单个>0.3 m^2 的孔洞面积。
2. 不扣除踢脚线、挂镜线和墙与构件交接处的面积。
3. 门窗洞口和孔洞的侧壁及顶面、附墙柱、梁、垛、烟囱侧壁并入相应的墙面面积内</td><td>1. 按瓷砖表面积计算。
2. 长度：考虑立面砂浆找平层、结合层、面砖厚度，柱两侧面积并入抹灰工程量。
3. 高度：取至室外地坪</td></tr>
</table>

续表

<table>
<tr><th rowspan="2">序号</th><th>项目编码</th><th rowspan="2">项目名称</th><th rowspan="2">计量单位</th><th rowspan="2">工程量</th><th rowspan="2">计算式
（计算公式）</th><th>清单工程量计算规则</th><th rowspan="2">知识点</th><th rowspan="2">技能点</th></tr>
<tr><th>定额编号</th><th>定额工程量计算规则</th></tr>
<tr><td colspan="9">M. 墙、柱面装饰与隔断、幕墙工程</td></tr>
<tr><td rowspan="2">25</td><td>BB0173</td><td>外墙面贴瓷砖（定额子目）</td><td>m^2</td><td>76.67</td><td>同清单工程量</td><td>同清单工程量计算规则</td><td></td><td></td></tr>
<tr><td colspan="8">工程量计算分析及示例：
找平层厚+结合层厚+面砖厚 = 0.02+0.01+0.005 = 0.035(m)
$L_{表}=23.76+0.035\times8=24.04$(m)
$H=3.6+0.15=3.75$(m)
外墙面门窗洞口所占面积：
C−1：$(1.8-0.035\times2)\times(1.8-0.035\times2)\times3=8.98(m^2)$
C−2：$(1.8-0.035\times2)\times(1.2-0.035\times2)\times2=3.91(m^2)$
M−1：$(2.7-0.035)\times(1.8-0.035\times2)=4.61(m^2)$
$S=8.98+3.91+4.61=17.50(m^2)$
门窗洞口侧面增加面积：
镶贴宽度 = $(0.24-0.1)\div2+0.035=0.105$(m)
C−1：$(1.8-0.035\times2)\times4\times3\times0.105=2.18(m^2)$
C−2：$(1.8-0.035\times2+1.2-0.035\times2)\times2\times2\times0.105=1.20(m^2)$
M−1：$[(2.7-0.035)+(1.8-0.035\times2)\times2]\times0.105=0.64(m^2)$
$S=2.18+1.20+0.64=4.02(m^2)$
外墙面贴瓷砖汇总：
$S=24.04\times3.75-17.50+4.02=76.67(m^2)$</td></tr>
<tr><td>26</td><td>011206100 2001</td><td>檐口、封檐贴瓷砖（清单）</td><td>m^2</td><td>18.46</td><td>S=块料檐口宽度×块料檐口长度+封檐高度×封檐长度</td><td>按镶贴表面积计算</td><td>门窗洞口侧面工程量并入外墙面</td><td>1. 按瓷砖表面积计算。
2. 长度：考虑立面砂浆找平层、结合层、面砖厚度。
3. 宽度：考虑外墙面砖厚度部分</td></tr>
</table>

续表

序号	项目编码 定额编号	项目名称	计量单位	工程量	计算式 （计算公式）	清单工程量计算规则 定额工程量计算规则	知识点	技能点
	M. 墙、柱面装饰与隔断、幕墙工程							
26	BB0232	檐口、封檐贴瓷砖（定额子目）	m^2	18.46	同清单工程量	同清单工程量计算规则		
	工程量计算分析及示例： 檐口顶棚做法与外墙面相同：找平层厚+结合层厚+面砖厚＝0.02+0.01+0.005＝0.035（m） 块料檐口宽度＝0.48（m） 块料檐口长度＝（7.2+0.24+0.035×2+0.48+4.2+0.24+0.035×2+0.48）×2＝25.96（m） 封檐高度＝0.18+0.035＝0.215（m） 封檐长度＝（7.2+0.24+0.035×2+0.48×2+4.2+0.24+0.035×2+0.48×2）×2＝27.88（m） 檐口、封檐镶贴零星块料汇总： $S=0.48\times25.96+0.215\times27.88=18.46(m^2)$							
	N. 顶棚工程							
27	011301001001	1∶0.3∶3混合砂浆抹顶棚面（清单）	m^2	26.61	$S=S_{净}$	按设计尺寸以水平投影面积计算	不扣除间壁墙、垛、柱、附墙烟囱、检查口和管道所占的面积	
	BC0005	1∶0.3∶3混合砂浆抹顶棚面（定额）	m^2	26.61	同清单工程量	同清单工程量计算规则		
	工程量计算分析及示例： $S=S_{净}=26.61(m^2)$							

续表

<table>
<tr><th rowspan="2">序号</th><th>项目编码</th><th rowspan="2">项目名称</th><th rowspan="2">计量单位</th><th rowspan="2">工程量</th><th rowspan="2">计算式
（计算公式）</th><th>清单工程量计算规则</th><th rowspan="2">知识点</th><th rowspan="2">技能点</th></tr>
<tr><th>定额编号</th><th>定额工程量计算规则</th></tr>
<tr><td colspan="9">P. 油漆、涂料、裱糊工程</td></tr>
<tr><td rowspan="3">28</td><td>011406001001</td><td>抹灰面乳胶漆（清单）</td><td>m^2</td><td>78. 89</td><td>$S_{墙面}=长\times高-S_{门窗洞口}+S_{门窗洞口侧壁}+S_{附墙柱、垛侧壁}$</td><td>按设计尺寸以面积计算
1. 门窗洞口侧边的乳胶漆应并入墙面乳胶漆工程量；踢脚线所占面积应扣除。
2. 门窗侧面计算应扣除门框所占面积，同时，门窗内外装饰不同时应分析外墙的门窗框安装位置</td><td rowspan="2">门窗框如为居中安装时，门窗侧面的增加面积应该为扣除门框后的一半；如为靠墙体内侧安装时，内墙乳胶漆则不增加门窗侧边</td><td rowspan="2">1. 油漆涂刷高度的确定。
2. 门窗洞口侧壁油漆涂刷宽度的确定</td></tr>
<tr><td>BE0319
+BE0320</td><td>腻子两遍（定额子项）</td><td>m^2</td><td>78. 89</td><td>计算方法同清单工程量计算
$S_{墙面}=长\times高-S_{门窗洞口}+S_{门窗洞口侧壁}+S_{附墙柱、垛侧壁}$</td><td>按设计尺寸以展开面积计算</td></tr>
<tr><td>BE0325</td><td>抹灰面乳胶漆（定额子项）</td><td>m^2</td><td>78. 89</td><td>同清单工程量计算</td><td>按设计尺寸以展开面积计算</td><td></td><td></td></tr>
<tr><td>29</td><td colspan="8">工程量计算分析及示例：
分析：(1) 墙面抹灰面乳胶漆：门窗洞口侧边的乳胶漆应并入墙面乳胶漆工程量；踢脚线所占面积应扣除。
① $S_{墙面面积}=(7.20-0.48+4.20-0.24)\times2\times(\overset{高}{3.60}-0.15)=73.63(m^2)$。
② 应扣除的门窗面积。
M-2 在内墙上面积，扣除时应扣除两次。
$S=1.80\times1.80\times3+1.80\times1.20\times2+2.70\times1.80+2.40\times1.0\times2=23.70(m^2)$</td></tr>
</table>

续表

<table>
<tr><th rowspan="2">序号</th><th>项目编码</th><th rowspan="2">项目名称</th><th rowspan="2">计量单位</th><th rowspan="2">工程量</th><th rowspan="2">计算式（计算公式）</th><th>清单工程量计算规则</th><th rowspan="2">知识点</th><th rowspan="2">技能点</th></tr>
<tr><th>定额编号</th><th>定额工程量计算规则</th></tr>
<tr><td colspan="9">P. 油漆、涂料、裱糊工程</td></tr>
<tr><td>29</td><td colspan="8">③ 应增加的门窗侧面。
$S=(0.24-0.10)\times1/2\times(1.80\times4)\times3+(0.24-0.10)\times1/2\times(1.80+1.20)\times2\times2=2.35(m^2)$
④ 墙面乳胶漆汇总。
$S=73.63+2.35-23.70=52.28(m^2)$
（2）顶棚抹灰面乳胶漆：梁侧乳胶漆并入顶棚乳胶漆内；主梁与次梁相交的面积应扣除。
$S=(3.60-0.24)\times(4.20-0.24)+(3.60-0.24)\times(4.20-0.24)=26.61(m^2)$
$S_{抹灰面乳胶漆汇总}=52.28+26.61=78.89(m^2)$</td></tr>
<tr><td colspan="9">S. 措施项目</td></tr>
<tr><td rowspan="3">30</td><td>011701001001</td><td>综合脚手架（清单）</td><td>m^2</td><td>33.03</td><td>$S=S_{底}=33.03(m^2)$</td><td>按建筑面积计算</td><td rowspan="2">1. 按建筑面积计算。
2. 按照《建筑工程建筑面积计算规范》（GB/T 50353—2013）计算建筑面积</td><td rowspan="2">1. 计算建筑面积的范围及建筑面积的计算。
2. 不计算建筑面积的范围</td></tr>
<tr><td>TB0140</td><td>综合脚手架（定额）</td><td>m^2</td><td>33.03</td><td>同清单工程量</td><td>同清单工程量计算规则</td></tr>
<tr><td colspan="8">工程量计算及示例：
$S=(7.20+0.24)\times(4.2+0.24)=33.03(m^2)$</td></tr>
<tr><td rowspan="3">31</td><td>011702025001</td><td>混凝土基础垫层模板及支架（清单）</td><td>m^2</td><td>10.16</td><td>$S_{基础垫层模板}=H_{基础垫层}L_{基础垫层侧模板}-S_{构件相交}$</td><td>按模板与现浇混凝土构件的接触面积计算</td><td>按模板与现浇混凝土构件的接触面积计算</td><td>1. 模板长度的确定。
2. 扣除构件相交面积的确定</td></tr>
<tr><td>TB0004</td><td>混凝土基础垫层模板及支架（定额子目）</td><td>m^2</td><td>10.16</td><td>同清单工程量</td><td>同清单工程量计算规则</td><td></td><td></td></tr>
<tr><td colspan="8">工程量计算分析及示例：
混凝土基础垫层模板及支架工程量的计算。
分析：（1）确定侧模板的长度，外墙基础垫层侧模板按外墙中心线长度乘以 2，内墙基础垫层侧模板按内墙基础垫层净长乘以 2 计算。</td></tr>
</table>

续表

<table>
<tr><th rowspan="2">序号</th><th>项目编码</th><th rowspan="2">项目名称</th><th rowspan="2">计量单位</th><th rowspan="2">工程量</th><th rowspan="2">计算式
(计算公式)</th><th>清单工程量计算规则</th><th rowspan="2">知识点</th><th rowspan="2">技能点</th></tr>
<tr><th>定额编号</th><th>定额工程量计算规则</th></tr>
<tr><td colspan="9">S. 措施项目</td></tr>
<tr><td rowspan="4">32</td><td colspan="8">$L_{基础垫层侧模板}=(7.2+4.2)\times2\times2+(4.2-0.8)\times2=52.40(m)$
(2)基础垫层模板工程量为基础垫层高度乘以侧模板长度,并扣除内墙基础垫层与外墙基础垫层相交处的面积。
$S_{基础垫层模板}=H_{基础垫层}L_{基础垫层侧模板}-S_{构件相交}=0.2\times52.40-0.8\times0.2\times2$
$=10.16(m^2)$</td></tr>
<tr><td>011702008001</td><td>混凝土圈梁模板及支架(清单)</td><td>m^2</td><td>15.03</td><td>$S_{圈梁模板}=H_{圈梁}L_{圈梁侧模板}-S_{构件相交}+S_{圈梁底模板}$</td><td>1. 按模板与现浇混凝土构件的接触面积计算。
2. 柱、梁、墙、板相互连接的重叠部分,均不计算模板面积</td><td>按模板与现浇混凝土构件的接触面积计算</td><td>1. 模板长度的确定。
2. 增加底模板的确定。
3. 扣除构件相交面积的确定</td></tr>
<tr><td>TB0016</td><td>混凝土圈梁模板及支架(定额子目)</td><td>m^2</td><td>15.03</td><td>同清单工程量</td><td>同清单工程量计算规则</td><td></td><td></td></tr>
<tr><td colspan="8">工程量计算分析及示例:
混凝土圈梁模板及支架工程量的计算。
分析:(1)确定侧模板的长度,外墙圈梁侧模板按外墙中心线长度乘以 2,内墙圈梁侧模板按内墙净长乘以 2 计算。
$L_{圈梁侧模板}=(7.2+4.2)\times2\times2+(4.2-0.24)\times2=53.52(m)$
(2)该工程外墙门窗上部为圈梁代过梁,所以,要计算外墙门窗上部圈梁的底模板,面积为门窗洞口尺寸乘以墙厚。
$S_{圈梁底模板}=(1.8+1.8\times3+1.2\times2)\times0.24=2.304(m)$
(3)圈梁模板工程量为圈梁高度乘以模板长度,并扣除内墙圈梁与外墙圈梁相交处的面积,再加上底模板面积。
$S_{圈梁模板}=H_{圈梁}L_{圈梁侧模板}-S_{构件相交}+S_{圈梁底模板}$
$=0.24\times53.52-0.24\times0.24\times2+2.304$
$=15.03(m^2)$</td></tr>
</table>

续表

<table>
<tr><th rowspan="2">序号</th><th>项目编码</th><th rowspan="2">项目名称</th><th rowspan="2">计量单位</th><th rowspan="2">工程量</th><th rowspan="2">计算式（计算公式）</th><th>清单工程量计算规则</th><th rowspan="2">知识点</th><th rowspan="2">技能点</th></tr>
<tr><th>定额编号</th><th>定额工程量计算规则</th></tr>
<tr><td colspan="9">S. 措施项目</td></tr>
<tr><td rowspan="3">33</td><td>011702016001</td><td>混凝土平板模板及支架（清单）</td><td>m²</td><td>37.17</td><td>$S_{平板模板}=S_{平板底模板}+S_{平板侧模板}$</td><td>1. 按模板与现浇混凝土构件的接触面积计算。
2. 柱、梁、墙、板相互连接的重叠部分，均不计算模板面积</td><td>按模板与现浇混凝土构件的接触面积计算</td><td>1. 底模板的确定。
2. 侧模板的确定。
3. 扣除构件相交面积的确定</td></tr>
<tr><td>TB0029</td><td>混凝土平板模板及支架（定额子目）</td><td>m²</td><td>37.17</td><td>同清单工程量</td><td>同清单工程量计算规则</td><td></td><td></td></tr>
<tr><td colspan="8">工程量计算分析及示例：
混凝土平板模板及支架工程量的计算。
分析：(1) 平板底模板，要扣除平板与墙相交处的面积。
$S_{平板底模板}=(7.2+0.24+0.48)\times(4.2+0.24+0.48)-[(7.2+4.2)\times2+4.2-0.24]\times0.24=32.544(m^2)$
(2) 平板侧模板。
$S_{平板侧模板}=(7.2+0.24+0.48+4.2+0.24+0.48)\times2\times0.18=4.622(m^2)$
(3) 平板模板工程量为平板底模板与侧模板之和。
$S_{平板模板}=S_{平板底模板}+S_{平板侧模板}$
$=32.544+4.622=37.17(m^2)$</td></tr>
<tr><td rowspan="3">34</td><td>011702025002</td><td>混凝土坡道模板及支架（清单）</td><td>m²</td><td>0.06</td><td>$S_{坡道模板}=S_{侧模}$</td><td>按模板与现浇混凝土构件的接触面积计算</td><td>按模板与现浇混凝土构件的接触面积计算</td><td>接触面的确定</td></tr>
<tr><td>TB0042</td><td>混凝土坡道模板及支架（定额子目）</td><td>m²</td><td>0.09</td><td>同清单工程量</td><td>同清单工程量计算规则</td><td></td><td></td></tr>
<tr><td colspan="8">工程量计算分析及示例：
混凝土坡道模板及支架工程量的计算。
分析：该工程中，坡道与模板接触面只有两侧，平均厚度为 75 mm，所以，该坡道侧模板形状为三角形。
$S_{坡道模板}=S_{侧模}=0.6\times0.15\div2\times2=0.09(m^2)$</td></tr>
</table>

13.7　进阶一课堂与课外实训项目

13.7.1　选用实训施工图

选用“××工作室”为进阶一的课堂与课外实训项目的用图，见图 13.3。

13.7.2　实训内容及要求

要求学生根据“××工作室施工图”和地区计价定额规定的工程量计算规则，独立完成以下实训内容。

(1) 根据所在地建筑与装饰工程计价定额列出“××工作室施工图”的全部分项工程项目。

(2) 根据《房屋建筑与装饰工程工程量计算规范》列出“××工作室施工图”的全部分部分项工程清单项目与单价措施项目。

(3) 计算“××工作室施工图”中土方工程的定额工程量及清单工程量。

(4) 计算“××工作室施工图”中砖基础的定额工程量及清单工程量。

(5) 计算“××工作室施工图”中全部门窗工程的定额工程量及清单工程量。

(6) 计算“××工作室施工图”中的砖墙定额工程量及清单工程量。

(7) 计算“××工作室施工图”中屋面工程的定额工程量及清单工程量。

(8) 计算“××工作室施工图”中地面工程的定额工程量及清单工程量。

说明：计算定额工程量及清单工程量的表格由任课教师确定。

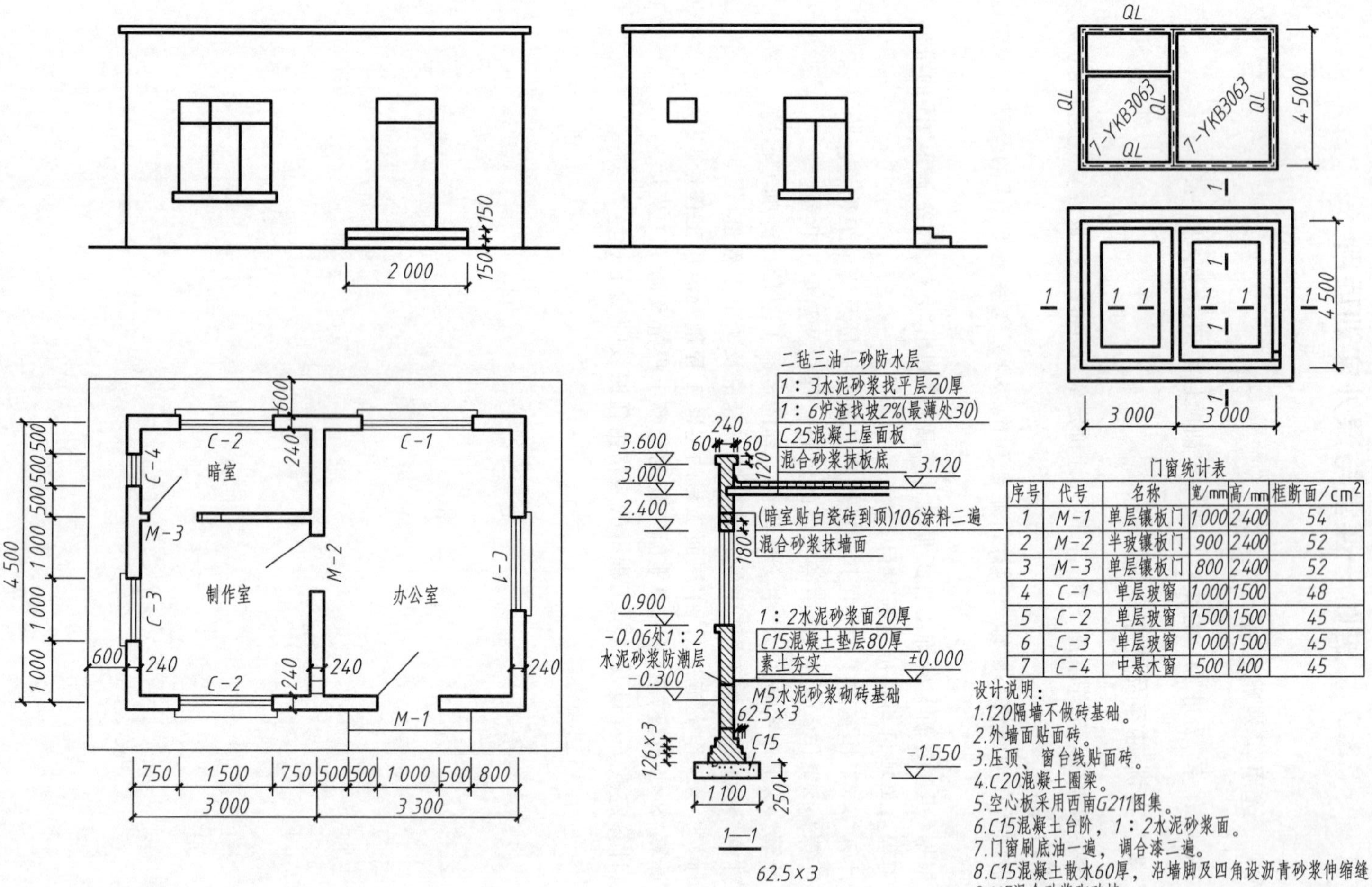

门窗统计表

序号	代号	名称	宽/mm	高/mm	框断面/cm²
1	M-1	单层镶板门	1 000	2 400	54
2	M-2	半玻镶板门	900	2 400	52
3	M-3	单层镶板门	800	2 400	52
4	C-1	单层玻窗	1 000	1 500	48
5	C-2	单层玻窗	1 500	1 500	45
6	C-3	单层玻窗	1 000	1 500	45
7	C-4	中悬木窗	500	400	45

设计说明：

1.120隔墙不做砖基础。
2.外墙面贴面砖。
3.压顶、窗台线贴面砖。
4.C20混凝土圈梁。
5.空心板采用西南G211图集。
6.C15混凝土台阶，1：2水泥砂浆面。
7.门窗刷底油一遍，调合漆二遍。
8.C15混凝土散水60厚，沿墙脚及四角设沥青砂浆伸缩缝。
9.M5混合砂浆砌砖墙。
10.1：2水泥砂浆踢脚线120高。

××工作室

图 13.3　××工作室施工图

第 14 章

建筑工程量计算进阶二

14.1 建筑工程量计算进阶二主要训练内容

建筑工程量计算进阶二主要是车库单层框架结构建筑工程量计算，主要训练内容见表 14.1。

表 14.1 建筑工程量计算进阶二主要训练内容表

训练能力	训练进阶	主要训练内容	选用施工图
1. 分项工程项目列项 2. 清单工程量计算 3. 定额工程量计算	进阶二	(1) 施工图预算分项工程项目 (2) 土石方工程清单及定额工程量 (3) 砌筑工程清单及定额工程量 (4) 混凝土、钢筋混凝土工程清单及定额工程量 (5) 门窗工程清单及定额工程量 (6) 屋面、防水工程清单及定额工程量 (7) 保温、隔热、防腐工程清单及定额工程量 (8) 楼地面装饰工程清单及定额工程量 (9) 墙、柱面装饰与隔断、幕墙工程清单及定额工程量 (10) 顶棚工程清单及定额工程量 (11) 油漆、涂料、裱糊工程清单及定额工程量 (12) 措施项目清单及定额工程量	500 m^2 以内的单层框架结构建筑物施工图(B 图)

14.2 建筑工程量计算进阶二选用车库工程施工图和标准图

14.2.1 建筑工程量计算进阶二选用施工图

建筑工程量计算进阶二选用车库(单层)工程施工图,见车库工程建筑施工图(图 14.1 ~ 图 14.3)和结构施工图(图 14.4~图 14.9)。

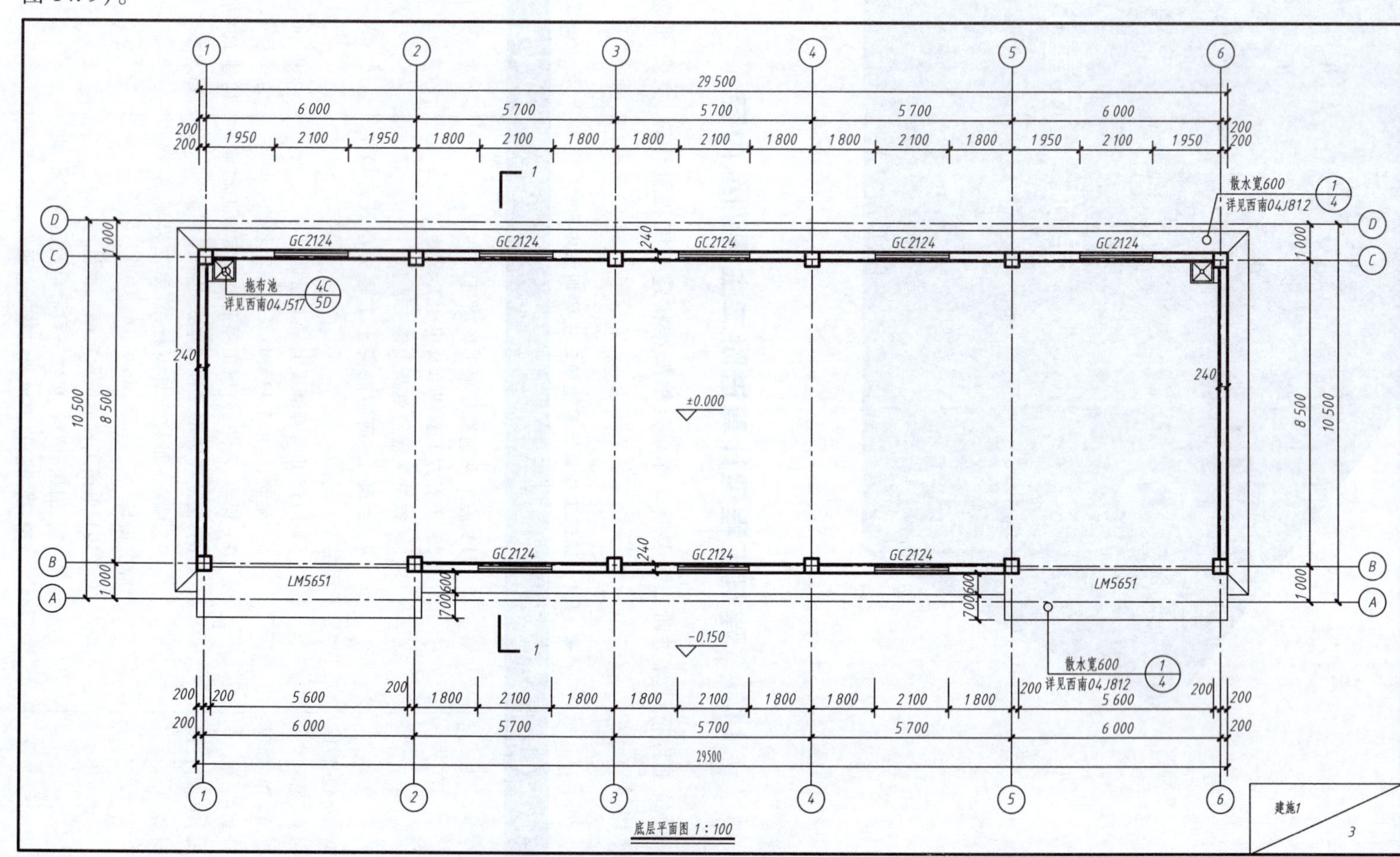

图 14.1 底层平面图

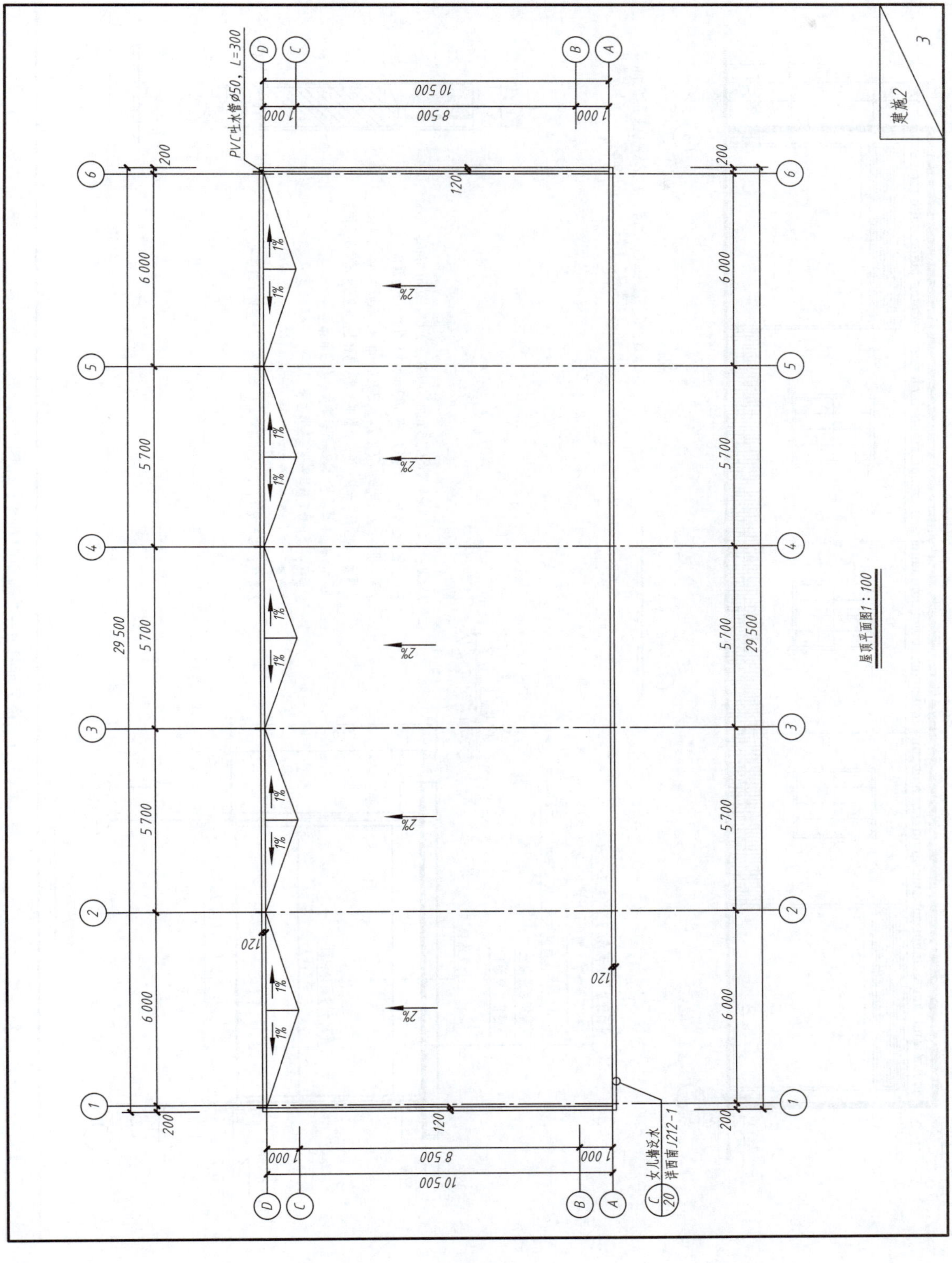

图 14.2　屋顶平面图

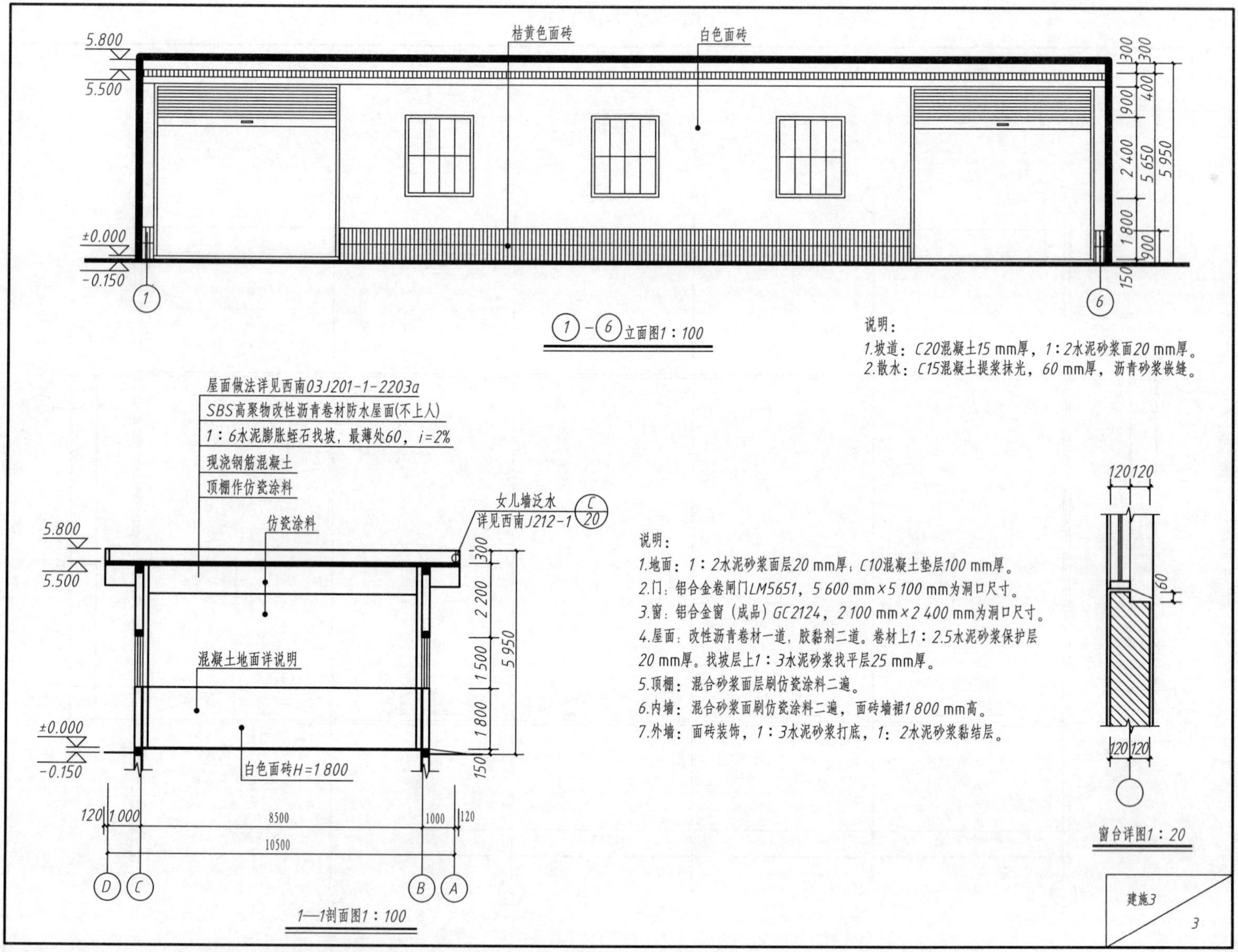

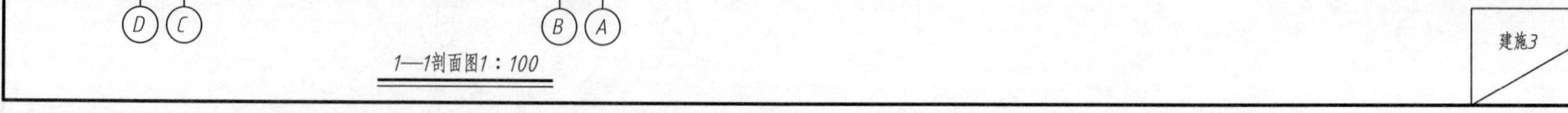

图 14.3 ①-⑥立面图、1—1 剖面图和窗台详图

结构设计说明

1.设计依据国家现行规范规程及建设单位提出的要求。
2.本工程标高以m为单位，其余尺寸以mm为单位。
3.本工程为一层框架结构，使用年限为50年。
4.该建筑抗震设防烈度为7度，场地类别Ⅱ类，
设计基本地震加速度0.10 g。
5.本工程结构安全等级为二级，耐火等级为二级。
6.建筑结构抗震重要性类别为丙类。
7.地基基础设计等级为丙级。
8.本工程砌体施工等级为B级。
9.本工程采用粉质黏土作为持力层，地基承载力特征值为：
$f_{ak}=150$ kPa
10.防潮层用1：2水泥砂浆掺5%水泥重量的防水剂，厚20 mm。
11.混凝土的保护层厚度：
板：20 mm；柱：30 mm；梁：30 mm；基础：40 mm
12.钢筋：HPB300级钢筋(Φ)；HRB400(Φ)；冷轧带肋钢筋
CRB550($Φ^R$)；钢筋强度标准值应具有不小于95%的保证率。
13.L>4 m的板，要求支撑时起拱L/400(L为板跨)；
L>4 m的梁，要求支模时跨中起拱L/400(L表示梁跨)。
14.未经技术鉴定或设计许可，不得更改结构的用途和使用环境。
15.砌体：

砌体标高范围	砖强度等级	砂浆强度等级
-0.050以下至5.450	MU10	M5
备注：1.具体墙厚见建筑施工图，砌体材料容重≤19 kN/m³；2.防潮层以下为水泥砂浆 防潮层以上为混合砂浆		

采用的通用图集目录

序号	图集编号	图集名称
1	16G101-1	混凝土结构施工图平面整体表示方法制图规则和构造详图
2	西南03G301	钢筋混凝土过梁
选用标准图的构件及节点时应同时按照标准图说明施工		

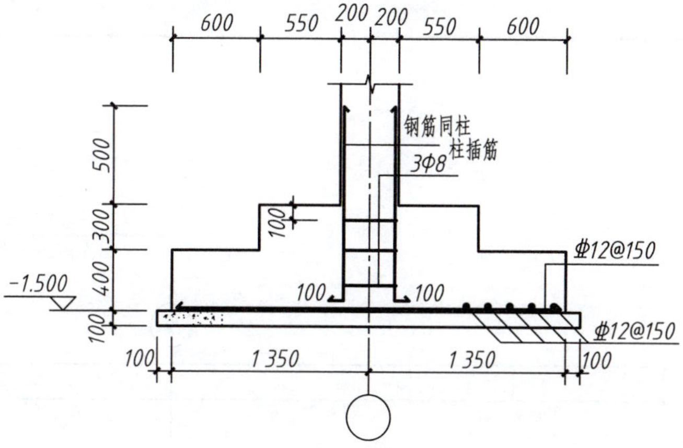

1—1

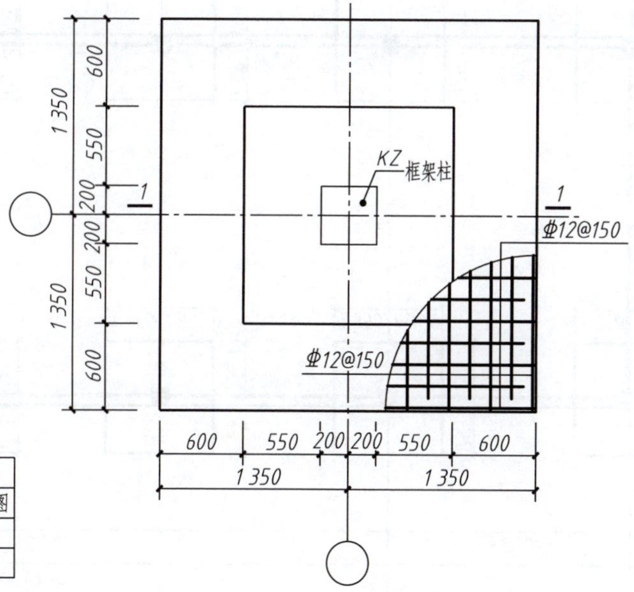

J—1

结施1	6

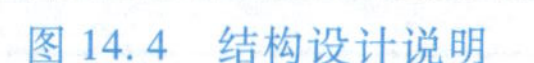
图 14.4 结构设计说明

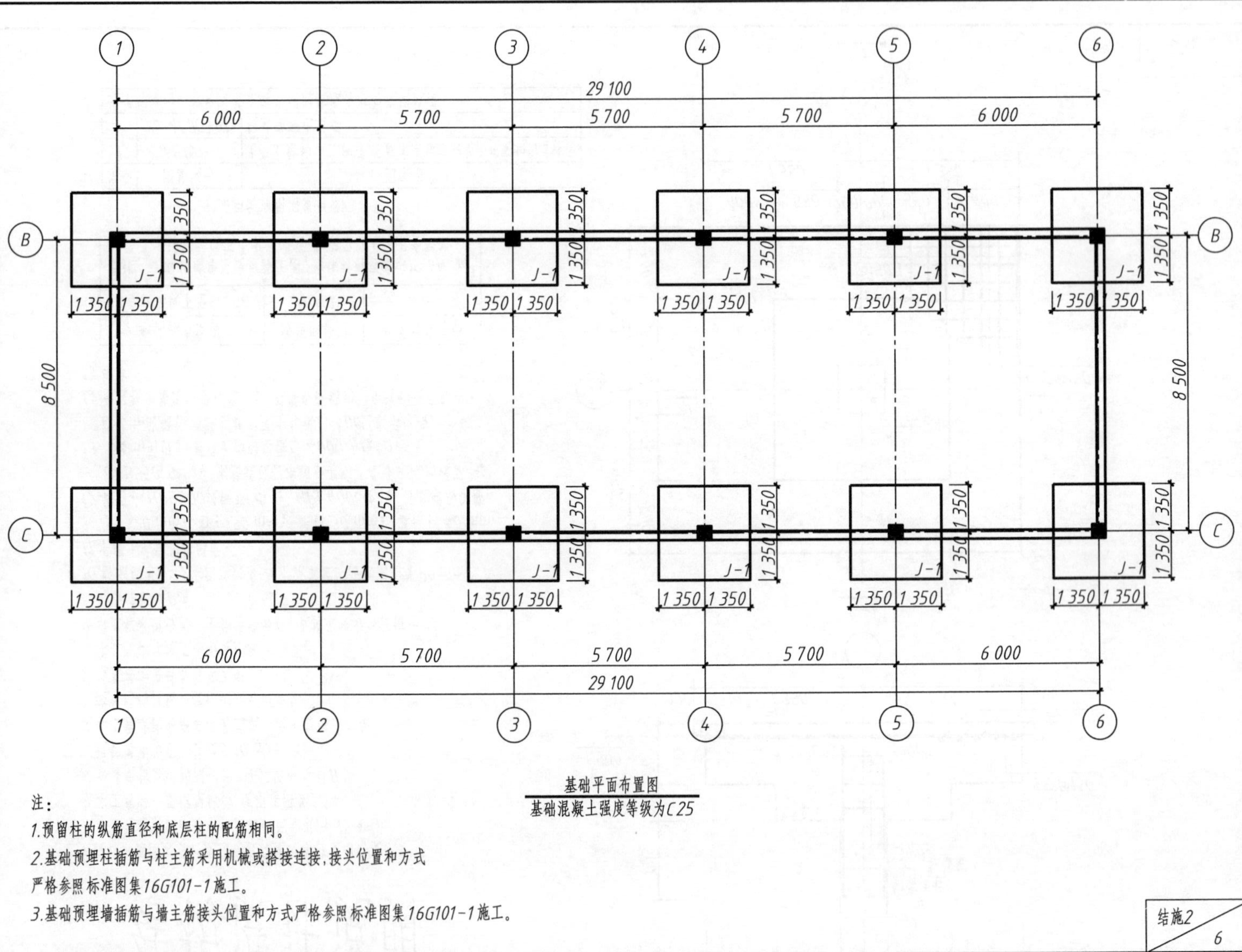

图 14.5 基础平面布置图

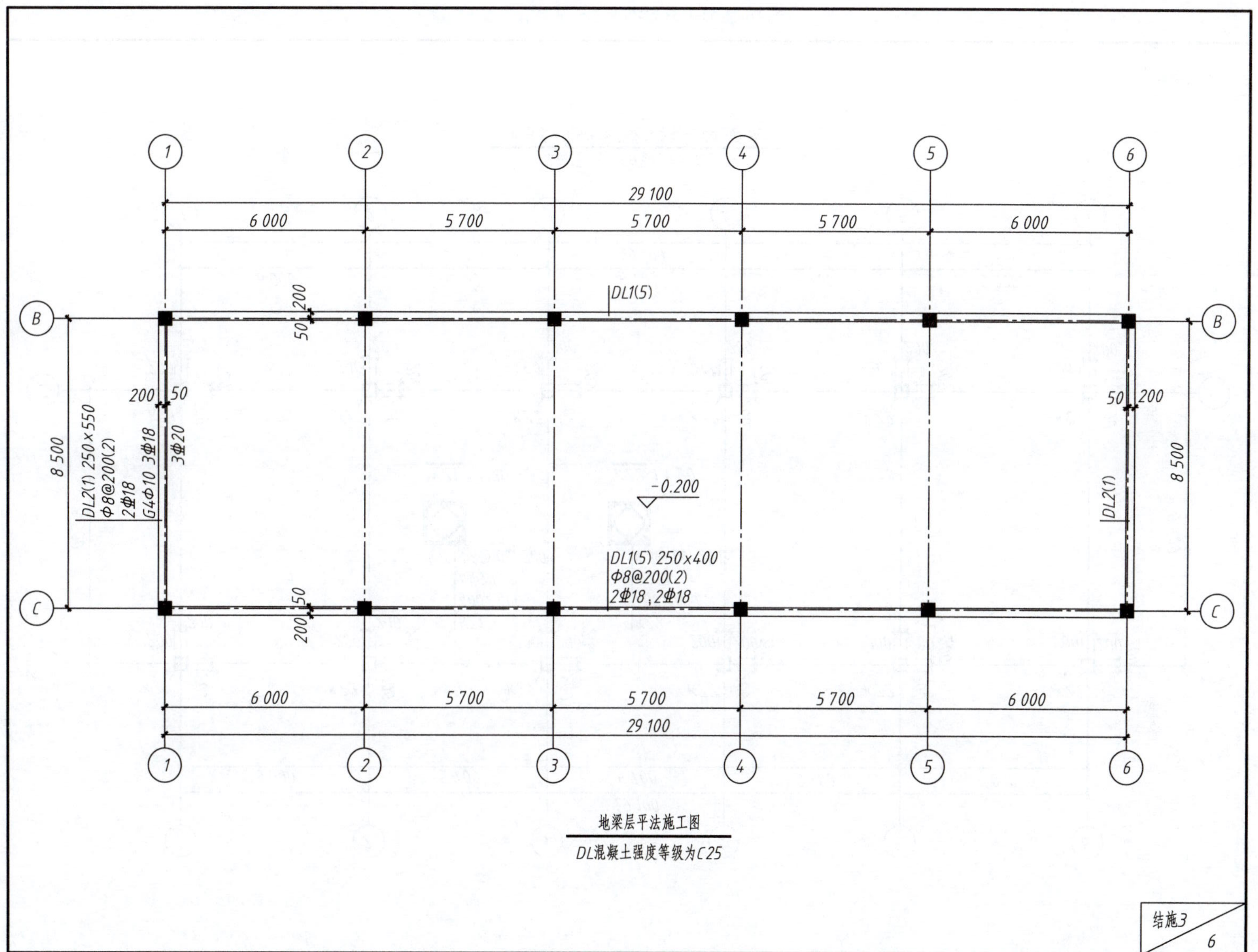

图 14.6　地梁层平法施工图

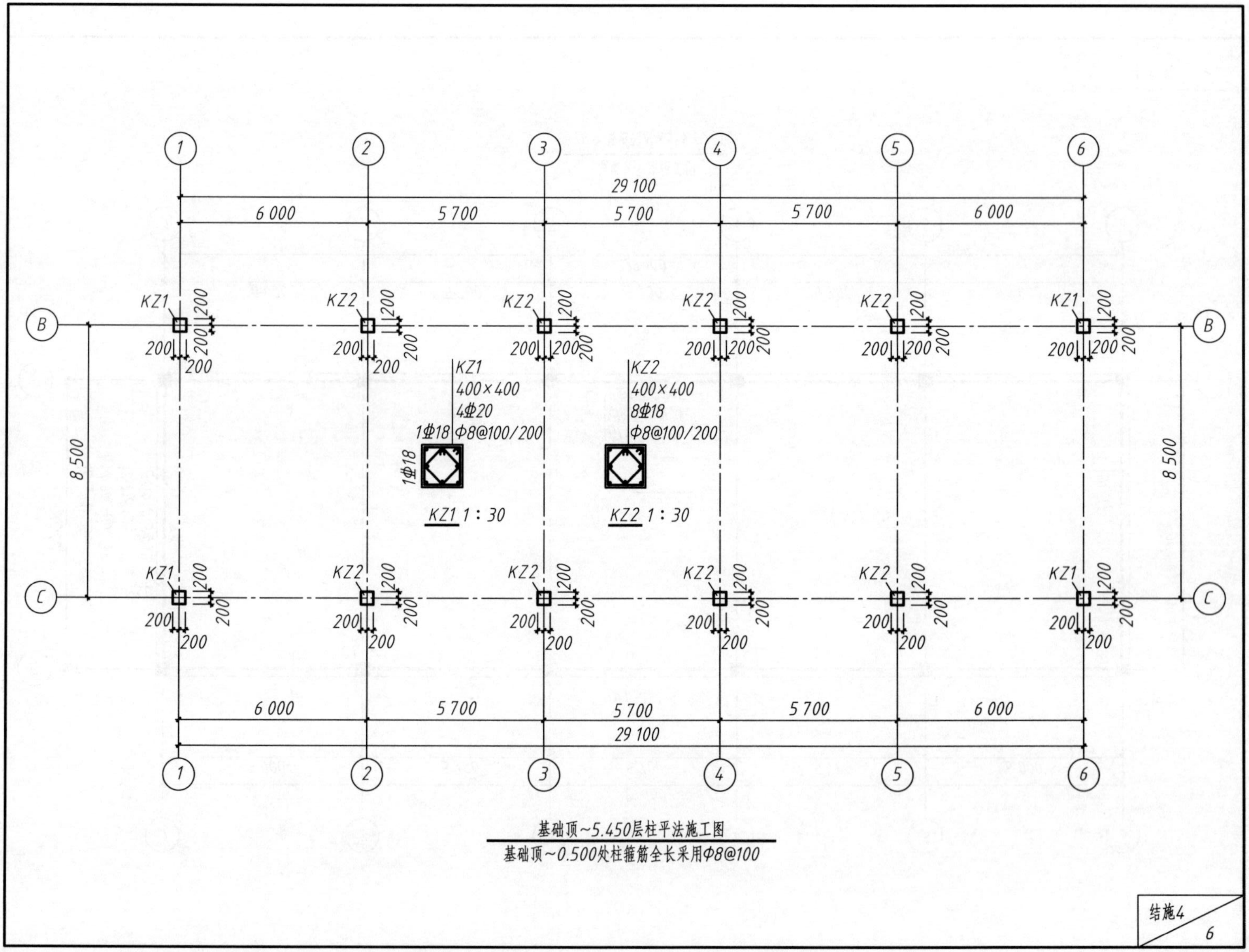

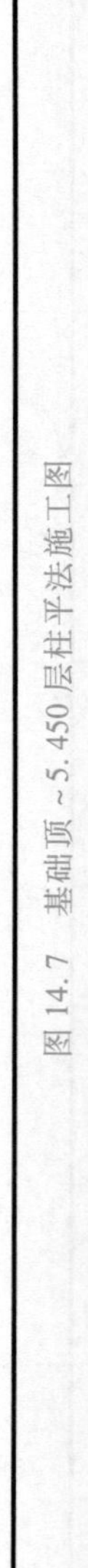

图 14.7 基础顶～5.450 层柱平法施工图

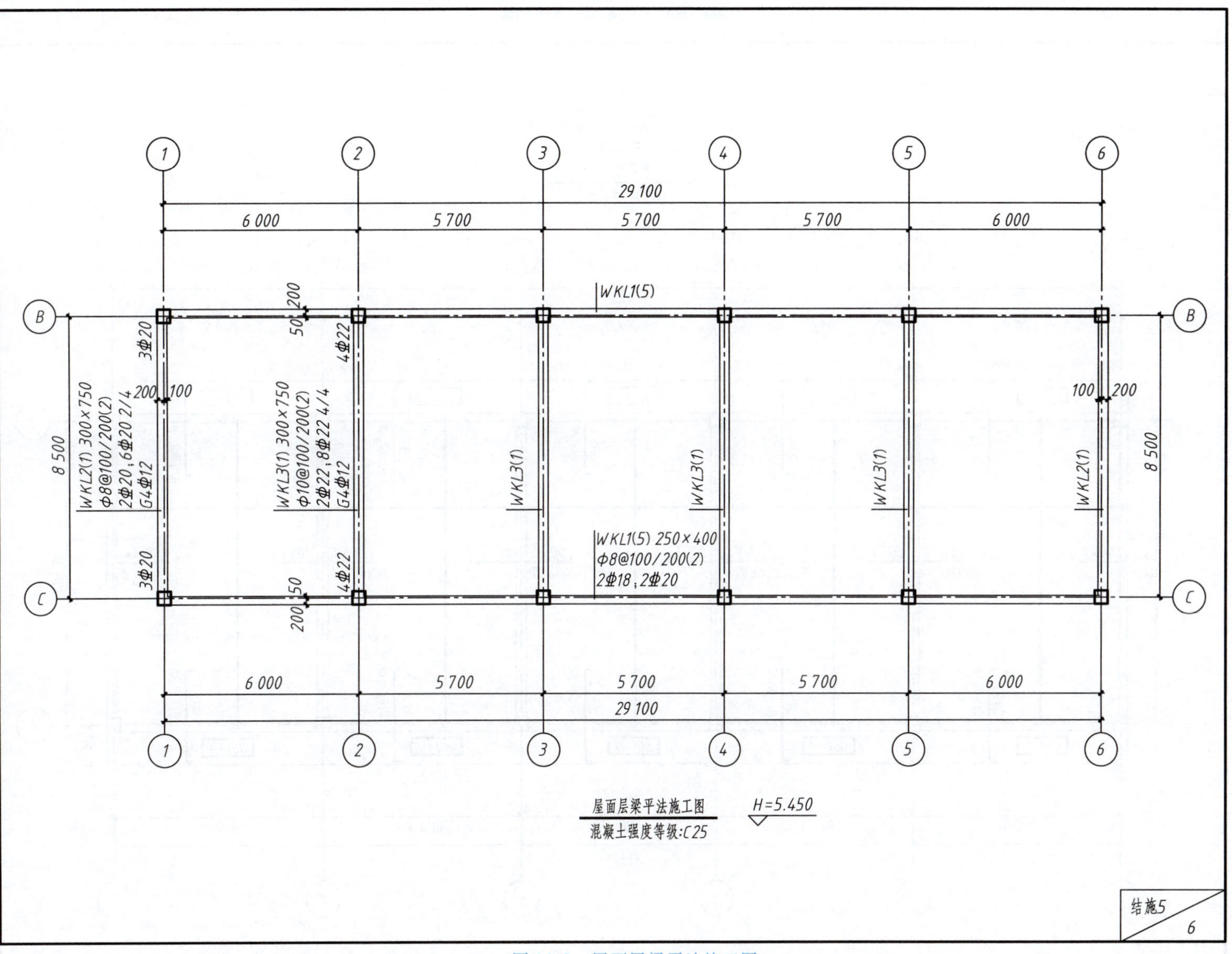

图 14.8　屋面层梁平法施工图

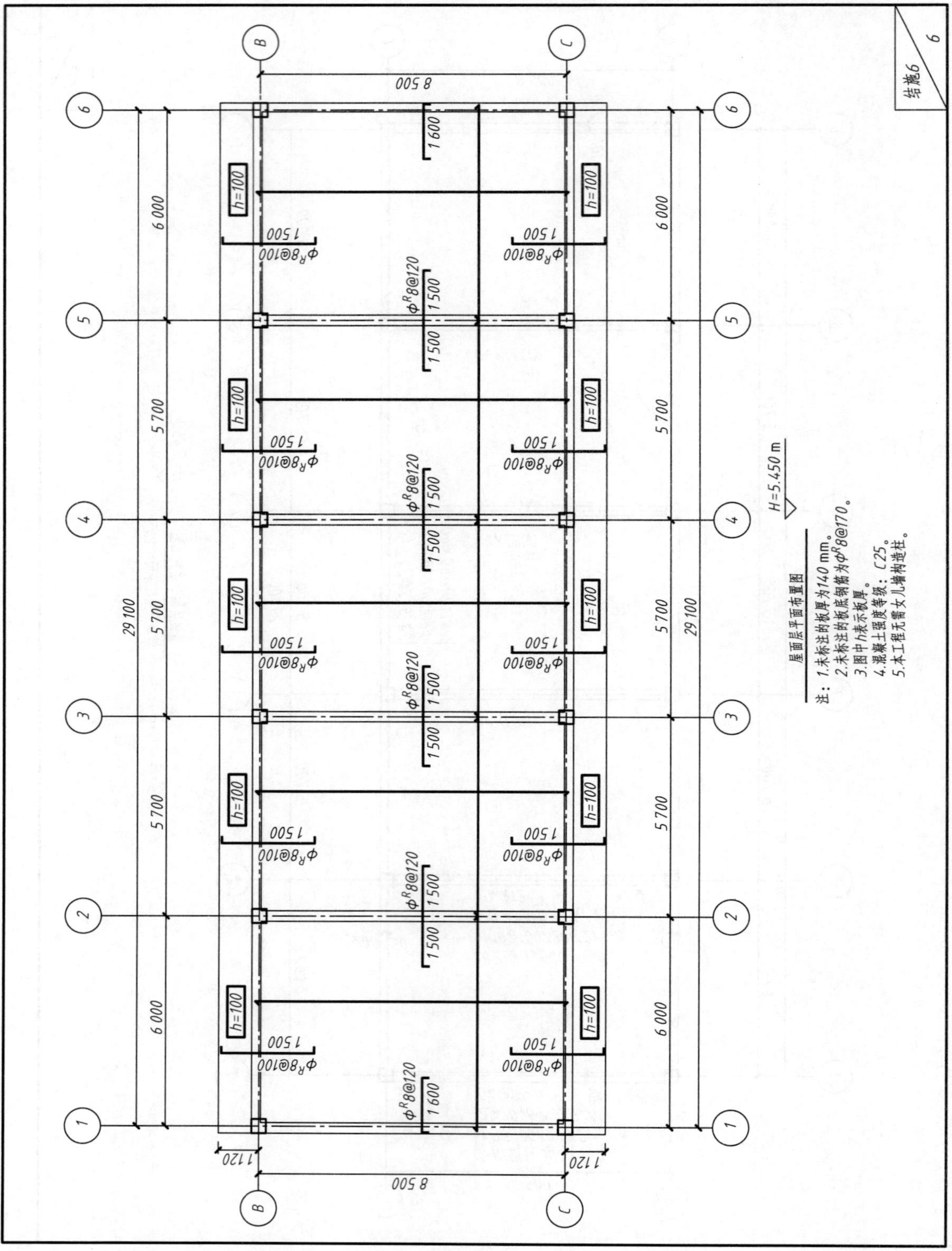

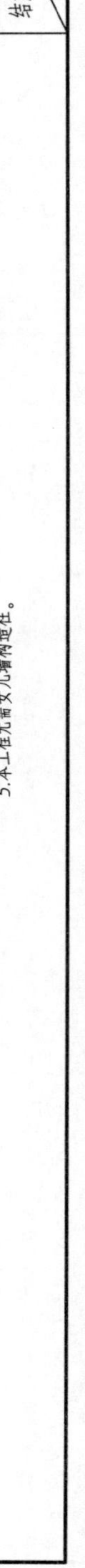

图 14.9 屋面层平面布置图

14.2.2　建筑工程量计算进阶二选用车库工程施工图所需的标准图

建筑工程量计算进阶二选用车库工程施工图所需的标准图见图 14.10 ~ 图 14.15。

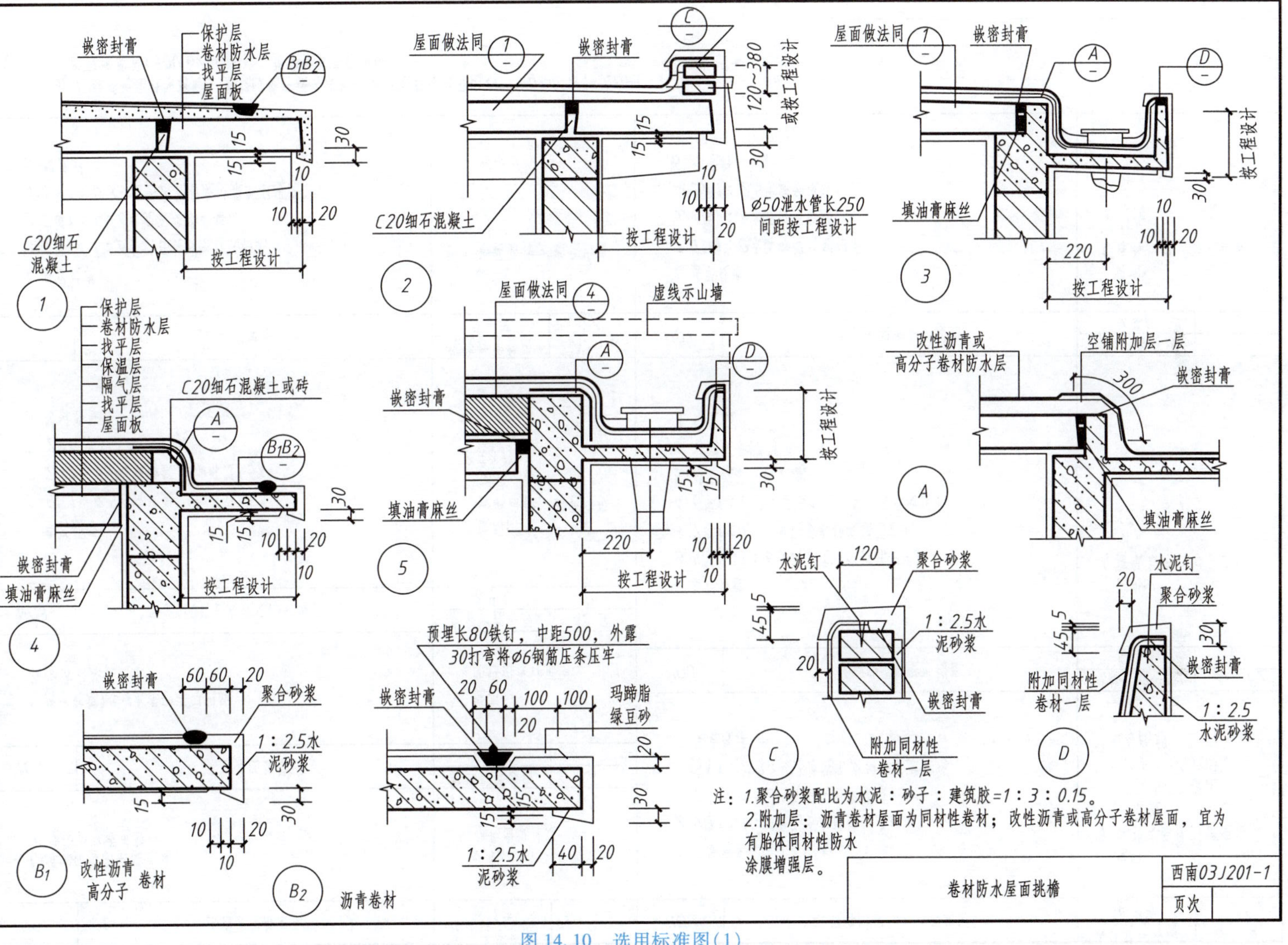

图 14.10　选用标准图(1)

N01	大白浆平缝墙面	燃烧性能等级	A
		总厚度	
1. 清水砖墙原浆刮平缝 2. 喷大白浆或色浆		说明： 颜色由设计定	

N02	大白浆凹缝墙面	燃烧性能等级	A
		总厚度	
1. 清水砖墙1：1水泥砂浆勾凹缝 2. 喷大白浆或色浆		说明： 颜色由设计定	

N03	纸筋石灰浆喷涂料墙面	燃烧性能等级	A，B_1
		总厚度	18
1. 基层处理 2. 8厚1：2.5石灰砂浆，加麻刀1.5% 3. 7厚1：2.5石灰砂浆，加麻刀1.5% 4. 2厚纸筋石灰浆，加纸筋6% 5. 喷涂料		说明： 1. 涂料品种，颜色由设计定 2.（注1）	

N04	混合砂浆喷涂料墙面	燃烧性能等级	A，B_1
		总厚度	22
1. 基层处理 2. 9厚1：1：6水泥石灰砂浆打底扫毛 3. 7厚1：1：6水泥石灰砂浆垫层 4. 5厚1：0.3：2.5水泥石灰砂浆罩面压光 5. 喷涂料		说明： 1. 涂料品种，颜色由设计定 2.（注1）	

N05	混合砂浆刷乳胶漆墙面	燃烧性能等级	B_1，B_2
		总厚度	22
1. 基层处理 2. 9厚1：1：6水泥石灰砂浆打底扫毛 3. 7厚1：1：6水泥石灰砂浆垫层 4. 5厚1：0.3：2.5水泥石灰砂浆罩面压光 5. 刷乳胶漆		说明： 1. 乳胶漆品种，颜色由设计定 2. 乳胶漆湿涂覆比 $<1.5\ kg/m^2$ 时，为B_1级	

N06	混合砂浆贴壁纸墙面	燃烧性能等级	B_1，B_2
		总厚度	22
1. 基层处理 2. 9厚1：1：6水泥石灰砂浆打底扫毛 3. 7厚1：1：6水泥石灰砂浆垫层 4. 5厚1：0.3：2.5水泥石灰砂浆罩面压光 5. 清刮腻子一道，磨平 6. 补刮腻子，磨平 7. 贴壁纸		说明： 1. 壁纸品种，颜色由设计定 2.（注2）	

N07	水泥砂浆喷涂料墙面	燃烧性能等级	B_1
		总厚度	19
1. 基层处理 2. 7厚1：3水泥砂浆打底扫毛 3. 6厚1：3水泥砂浆垫层 4. 5厚1：2.5水泥砂浆罩面压光 5. 喷涂料		说明： 1. 涂料品种，颜色由设计定 2.（注1）	

注：1. 涂料为无机涂料时，燃烧性能等级为A级；有机涂料湿涂覆比 $<1.5\ kg/m^2$ 时，为B_1级。
2. 壁纸质量 $<300\ g/m^2$ 时，其燃烧性能等级为B_1级。

内墙饰面做法	西南04J515	
	页次	4

图 14.11 选用标准图（2）

P01	刮腻子喷涂料顶棚	燃烧性能等级	A_1，B_1
		总厚度	
1. 现浇钢筋混凝土板底腻子刮平 2. 喷涂料		说明 1. 涂料品种颜色由设计定 2. 适用于一般库房，锅炉房等 3.（注1）	

P02	抹缝喷涂料顶棚	燃烧性能等级	A_1，B_1
		总厚度	
1. 预制钢筋混凝土板底抹缝，1：0.3：3水泥石灰砂浆打底，纸筋灰(加纸筋6%)罩面一次成活 2. 喷涂料		说明 1. 涂料品种，颜色由设计定 2. 适用于一般库房，锅炉房等 3.（注1）	

P03	纸筋灰喷涂料顶棚	燃烧性能等级	A_1，B_1
		总厚度	13，16
1. 基层清理 2. 刷水泥浆一道(加建筑胶适量) 3. 4厚1：0.5：2.5水泥石灰砂浆 4. 6，9厚1：1：4水泥石灰砂浆(现浇基层6厚，预制基层9厚) 5. 2厚纸筋石灰浆(加纸筋6%) 6. 喷涂料		说明 1. 涂料品种颜色由设计定 2.（注1）	

P04	混合砂浆喷涂料顶棚	燃烧性能等级	A，B_1
		总厚度	15，20
1. 基层清理 2. 刷水泥浆一道(加建筑胶适量) 3. 10，15厚1：1：4水泥石灰砂浆(现浇基层10厚，预制基层15厚) 4. 4厚1：0.3：3水泥石灰砂浆 5. 喷涂料		说明 1. 涂料品种、颜色由设计定 2.（注1）	

P05	水泥砂浆喷涂料顶棚	燃烧性能等级	A，B_1
		总厚度	14，19
1. 基层清理 2. 刷水泥浆一道(加建筑胶适量) 3. 10，15厚1：1：4水泥石灰砂浆(现浇基层10厚，预制基层15厚) 4. 3厚1：2.5水泥砂浆 5. 喷涂料		说明 1. 涂料品种颜色由设计定 2. 适用于相对湿度较大的房间，如水泵房，洗衣房等 3.（注1）	

注：涂料为无机涂料时，燃烧性能等级为A级；有机涂料湿涂覆比<1.5 kg/m^2时为B_1级。

顶棚饰面做法	西南04J515	
	页次	12

图 14.12　选用标准图(3)

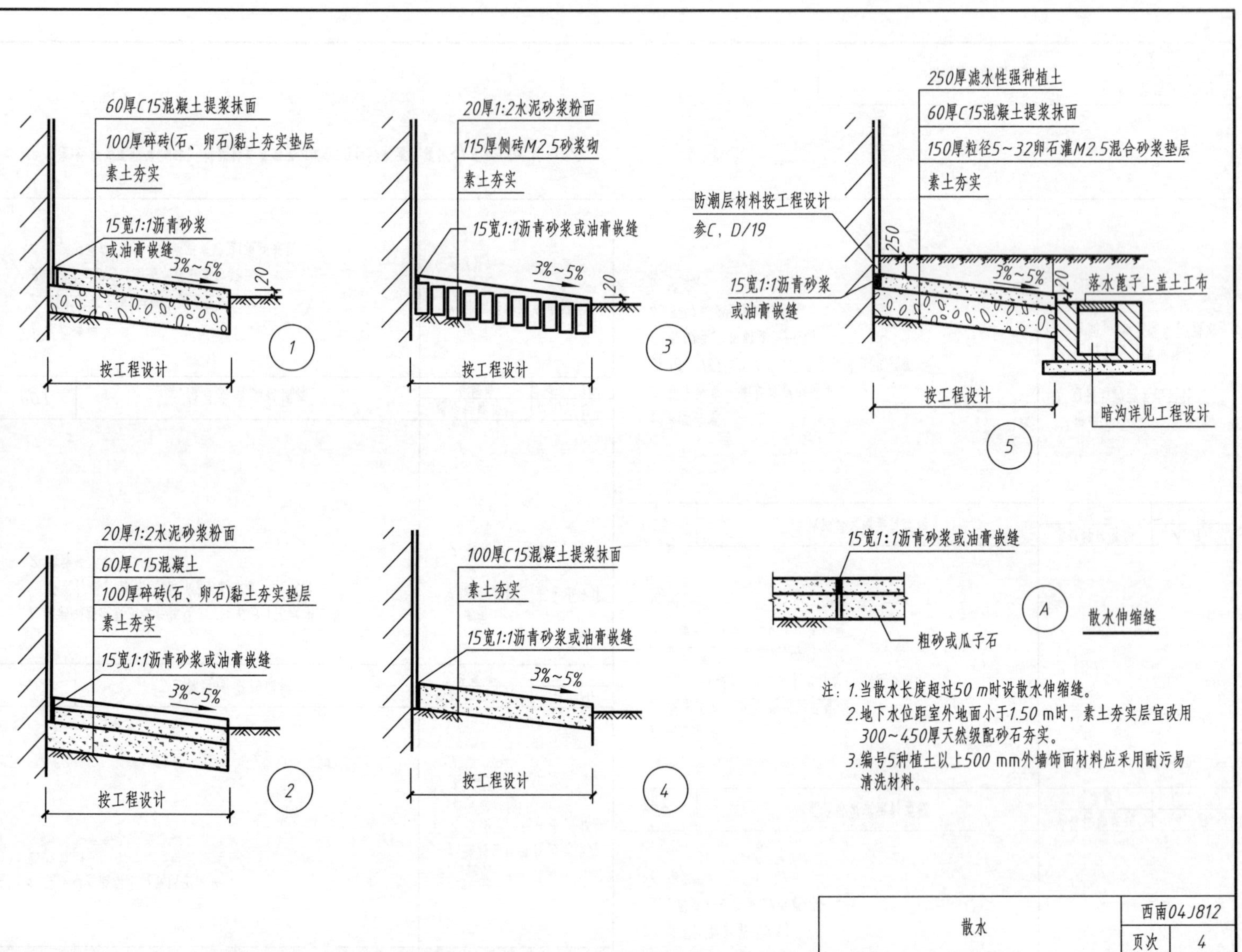

图 14.13 选用标准图（4）

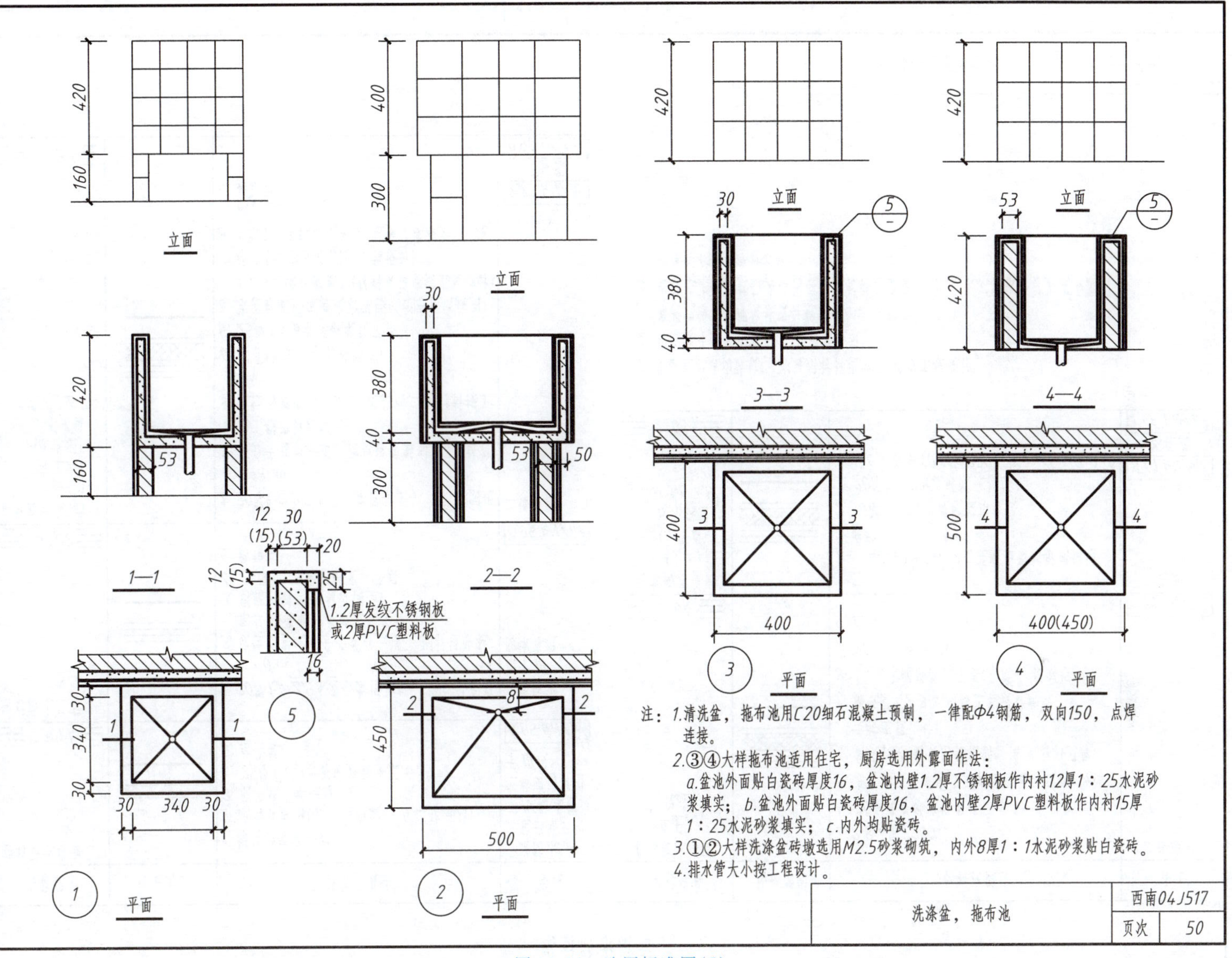

图 14.14　选用标准图(5)

卷材防水屋面

名称代号	构造简图	材料及做法	备注
卷材防水屋面 2201 a/b		1. 撒铺绿豆砂一层 2. 沥青类卷材(a.三毡四油，b.二毡三油) 3. 刷冷底子油一道 4. 25厚1：3水泥砂浆找平层 5. 结构层	一道防水 二毡三油只用于Ⅳ防水等级 三毡四油可用于Ⅲ级 0.85 kN/m²
卷材防水屋面 2202		1. 20厚1：2.5水泥砂浆保护层，分格缝间距≤1.0 m 2. 改性沥青或高分子卷材一道，同材性胶黏剂二道(卷材种类按工程设计) 3. 刷底胶剂一道(材性同上) 4. 25厚1：3水泥砂浆找平层 5. 结构层	一道防水 用于Ⅲ防水等级 0.95 kN/m²
卷材防水屋面 (非上人) (a.保温 b.不保温 取消5.6.7) 2203 a/b		1. 20厚1：2.5水泥砂浆保护层，分格缝间距≤1.0 m 2. 高分子卷材一道，同材性胶黏剂二道(材料按工程设计) 3. 改性沥青卷材一道，胶黏剂二道(材料按工程设计) 4. 刷底胶剂一道(材性同上) 5. 25厚1：3水泥砂浆找平层 6. 水泥膨胀珍珠岩或水泥膨胀蛭石预制块用1：3水泥砂浆铺贴(材料及厚度按工程设计) 7. 隔气层1.2.3.4.5(按工程设计) 8. 1：3水泥砂浆找平层(厚度预制板20，现浇板15) 9. 结构层	二道防水 保温 2.23 kN/m² 不保温 0.90 kN/m²
卷材防水屋面 (非上人 保温) 2204		1. 2.3.4同2203 5. 20厚沥青砂浆找平层 6. 沥青膨胀珍珠岩或沥青膨胀蛭石现浇或预制块，预制块用乳化沥青铺贴(材料及厚度按工程设计) 7. 隔气层1.2.3.4.5(按工程设计) 8. 1：3水泥砂浆找平层(厚度：预制板20，现浇板15) 9. 结构层	二道防水 1.71 kN/m²
卷材防水屋面 (上人) (a.保温 b.不保温 取消6.7.8) 2205 a/b		1. 35厚590×590钢筋混凝土预制板或铺地面砖 2. 10厚1：25水泥砂浆结合层 3. 20厚1：3水泥砂浆保护层 4. 5.6.7.8.9.10.11同2203(2.3.4.5.6.7.8.9)	二道防水 保温 3.01 kN/m² 不保温 1.68 kN/m²

注：1. 屋面宜由结构放坡、亦可用材料找坡，并按工程设计。
2. 保温层干燥有困难时，须设排气孔。
3. 卷材或涂膜等厚度按设计规定。
4. 备注栏方框内数值为结构层以上材料总重量(其中，水泥膨胀珍珠岩或水泥膨胀蛭石按80厚计算)。

卷材防水屋面类型表(一)	西南03J201-1
	页次

图 14.15 选用标准图(6)

14.3　车库工程分部分项工程项目和单价措施项目列项

车库工程分部分项工程项目和单价措施项目列项见表 14.2。要求学生自己根据车库工程施工图和《房屋建筑与装饰工程工程量计算规范》填写表中的项目编码和计量单位。

表 14.2　车库工程分部分项工程项目和单价措施项目列项

序号	项目编码	项目名称	计量单位	项目特征描述
A. 土石方工程				
1		平整场地		
2		挖沟槽土方		
3		挖基坑土方		
4		室内回填土		
5		基础回填土		
6		余方弃置		
E. 混凝土及钢筋混凝土工程				
7		现浇 C10 混凝土基础垫层		
8		现浇 C25 混凝土独立基础		
9		现浇 C25 混凝土基础梁		
10		现浇 C25 混凝土矩形柱		
11		现浇 C25 混凝土有梁板		
12		现浇 C25 混凝土屋面挑檐板		
13		现浇 C10 混凝土楼地面垫层		
14		现浇 C20 混凝土坡道		
15		现浇 C15 混凝土散水		
16		预制 C20 混凝土过梁		
17		预制 C20 混凝土拖布池		
H. 门窗工程				
18		金属卷闸门		
19		铝合金推拉窗		
D. 砌筑工程				
20		M5 水泥砂浆砌砖基础		
21		M5 混合砂浆砌实心砖墙(含女儿墙)		
J. 屋面及防水工程				
22		弹性体(SBS)改性沥青卷材防水层		
23		PVC 吐水管		
K. 保温、隔热、防腐工程				
24		保温隔热屋面、现浇水泥蛭石		

续表

序号	项目编码	项目名称	计量单位	项目特征描述
		L. 楼地面装饰工程		
25		1∶2 水泥砂浆地面面层 20 mm 厚(地面)		
26		1∶2.5 水泥砂浆防水卷材保护层 20 mm 厚(屋面)		
27		1∶3 水泥砂浆找平层 25 mm 厚(屋面)		
28		1∶2 水泥砂浆坡道面层 20 mm 厚		
		M. 墙、柱面装饰与隔断、幕墙工程		
29		混合砂浆抹内墙面		
30		外墙立面 1∶3 水泥砂浆找平层		
31		内墙立面 1∶3 水泥砂浆找平层		
32		内墙面砖贴面(墙裙)		
33		外墙面砖贴面		
34		1∶2 水泥砂浆抹面(中砂)(女儿墙内侧)		
35		拖布池瓷砖贴面		
		N. 顶棚工程		
36		混合砂浆抹顶棚		
		P. 油漆、涂料、裱糊工程		
37		内墙面刷仿瓷涂料二遍		
38		顶棚刷仿瓷涂料二遍		
		S. 单价措施项目		
39		综合脚手架		
40		混凝土基础垫层模板及支架		
41		混凝土基础模板及支架		
42		混凝土基础梁模板及支架		
43		混凝土矩形柱模板及支架		
44		混凝土有梁板模板及支架		
45		混凝土屋面挑檐板模板及支架		
46		混凝土散水模板及支架		
47		混凝土坡道模板及支架		
48		垂直运输机械		

14.4 车库工程量计算

车库工程量计算的示例及要求学生完成表中空白处的作业内容见表 14.3。

请学生根据车库工程施工图和《房屋建筑与装饰工程工程量计算规范》,按照表 14.3 中的示例要求,完成表 14.3 中空白处的项目编码、定额编号、计量单位、工程量、计算式、工程量计算规则空缺的内容的任务。

表 14.3　车库工程分部分项工程项目与单价措施项目工程量计算表(空白处要求学生填写完成)

<table>
<tr><th rowspan="2">序号</th><th>项目编码</th><th rowspan="2">项目名称</th><th rowspan="2">计量单位</th><th rowspan="2">工程量</th><th rowspan="2">计算式
(计算公式)</th><th>清单工程量计算规则</th><th rowspan="2">知识点</th><th rowspan="2">技能点</th></tr>
<tr><th>定额编号</th><th>定额工程量计算规则</th></tr>
<tr><td colspan="9">A. 土石方工程</td></tr>
<tr><td rowspan="3">1</td><td>010101001001</td><td>平整场地(清单)</td><td>m^2</td><td></td><td>$S=S_{底}$</td><td rowspan="2">按设计尺寸以建筑物首层建筑面积计算</td><td rowspan="2">平整场地是指建筑物场地挖、填方厚度在±30 cm以内及找平</td><td rowspan="2">1. 凸出外墙面的附墙柱不计算。
2. 底层建筑面积取外墙外边线围成面积计算</td></tr>
<tr><td></td><td>平整场地(定额)</td><td>m^2</td><td></td><td></td></tr>
<tr><td colspan="8"></td></tr>
<tr><td rowspan="3">2</td><td>010101004001</td><td>挖基坑土方(清单)</td><td>m^3</td><td></td><td>不放坡:$V=S_{底}H$</td><td rowspan="2">按设计尺寸以基础垫层底面积乘以挖土深度计算</td><td rowspan="2">挖地坑:坑底面积≤150 m^2</td><td rowspan="2">1. 根据土壤类别、挖土深度、施工方法地坑考虑四面放坡及系数。
2. 根据垫层支模考虑四面工作面</td></tr>
<tr><td></td><td>挖基坑土方(定额)</td><td>m^3</td><td></td><td></td></tr>
<tr><td colspan="8">清单工程量计算分析及示例:
设垫层采用非原槽浇筑工作面取 300 mm,不放坡。
$V=(2.7+0.1\times2+0.3\times2)\times(2.7+0.1\times2+0.3\times2)\times1.45\times12=213.15(m^3)$</td></tr>
<tr><td rowspan="3">3</td><td>010101004001</td><td>挖沟槽土方(清单)</td><td>m^3</td><td></td><td>不放坡、工作面=300 mm
$V=LS_{断}$</td><td rowspan="2">按设计尺寸以基础垫层底面积乘以挖土深度计算</td><td rowspan="2">挖沟槽:底宽≤7 m且底长>3倍底宽</td><td rowspan="2">1. 基槽长取至基坑边。
2. 断面面积根据省、自治区、直辖市行业主管部门规定考虑放坡系数、工作面</td></tr>
<tr><td></td><td>挖沟槽土方(定额)</td><td>m^3</td><td></td><td></td></tr>
<tr><td colspan="8">清单工程量计算分析及示例:
C 轴:不放坡、工作面=300(mm)
$S_{断}=(0.25+0.3\times2)\times0.45=0.3825(m^2)$
$L=29.1-(2.7+0.1\times2+0.3\times2)\times5=11.6(m)$
$V=0.3825\times11.6=4.44(m^3)$</td></tr>
</table>

续表

序号	项目编码 定额编号	项目名称	计量单位	工程量	计算式（计算公式）	清单工程量计算规则 定额工程量计算规则	知识点	技能点
A. 土石方工程								
4	010103001001	室内回填土（清单）	m^3		$V=S_{净}\ h_{厚}$	按主墙间面积乘以回填土厚度	室内回填土：地面垫层以下素土夯填	1. 回填土厚度扣除垫层、面层。 2. 间壁墙、凸出墙面的附墙柱不扣除。 3. 门洞开口部分不增加
		室内回填土（定额）						
5	010103001002	基础回填土（清单）	m^3		$V=V_{挖}-V_{垫}-V_{砖基(室外地坪以下)}=$	按挖方清单项目工程量减去自然地坪以下埋设的基础体积（包括基础垫层及其他构筑物）	基础回填土：基础工程后回填至室外地坪标高	1. 室外地坪以下埋入构筑物有垫层、独基、地梁、砖胎膜及部分砖基础。 2. 砖基础工程量应扣除自然地坪以下部分
		基础回填土（定额）						
6	010103002001	余方弃置（清单）	m^3		$V=V_{挖}-V_{回}$	按挖方清单项目工程量减去利用回填方体积（正数）计算	1. 回填后多余土方运走。 2. 挖方不够，买土回填	1. 正数为余方弃置。 2. 负数为卖土回填
		余方弃置（定额）						

续表

序号	项目编码 定额编号	项目名称	计量单位	工程量	计算式（计算公式）	清单工程量计算规则 定额工程量计算规则	知识点	技能点
D. 砌筑工程								
7	010401001001	M5 水泥砂浆砌砖基础（清单）	m^3		$V=b_{墙厚}HL$	按设计尺寸以体积计算	1. 基础长度：墙长取至框架柱侧面。 2. 基础高度：地梁顶面至室内地坪标高。 3. 基础墙厚度的确定。 4. 砖基础内应扣：地梁（圈梁）、构造柱等所占的体积。 不扣：基础大放脚 T 形接头处的重叠部分、嵌入基础内的钢筋、铁件、管道、基础砂浆防潮层和单个面积 $\leqslant 0.3\ m^2$ 孔洞等所占体积。 5. 砖基础外应增加附墙垛基础宽出部分，靠墙暖气沟的挑檐不增加	1. 砖基础厚度的确定。 2. 砖基础高度的确定。 3. 砖基础长度的计算
		M5 水泥砂浆砌砖基础（定额）	m^3					

清单工程量计算分析及示例：

本工程是框架结构，砖墙从-0.200 层地梁上开始砌筑，故从-0.200～±0.000 为砖墙基础，±0.000 以上为砖墙，墙长取至框架柱侧面。

（1）B 轴和 C 轴的基础长＝（29.1－0.4×5）×2＝27.1×2＝54.2（m）。

（2）B 轴和 C 轴的基础高＝0.2（m）。

（3）B 轴和 C 轴的砖基础工程量＝54.2×0.2×0.24＝2.60（m^3）。

续表

序号	项目编码 定额编号	项目名称	计量单位	工程量	计算式（计算公式）	清单工程量计算规则 定额工程量计算规则	知识点	技能点
D. 砌筑工程								
8	010401003001	M5 混合砂浆砌实心砖墙（含女儿墙）（清单）	m^3		$V=(L_{墙}H_{墙}-S_{洞口})b_{墙厚}-V_{梁、柱}$ $V_{女儿墙}=b_{墙厚}HL$	按设计尺寸以体积计算	1. 砖墙长度：墙长取至框架柱侧面。 2. 砖墙高度：±0.000到屋面框架梁底。 3. 砖墙厚度：一砖厚砖墙取240 mm；1/2砖墙取115 mm。 4. 砖墙内应扣除和不扣除的内容参照进阶一知识点。 5. 砖墙外应增加和不增加的内容参照进阶一知识点。 6. 女儿墙工程量也套用实心砖墙项目。 7. 女儿墙墙长：女儿墙中心长。 8. 女儿墙墙高：从屋面板上表面至女儿墙顶面（如有混凝土压顶时算至压顶下表面。）	1. 砖墙高度的确定。 2. 砖墙长度的确定。 3. 墙体厚度的确定。 4. 门窗洞口的面积计算。 5. 过梁体积计算。 6. 女儿墙墙长计算。 7. 女儿墙墙高的确定。 8. 女儿墙墙厚的确定
		M5 混合砂浆砌实心砖墙（含女儿墙）（定额）	m^3					

清单工程量计算分析及示例：以女儿墙为例计算 M5 混合砂浆砌女儿墙的工程量。

本工程为框架结构，屋面为有梁板，墙高取到梁底；墙长取至框架柱侧面；外墙墙厚为一砖墙，故墙厚取 240 mm；墙体中有门窗、过梁，所以在计算砖墙体积时应该扣除门窗、过梁所占的体积。女儿墙墙高取至女儿墙顶面，墙长按女儿墙中心线长计算，墙厚为 1/2 砖墙，故墙厚取 115 mm。

（1）女儿墙墙长 $=L_{中}=(29.5-0.12+10.5+0.12)\times2=80$（m）。

（2）女儿墙墙高 $=0.3$（m）。

（3）女儿墙墙厚 $=0.115$（m）。

（4）女儿墙工程量 $=80\times0.115\times0.3=2.76$（$m^3$）。

续表

<table>
<tr><th rowspan="2">序号</th><th>项目编码</th><th rowspan="2">项目名称</th><th rowspan="2">计量单位</th><th rowspan="2">工程量</th><th rowspan="2">计算式（计算公式）</th><th>清单工程量计算规则</th><th rowspan="2">知识点</th><th rowspan="2">技能点</th></tr>
<tr><th>定额编号</th><th>定额工程量计算规则</th></tr>
<tr><td colspan="9">E. 混凝土及钢筋混凝土工程</td></tr>
<tr><td rowspan="3">9</td><td>010501001001</td><td>现浇 C10 混凝土基础垫层（清单）</td><td>m^3</td><td>10. 09</td><td>$V_{独基垫层}=L_{垫层长}\cdot B_{垫层宽}\cdot H_{垫层厚}$</td><td rowspan="2">按设计尺寸以体积计算</td><td rowspan="2">按设计尺寸以体积计算</td><td rowspan="2">独立基础垫层构造的确定</td></tr>
<tr><td></td><td>现浇 C10 混凝土基础垫层（定额）</td><td></td><td></td><td></td></tr>
<tr><td colspan="8">清单工程量计算分析及示例：现浇 C10 混凝土独立基础垫层工程量的计算。
分析：混凝土独立基础垫层是按照设计尺寸以体积计算。
J-1 共 12 个：$V_{独基垫层}=L_{垫层长}B_{垫层宽}H_{垫层厚}$
$=(2.7+0.1\times2)^2\times0.1\times12=10.09(m^3)$</td></tr>
<tr><td rowspan="3">10</td><td>010501003001</td><td>现浇 C25 混凝土独立基础（清单）</td><td>m^3</td><td>43. 09</td><td>$V_{独基}=\sum(L_{每阶垫层长}\cdot B_{每阶垫层宽}\cdot H_{每阶垫层厚})$</td><td rowspan="2">按设计尺寸以体积计算</td><td rowspan="2">按设计尺寸以体积计算</td><td rowspan="2">1. 独立基础构造的确定。
2. 独立基础阶数的确定</td></tr>
<tr><td></td><td>现浇 C25 混凝土独立基础（定额）</td><td></td><td></td><td></td></tr>
<tr><td colspan="8">清单工程量计算分析及示例：现浇 C25 混凝土独立基础工程量的计算。
分析：混凝土独立基础是按照设计尺寸以体积计算，独基与其上面的柱的分界线是基础平台上表面，以下为基础、以上为柱。
J-2 共 5 个：$V_{独基}=\sum(L_{每阶垫层长}B_{每阶垫层宽}H_{每阶垫层厚})$
$=(2.7^2\times0.4+1.5^2\times0.3)\times12=43.09(m^3)$</td></tr>
</table>

续表

<table>
<tr><th rowspan="2">序号</th><th>项目编码</th><th rowspan="2">项目名称</th><th rowspan="2">计量单位</th><th rowspan="2">工程量</th><th rowspan="2">计算式（计算公式）</th><th>清单工程量计算规则</th><th rowspan="2">知识点</th><th rowspan="2">技能点</th></tr>
<tr><th>定额编号</th><th>定额工程量计算规则</th></tr>
<tr><td colspan="9">E. 混凝土及钢筋混凝土工程</td></tr>
<tr><td rowspan="3">11</td><td>010503001001</td><td>现浇 C25 混凝土基础梁（清单）</td><td>m³</td><td>2.60</td><td>$V_{地梁}=S_{剖面}L_{梁长}$</td><td rowspan="2">按设计尺寸以体积计算。伸入墙内的梁头、梁垫并入梁体积内</td><td rowspan="2">1. 按设计尺寸以体积计算。
2. 梁与柱连接时，梁长算至柱侧面。
3. 主梁与次梁连接时，次梁算至主梁侧面</td><td rowspan="2">1. 基础梁构造的确定。
2. 剖面尺寸的确定。
3. 基础梁长的确定</td></tr>
<tr><td></td><td>现浇 C25 混凝土基础梁（定额）</td><td></td><td></td><td></td></tr>
<tr><td colspan="8">清单工程量计算分析及示例：现浇 C25 混凝土地梁工程量的计算（以 DL1 为例）。
分析：按设计尺寸计算。
（1）DL1 的剖面面积。
$$S_{剖面}=0.25\times0.4=0.096(m^2)$$
（2）DL1 的长度，梁与柱连接时，梁长算至柱侧面，所以这里要扣除中间的框架柱。
$$L_{梁长}=29.10-0.4\times5=27.10(m)$$
（3）DL1 的工程量为剖面面积乘以长度。
$$V_{地梁}=S_{剖面}L_{梁长}=0.096\times27.10=2.60(m^3)$$</td></tr>
<tr><td rowspan="3">12</td><td>010502001001</td><td>现浇 C25 混凝土框架矩形柱（清单）</td><td>m³</td><td></td><td>$V_{框架梁}=S_{截面面积}\cdot H_{柱高}\cdot N_{根数}$</td><td rowspan="2">按设计尺寸以体积计算</td><td rowspan="2">1. 按设计尺寸以体积计算。
2. 框架柱的柱高应自柱基上表面至柱顶高度计算</td><td rowspan="2">1. 框架柱构造的确定。
2. 柱截面尺寸的确定。
3. 柱高的确定</td></tr>
<tr><td></td><td>现浇 C25 混凝土框架矩形柱（定额）</td><td></td><td></td><td></td></tr>
<tr><td colspan="8">清单工程量计算分析及示例：现浇 C25 混凝土矩形框架柱工程量的计算。
首先计算 KZ1 的工程量：
（1）KZ1 的截面面积。
$$S_{截面面积}=0.4^2=0.16(m^2)$$</td></tr>
</table>

续表

<table>
<tr><th rowspan="2">序号</th><th>项目编码</th><th rowspan="2">项目名称</th><th rowspan="2">计量单位</th><th rowspan="2">工程量</th><th rowspan="2">计算式（计算公式）</th><th>清单工程量计算规则</th><th rowspan="2">知识点</th><th rowspan="2">技能点</th></tr>
<tr><th>定额编号</th><th>定额工程量计算规则</th></tr>
<tr><td colspan="9">E. 混凝土及钢筋混凝土工程</td></tr>
<tr><td>12</td><td colspan="8">（2）KZ1 的高度。
这里首先要判断 KZ1 是什么类型的柱子，采取不同的计算规则。KZ1 为框架柱，柱高应自柱基上表面至柱顶高度。
$H_{柱高}=(1.5-0.7)+5.45=6.25(\mathrm{m})$
（3）KZ1 的工程量为截面面积乘以高度，再乘以根数。
$V_{KZ1}=S_{截面面积}H_{柱高}N_{根数}=0.16\times6.25\times4=4.00(\mathrm{m}^3)$</td></tr>
<tr><td rowspan="3">13</td><td>010505001001</td><td>现浇 C25 混凝土有梁板（清单）</td><td>m^3</td><td>49.17</td><td>$V_{有梁板}=V_B+V_{WKL}$</td><td>按设计尺寸以体积计算，不扣除单个面积≤0.3 m^2 的柱垛及孔洞所占体积。</td><td rowspan="2">1. 按设计尺寸以体积计算。
2. 不扣除单个面积≤0.3 m^2 的柱垛及孔洞所占体积。
3. 有梁板按梁、板体积之和计算</td><td rowspan="2">1. 有梁板构造的确定。
2. 板尺寸的确定。
3. 梁尺寸的确定。
4. 扣减的确定</td></tr>
<tr><td></td><td>现浇 C25 混凝土有梁板（定额）</td><td></td><td></td><td></td><td>有梁板（包括主、次梁与板）按梁、板体积之和计算</td></tr>
<tr><td colspan="8">清单工程量计算分析及示例：现浇 C25 混凝土有梁板工程量的计算。
分析：（1）计算板的工程量，按设计尺寸以体积计算，不扣除单个面积≤0.3 m^2 的柱所占的体积。该工程中，柱的截面面积为 0.16 m^2（<0.3 m^2），不应扣除。现浇挑檐与屋面板连接时，以外墙外边线为分界线，外边线以内为屋面板。
$V_B=L_{板长}B_{板宽}H_{板厚}=(29.10+0.4)\times(8.5+0.4)\times0.14=36.757(\mathrm{m}^3)$
（2）计算梁的工程量，按设计尺寸以体积计算，梁与柱连接时，梁长算至柱侧面。同时，梁高的标注尺寸是指梁底到梁顶的高度，该工程的梁顶和板顶在同一平面，前面算板时，已经将同板厚的梁并入板内计算了，所以这里的梁高应当扣除板厚，避免重复计算。
$V_{WKL1}=0.25\times(0.4-0.14)\times(29.10-0.4\times5)\times2=3.523(\mathrm{m}^3)$
$V_{WKL2}=0.30\times(0.75-0.14)\times(8.5-0.4)\times2=2.965(\mathrm{m}^3)$
$V_{WKL3}=0.30\times(0.75-0.14)\times(8.5-0.4)\times4=5.929(\mathrm{m}^3)$
$V_{WKL}=V_{WKL1}+V_{WKL2}+V_{WKL3}=3.523+2.965+5.929=12.417(\mathrm{m}^3)$
（3）计算有梁板的工程量，有梁板按梁、板体积之和计算。
$V_{有梁板}=V_B+V_{WKL}=36.757+12.417=49.17(\mathrm{m}^3)$</td></tr>
</table>

续表

序号	项目编码 定额编号	项目名称	计量单位	工程量	计算式（计算公式）	清单工程量计算规则 定额工程量计算规则	知识点	技能点
E. 混凝土及钢筋混凝土工程								
14	010505007001	现浇 C25 混凝土屋面挑檐板（清单）	m^3	5.43	$V_{挑檐}=L_{板长}B_{板宽}\cdot H_{板厚}$	按设计尺寸以体积计算	按设计尺寸以体积计算	1. 挑檐板与屋面板分界线的确定。 2. 挑檐板构造的确定。 3. 挑檐板尺寸的确定
		现浇 C25 混凝土屋面挑檐板（定额）						
	清单工程量计算分析及示例：现浇 C25 混凝土屋面挑檐板工程量的计算。 分析：按设计尺寸以体积计算，现浇挑檐与屋面板连接时，以外墙外边线为分界线，外边线以外为挑檐。 $V_{挑檐}=L_{板长}B_{板宽}H_{板厚}$ $=(29.10+0.4)\times(1.12-0.2)\times0.1\times2=5.43(m^3)$							
15	010501000300	预制 C20 混凝土过梁（清单）	m^3					
		预制 C20 混凝土过梁（定额）						
16		预制 C20 混凝土拖布池（清单）	m^3					
		预制 C20 混凝土拖布池（定额）						

续表

序号	项目编码 定额编号	项目名称	计量单位	工程量	计算式（计算公式）	清单工程量计算规则 定额工程量计算规则	知识点	技能点
E. 混凝土及钢筋混凝土工程								
17		现浇 C10 混凝土地面垫层（清单）	m^3					
		现浇 C10 混凝土地面垫层（定额）						
18	010507001001	现浇 C20 混凝土坡道（清单）	m^2					
		现浇 C20 混凝土坡道（定额）						
19	010507001002	现浇 C15 混凝土散水（清单）	m^2					
		现浇 C15 混凝土散水（定额）						

续表

<table>
<tr><th rowspan="2">序号</th><th>项目编码</th><th rowspan="2">项目名称</th><th rowspan="2">计量单位</th><th rowspan="2">工程量</th><th rowspan="2">计算式
（计算公式）</th><th>清单工程量计算规则</th><th rowspan="2">知识点</th><th rowspan="2">技能点</th></tr>
<tr><th>定额编号</th><th>定额工程量计算规则</th></tr>
<tr><td colspan="9">H. 门窗工程</td></tr>
<tr><td rowspan="4">20</td><td rowspan="2">010803001001</td><td rowspan="2">金属卷闸门（清单）</td><td>樘</td><td>2</td><td>樘数</td><td rowspan="3">1. 以樘计量，按设计数量计算。
2. 以平方米计量，按洞口尺寸以面积计算</td><td rowspan="3"></td><td rowspan="3">1. 门数量的确定。
2. 门洞口面积的确定</td></tr>
<tr><td>m^2</td><td>57.12</td><td>$S=\sum$（门洞口高×门洞口宽×数量）</td></tr>
<tr><td></td><td>金属卷闸门（定额）</td><td></td><td></td><td></td></tr>
<tr><td colspan="8">清单工程量计算分析及示例。
分析：（1）按“樘”计算工程量时，应区别门洞口尺寸与种类分别列项计算。
LM5651：金属卷闸门按“樘”计算工程量为 2 樘。
（2）按面积计算工程量时，应注意区别门的种类分别列项计算（种类不同，门的单价不同）；同时，区别门框尺寸和门洞尺寸的区别，一般情况下门洞口尺寸大于门框尺寸，以方便门安装。
$S=\sum$（门洞口高×门洞口宽×数量）
S 半玻镶板门 = 5.60×5.10×2
= 57.12（m^2）</td></tr>
<tr><td rowspan="4">21</td><td rowspan="2">010807001001</td><td rowspan="2">铝合金推拉窗（清单）</td><td>樘</td><td>2</td><td>樘数</td><td rowspan="3">1. 以樘计量，按设计数量计算。
2. 以平方米计量，按洞口尺寸以面积计算</td><td rowspan="3"></td><td rowspan="3">1. 窗数量的确定。
2. 窗洞口面积的确定</td></tr>
<tr><td>m^2</td><td></td><td>$S=\sum$（窗洞口高×窗洞口宽×数量）</td></tr>
<tr><td></td><td>铝合金推拉窗（定额）</td><td></td><td></td><td></td></tr>
<tr><td colspan="8"></td></tr>
</table>

续表

<table>
<tr><th rowspan="2">序号</th><th>项目编码</th><th rowspan="2">项目名称</th><th rowspan="2">计量单位</th><th rowspan="2">工程量</th><th rowspan="2">计算式（计算公式）</th><th>清单工程量计算规则</th><th rowspan="2">知识点</th><th rowspan="2">技能点</th></tr>
<tr><th>定额编号</th><th>定额工程量计算规则</th></tr>
<tr><td colspan="9">J. 屋面及防水工程</td></tr>
<tr><td rowspan="3">22</td><td>010902001001</td><td>弹性体（SBS）改性沥青卷材防水层（清单）</td><td>m^2</td><td>331.16</td><td>$S_{平屋面}$＝屋面净长×屋面净宽+$S_{泛水}$
$S_{斜}$＝屋面净长×屋面斜高＝$S_{净}$×屋面斜率</td><td rowspan="2">按设计尺寸以面积计算，斜屋顶（不包括平屋面找坡）按斜面积计算</td><td rowspan="2">1. 女儿墙、伸缩缝和天窗等处的弯起部分并入屋面工程量内。
2. 防水搭接及附加层用量不另行计算，在综合单价中考虑</td><td rowspan="2">1. 平屋面：
（1）屋面水平投影净面积的计算。
（2）泛水高的确定。
2. 斜屋面：屋面斜高或屋面斜率的确定</td></tr>
<tr><td></td><td>弹性体（SBS）改性沥青卷材防水层（定额）</td><td></td><td></td><td></td></tr>
<tr><td colspan="8">清单工程量计算分析及示例：
分析：屋面为平屋面，根据图集要求，在屋顶设有 300 mm 高女儿墙，且泛水卷起高 300 mm，工程量计算时，泛水并入屋面防水工程量内。
S＝净长×净宽+$S_{泛水}$
＝10.5×(29.5−0.12×2)+(10.5+29.5−0.12×2+$\overset{压顶上表面}{0.12}$)×2×0.30
＝331.16(m^2)</td></tr>
<tr><td rowspan="3">23</td><td>010902006001</td><td>屋面 PVC 吐水管（清单）</td><td></td><td></td><td></td><td rowspan="2"></td><td rowspan="2"></td><td rowspan="2"></td></tr>
<tr><td></td><td>屋面 PVC 吐水管（定额）</td><td></td><td></td><td></td></tr>
<tr><td colspan="8"></td></tr>
</table>

续表

序号	项目编码 定额编号	项目名称	计量单位	工程量	计算式 （计算公式）	清单工程量计算规则 定额工程量计算规则	知识点	技能点
K. 保温、隔热、防腐工程								
24	011001001001	保温隔热屋面现浇水泥蛭石（清单）	m^2	301.98	$S=L_{斜高}\times$屋面长$-S_{大于0.3\ m^2孔洞}$ $S=$净长$\times$净宽$-S_{大于0.3\ m^2孔洞}$	按设计尺寸以面积计算	扣除面积>0.3 m^2 孔洞及占位面积	1. 平屋面：屋面水平投影净面积的计算。 2. 斜屋面：屋面斜高或屋面斜率的确定
		保温隔热屋面现浇水泥蛭石（定额）						
	屋面保温面积应按净面积计算，计算时应注意女儿墙与轴线的关系。 $S=10.5\times(29.5-0.12\times2)$ $=301.98(m^2)$							
L. 楼地面装饰工程								
25	011101002001	1∶2 水泥砂浆地面面层 20 mm 厚（地面）（清单）	m^2		$S=S_{净}=$	按设计尺寸以面积计算	1. 扣除凸出地面构筑物、设备基础、室内铁道、地沟等所占面积。 2. 不扣除间壁墙及≤0.3 m^2 柱、垛、附墙烟囱及孔洞所占面积。 3. 门洞、空圈、暖气包槽、壁龛的开口部分不增加面积	按设计尺寸以面积计算
		1∶2 水泥砂浆地面面层 20 mm 厚（地面）（定额）	m^2					

续表

序号	项目编码 定额编号	项目名称	计量单位	工程量	计算式（计算公式）	清单工程量计算规则 定额工程量计算规则	知识点	技能点
L. 楼地面装饰工程								
26	011101006001	1：2.5 水泥砂浆防水卷材保护层 20 mm 厚（清单）	m^2			按设计尺寸以面积计算		
		1：2.5 水泥砂浆防水卷材保护层 20 mm 厚（定额）						
27	011101006002	1：3 水泥砂浆找平层 25 mm 厚（屋面）（清单）	m^2			按设计尺寸以面积计算		
		1：3 水泥砂浆找平层 25 mm 厚（屋面）（定额）						

续表

序号	项目编码 定额编号	项目名称	计量单位	工程量	计算式（计算公式）	清单工程量计算规则 定额工程量计算规则	知识点	技能点
L. 楼地面装饰工程								
28	011101006003	1∶2 水泥砂浆坡道面层 20 mm 厚（清单）	m^2					
		1∶2 水泥砂浆坡道面层 20 mm 厚（定额）						
29	011201001001	混合砂浆抹内墙面（清单）	m^2		$S=L_{净长}H_{净高}-$内墙面门窗洞口所占面积	按设计尺寸以面积计算	1. 扣除墙裙、门窗洞口及单个＞0.3 m^2 的孔洞面积。 2. 不扣除踢脚线、挂镜线和墙与构件交接处的面积，门窗洞口和孔洞的侧壁及顶面不增加面积。 3. 附墙柱、梁、垛、烟囱侧壁并入相应的墙面面积内	1. 内墙抹灰面按主墙间净长乘以高度计算。 2. 净长：设计尺寸（不考虑抹灰厚度）。 3. 净高：扣除墙裙高度
		混合砂浆抹内墙面（定额）	m^2					

续表

序号	项目编码 定额编号	项目名称	计量单位	工程量	计算式 （计算公式）	清单工程量计算规则 定额工程量计算规则	知识点	技能点
L. 楼地面装饰工程								
30	011201004001	外墙立面 1∶3 水泥砂浆找平层（清单）	m^2		$S=L_{外}H_{外}-$门窗洞口所占面积	按设计尺寸以面积计算	1. 扣除墙裙、门窗洞口及单个 >0.3 m^2 的孔洞面积。 2. 不扣除踢脚线、挂镜线和墙与构件交接处的面积，门窗洞口和孔洞的侧壁及顶面不增加面积。 3. 附墙柱、梁、垛、烟囱侧壁并入相应的墙面面积内	1. 外墙抹灰面按外墙垂直投影面积计算。 2. 净长：设计尺寸（不考虑抹灰厚度）。 3. 高度：取至室外地坪。 4. 挑檐挑出上女儿墙面积并入外墙
		外墙立面 1∶3 水泥砂浆找平层（定额子目）						
31	011201004002	内墙立面 1∶3 水泥砂浆找平层（清单）	m^2		$S=L_{内墙净长}H_{墙裙}-$门窗洞口所占面积	按设计尺寸以面积计算	1. 扣除墙裙、门窗洞口及单个 >0.3 m^2 的孔洞面积。 2. 不扣除踢脚线、挂镜线和墙与构件交接处的面积，门窗洞口和孔洞的侧壁及顶面不增加面积。 3. 附墙柱、梁、垛、烟囱侧壁并入相应的墙面面积内	1. 内墙抹灰面按主墙间净长乘以高度计算。 2. 净长：设计尺寸（不考虑抹灰厚度）。 3. 净高：墙裙高度
		内墙立面 1∶3 水泥砂浆找平层（定额子目）						
	清单工程量计算分析及示例： $L_{净长}=(29.5-0.24\times2+8.9-0.24\times2)\times2+(0.4-0.24)\times7\times2=77.12(m)$ $H_{(墙裙)}=1.8(m)$ $S=77.12\times1.8=138.82(m^2)$							

续表

序号	项目编码 定额编号	项目名称	计量单位	工程量	计算式（计算公式）	清单工程量计算规则 定额工程量计算规则	知识点	技能点
L. 楼地面装饰工程								
32	011204003001	外墙面砖贴面（清单）	m²		$S=L_{表}H_{表}$-门窗洞口所占面积+门窗洞口侧面	按镶贴表面积计算	1. 扣除墙裙、门窗洞口及单个>0.3 m² 的孔洞面积。 2. 不扣除踢脚线、挂镜线和墙与构件交接处的面积。 3. 门窗洞口和孔洞的侧壁及顶面、附墙柱、梁、垛、烟囱侧壁并入相应的墙面面积内	1. 按瓷砖表面积计算。 2. 长度：考虑立面砂浆找平层、结合层、面砖厚度，柱两侧面积并入抹灰工程量。 3. 高度：取至室外地坪
		外墙面砖贴面（定额子目）						
33	011204003002	内墙裙面砖贴面（清单）	m²		$S=LH$-门洞口所占面积+门洞口侧面 $L=L_{内墙裙长表面}$ $H=H_{墙裙}$	按镶贴表面积计算	1. 扣除墙裙、门窗洞口及单个>0.3 m² 的孔洞面积。 2. 不扣除踢脚线、挂镜线和墙与构件交接处的面积。 3. 门窗洞口和孔洞的侧壁及顶面、附墙柱、梁、垛、烟囱侧壁并入相应的墙面面积内	1. 按瓷砖表面积计算。 2. 长度：考虑立面砂浆找平层、结合层、面砖厚度，柱两侧面积并入抹灰工程量。 3. 高度：墙裙高度
		内墙裙面砖贴面（定额子目）						
	清单工程量计算分析及示例： 设卷闸门框靠内平： $L_{表(墙裙)}=(29.5-0.24\times2+8.9-0.24\times2)\times2+(0.4-0.24)\times14-(0.02+0.015+0.005)\times4\times2-5.6\times2=65.6(m)$ $H_{(墙裙)}=1.8(m)$ $S=65.6\times1.8=118.08(m^2)$							

续表

序号	项目编码 定额编号	项目名称	计量单位	工程量	计算式（计算公式）	清单工程量计算规则 定额工程量计算规则	知识点	技能点
						L. 楼地面装饰工程		
34	011201001001	1：2 水泥砂浆抹面（女儿墙内侧）（清单）	m^2					
		1：2 水泥砂浆抹面（女儿墙内侧）（定额子目）						
35	011206002001	拖布池瓷砖贴面（清单）	m^2			按镶贴表面积计算		
		拖布池瓷砖贴面（定额子目）						

续表

序号	项目编码 定额编号	项目名称	计量单位	工程量	计算式（计算公式）	清单工程量计算规则 定额工程量计算规则	知识点	技能点
N. 顶棚抹灰								
36	011301001001	混合砂浆抹顶棚（清单）	m^2	283.88	$S=S_{净}+$梁两侧面积	按设计尺寸以水平投影面积计算	1. 不扣除间壁墙、垛、柱、附墙烟囱、检查口和管道所占的面积。 2. 顶棚的梁两侧抹灰面积并入顶棚面积内	1. 墙上梁侧面抹灰并入墙体抹灰。 2. 梁两侧抹灰面积并入顶棚面积内。 3. 柱所占面积不扣除
		混合砂浆抹顶棚（定额子目）	m^2	283.88	同清单工程量			
	清单工程量计算分析及示例： $S_{净}=(29.5-0.24\times2)\times(8.9-0.24\times2)=244.35(m^2)$ $S_{梁两侧面积}=(0.75-0.14)\times(8.9-0.4\times2)\times2\times4=39.53(m^2)$ $S=S_{净+梁两侧面积}=244.35+39.53=283.88(m^2)$							
P. 油漆、涂料、裱糊工程								
37	011407001001	内墙面刷仿瓷涂料二遍（清单）	m^2	184.36	$S_{墙面}=长\times高-S_{门窗洞口}+S_{门窗洞头侧壁}+S_{附墙柱、垛侧壁}$	按设计尺寸以面积计算 1. 门窗洞口侧边的乳胶漆应并入墙面乳胶漆工程量；踢脚线所占面积应扣除。 2. 门窗侧面计算应扣除门框所占面积，同时，门窗内外装饰不同时应分析外墙的门窗框安装位置	门窗框如为居中安装时，门窗侧面的增加面积应该为扣除门框后的一半；如为靠墙体内侧安装时，内墙乳胶漆则不增加门窗侧边	1. 油漆涂刷高度的确定。 2. 门窗洞口侧壁油漆涂刷宽度的确定
		内墙面刷仿瓷涂料二遍（定额子目）						

续表

<table>
<tr><th rowspan="2">序号</th><th>项目编码</th><th rowspan="2">项目名称</th><th rowspan="2">计量单位</th><th rowspan="2">工程量</th><th rowspan="2">计算式
（计算公式）</th><th>清单工程量计算规则</th><th rowspan="2">知识点</th><th rowspan="2">技能点</th></tr>
<tr><th>定额编号</th><th>定额工程量计算规则</th></tr>
<tr><td colspan="9">P. 油漆、涂料、裱糊工程</td></tr>
<tr><td>37</td><td colspan="8">清单工程量计算分析及示例：
分析：门窗洞口侧边的仿瓷涂料应并入墙面乳胶漆工程量；凸出墙面的柱、垛侧边工程量应增加；梁与墙相交的结构面应扣除；仿瓷涂料应扣除墙裙。
① $S_{墙面乳胶漆}$。
$S=(29.50-0.24\times2+8.5+0.20\times2-0.24\times2)\times2\times(5.50-1.80)$
$=277.06(m^2)$
② 柱侧边应增加面积。
$S=(0.40-0.24)\times2\times4\times(5.50-1.80)$
$=4.74(m^2)$
③ 应扣除门窗洞口。
$S=2.10\times2.40\times8+5.60\times5.10\times2$
$=97.44(m^2)$
$S_{墙柱面仿瓷涂料汇总}=277.06+4.74-97.44=184.36(m^2)$</td></tr>
<tr><td rowspan="3">38</td><td></td><td>顶棚喷刷仿瓷涂料二遍（清单）</td><td>m^2</td><td>308.64</td><td>$S_{顶棚}=S_{净}+S_{梁侧}+S_{挑檐底}+S_{楼梯底板}$</td><td rowspan="2">按设计尺寸以面积计算</td><td rowspan="2">1. 梁侧抹灰并入顶棚抹灰内。
2. 挑檐底乳胶漆并入顶棚乳胶漆</td><td rowspan="2"></td></tr>
<tr><td></td><td>顶棚刷涂料刷仿瓷涂料二遍（定额子目）</td><td></td><td></td><td></td></tr>
<tr><td colspan="8">清单工程量计算分析及示例：
梁侧仿瓷涂料并入顶棚工程量内；挑檐板底仿瓷并入顶棚工程量内，主梁与次梁相交的面积应扣除，柱所占面积也应扣除。</td></tr>
</table>

续表

<table>
<tr><th rowspan="2">序号</th><th>项目编码</th><th rowspan="2">项目名称</th><th rowspan="2">计量单位</th><th rowspan="2">工程量</th><th rowspan="2">计算式（计算公式）</th><th>清单工程量计算规则</th><th rowspan="2">知识点</th><th rowspan="2">技能点</th></tr>
<tr><th>定额编号</th><th>定额工程量计算规则</th></tr>
<tr><td colspan="9">P. 油漆、涂料、裱糊工程</td></tr>
<tr><td>38</td><td colspan="8">① 顶棚面仿瓷涂料。
$S=(29.5-0.24\times2)\times(8.50+0.20\times2-0.24\times2)$
$=244.35(m^2)$
② 应增加梁侧的面积，梁侧抹灰高应扣除板厚。
$S=(0.30-0.14)\times(8.50+0.20\times2-0.40\times2)\times2\times4$
$=10.37(m^2)$
③ 挑檐板底并入顶棚工程量。
$S=(1.12-0.20)\times29.50\times2$
$=54.28(m^2)$
④ 应扣除柱所占面积。
$S=4\times(0.40-0.30)\times(0.40-0.25)+(0.40-0.25)\times0.4\times8$
$=0.54(m^2)$
$S_{顶棚仿瓷涂料面积}=244.35+10.37+54.28-0.54$
$=308.64(m^2)$</td></tr>
<tr><td colspan="9">S. 1 脚手架工程</td></tr>
<tr><td rowspan="3">39</td><td>011701001001</td><td>综合脚手架（清单）</td><td>m^2</td><td></td><td>$S=S_{建筑面积}$</td><td rowspan="2">按建筑面积计算</td><td rowspan="2">按照《建筑工程建筑面积计算规范》（GB/T 50353—2013）计算建筑面积</td><td rowspan="2">1. 计算建筑面积的范围及建筑面积的确定。
2. 不计算面积的范围</td></tr>
<tr><td></td><td>综合脚手架（定额）</td><td>m^2</td><td></td><td></td></tr>
<tr><td colspan="8"></td></tr>
</table>

续表

序号	项目编码 定额编号	项目名称	计量单位	工程量	计算式 （计算公式）	清单工程量计算规则 定额工程量计算规则	知识点	技能点
S. 2 混凝土模板及支架（撑）								
40	011702025001	现浇混凝土独立基础垫层模板及支架（清单）	m^2	13. 92	$S_{基础垫层模板}=L_{基础垫层周长}H_{模板高}$	按模板与现浇构件的接触面积计算	按模板与现浇构件的接触面积计算	模板与现浇构件接触面的确定
		现浇混凝土独立基础垫层模板及支架（定额）						
	现浇混凝土独立基础垫层模板及支架工程量的计算。 分析：独立基础垫层与模板的接触面只有四周，底面和顶面不需要做模板。 $S_{基础垫层模板}=L_{基础垫层周长}H_{模板高}$ $=(2.7+0.1\times2)\times4\times0.1\times12=13.92(m^2)$							
41	011702001001	现浇混凝土独立基础模板及支架（清单）	m^2	73. 44	$S_{独基模板}=L_{独基每阶周长}\cdot H_{独基每阶模板高}$	按模板与现浇构件的接触面积计算	按模板与现浇构件的接触面积计算	模板与现浇构件接触面的确定
		现浇混凝土独立基础模板及支架（定额）						
	现浇混凝土独立基础模板及支架工程量的计算。 分析：该工程采用的是二阶独立基础，其与模板的接触面只有每阶基础的四周。 $S_{独基模板}=L_{独基每阶周长}H_{独基每阶模板高}$ $=(2.7\times4\times0.4+1.5\times4\times0.3)\times12=73.44(m^2)$							

续表

序号	项目编码 定额编号	项目名称	计量单位	工程量	计算式（计算公式）	清单工程量计算规则 定额工程量计算规则	知识点	技能点
S.2 混凝土模板及支架（撑）								
42	011702005001	现浇混凝土地梁模板及支架（清单）	m^2		$S_{地梁模板}=S_{地梁侧模}+S_{地梁底模}$	按模板与现浇混凝土构件的接触面积计算。 柱、梁、墙、板相互连接重叠部分，均不计算模板面积	1. 按模板与现浇构件的接触面积计算。 2. 现浇框架分别按梁、板、柱有关规定计算。 3. 柱、梁、墙、板相互连接重叠部分，均不计算模板面积	1. 构件划分的确定。 2. 模板与现浇构件接触面的确定。 3. 连接面重叠面积扣减的确定
		现浇混凝土地梁模板及支架（定额）						
	现浇混凝土地梁模板及支架工程量的计算（以 DL1 为例）。 分析：（1）地梁模板的主要接触面为两侧面，梁与柱的模板分界与混凝土构件的分界是一样的。 $S_{地梁侧模}=(29.10-0.4\times5)\times0.4\times2=21.68(m^2)$ （2）而底面是否有模板，要根据施工方案确定。如果挖地槽时，地槽底标高与地梁底标高一致，则不需要做底模板，如果地槽底标高比地梁底标高低，则需要安装底模板。而地梁的两端头，因为和柱相连，不需要模板。此处按地槽底标高与地梁底标高一致考虑。 $S_{地梁底模}=0.00(m^2)$ （3）现浇混凝土地梁的模板安拆工程量就等于侧模与底模之和。 $S_{地梁模板}=S_{地梁侧模}+S_{地梁底模}=21.68+0=21.68(m^2)$							
43	011702002001	现浇混凝土矩形框架柱模板及支架（清单）	m^2		$S_{柱模}=S_{柱侧模}-S_{构件连接面}$	按模板与现浇混凝土构件的接触面积计算。 现浇框架分别按梁、板、柱有关规定计算。 柱、梁、墙、板相互连接重叠部分，均不计算模板面积	1. 按模板与现浇构件的接触面积计算。 2. 现浇框架分别按梁、板、柱有关规定计算。 3. 柱、梁、墙、板相互连接重叠部分，均不计算模板面积	1. 构件划分的确定。 2. 模板与现浇构件接触面的确定。 3. 连接面重叠面积扣减的确定
		现浇混凝土矩形框架柱模板及支架（定额）						

续表

<table>
<tr><th rowspan="2">序号</th><th>项目编码</th><th rowspan="2">项目名称</th><th rowspan="2">计量单位</th><th rowspan="2">工程量</th><th rowspan="2">计算式（计算公式）</th><th>清单工程量计算规则</th><th rowspan="2">知识点</th><th rowspan="2">技能点</th></tr>
<tr><th>定额编号</th><th>定额工程量计算规则</th></tr>
<tr><td colspan="9">S. 2 混凝土模板及支架(撑)</td></tr>
<tr><td>43</td><td colspan="8">现浇混凝土矩形框架柱模板及支架工程量的计算(以 C 轴线和①轴线相交点的 KZ1 为例)。
分析:(1) 框架柱与模板的接触面主要是侧面,底面和顶面不需要模板。侧模为柱截面周长乘以柱高,这里的柱高是柱基上表面至柱顶高度。
$S_{柱侧模}=L_{柱截面周长}H_{柱高}=0.4\times4\times(1.5-0.7+5.45)=10.00(m^2)$
(2) 要扣除柱与地梁、有梁板、挑檐板等构件连接面。
$S_{柱模}=S_{柱侧模}-S_{构件连接面}$
$=10.00-0.25\times0.4-0.25\times0.55-0.14\times0.4\times2-0.25\times(0.4-0.14)-0.3\times(0.75-0.14)-0.4\times0.1=9.36(m^2)$</td></tr>
<tr><td rowspan="3">44</td><td>011702014001</td><td>现浇混凝土有梁板模板及支架(清单)</td><td>m^2</td><td>317.89</td><td>$S_{有梁板模板}=S_{底模}+S_{侧模}$</td><td rowspan="2">按模板与现浇混凝土构件的接触面积计算。
1. 现浇钢筋混凝土墙、板单口面积≤0.3 m^3 的孔洞不予扣除,洞侧壁模板也不增加;单孔面积>0.3 m^3 时应予以扣除,洞侧壁模板面积并入墙、板工程量内计算。
2. 现浇框架分别按梁、板、柱有关规定计算。
3. 柱、梁、墙、板相互连接重叠部分,均不计算模板面积</td><td rowspan="2">1. 按模板与现浇构件的接触面积计算。
2. 现浇框架分别按梁、板、柱有关规定计算。
3. 柱、梁、墙、板相互连接重叠部分,均不计算模板面积</td><td rowspan="2">1. 构件划分的确定。
2. 模板与现浇构件接触面的确定。
3. 连接面重叠面积扣减的确定</td></tr>
<tr><td></td><td>现浇混凝土有梁板模板及支架(定额)</td><td></td><td></td><td></td></tr>
<tr><td colspan="8">现浇混凝土有梁板模板及支架工程量的计算。
分析:(1) 有梁板底模,为梁、板底模之和,不扣除单孔面积≤0.3 m^2 的孔洞,但是要扣除与柱交接面积。</td></tr>
</table>

续表

<table>
<tr><th rowspan="2">序号</th><th>项目编码</th><th rowspan="2">项目名称</th><th rowspan="2">计量单位</th><th rowspan="2">工程量</th><th rowspan="2">计算式（计算公式）</th><th>清单工程量计算规则</th><th rowspan="2">知识点</th><th rowspan="2">技能点</th></tr>
<tr><th>定额编号</th><th>定额工程量计算规则</th></tr>
<tr><td colspan="9">S.2 混凝土模板及支架(撑)</td></tr>
<tr><td>44</td><td colspan="8">$S_{底模}=(29.10+0.4)\times(8.50+0.4)-0.4^2\times12=260.63(m^2)$
(2) 有梁板的板侧模和边梁的外侧模一起计算，高度就是梁高，该工程的有梁板外部分区域还有挑檐板，模板高度为梁高扣除挑檐板厚度，其余梁侧模的高度为梁高扣除板厚。侧模长度算至柱梁交接边。
$S_{边梁侧模}=(0.4\times2-0.14-0.1)\times(29.10-0.4\times5)\times2+(0.75\times2-0.14)\times(8.5-0.4)\times2=52.384(m^2)$
$S_{中梁侧模}=(0.75-0.14)\times2\times4=4.88(m^2)$
$S_{侧模}=S_{边梁侧模}+S_{中梁侧模}$
$=52.384+4.88=57.264(m^2)$
(3) 有梁板模板安拆的工程量就等于梁、板模板之和。
$S_{有梁板模板}=S_{底模}+S_{侧模}$
$=260.63+57.264=317.89(m^2)$</td></tr>
<tr><td rowspan="3">45</td><td>011702023001</td><td>现浇混凝土屋面挑檐板模板及支架（清单）</td><td>m^2</td><td>54.28</td><td>$S_{挑檐模板}=S_{水平投影}$</td><td rowspan="2">按外挑部分尺寸的水平投影面积计算，挑出墙外的悬臂梁及板边不另计算</td><td rowspan="2">1. 按外挑部分尺寸的水平投影面积计算。
2. 挑出墙外的悬臂梁及板边不另计算</td><td rowspan="2">1. 挑檐板与屋面板分界线的确定。
2. 外挑部分水平投影面积的确定</td></tr>
<tr><td></td><td>现浇混凝土屋面挑檐板模板及支架（定额）</td><td></td><td></td><td></td></tr>
<tr><td colspan="8">现浇混凝土屋面挑檐板模板及支架工程量的计算。
分析：挑檐板的工程量应按外挑部分尺寸的水平投影面积计算，挑出墙外的悬臂梁及板边不另计算。
$S_{挑檐模板}=S_{水平投影}$
$=(29.1+0.4)\times(1.12-0.2)\times2=54.28(m^2)$</td></tr>
</table>

续表

序号	项目编码 定额编号	项目名称	计量单位	工程量	计算式（计算公式）	清单工程量计算规则 定额工程量计算规则	知识点	技能点
S. 2 混凝土模板及支架（撑）								
46	011702029001	现浇混凝土散水模板及支架（清单）	m^2			按模板与散水的接触面积计算		
		现浇混凝土散水模板及支架（定额）						
47	011702029002	现浇混凝土坡道模板及支架（清单）	m^2			按模板与坡道的接触面积计算		
		现浇混凝土坡道模板及支架（定额）						

续表

<table>
<tr><th rowspan="2">序号</th><th>项目编码</th><th rowspan="2">项目名称</th><th rowspan="2">计量单位</th><th rowspan="2">工程量</th><th rowspan="2">计算式（计算公式）</th><th>清单工程量计算规则</th><th rowspan="2">知识点</th><th rowspan="2">技能点</th></tr>
<tr><th>定额编号</th><th>定额工程量计算规则</th></tr>
<tr><td colspan="9">S. 3 垂直运输</td></tr>
<tr><td rowspan="4">48</td><td rowspan="2">011703001001</td><td rowspan="2">垂直运输（清单）</td><td>m^2</td><td rowspan="2">262. 55</td><td rowspan="2">$S=S_{底}=$
262. 55(m^2)</td><td rowspan="2">1. 按建筑面积计算。
2. 按施工工期日历天数计算</td><td rowspan="2"></td><td rowspan="2"></td></tr>
<tr><td>天</td></tr>
<tr><td></td><td>垂直运输（定额）</td><td></td><td></td><td></td><td></td><td></td><td></td></tr>
<tr><td colspan="8">清单工程量计算分析及示例：
本工程垂直运输机械为自有机械，故按建筑面积计算，如为租赁机械，可按施工工期日历天数计算。
$S=S_{底}=262.55(m^2)$</td></tr>
</table>

第 15 章

建筑工程量计算进阶三

15.1 建筑工程量计算进阶三主要训练内容

建筑工程量计算进阶三主要是多层别墅框架结构建筑工程量计算，主要训练内容见表 15.1。

表 15.1 建筑工程量计算进阶三主要训练内容表

训练能力	训练进阶	主要训练内容	选用施工图
1. 分项工程项目列项 2. 清单工程量的计算 3. 定额工程量的计算	进阶三	（1）土石方工程清单及定额工程量计算 （2）砌筑工程清单及定额工程量计算 （3）混凝土及钢筋混凝土工程清单及定额工程量计算 （4）门窗工程清单及定额工程量计算 （5）屋面及防水工程清单及定额工程量计算 （6）楼地面工程清单及定额工程量计算 （7）墙柱面装饰与隔断、幕墙工程清单及定额工程量计算 （8）顶棚工程清单及定额工程量计算 （9）油漆、涂料、裱糊工程清单及定额工程量计算 （10）其他装饰工程清单及定额工程量计算 （11）措施工程清单及定额工程量计算	1000 m^2 以内的多层框架结构建筑物施工图

15.2 建筑工程量计算进阶三选用小别墅工程施工图和标准图

15.2.1 建筑工程量计算进阶三选用施工图

建筑工程量计算进阶三选用××小区多层框架结构小别墅施工图见小别墅工程建

筑施工图(图 15.1 ~ 图 15.12)和结构施工图(图 15.13 ~ 图 15.37)。

小别墅工程设计总说明

一、设计依据

1.××市建设局××年批准的建筑方案。
2.××市发展与改革委员会批准的计委立项批文。
3.国家现行《民用建筑设计通则》(GB 50352)、《住宅设计规范》(GB 50096)、《建筑设计防火规范》(GBJ 16)、《夏热冬冷地区居住建筑节能设计标准》(JGJ 134)、《四川省居住建筑节能设计标准》(DB 51/5027)、《住宅建筑规范》(GB 50368)。

二、工程概况

1.本工程为××市××小区小别墅。
2.本工程为框架结构住宅，总建筑面积：625.73m^2。
3.本工程建筑总高14.65 m。
4.本建筑物相对标高 ±0.000 与所对应的绝对标高由规划部门确定。
5.本工程耐火等级为二级，主体结构设计合理使用年限为50年。
6.本工程位于××市××路与××路交汇处，抗震设防烈度为6度，设计基本地震加速度为0.05 g，Ⅱ类场地，设计特征周期为0.30 s。

三、设计范围

本设计仅包括室内建筑、结构、给排水、电气专业的设计。内装需进行二次设计的，由业主另行委托。

四、设计要求

1.施工图中除应按照设计文件进行外，还必须严格遵照国家颁发的各项现行施工和验收规范，确保施工质量。
2.图中露台、坡屋面标高均指结构板面标高。
3.施工中若有更改设计处，必须通过设计单位同意后方可进行修改，不得任意更改设计。
4.施工中若发现图纸中有矛盾处或其他未尽事宜，应及时召集设计、建设、施工、监理单位现场协商解决。

五、砌体工程

1.本工程均采用空心页岩砖砌体，强度等级详见结施。
2.在土建施工中各专业工种应及时配合敷设管道，减少事后打洞。

六、楼地面

1.地面施工须符合《建筑地面工程施工质量验收规范》(GB 50209)要求。
2.地面有积水的厨房、卫生间沿周边墙体作120高C20细石混凝土止水线。
楼地面防水，反边高：卫生间1 200 mm；卫生间前室、厨房：300 mm。
3.阳台排水坡向地漏，排水坡度为1%，并接入雨水管。
4.厨卫排水坡向地漏，排水坡度为1%，地漏以及蹲便器周围50 mm范围内坡度为2%。

七、屋面工程

1.屋面施工须符合《屋面工程质量验收规范》(GB 50207)要求。
2.本工程屋面防水等级上人屋面为Ⅱ级，防水材料为SBC聚乙烯丙纶复合卷材(每道≥1.2 mm)；不上人屋面为Ⅲ级，防水材料为SBC聚乙烯丙纶复合卷材(每道≥1.2 mm)。水落管、水落斗安装应牢固，排水通畅不漏。

八、门窗工程

1. 1.2 mm断热桥彩铝门窗，玻璃规格详见节能设计，玻璃的外观质量和性能及玻璃安装材料均应符合《建筑玻璃应用技术规程》(JGJ 113—2015)及《建筑装饰装修工程质量验收规范》(GB 50210)中各项要求和规定。
2.位置：窗户居墙中设，外墙门位置均与开启方向墙面平，内墙门仅按图中门窗位置预留洞口施工(预留门窗预埋件)。
3.所有门窗洞口间隙应以沥青麻丝添塞密实，门窗樘下应留出20~30 mm的缝隙，以沥青麻丝填实，外侧留5~8 mm深槽口，填嵌密封材料，切实防止雨水倒灌。
4.单块玻璃面积大于1.5 m^{2}且小于3 m^{2}的窗使用安全玻璃(结合门窗表选型)。

建施1/12

图 15.1 工程设计总说明(1)

九、抹灰工程

1.抹灰应先清理基层表面，用钢丝刷清除表面浮土和松散部分，填补缝隙孔洞并浇水润湿。

2.窗台、雨篷、女儿墙压顶等突出墙面部分其顶面做1%斜坡，其余坡向室外，下面做滴水线，详见西南04J516-P8-J，宽窄应整齐一致。

十、油漆工程

本工程金属面油性调和漆详见西南04J312-P43-3289，木制面油性调和漆详见西南04J312-P41-3278。

十一、空调工程

客厅、卧室均设计空调洞。平面图中洞1为D85空调洞，洞中距楼地面50 mm；洞2为D85空调洞，洞中均距楼地面2 200 mm；洞3为D160浴霸排气口，洞中均距楼地面2 500 mm；均靠所在墙边设置。空调洞内外墙设置护套。

十二、其他

1.所有材料施工及备案均按国家有关标准办理，外墙装饰材料及色彩需经规划部门和设计单位看样后订货。

2.所有楼面、吊顶等的二装饰面材料和构造不得降低本工程的耐火等级，遵照《建筑内部装修设计规范》(GB 50222)中相关条文执行，并不得任意添加设计规定以外的超载物。

3.本套设计图中所有栏杆立杆净距均要求不大于110 mm，否则应采取其他技术措施。

4.户内楼梯栏杆要有防止儿童攀爬的措施，立杆净距≤110 mm，斜段净高≥900 mm，水平段净高≥1 050 mm，且距地100 mm内不得留空。

5.水泥瓦用18号铅丝与Φ6钢筋绑扎。

门窗统计表

设计编号	名称	洞口尺寸(宽×高)/(mm×mm)	数量	图集代号	备注 K为外门窗的传热系数/[W/(m^2·K)]
FDM1521	防盗门	1 500×2 100	1	厂家提供	K≤3.0
DJ2624	防盗对讲门	2 680×2 400	1	厂家提供	K≤3.0
M0821	门洞	800×2 100	6		
M0921	门洞	900×2 100	10		
M1824	平开铝合金门	1 800×2 400	1	厂家提供	K≤4.7
M2124	平开铝合金门	2 100×2 400	6	厂家提供	K≤4.7
M2724	平开铝合金门	2 700×2 400	1	厂家提供	K≤4.7
M3021	铝合金卷帘门	3 000×2 100	1	厂家提供	

注：1.单块玻璃面积大于1.5 m^2且小于3 m^2的窗及所有推拉门使用5厚钢化玻璃。

2.门窗安装应满足其强度、热工、声学及安全性等技术要求。

建施2/12

图 15.2　工程设计总说明(2)

室内装修表

名称	做法	部位
地面1	黑色花岗石地面详见西南04J312-3147a/12	楼梯间
地面2	1.素土夯实；2.80厚C10混凝土找坡，表面赶光；3.25厚1:2.5水泥砂浆找平拉毛	其余房间等
楼面1	1.钢筋混凝土楼面；2.水泥浆结合层一道；3.1:2.5水泥砂浆找坡，最薄处15厚；4.SBC120聚乙烯丙纶复合防水卷材一道（1.2 mm厚）；5.25厚1:2.5水泥砂浆找平	厨房 坐便卫生间 阳台
楼面2	1.钢筋混凝土楼面；2.刷水泥浆一道；3.15厚1:2.5水泥砂浆找平拉毛；4.SBC120聚乙烯丙纶复合防水卷材一道（1.2 mm厚）；5.1:4水泥炉渣垫层兼找坡；6.25厚1:2.5水泥砂浆找平	蹲便卫生间
楼面3	1.钢筋混凝土楼面；2.水泥浆结合层一道；3.25厚1:2.5水泥砂浆找平拉毛	其余房间等
楼面4	黑色花岗石楼面详见西南04J312-3149/12	楼梯间
内墙面1	水泥混合砂浆抹灰刮仿瓷底料两遍，面料一遍，做法参考西南04J515-N05/4	楼梯间
内墙面2	水泥砂浆抹灰刮仿瓷底料两遍，做法参考西南04J515-N08/5	阳台
内墙面3	1.基层处理；2.7厚1:3水泥砂浆打底；2.6厚1:3水泥砂浆垫层；做法参考西南04J515-N08/5	厨房 卫生间
内墙面4	水泥混合砂浆抹灰刮仿瓷底料两遍，做法参考西南04J515-N05/4	其余房间等
顶棚1	1.基层处理；2.刷水泥一道（加建筑胶适量）；3.10厚1:1:4水泥石灰砂浆；做法参考西南04J515-P05/12	厨房 卫生间
顶棚2	水泥砂浆抹灰刮仿瓷底料两遍、面料一遍，做法参考西南04J515-P05/12	楼梯间
顶棚3	水泥砂浆抹灰刮仿瓷底料两遍，做法参考西南04J515-P05/12	其余房间等
踢脚	黑色天然石材踢脚150高，做法详见西南04J312-3153/13	楼梯间

注：1.厨、卫楼地面防水层均为改性沥青一布四涂防水层；厨卫墙面在水泥砂浆找平层中加5%防水剂。
2.本室内装修表中楼地面、墙面、顶棚做法应与节能措施表中的做法相结合。

门窗统计表

C0909	彩铝单玻平开窗	900×900	1	厂家提供	窗台距地1 500,5厚浮法玻璃
C1421	彩铝单玻推拉窗	1 400×1 200	3	厂家提供	K≤4.7,窗台距地1 200,带不锈钢纱窗,5厚浮法玻璃
C1512	彩铝单玻推拉窗	1 500×1 200	4	厂家提供	K≤4.7,窗台距地1 200,带不锈钢纱窗,5厚浮法玻璃
C1815	彩铝单玻推拉窗	1 800×1 500	5	厂家提供	K≤4.7,窗台距地900,带不锈钢纱窗,5厚浮法玻璃
C2615	彩铝单玻推拉窗	2 680×1 500	1	厂家提供	K≤4.7,窗台距地900,带不锈钢纱窗,5厚浮法玻璃
C3221	彩铝单玻推拉窗	3 224×2 100	1	厂家提供	K≤4.7,窗台距地300,带不锈钢纱窗,5厚浮法玻璃
TC1	彩铝单玻推拉窗	3 000×2 150	4	厂家提供	K≤4.7,窗台距地250,带不锈钢纱窗,5厚浮法玻璃

建施3/12

图 15.3 工程设计总说明(3)

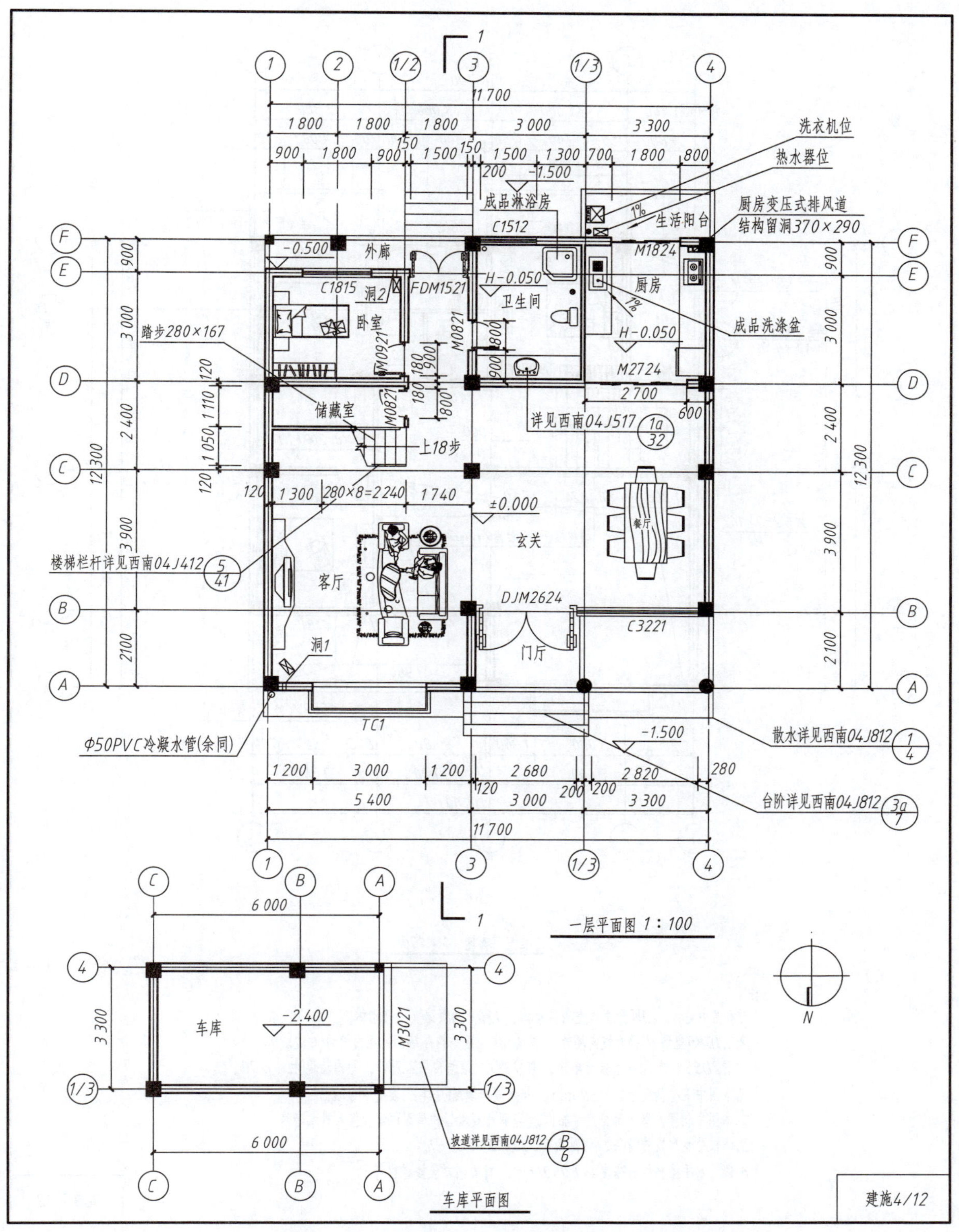

图 15.4　一层平面图、车库平面图

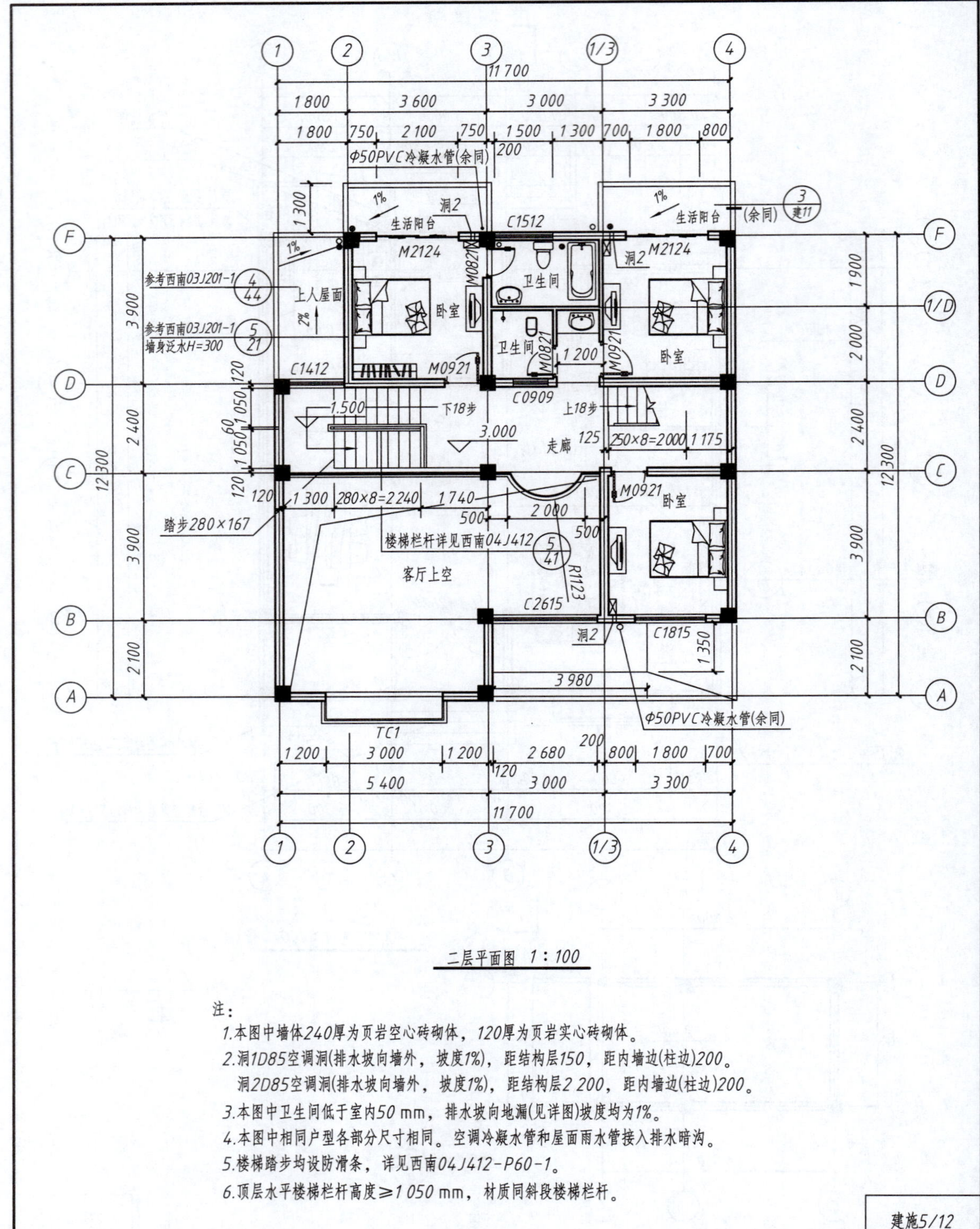
1 2 3 1/3 4
11 700
1 800 3 600 3 000 3 300
1 800 750 2 100 750 1 500 1 300 700 1 800 800
Φ50PVC冷凝水管(余同)
200
1 300
1%
生活阳台
洞2
C1512
(余同)
3 建11
M2124
M0821
卫生间
参考西南03J201-1 4 44
上人屋面
卧室
2%
参考西南03J201-1 5 21
墙身泛水H=300
卫生间
1 200
M0921
C1412
C0909
下18步
上18步
1.500
3.000
走廊
125
250×8=2000
1 175
120
1 300
280×8=2240
1 740
500
2 000
踏步280×167
楼梯栏杆详见西南04J412 5 41
R1123
客厅上空
C2615
C1815
1 350
3 980
TC1
1 200 3 000 1 200 2 680 800 1 800 700
5 400 3 000 3 300
11 700
3 900 2 400 2 100 12 300
1 900 2 000 2 400 3 900 2 100 12 300
F 1/D D C B A
二层平面图 1:100
注：
1.本图中墙体240厚为页岩空心砖砌体，120厚为页岩实心砖砌体。
2.洞1D85空调洞(排水坡向墙外，坡度1%)，距结构层150，距内墙边(柱边)200。
洞2D85空调洞(排水坡向墙外，坡度1%)，距结构层2 200，距内墙边(柱边)200。
3.本图中卫生间低于室内50 mm，排水坡向地漏(见详图)坡度均为1%。
4.本图中相同户型各部分尺寸相同。空调冷凝水管和屋面雨水管接入排水暗沟。
5.楼梯踏步均设防滑条，详见西南04J412-P60-1。
6.顶层水平楼梯栏杆高度≥1 050 mm，材质同斜段楼梯栏杆。
建施5/12

图 15.5 二层平面图

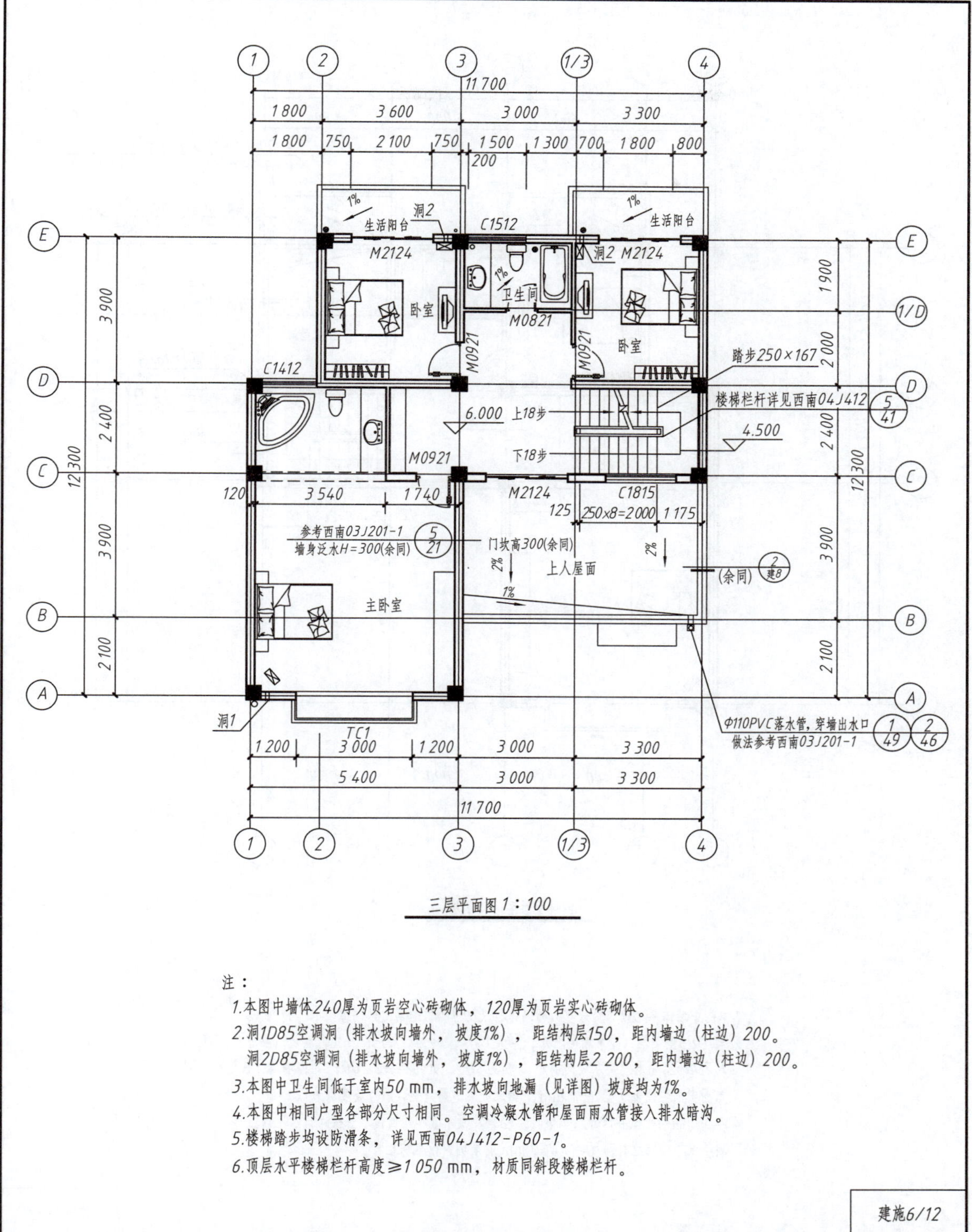
11 700
1 800　3 600　3 000　3 300
1 800　750　2 100　750　1 500　1 300　700　1 800　800
200
生活阳台
洞2
C1512
M2124
卧室
卫生间
M0821
M0921
踏步250×167
楼梯栏杆详见西南04J412
C1412
6.000
上18步
下18步
4.500
M0921
M2124
C1815
120　3 540　1 740
125　250×8=2000　1 175
参考西南03J201-1
墙身泛水H=300(余同)
门坎高300(余同)
上人屋面
(余同)
主卧室
洞1
TC1
Φ110PVC落水管，穿墙出水口
做法参考西南03J201-1
1 200　3 000　1 200　3 000　3 300
5 400　3 000　3 300
11 700
三层平面图 1：100
注：
1.本图中墙体240厚为页岩空心砖砌体，120厚为页岩实心砖砌体。
2.洞1D85空调洞（排水坡向墙外，坡度1%），距结构层150，距内墙边（柱边）200。
洞2D85空调洞（排水坡向墙外，坡度1%），距结构层2 200，距内墙边（柱边）200。
3.本图中卫生间低于室内50 mm，排水坡向地漏（见详图）坡度均为1%。
4.本图中相同户型各部分尺寸相同。空调冷凝水管和屋面雨水管接入排水暗沟。
5.楼梯踏步均设防滑条，详见西南04J412-P60-1。
6.顶层水平楼梯栏杆高度≥1 050 mm，材质同斜段楼梯栏杆。
建施6/12

图 15.6　三层平面图

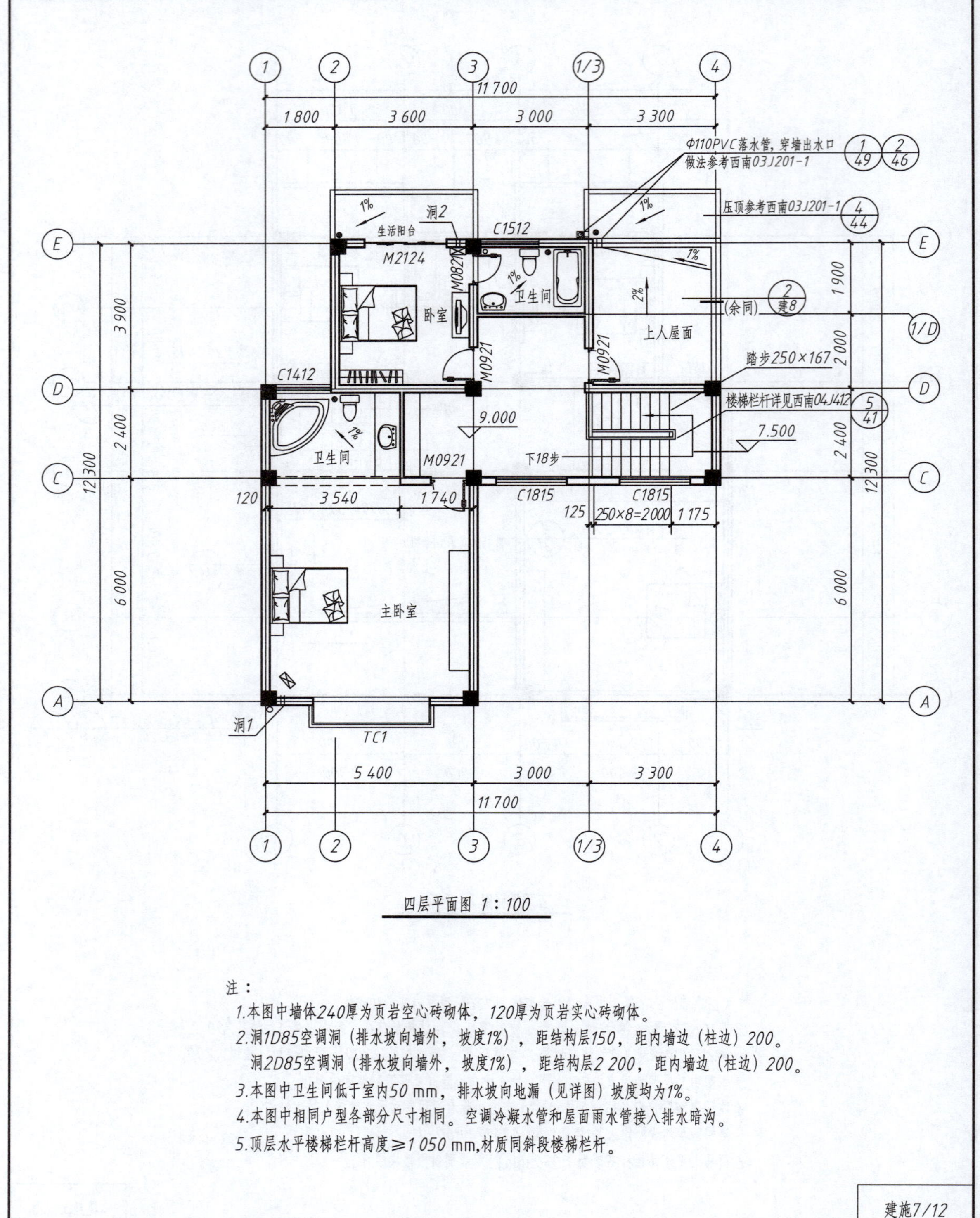
11 700
1 800
3 600
3 000
3 300
Φ110PVC落水管，穿墙出水口
做法参考西南03J201-1
压顶参考西南03J201-1
生活阳台
洞2
C1512
M2124
M0821
卧室
卫生间
上人屋面
(余同)
建8
C1412
M0921
路步250×167
楼梯栏杆详见西南04J412
9.000
7.500
下18步
C1815
120
3 540
1 740
125
250×8=2000
1 175
主卧室
洞1
TC1
5 400
3 900
2 400
6 000
12 300
1 900
2 000
四层平面图 1：100
注：
1.本图中墙体240厚为页岩空心砖砌体，120厚为页岩实心砖砌体。
2.洞1D85空调洞（排水坡向墙外，坡度1%），距结构层150，距内墙边（柱边）200。
洞2D85空调洞（排水坡向墙外，坡度1%），距结构层2 200，距内墙边（柱边）200。
3.本图中卫生间低于室内50 mm，排水坡向地漏（见详图）坡度均为1%。
4.本图中相同户型各部分尺寸相同。空调冷凝水管和屋面雨水管接入排水暗沟。
5.顶层水平楼梯栏杆高度≥1 050 mm,材质同斜段楼梯栏杆。
建施7/12

图 15.7 四层平面图

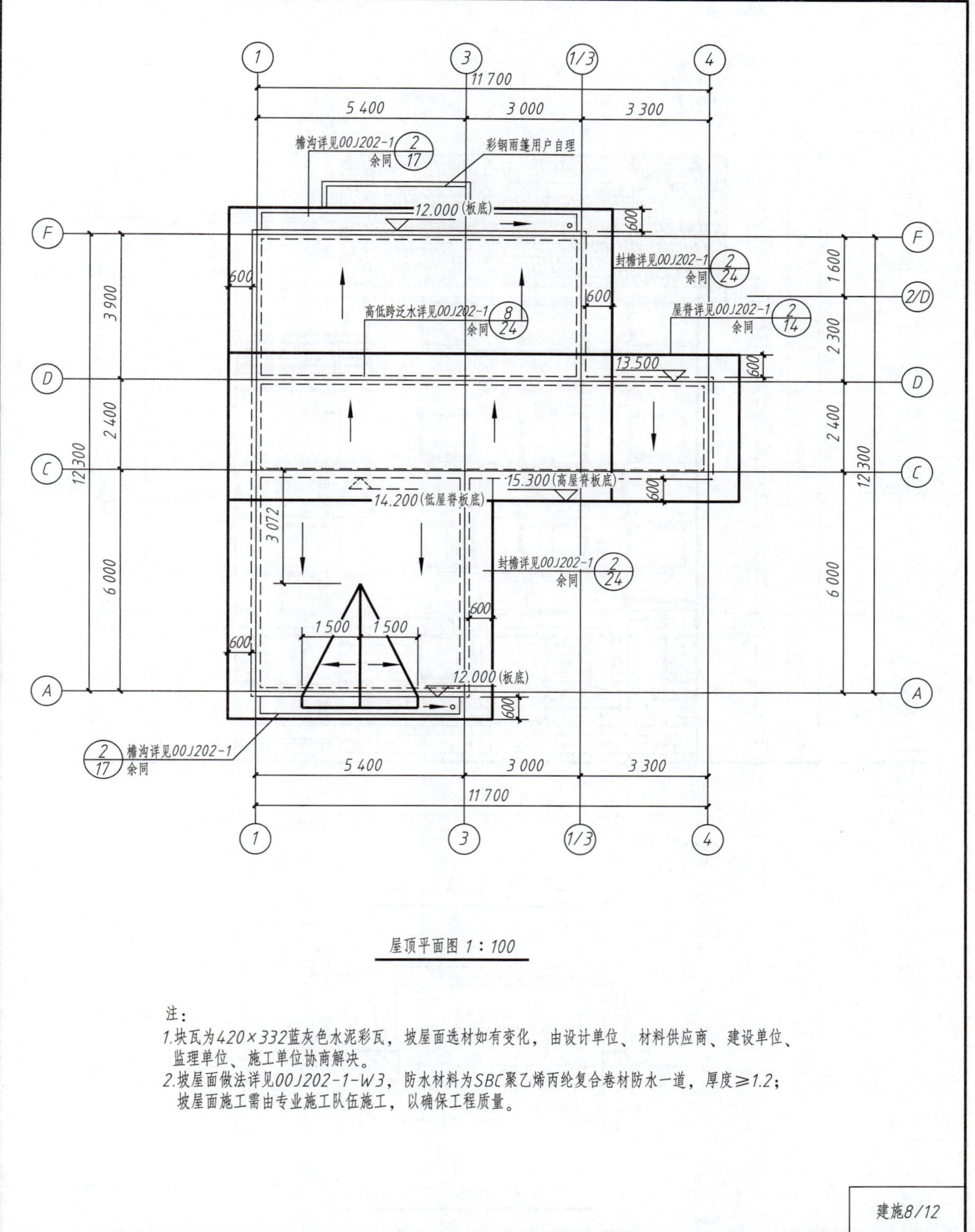
11 700
5 400
3 000
3 300
檐沟详见00J202-1 2/17 余同
彩钢雨篷用户自理
12.000(板底)
600
封檐详见00J202-1 2/24 余同
高低跨泛水详见00J202-1 8/24 余同
屋脊详见00J202-1 2/14 余同
13.500
15.300(高屋脊板底)
14.200(低屋脊板底)
3 072
1 500
1 500
12.000(板底)
3 900
2 400
6 000
12 300
1 600
2 300
檐沟详见00J202-1 2/17 余同
屋顶平面图 1：100
注：
1.块瓦为420×332蓝灰色水泥彩瓦，坡屋面选材如有变化，由设计单位、材料供应商、建设单位、监理单位、施工单位协商解决。
2.坡屋面做法详见00J202-1-W3，防水材料为SBC聚乙烯丙纶复合卷材防水一道，厚度≥1.2；坡屋面施工需由专业施工队伍施工，以确保工程质量。
建施8/12

图 15.8　屋顶平面图

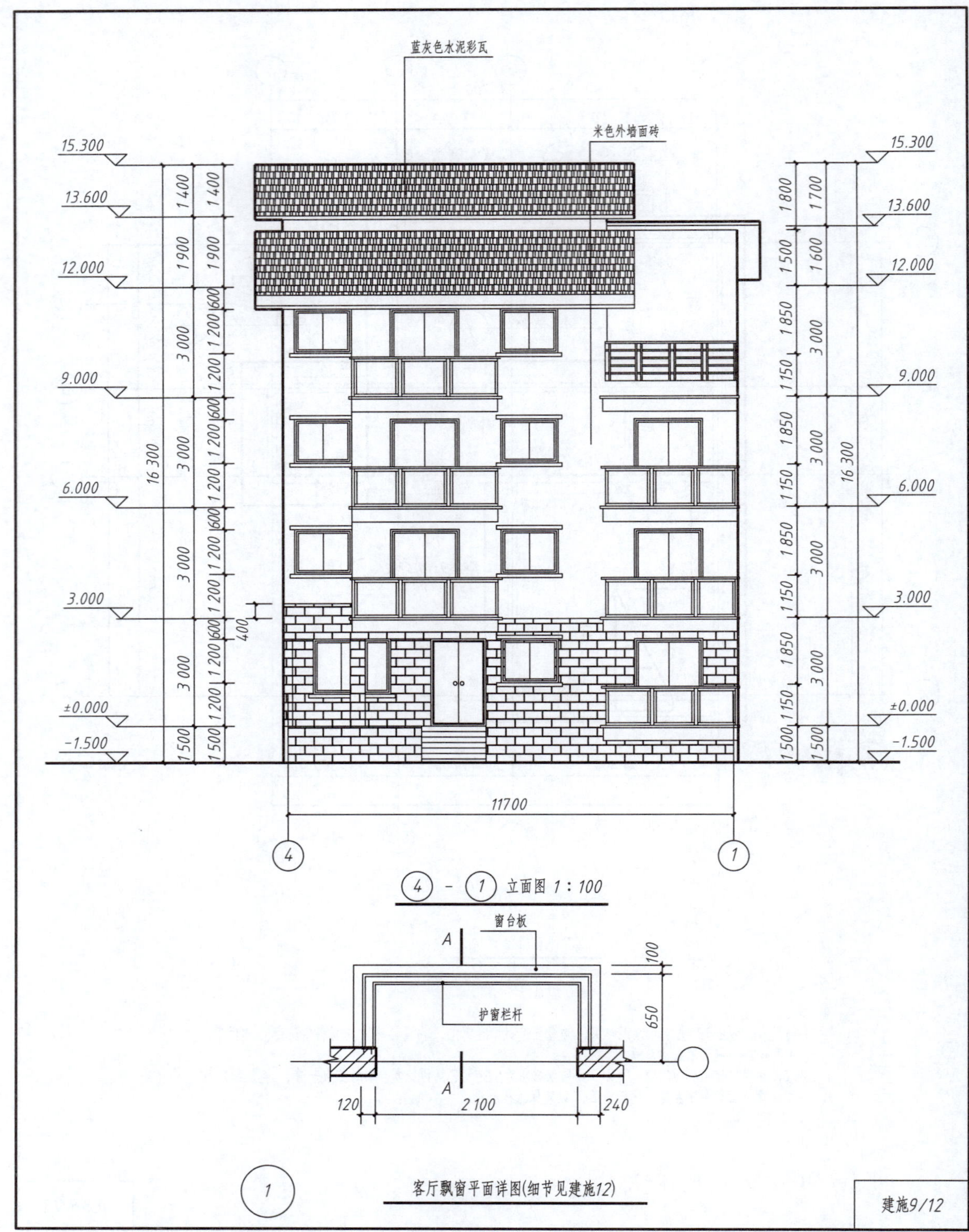

图 15.9 ④-①立面图、客厅飘窗平面详图

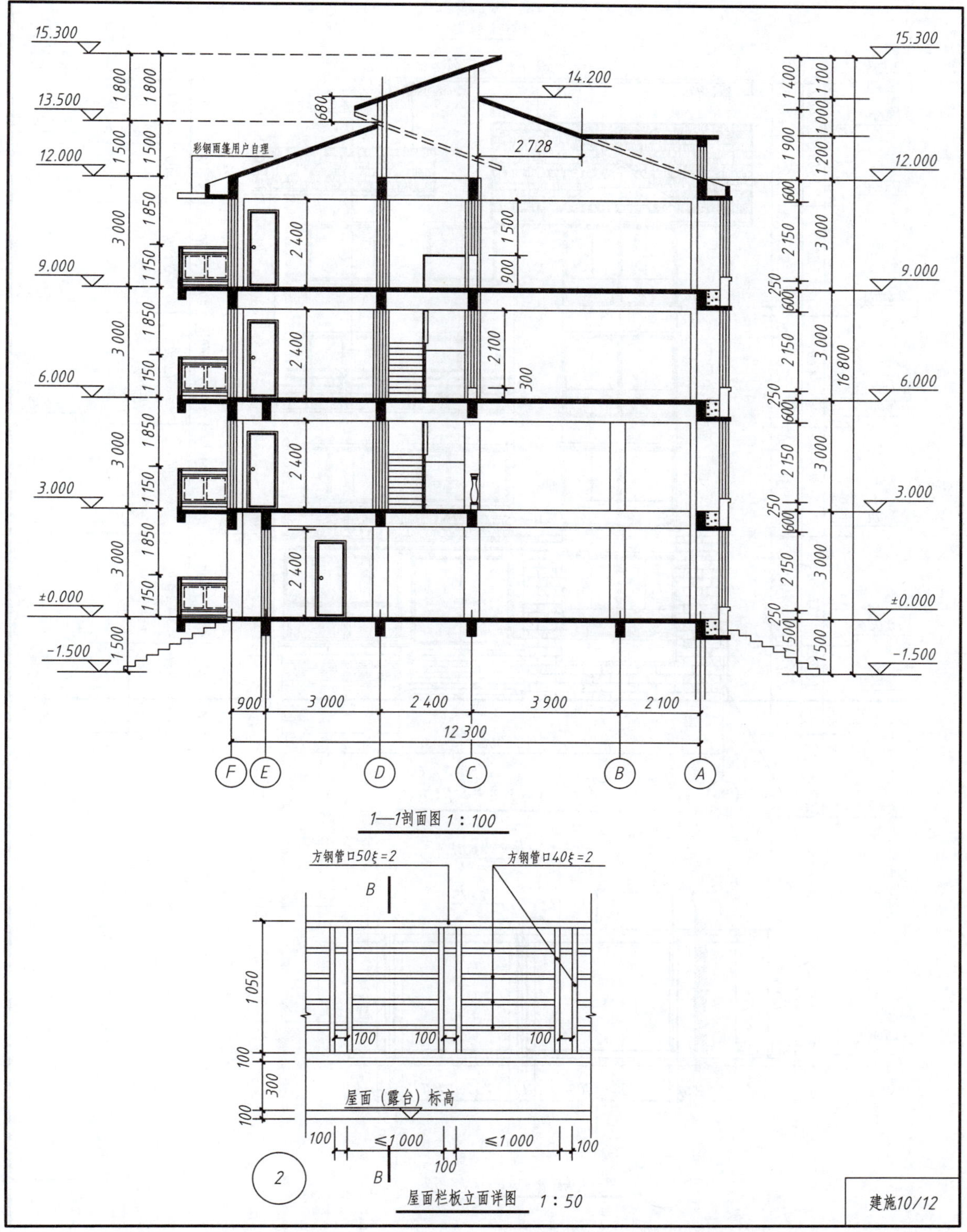

图 15.10 1—1 剖面图、屋面栏板立面详图

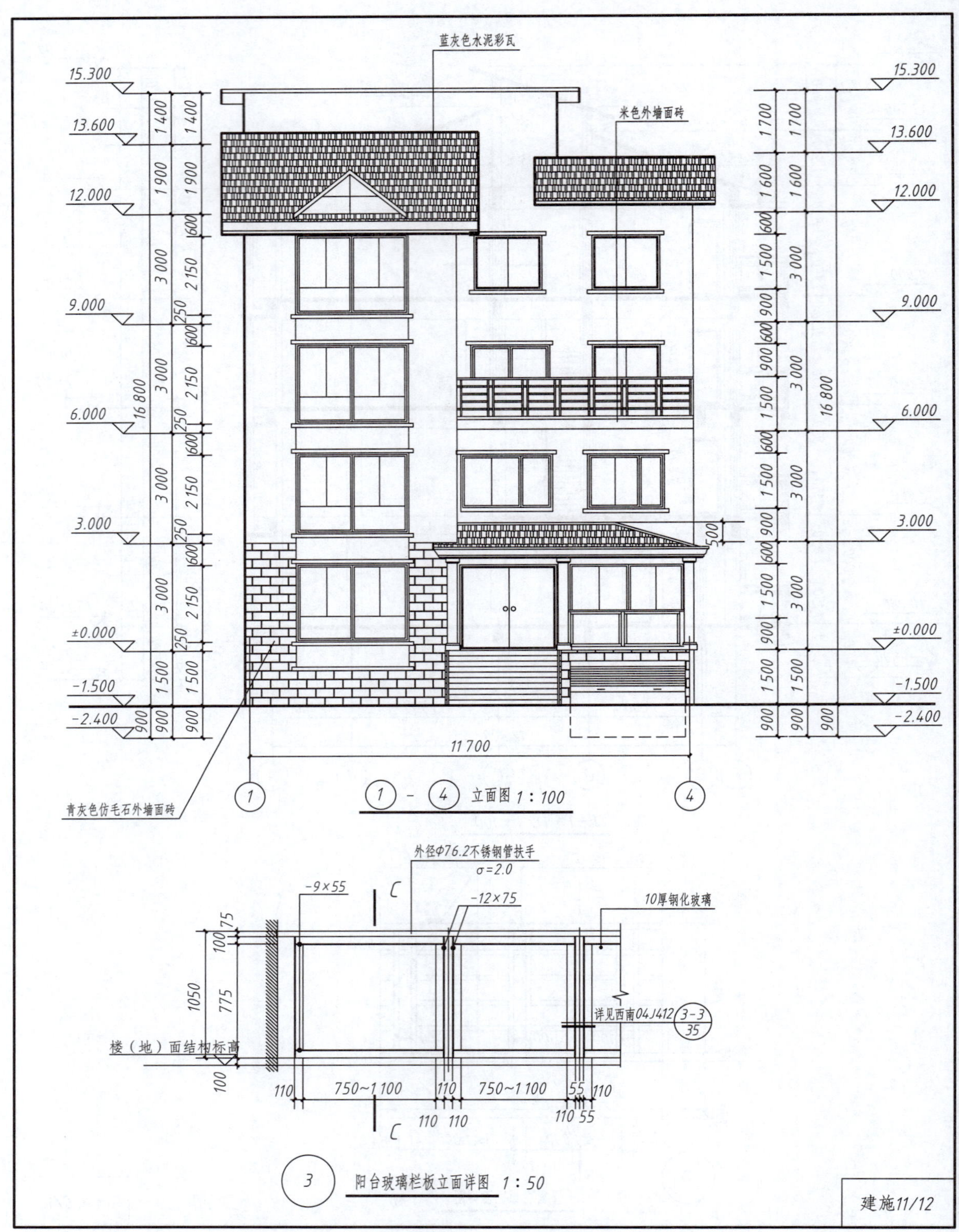

图 15.11 ①-④立面图、阳光玻璃栏板立面详图

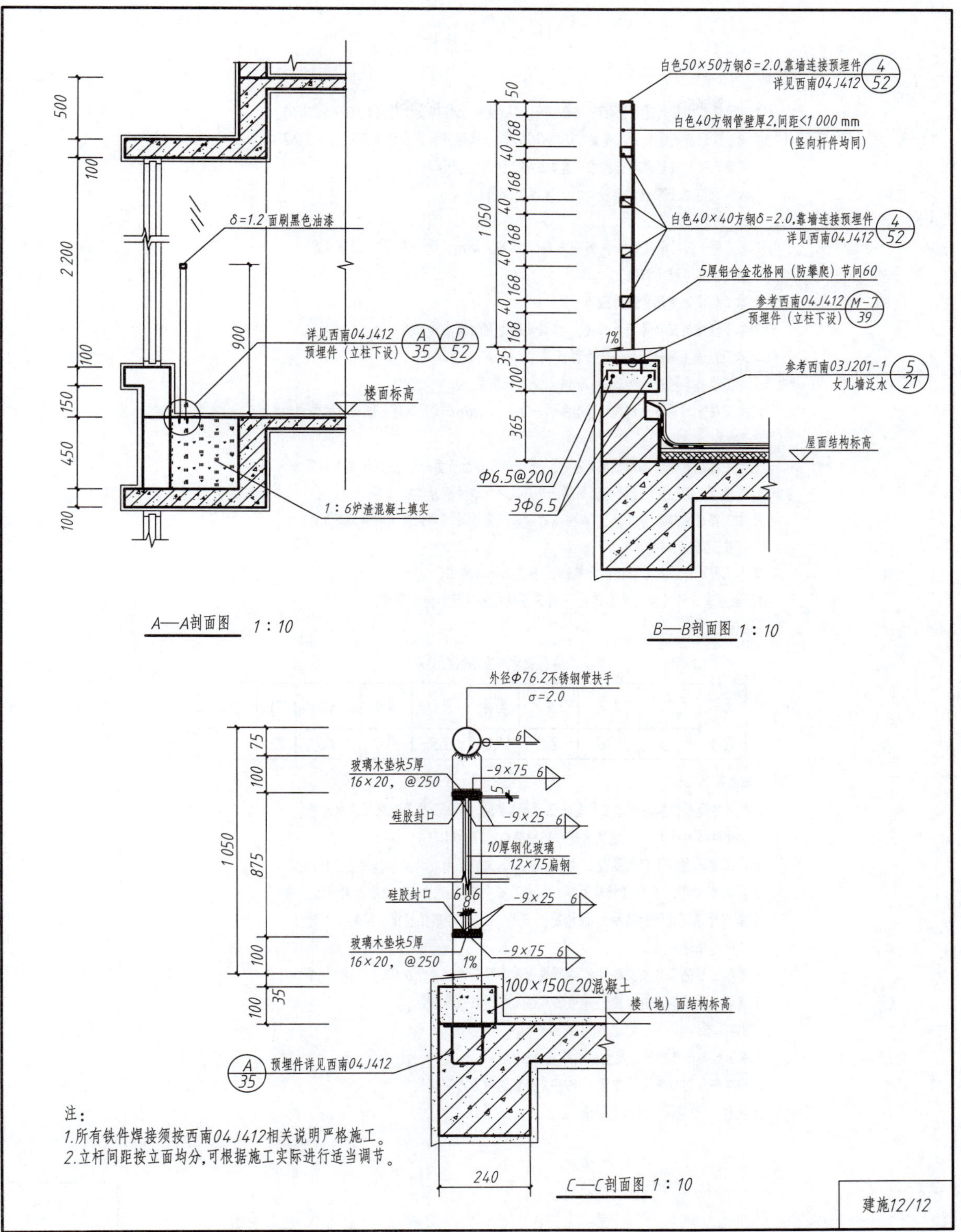

图 15.12　A—A、B—B、C—C 剖面图

结构设计说明

一、设计依据

1.《建筑结构荷载规范》(GB 50009)、《混凝土结构设计规范》(GB 50010)、《建筑地基基础设计规范》(GB 50007)、《建筑抗震设计规范》(GB 50011)、《冷轧带肋钢筋混凝土技术规程》(JGJ 95，J254)。

2.××住宅岩土工程勘察报告（××年××月）。

二、设计概况

1.本工程为四层框架结构，地下一层，层高2.4 m，地上四层，层高3.0 m；框架抗震等级为四级。

2.本工程设计使用年限为50年。

3.本工程结构安全等级为二级，抗震设防类别为标准设防类。

4.本工程地基基础设计等级为丙级。

5.本工程基本风压为0.3 kN/m^2，地面粗糙度为B类。

6.本工程上部混凝土结构环境类别为一类，±0.000以下混凝土结构环境类别为二a类。

7.本工程抗震设防基本烈度为6度，设计地震分组为第一组，设计基本地震加速度为0.05 g，设计特征周期0.35 s，场地类别Ⅱ类。

8.本工程耐火等级为二级，各构件的耐火极限满足《建筑防火设计规范》(GB 50016)的要求。

9.本工程所标注尺寸以mm为单位，标高以m为单位。

10.未经设计许可或技术鉴定，不得改变结构的用途和使用环境。

三、活荷载取值

活荷载标准值(kN/m^2)

类别	不上人屋面	卧室	卫生间	楼梯	阳台	露台	屋顶花园	其他	备注
取值	0.5	2.0	2.0	2.0	2.5	2.0	3.0	2.0	

四、地基基础工程

1.根据建设单位提供的本工程岩土工程勘察报告，本工程基础采用天然地基，以砾砂层为持力层，地基承载力特征值f_{ak}=140 kPa。

2.本工程采用柱下钢筋混凝土独立基础，基础埋深暂定为室外地坪下2.5 m。

3.基础施工前，应做好场地的排水和施工安全防护，基坑开挖后严禁淹水。

4.基坑开挖到设计标高后，经地勘、设计、监理等单位验槽合格后方可进行下一道工序的施工。

5.基础工程完工后须及时回填，回填土压实系数不应小于0.94。

6.基础中预留插筋的直径、根数和规格与框架柱纵筋相同。

五、砌体工程

1.本工程砌体结构施工质量控制等级为B级。

2.砌体砌筑时砂浆必须饱满，砖应充分湿润后方可砌筑。

3.块材、砂浆强度等级见下表。

结施1/25

图 15.13 结构设计说明(1)

砌体材料强度等级

部位 品种	±0.000以下	±0.000以上	备注
块材	MU10(页岩实心砖)	MU5.0(页岩空心砖)	±0.000以上为混合砂浆 ±0.000以下为水泥砂浆
砂浆	M5	M5	

4.填充墙构造：

(1)填充墙墙体材料：宽度为250 mm的梁上采用240厚页岩空心砖墙；宽度为200 mm的梁上采用200厚页岩空心砖墙。

(2)填充墙应在主体结构施工完毕后，从顶层往下砌筑，以防下层梁承受上层填充墙的重量。

(3)先砌填充墙，后浇构造柱。

(4)填充墙构造措施详见西南05G701（四）中第6页。

六、钢筋混凝土工程

1.混凝土强度等级见下表。

混凝土强度等级

构件	基础垫层	基础	基础拉梁	框架柱	现浇梁，板	梁上柱	楼梯	构造柱	配筋带
强度等级	C10	C25	C25	C25	C25	C25	C25	C25	C25

2.钢材："Φ"为HPB300钢筋，"Φ"为HRB335钢筋，"Φ"为HRB400钢筋，型钢Q235A-F。本工程现浇板受力钢筋均为HRB400钢筋，K、F、N、E、D分别代表钢筋间距为200、180、150、125、100。

3.焊条：HPB300级钢筋与HPB300、HRB335级钢筋焊接用E43型焊条，HRB335钢筋之间焊接E50型焊条。

4.钢筋的混凝土保护层厚度见下表。

钢筋的混凝土保护层厚度(mm)

构件 环境	基础	基础拉梁	框架梁	现浇板	框架柱	梁上柱	构造柱	备注
一类环境			25	15	30	30	30	
二a类环境	40	30			30		30	

5.钢筋最小锚固长度(L_a)详见下表。

钢筋最小锚固长度L_a

钢筋种类	混凝土强度等级			备注
	C20	C25	C30	
HPB300	31d	27d	24d	1.钢筋均为普通钢筋，钢筋直径均≤25 mm。 2.吊筋为20d
HRB335	39d	34d	30d	
HRB400	46d	40d	36d	
CRB550	40d	35d	30d	

注：HPB300、HRB335所有锚固长度均≥250 mm，CRB550锚固长度均≥200 mm。

结施2/25

图 15.14　结构设计说明(2)

6.纵向受拉钢筋绑扎搭接长度应根据位于同一连接区段内的钢筋搭接接头面积的百分率按下式计算：纵向受拉钢筋搭接长度$L_l=\xi \cdot l_a$，纵向受拉钢筋抗震搭接长度$L_l=\xi \cdot l_{aE}$。

纵向受拉钢筋搭接长度修正系数ξ

纵向受拉钢筋搭接接头百分率/%	≤25	50	100
纵向受拉钢筋搭接长度修正系数ξ	1.2	1.4	1.4

注：在任何情况下纵向受拉钢筋搭接长度均不应小于300 mm。

7.纵向受拉钢筋绑扎搭接长度为$L_l=1.2L_a$,且不小于300；纵向受压钢筋绑扎搭接长度不应小于$0.7L_l$，且不应小于200。

8.在绑扎搭接接头的长度范围内，当搭接钢筋为受拉时，其箍筋加密间距不应大于5d（且不大于100）；搭接钢筋为受压时，其箍筋间距不应大于10d（且不应大于200)；当受压钢筋直径大于25时，尚应在搭接接头两个端面外100 mm范围内各设置两个箍筋。

9.柱纵向受力钢筋采用电渣压力焊接；梁纵向受力钢筋采用闪光对焊，在同一截面内钢筋接头数不应超过纵向钢筋根数的50%，接头位置应在受力较小区域且不得在节点区内。

10.纵向受力钢筋的焊接接头应相互错开，钢筋焊接接头连接区段的长度为35d(d为纵向受力钢筋较大直径）且不小于500 mm，凡接头中点位于该连接区段长度内的焊接接头均属于同一连接区段。位于同一连接区段的受力钢筋的焊接接头面积百分率对纵向受拉钢筋接头≤50%。纵向受压钢筋的接头百分率可不受此限制。

11.板厚小于等于100时，板面分布钢筋为Φ6@200，板厚为100～140时，板面钢分布筋为Φ8@250；屋面板板面温度钢筋做法详见结施5图一。

12.当梁的跨度大于4 m时，应按跨度3‰起拱，悬臂构件应按5‰起拱，且不小于20。

13.当梁上开圆洞时，洞口直径不得大于梁高的1/5以及150，做法详见结施5图二。

14.框架梁内不得纵向埋设管道。

15.板上开洞，当洞宽(或直径)小于300时，不设加强筋，板上钢筋绕过洞边，不得截断。

16.120墙下现浇板加强钢筋做法如结施5图四所示。

17.悬挑结构应待混凝土强度达到100%后方可拆模，且不得在其上堆积重物。

18.现浇梁柱构造详见下表。

现浇梁、柱设计节点选用表（11G101-1）

构造部位	节点所在页码	本施工图选用节点	备注
抗震KZ纵向钢筋连接构造	P57	*	
抗震KZ边柱和角柱顶纵向钢筋构造	P59	*	柱筋伸入梁内的尺寸不小于15d
抗震KZ中柱柱顶纵筋构造和变截面纵筋构造	P60	*	
LZ纵向钢筋构造	P61	*	
抗震KZ、LZ箍筋加密区范围	P61、P62	*	
抗震楼层框架梁KL纵向钢筋构造	P79	*	
抗震屋面框架梁WKL纵向钢筋构造	P80	*	
KL、WKL中间支座纵向钢筋构造	P84	*	
WKL箍筋、附加箍筋、吊筋构造（四级）	P87	*	附加箍筋为梁每侧3个
L配筋构造	P88	*	
L中间支座纵向钢筋构造	P89	*	
XL梁配筋构造	P89	*	

19.现浇板阳角处加强钢筋做法详见结施5图五。

20.悬挑梁根部加设抗剪钢筋，做法详见结施5图三。

21.现浇板中钢筋长度指钢筋平直段总长，不包括弯钩尺寸。

22.井字梁支座钢筋截断长度第一排为梁跨度的1/3，第二排为梁跨度的1/4。

七、施工制作及其他

结施3/25

图15.15 结构设计说明(3)

1.管径50～100的水电管线横穿墙体时，应在该处砌预留块（结施5图六）。

2.管径50～100的水电管线竖直埋入墙体时，其做法见结施5图七。

3.水平暗埋直径小于20的水平暗管时，在该水平处砌筑如结施5图八所示的预制块(C20混凝土预制)。

4.本图中未注明的水电管线穿墙、板面孔洞，其洞口大小及位置参见水施和电施。

5.卫生间现浇板在周边墙体上做120×120素混凝土(C20)。

6.所有外露铁件均应除锈涂红丹两道，刷防锈漆两遍。

7.本工程采用PKPMCAD软件（××年××月版本）进行设计。

8.未尽事宜，按照国家有关规范和规定执行。

标准图集目录

序号	标准图集名称	图集号
1	混凝土结构施工图平面整体表示方法制图规则和构造详图	11G101-1
2	建筑物抗震构造详图	11G329-1

结施4/25

图 15.16　结构设计说明(4)

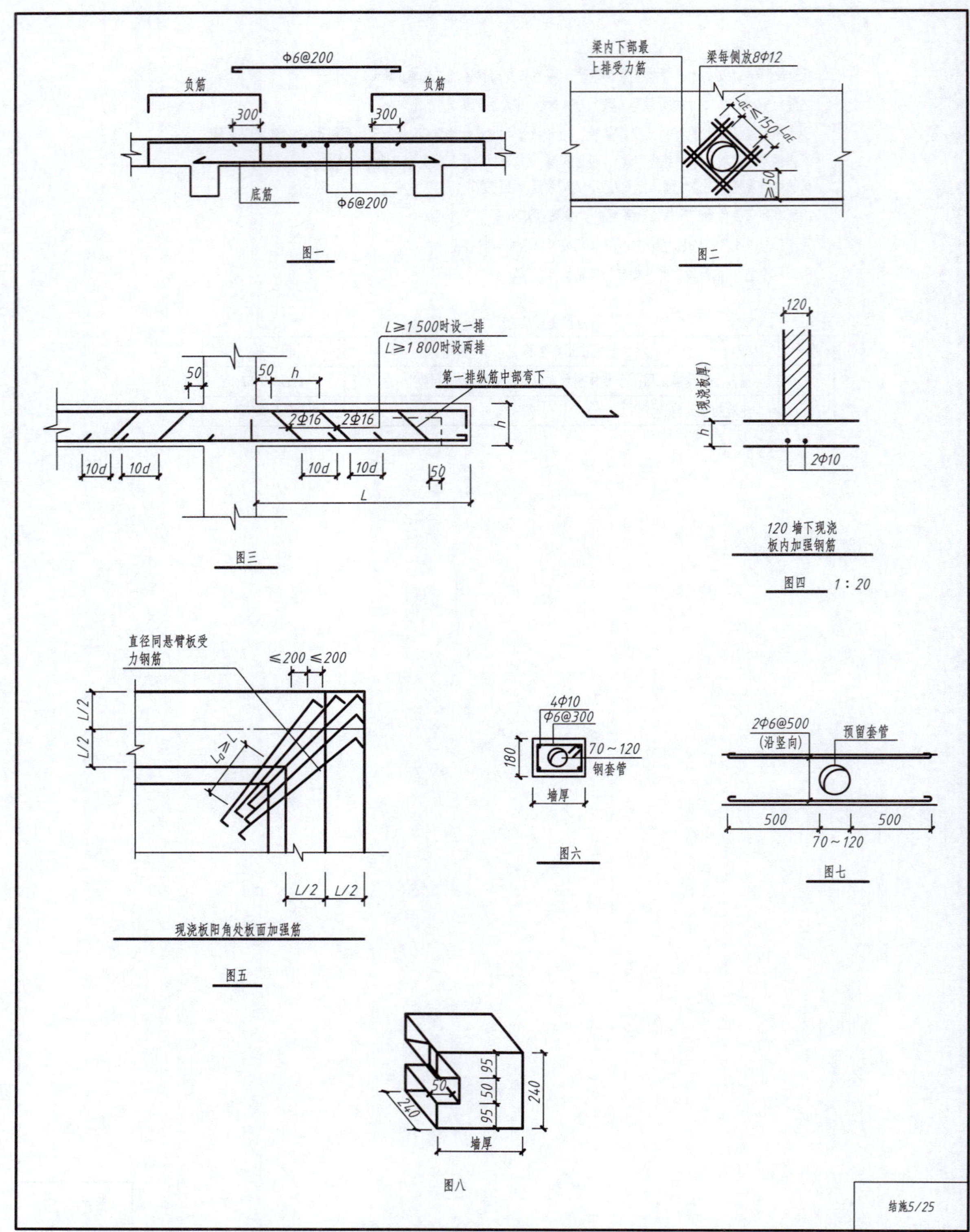

图 15.17 结构设计说明(5)

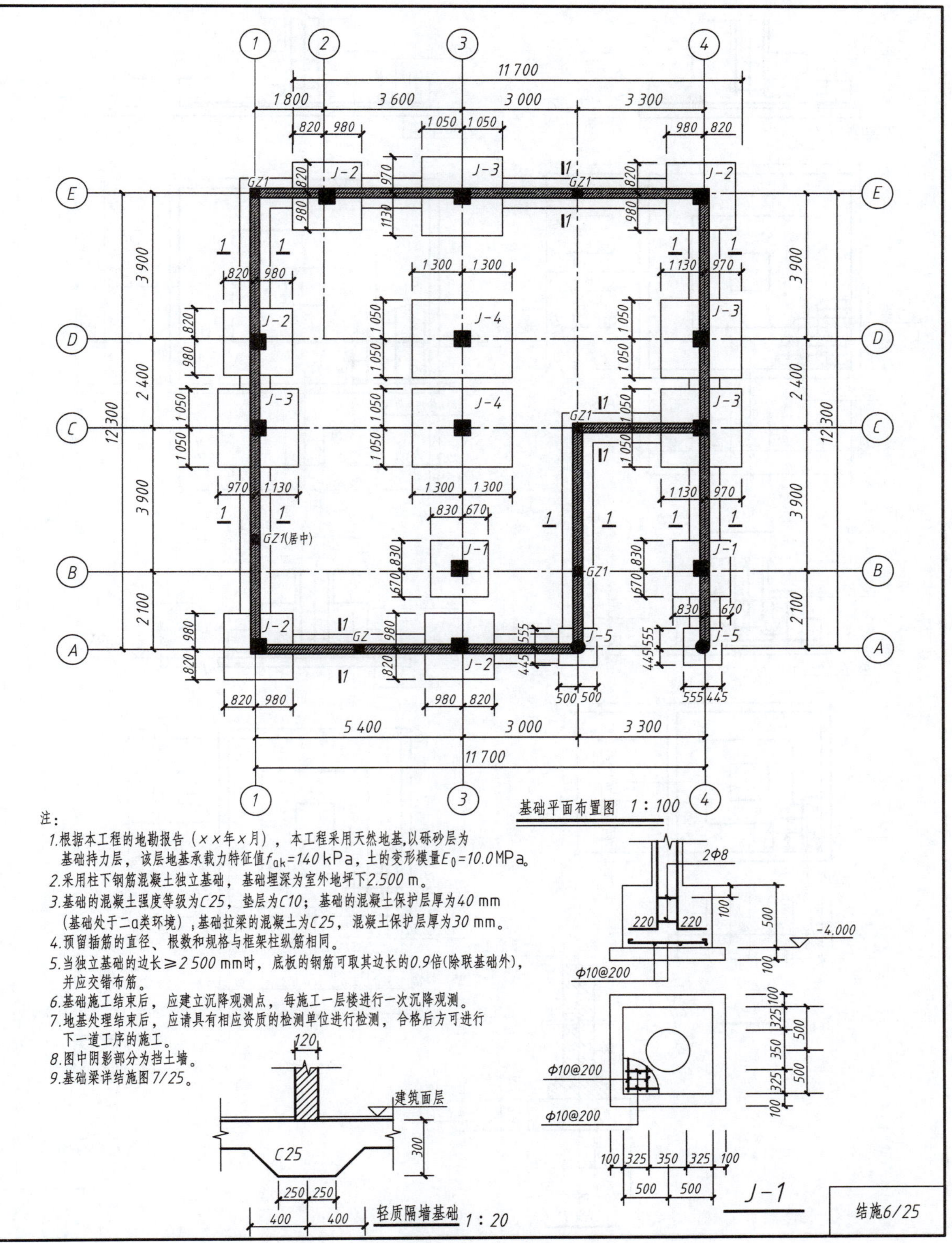

图 15.18　基础平面布置图

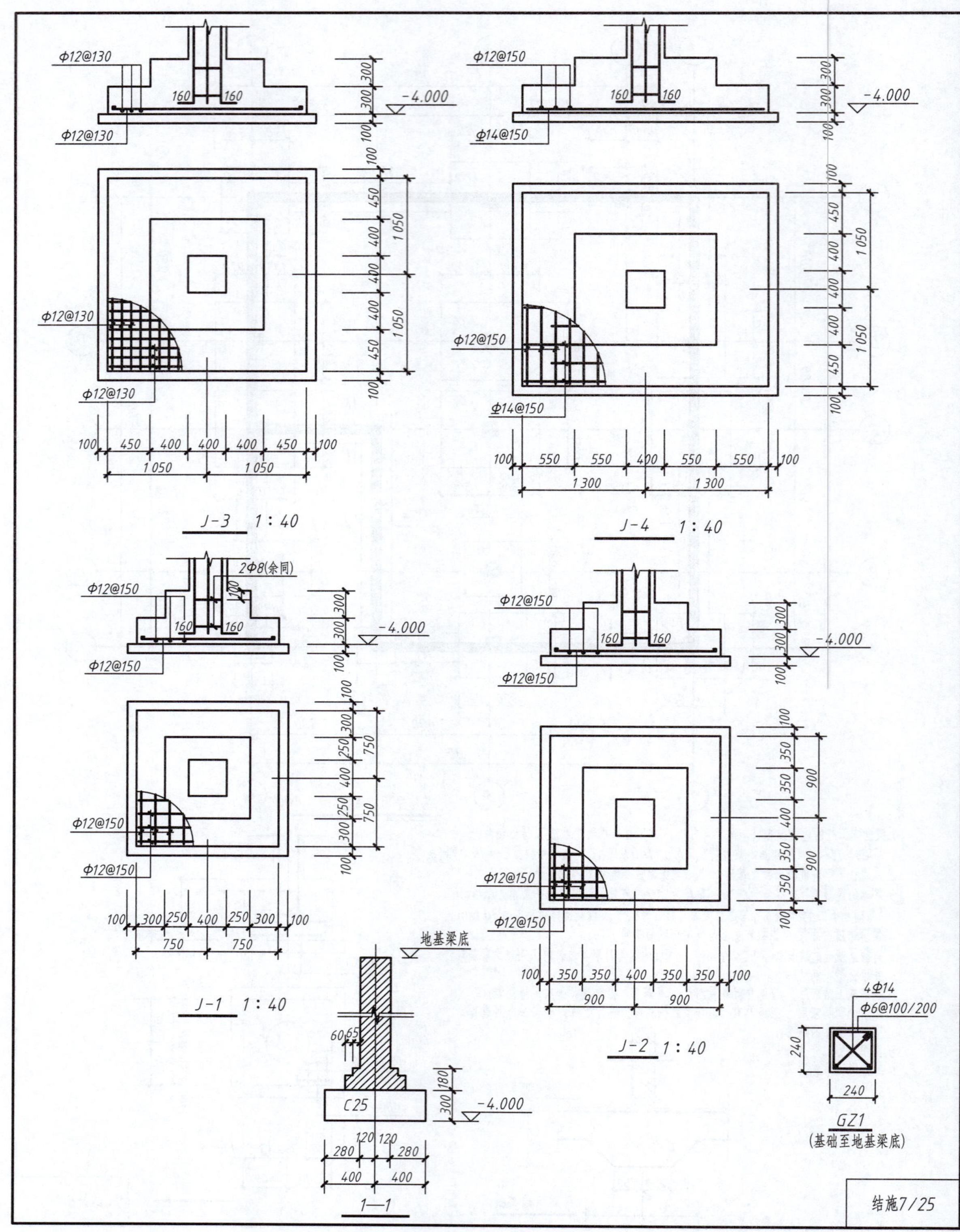
Φ12@130
160
160
-4.000
300
300
100
Φ12@130
J-3 1:40
Φ12@150
Φ14@150
J-4 1:40
2Φ8(余同)
Φ12@150
J-1 1:40
J-2 1:40
地基梁底
C25
1—1
4Φ14
Φ6@100/200
240
GZ1
(基础至地基梁底)
结施7/25

图 15.19 基础详图

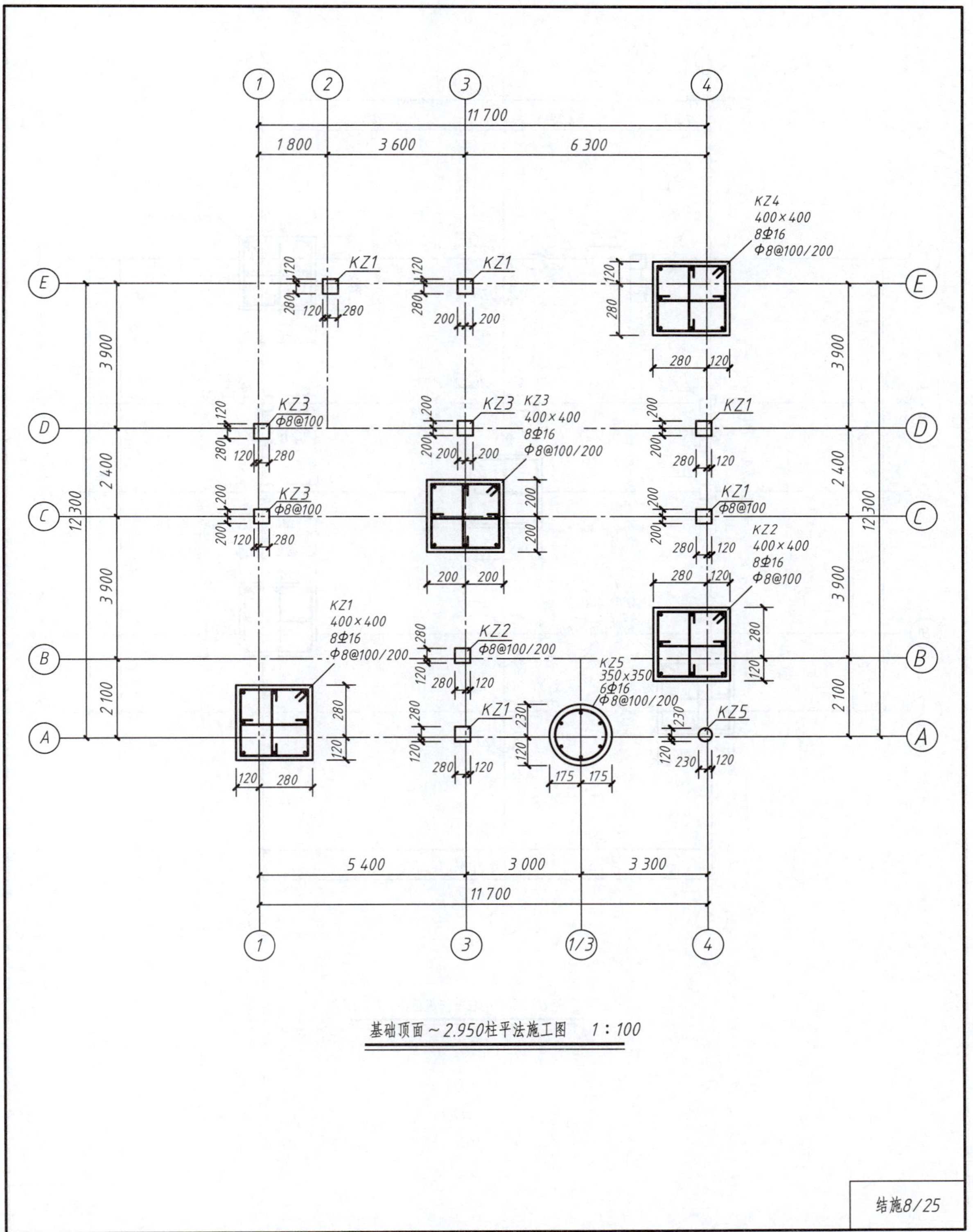

图 15.20　基础顶面～2.950 柱平法施工图

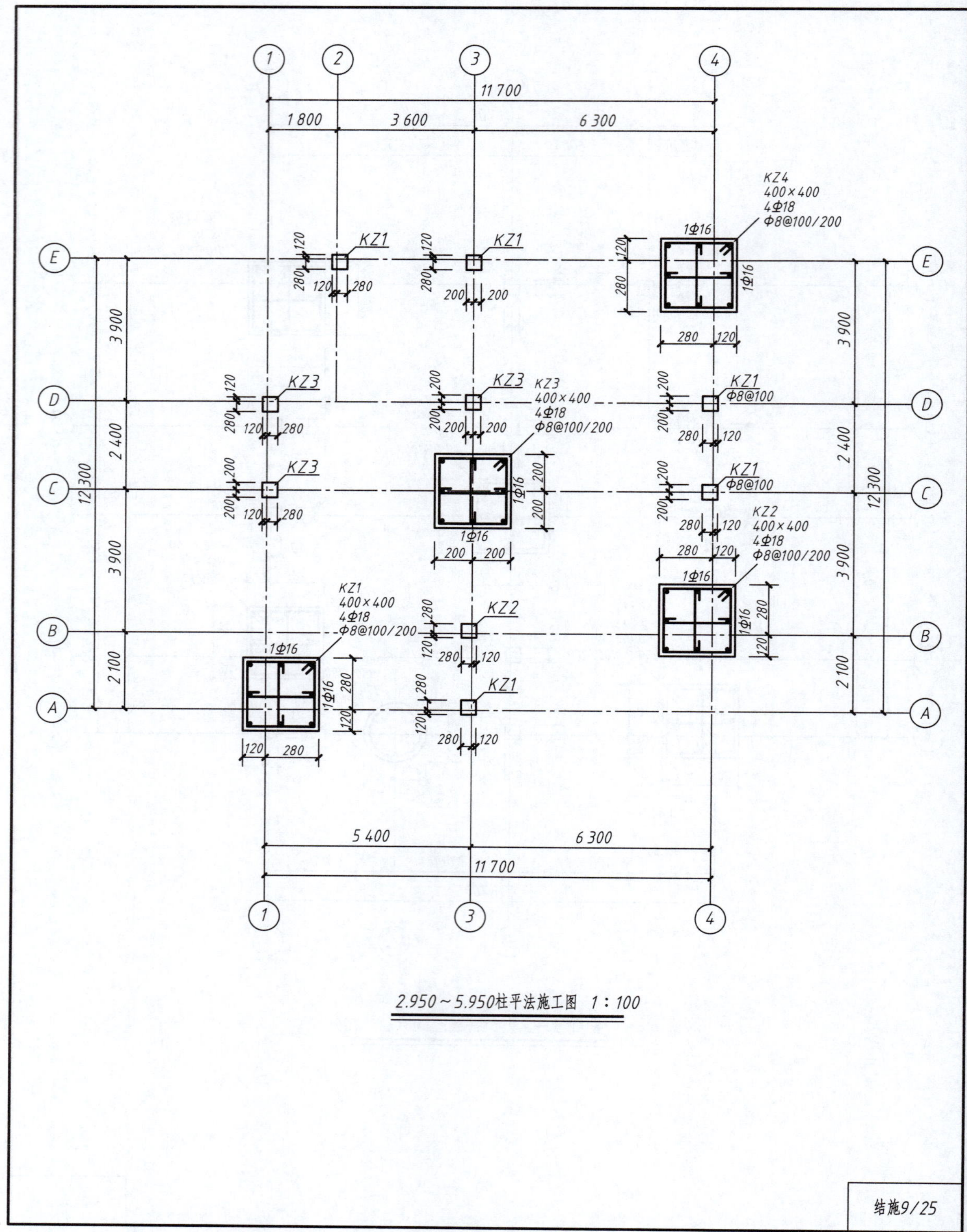

图 15.21 2.950～5.950 柱平法施工图

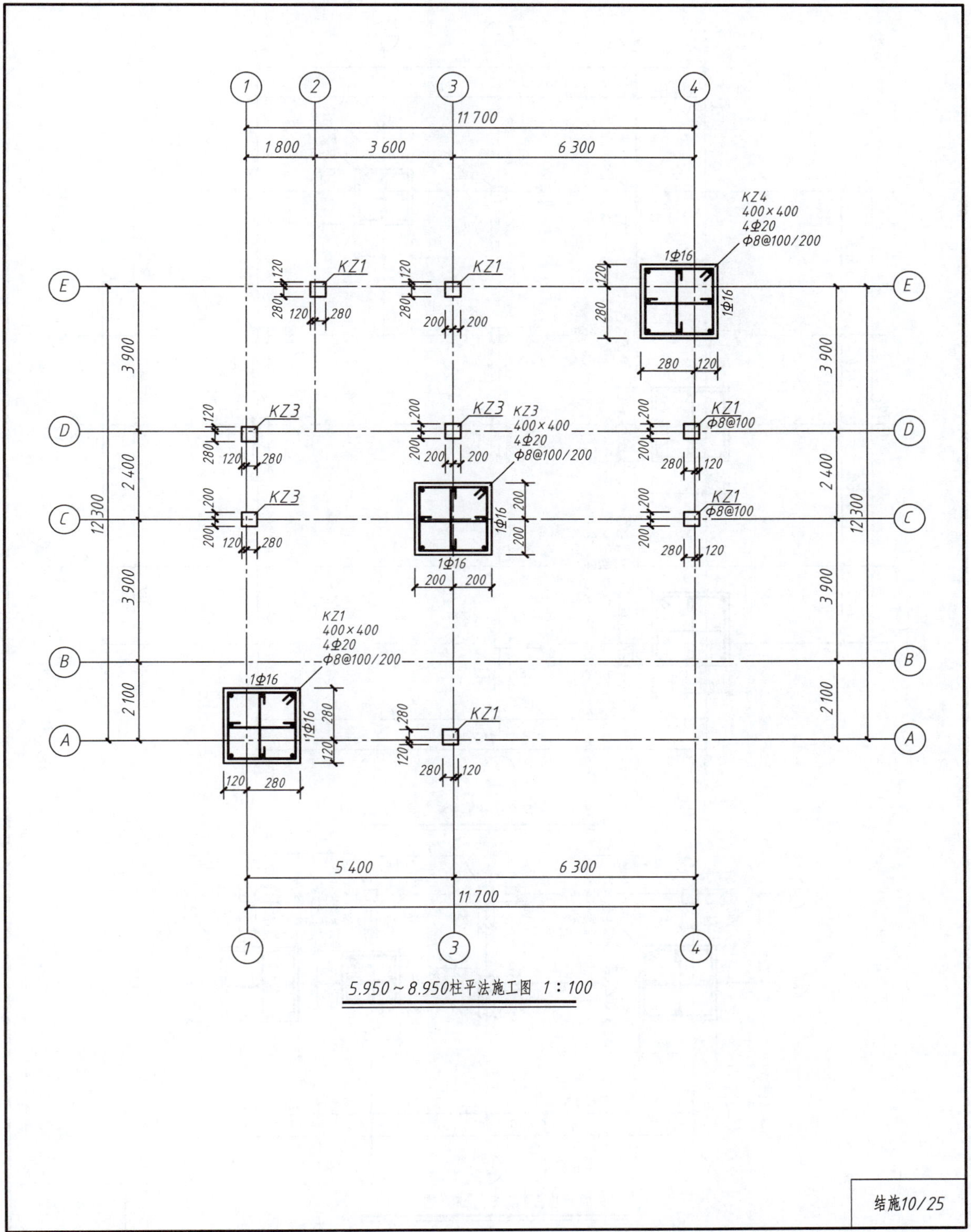

图 15.22　5.950～8.950 柱平法施工图

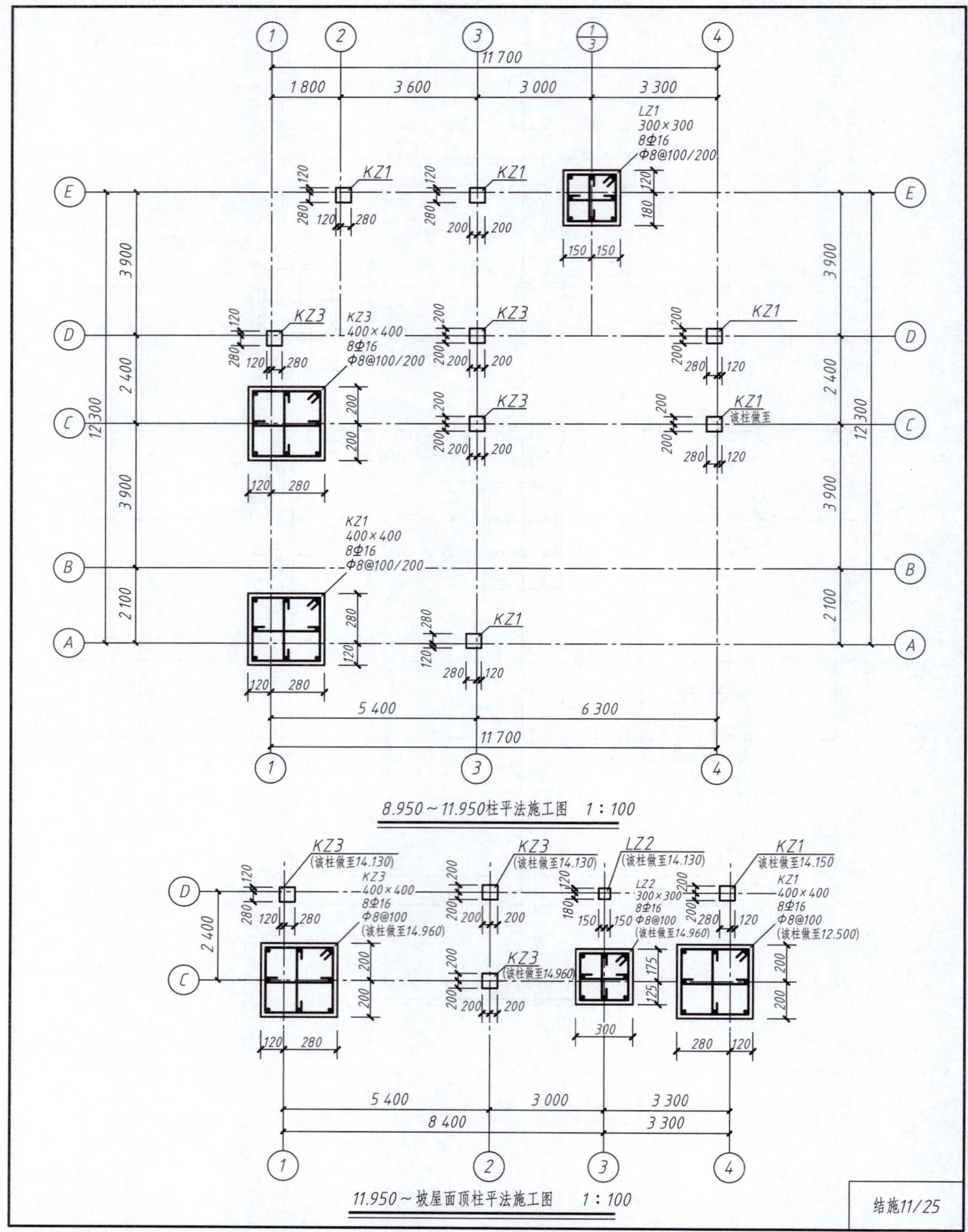

图 15.23 8.950～11.950 柱平法施工图、11.950～坡屋面顶柱平法施工图

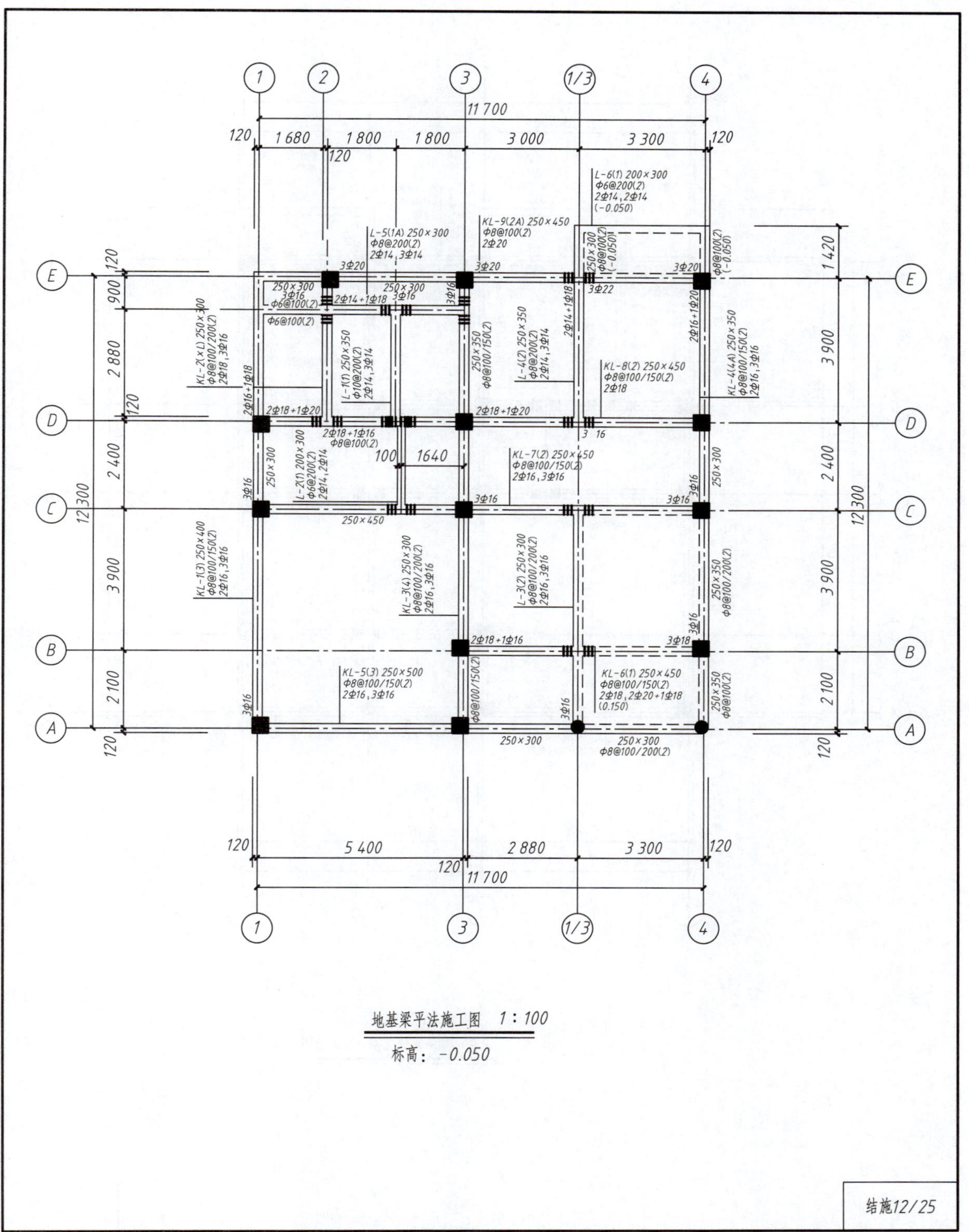

图 15.24　地基梁平法施工图

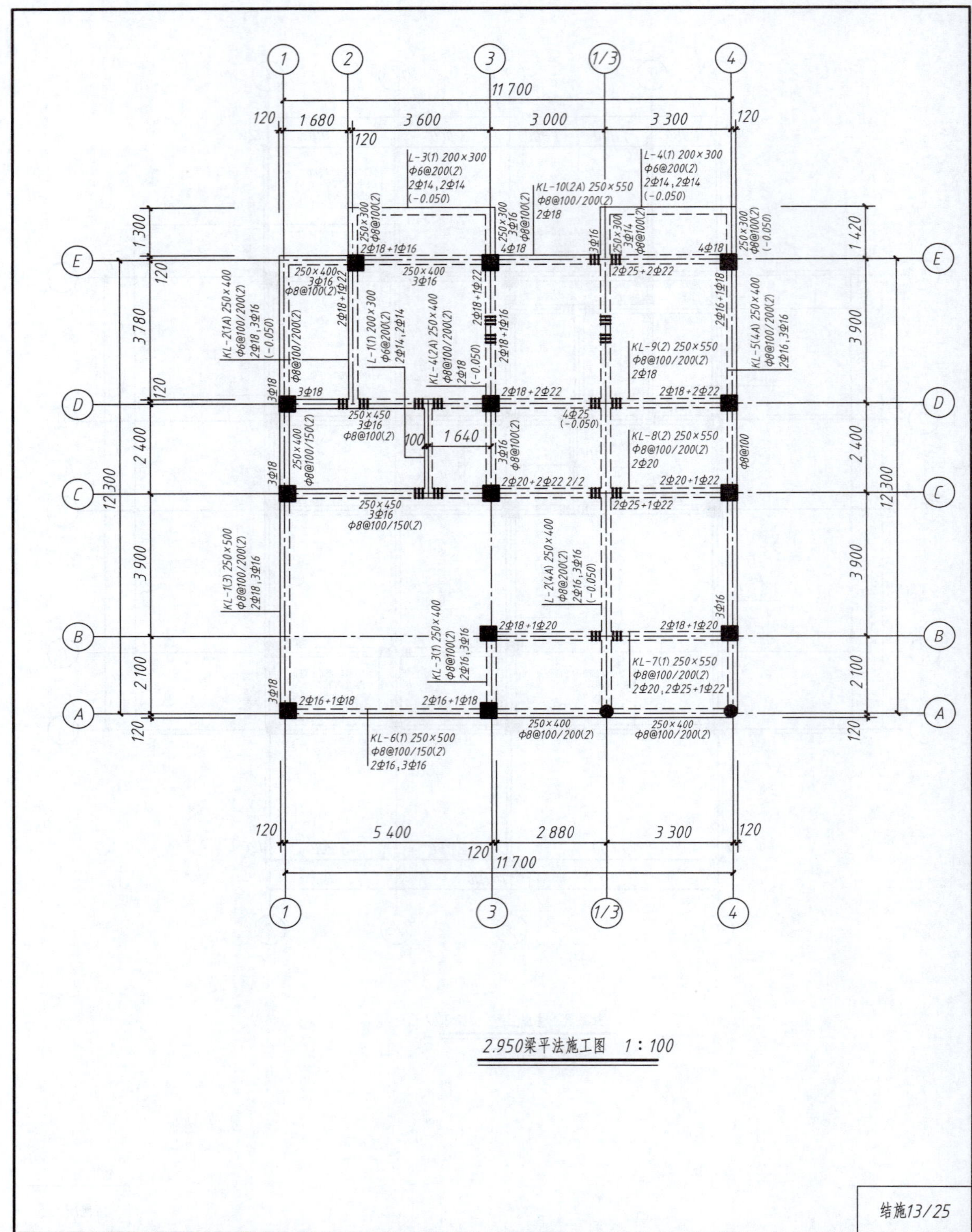

图 15.25 2.950 梁平法施工图

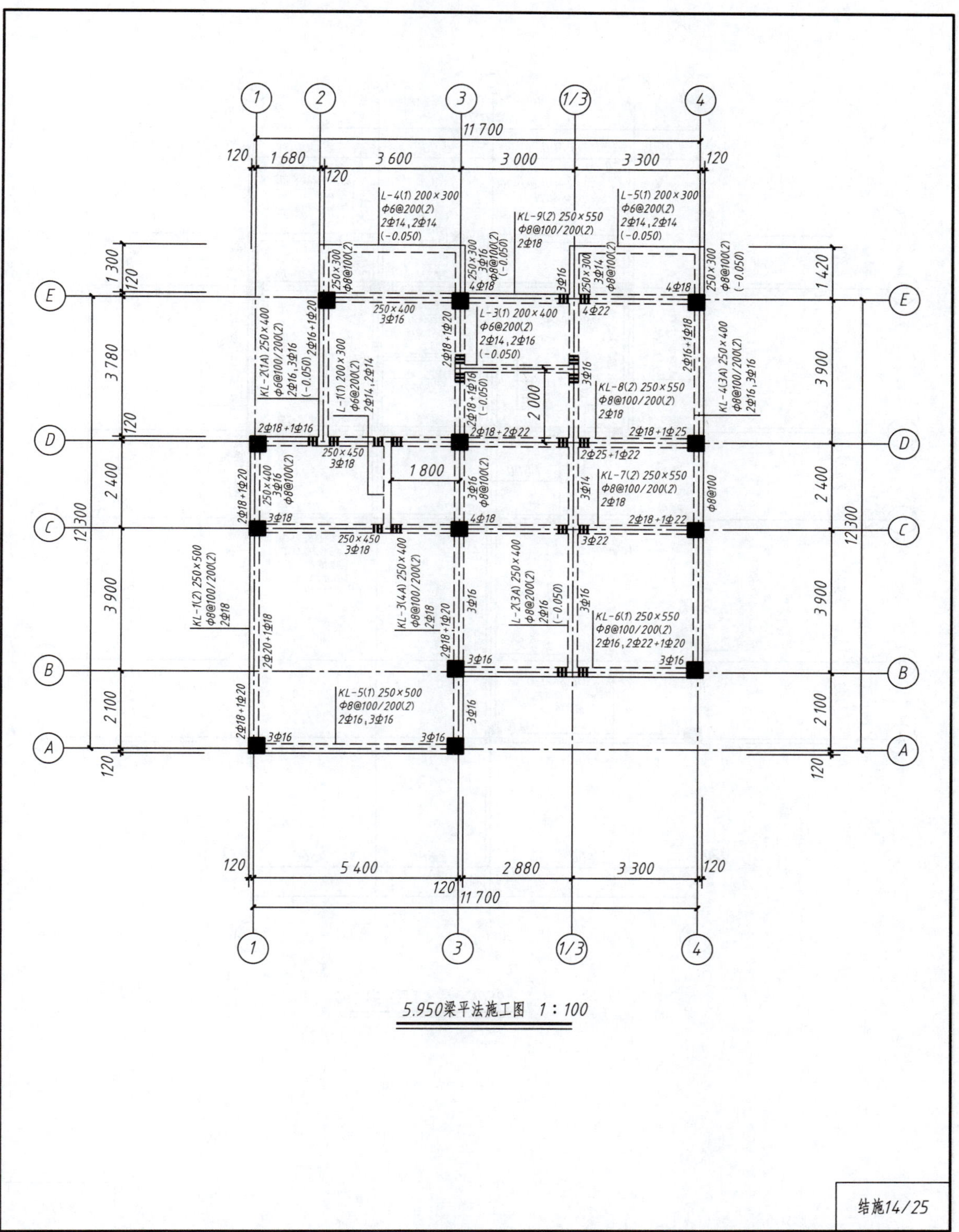

图 15.26 5.950 梁平法施工图

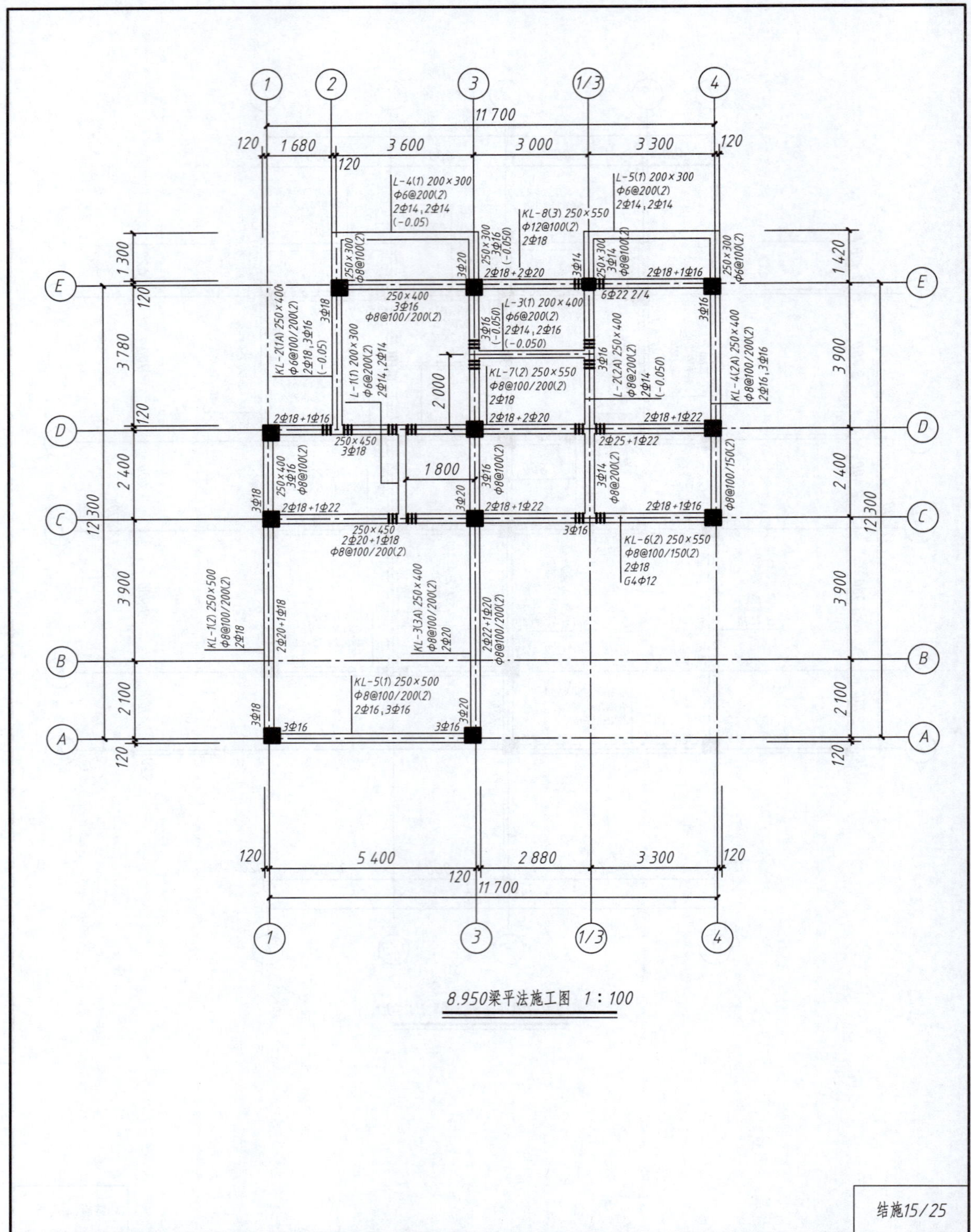

图 15.27 8.950 梁平法施工图

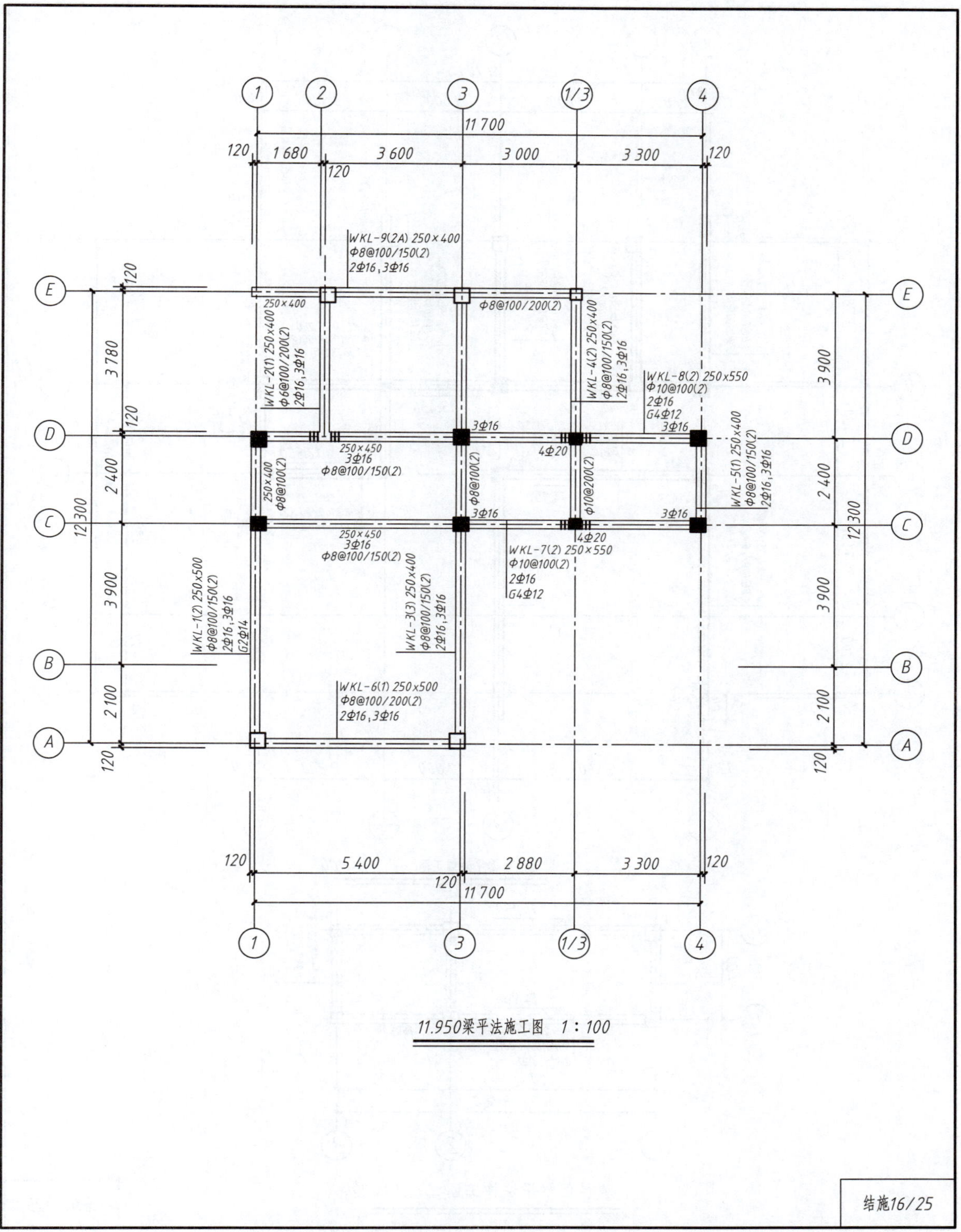

图 15.28　11.950 梁平法施工图

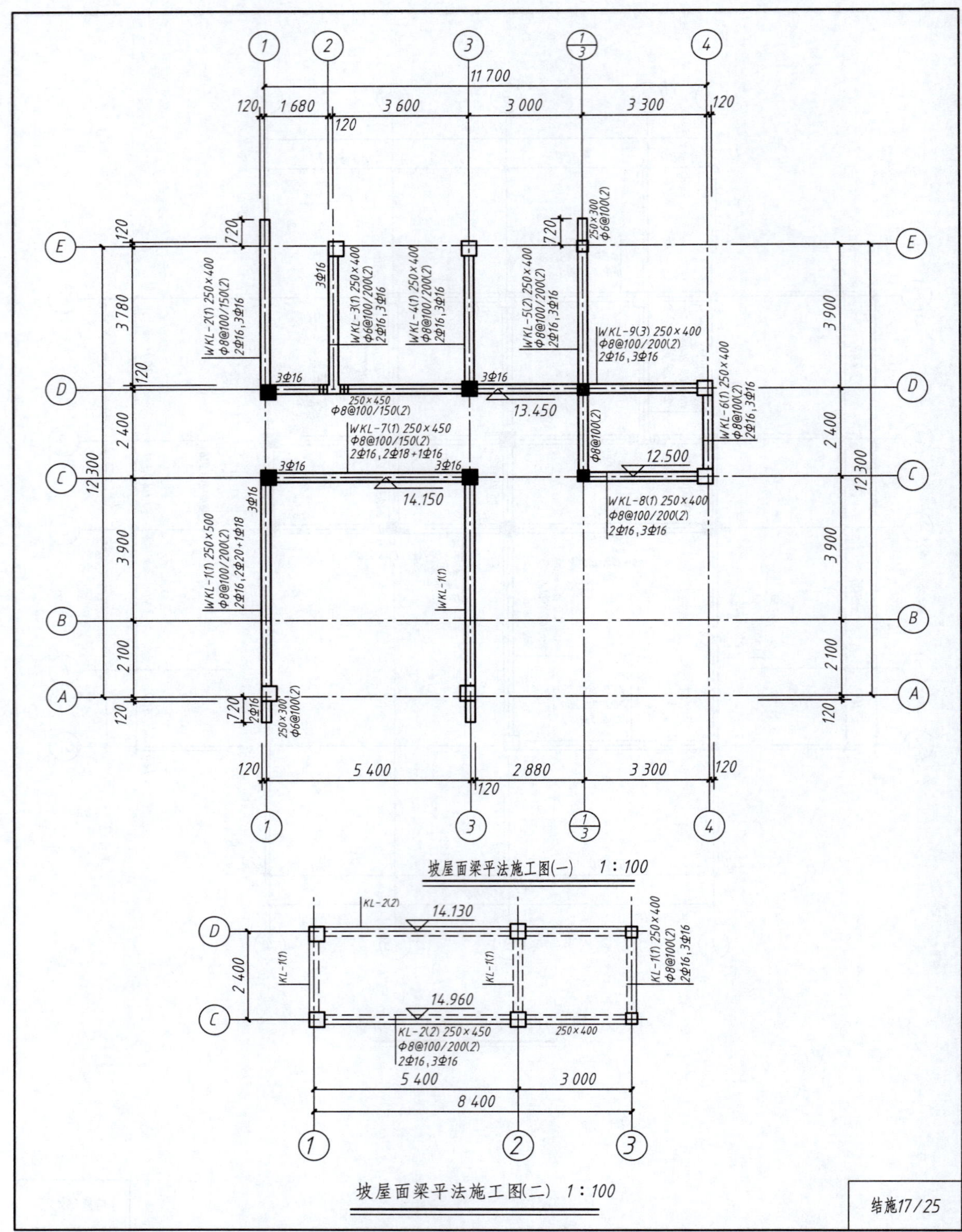

图 15.29 坡屋面梁平法施工图

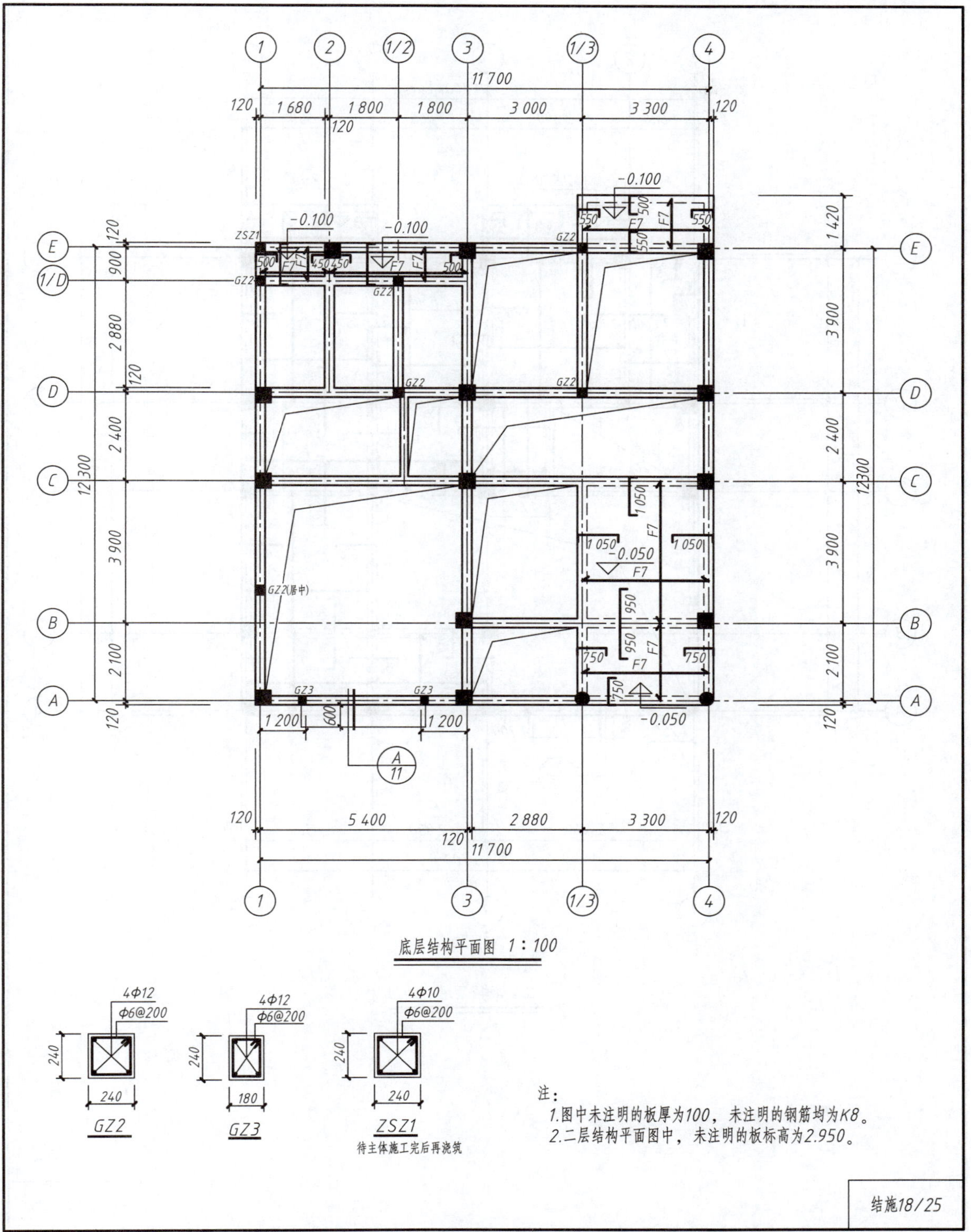

图 15.30　底层结构平面图

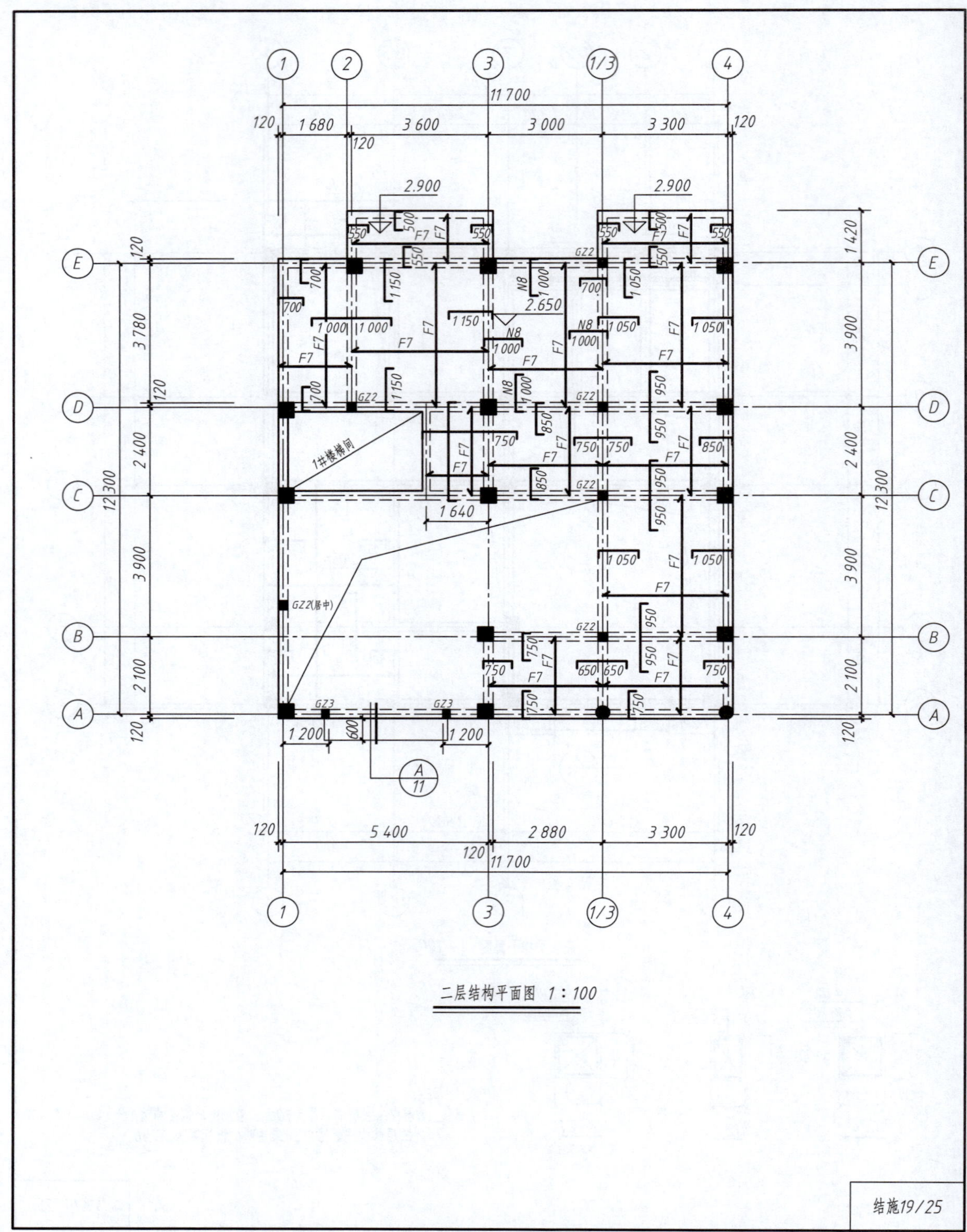

图 15.31 二层结构平面图

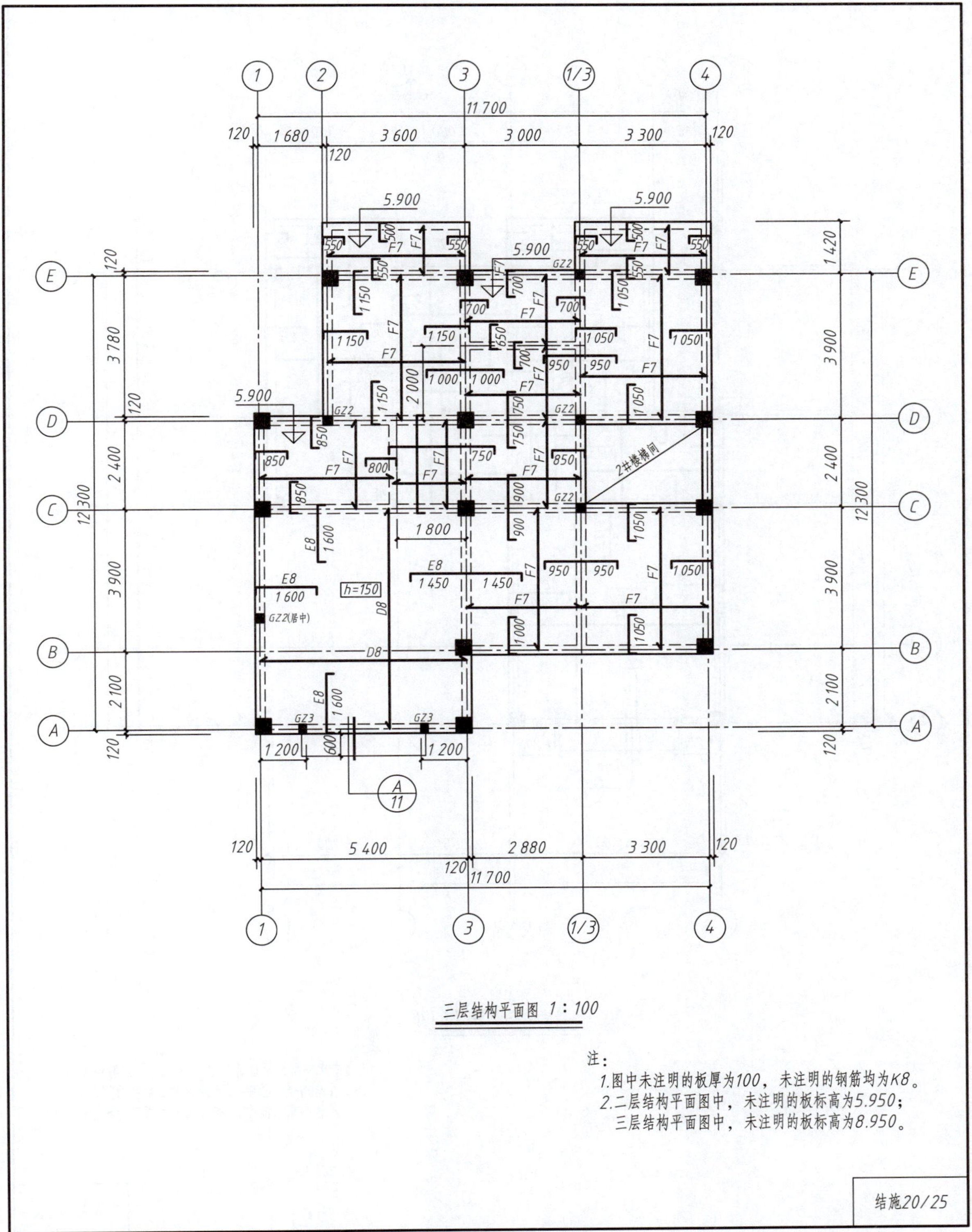

图 15.32　三层结构平面图

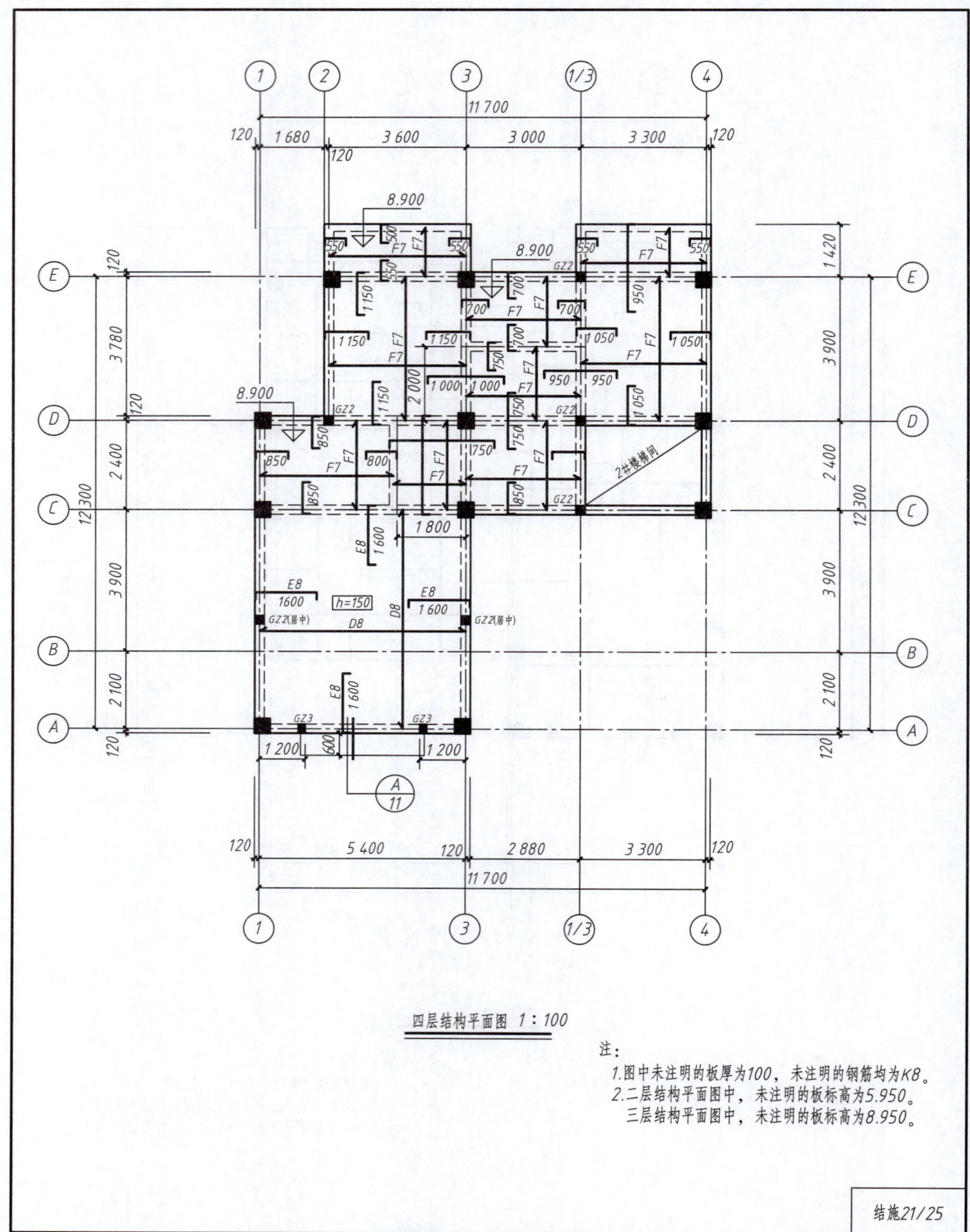

图 15.33 四层结构平面图

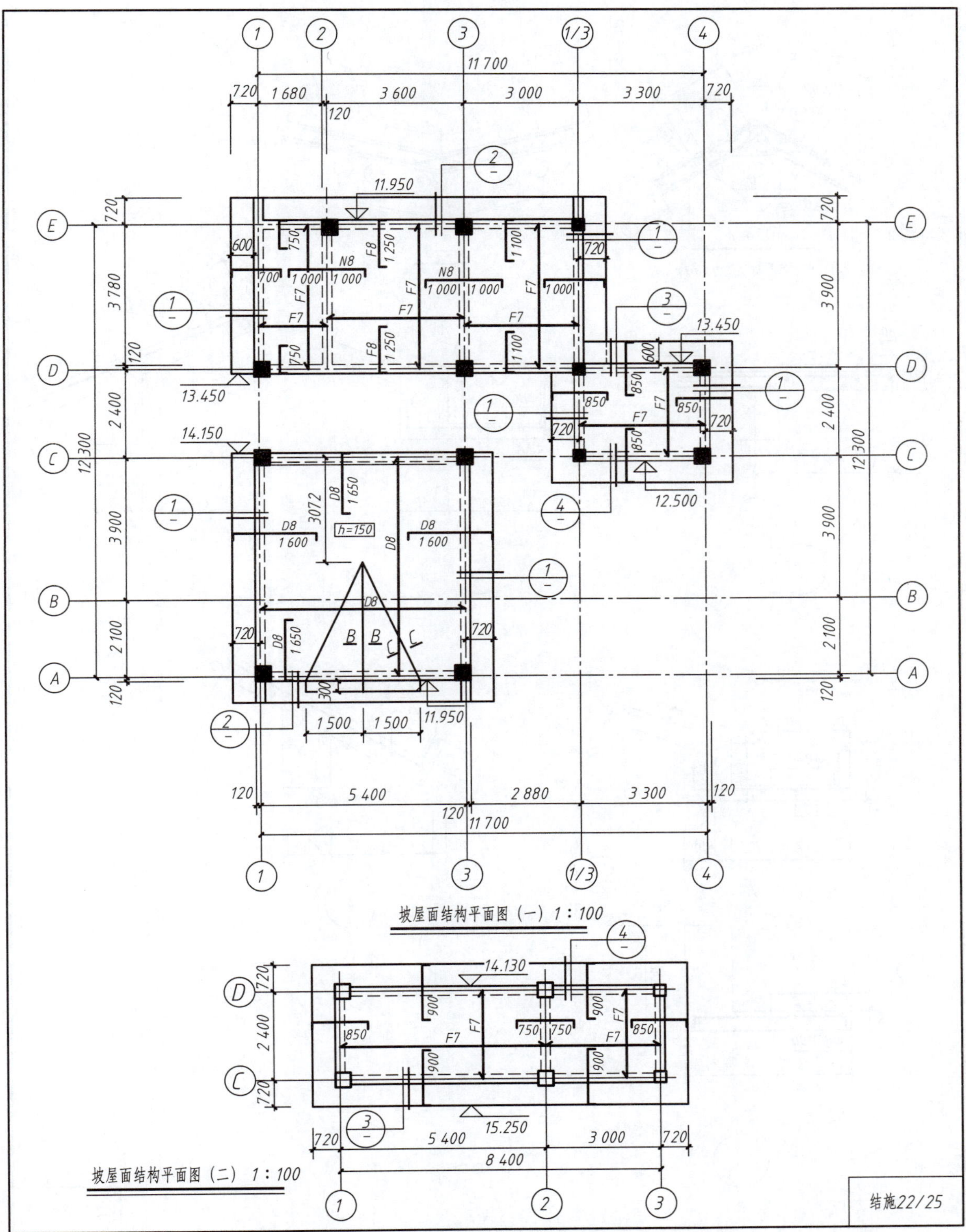

图 15.34　坡屋面结构平面图

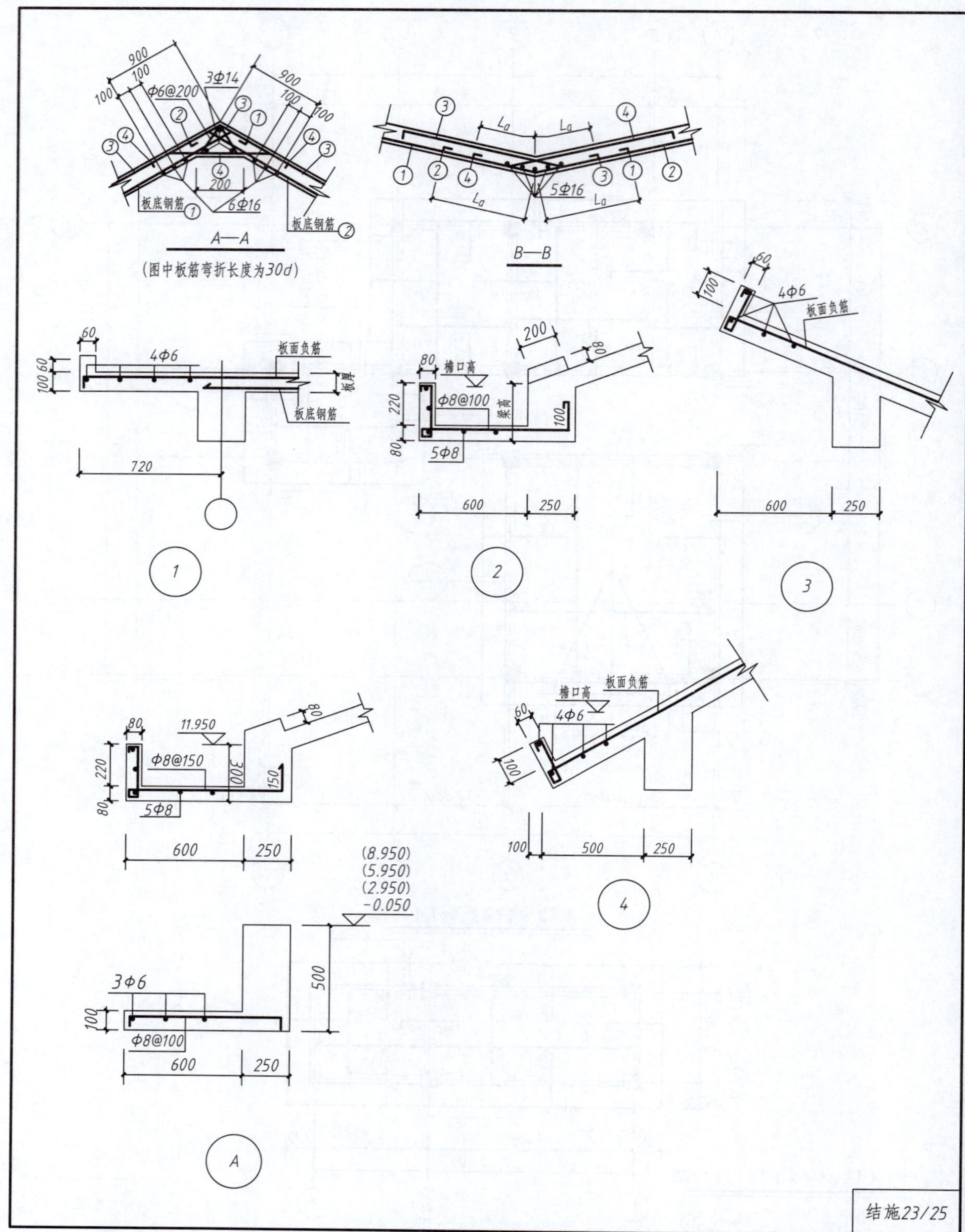

900
100
100
Φ6@200
3Φ14
900
100
100
板底钢筋
200
6Φ16
板底钢筋
A—A
(图中板筋弯折长度为30d)
La
La
La
5Φ16
La
B—B
60
100 60
4Φ6
板面负筋
板厚
板底钢筋
720
1
80
檐口高
200
80
220
Φ8@100
梁高
100
80
5Φ8
600
250
2
60
100
4Φ6
板面负筋
600
250
3
80
11.950
80
220
Φ8@150
300
150
80
5Φ8
600
250
板面负筋
檐口高
60
4Φ6
100
100
500
250
4
(8.950)
(5.950)
(2.950)
-0.050
3Φ6
500
100
Φ8@100
600
250
A
结施23/25

图 15.35 屋面详图

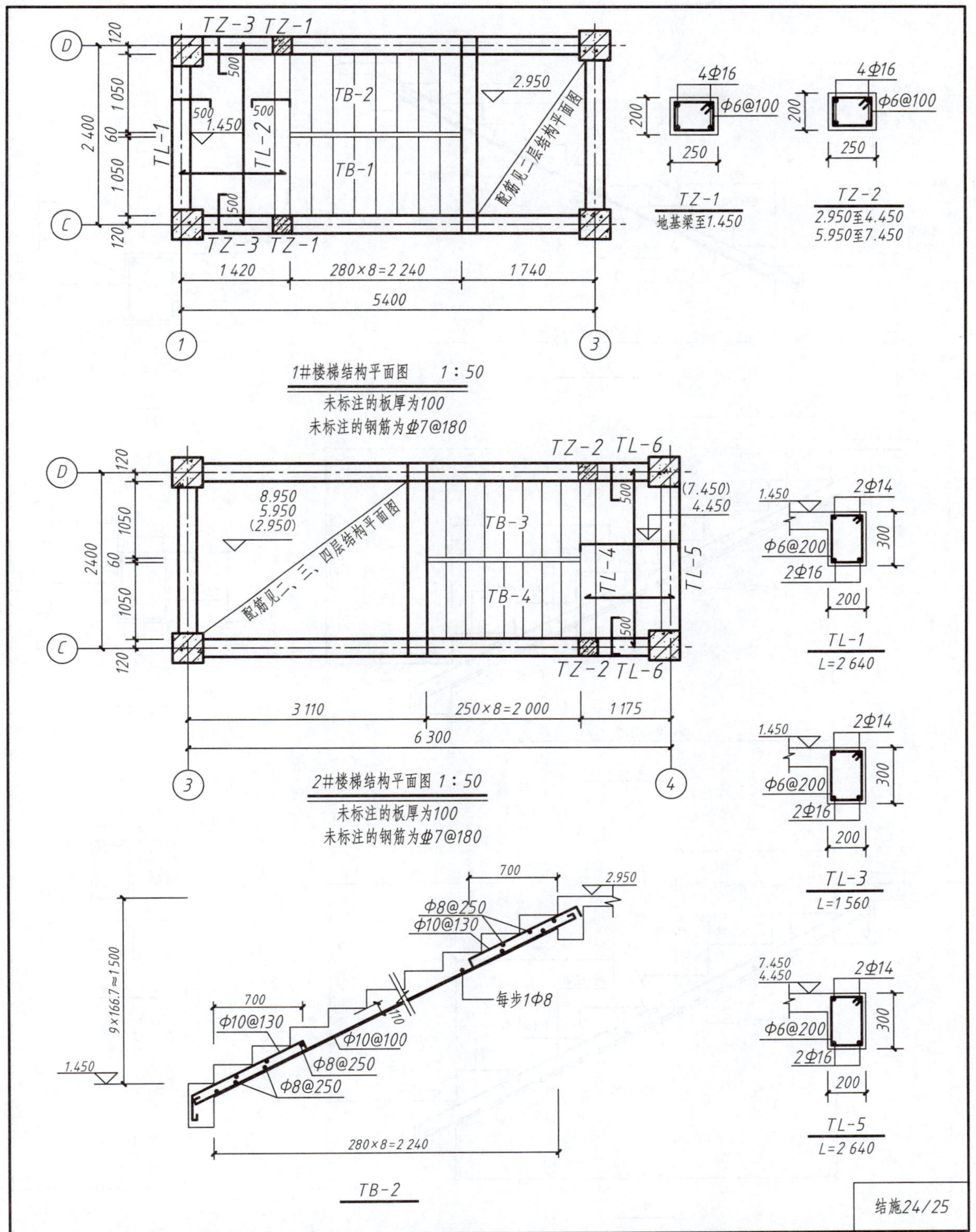

图 15.36　1#、2#楼梯结构平面图

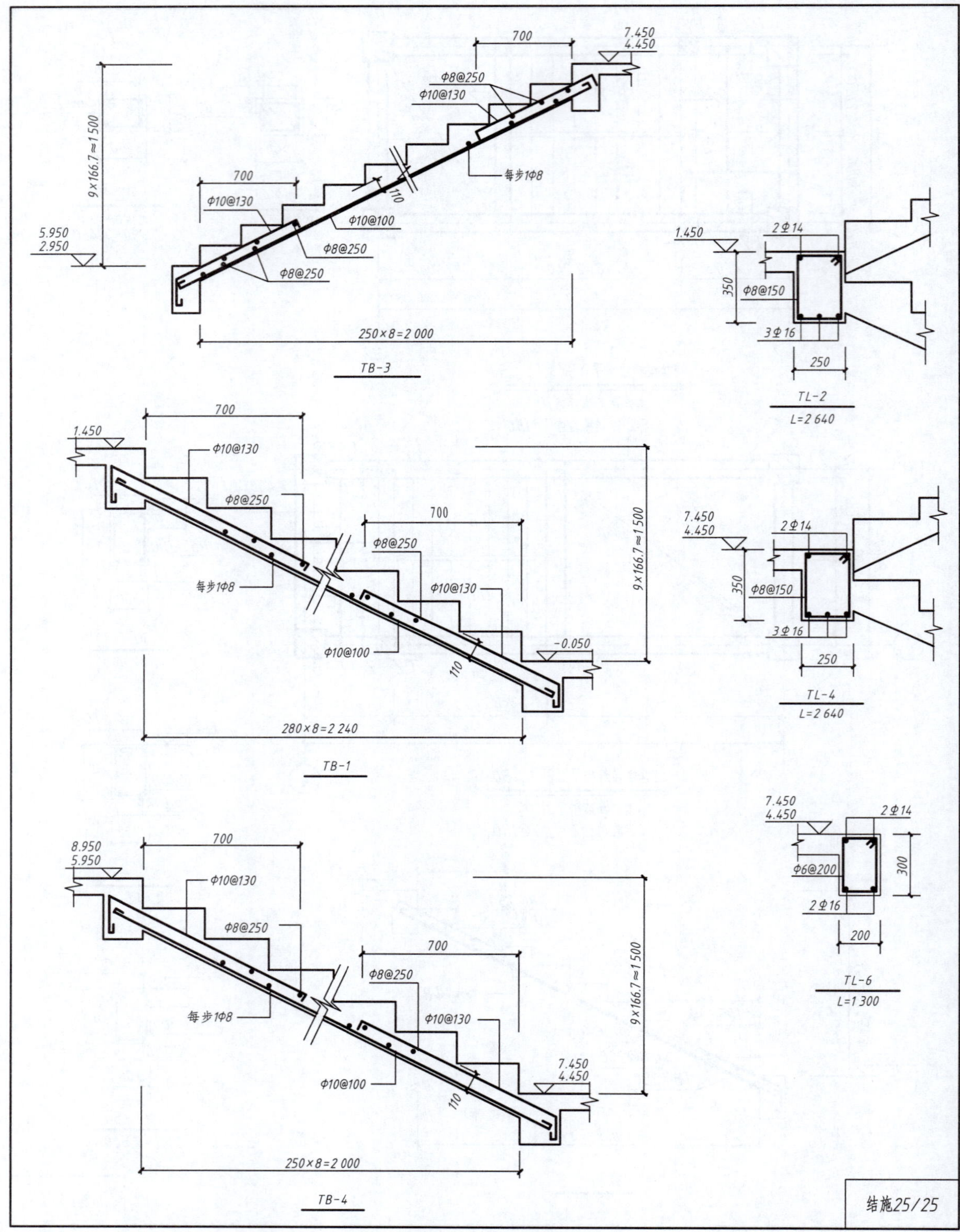

7.450
4.450
700
Φ8@250
Φ10@130
9×166.7≈1 500
每步1Φ8
700
Φ10@130
Φ10@100
110
5.950
2.950
Φ8@250
Φ8@250
250×8=2 000
TB-3
1.450
2Φ14
350
Φ8@150
3Φ16
250
TL-2
L=2 640
700
1.450
Φ10@130
Φ8@250
700
Φ8@250
每步1Φ8
Φ10@130
9×166.7≈1 500
Φ10@100
-0.050
110
280×8=2 240
TB-1
7.450
4.450
2Φ14
350
Φ8@150
3Φ16
250
TL-4
L=2 640
8.950
5.950
700
Φ10@130
Φ8@250
700
Φ8@250
每步1Φ8
Φ10@130
9×166.7≈1 500
Φ10@100
7.450
4.450
110
250×8=2 000
TB-4
7.450
4.450
2Φ14
Φ6@200
300
2Φ16
200
TL-6
L=1 300
结施25/25

图 15.37 楼梯详图

15.2.2　建筑工程量计算进阶三选用小别墅工程施工图所需的标准图

建筑工程量计算进阶三选用小别墅工程施工图所需的标准图如图 15.38 ~ 图 15.50 所示。

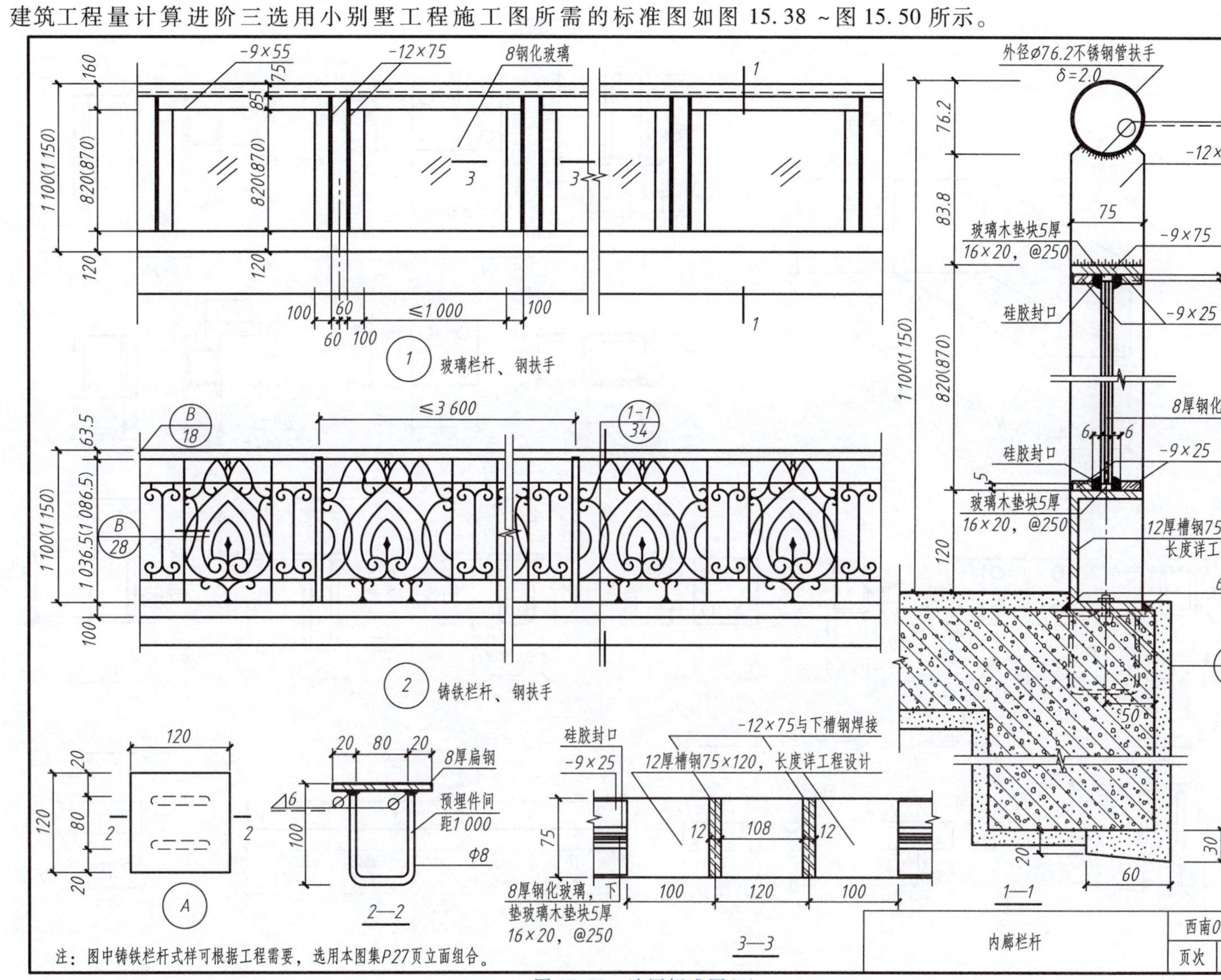

图 15.38　选用标准图(1)

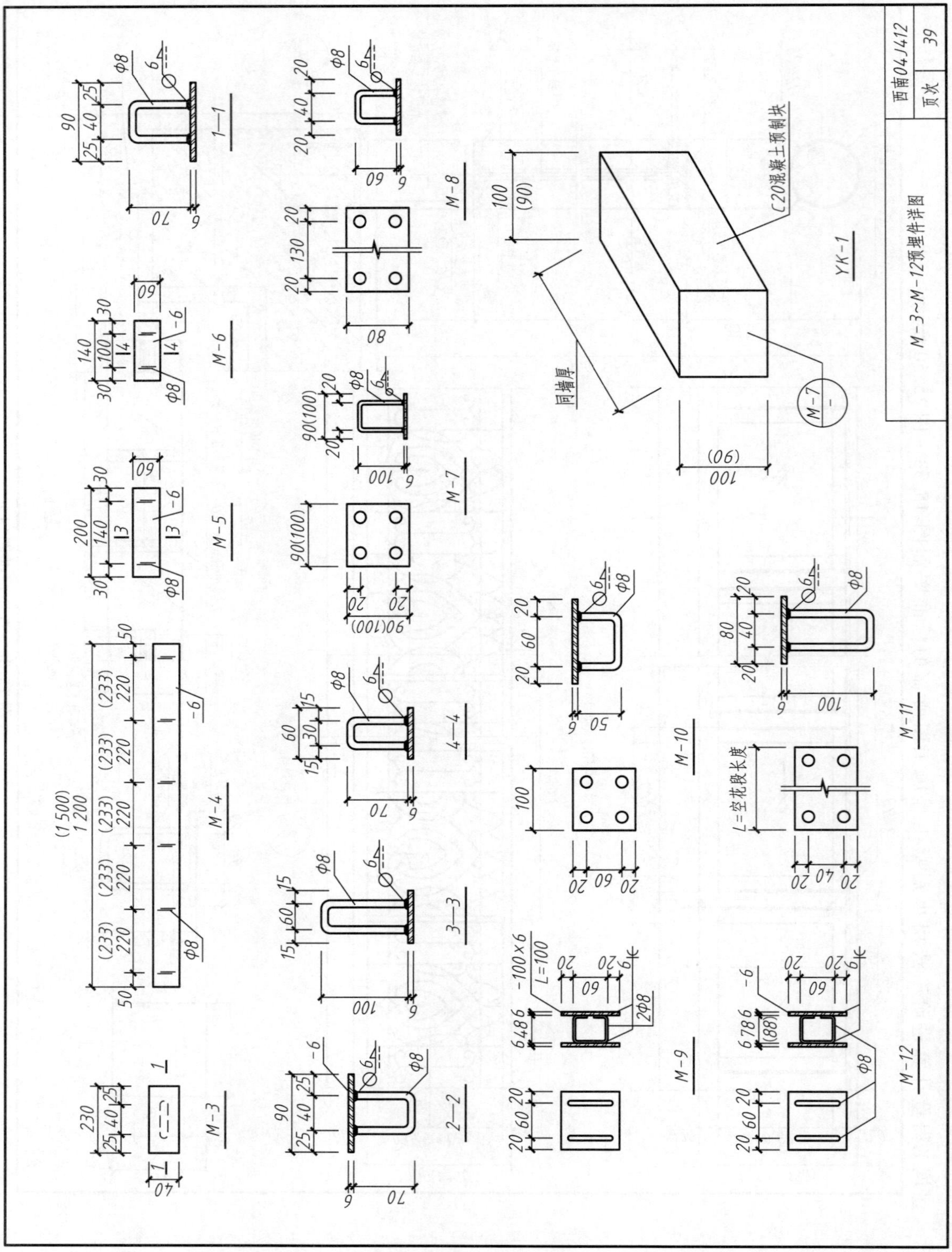

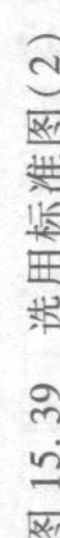

图 15.39 选用标准图(2)

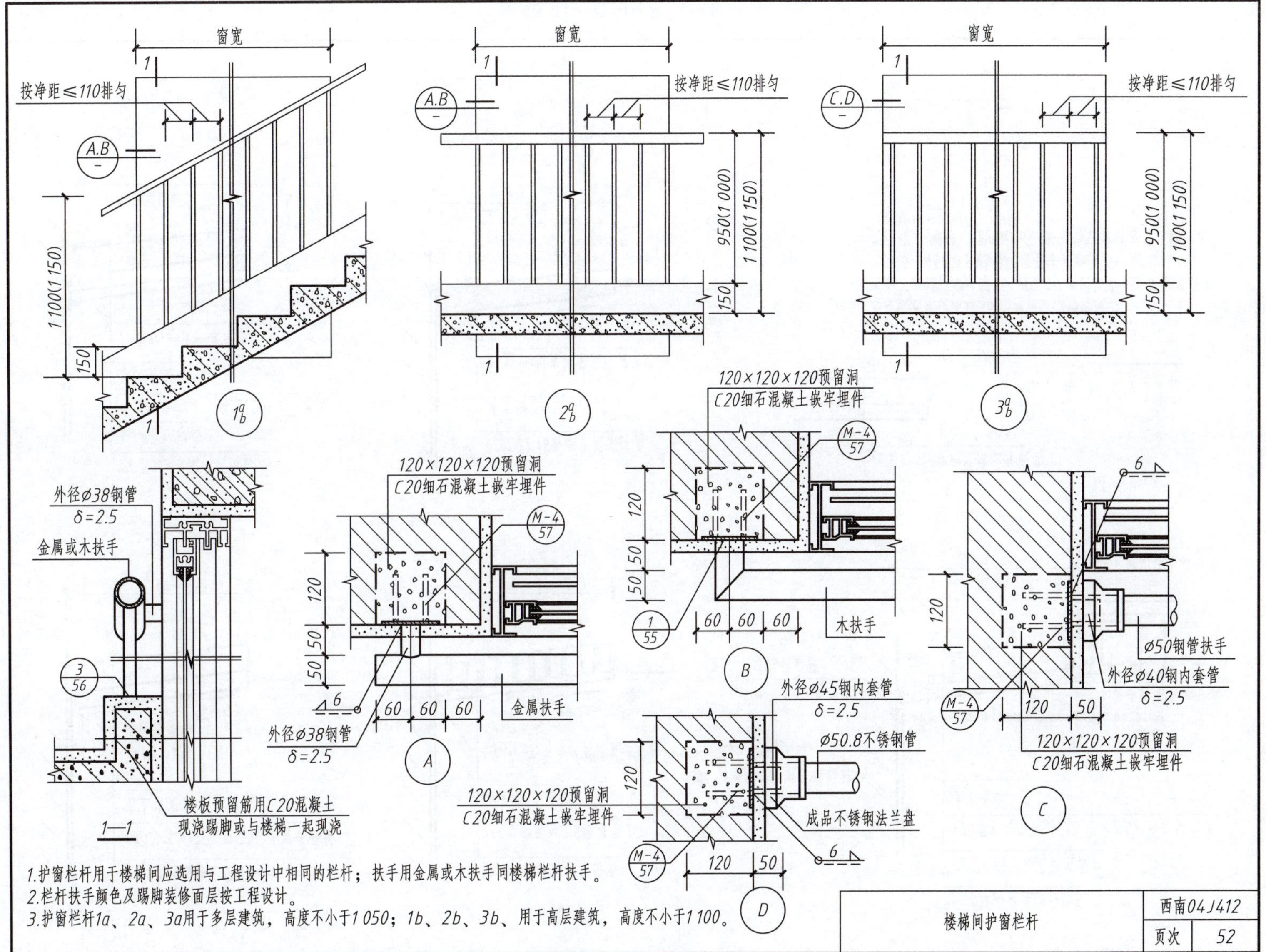

图 15.40　选用标准图(3)

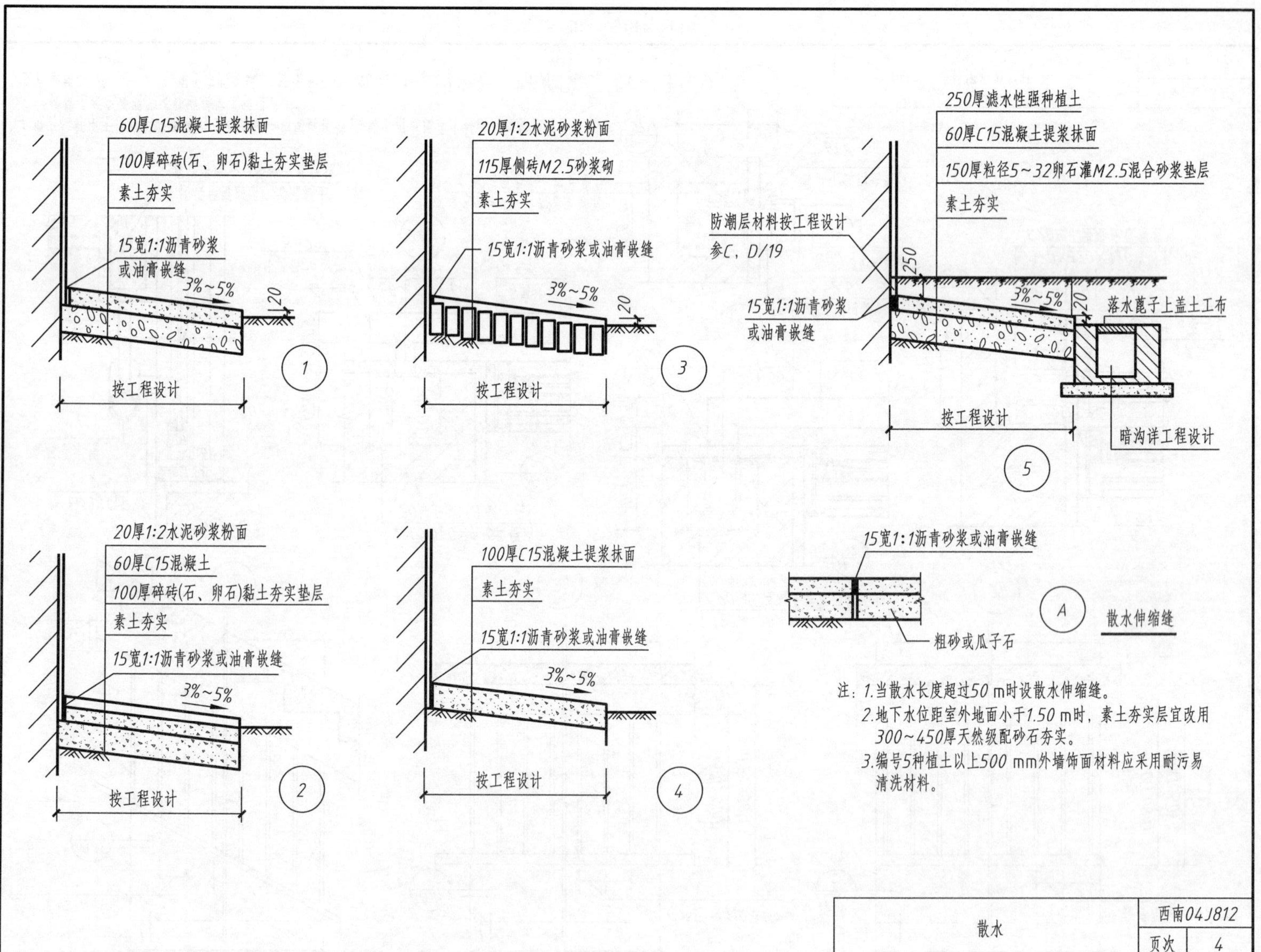

图 15.41　选用标准图(4)

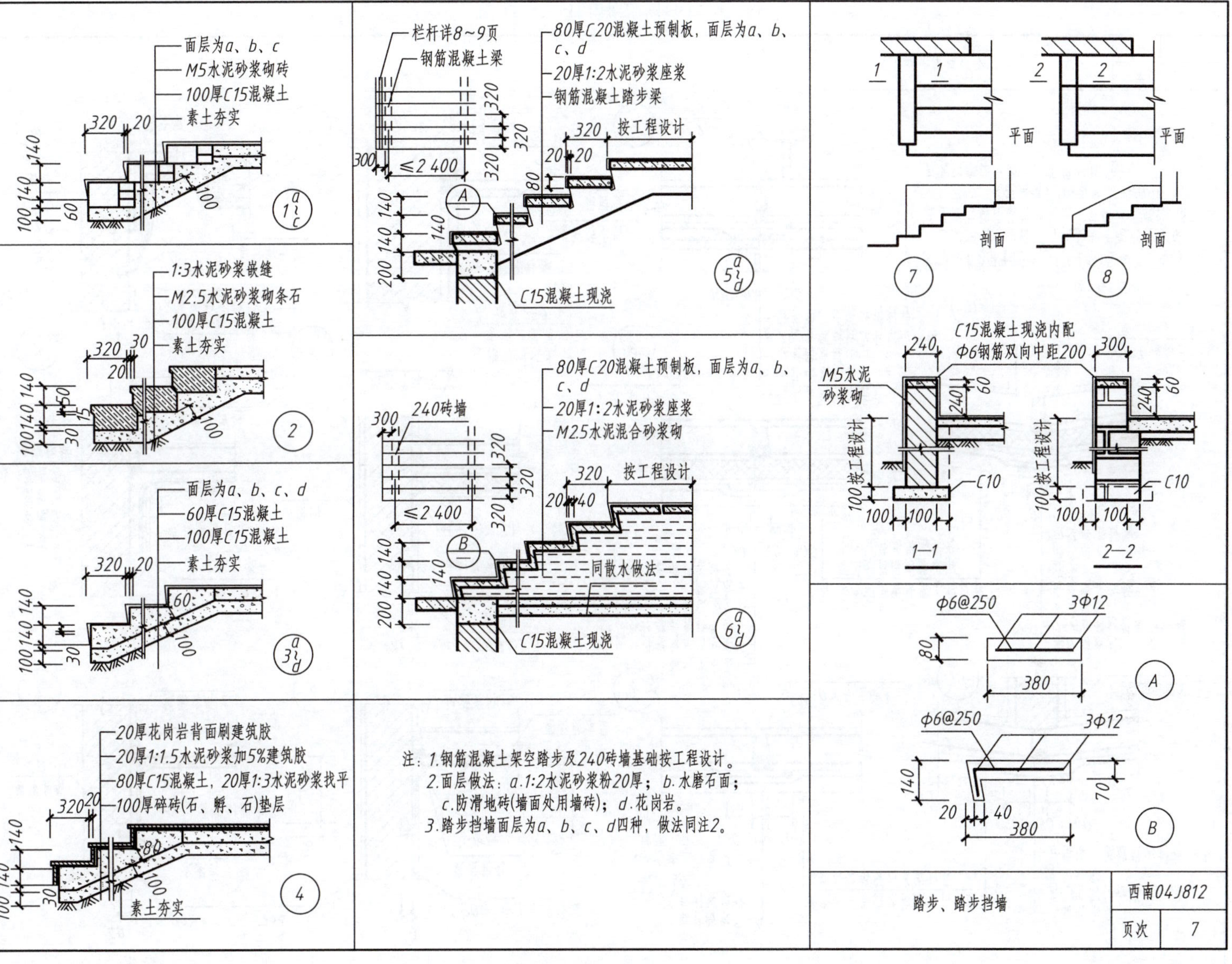

图 15.42　选用标准图(5)

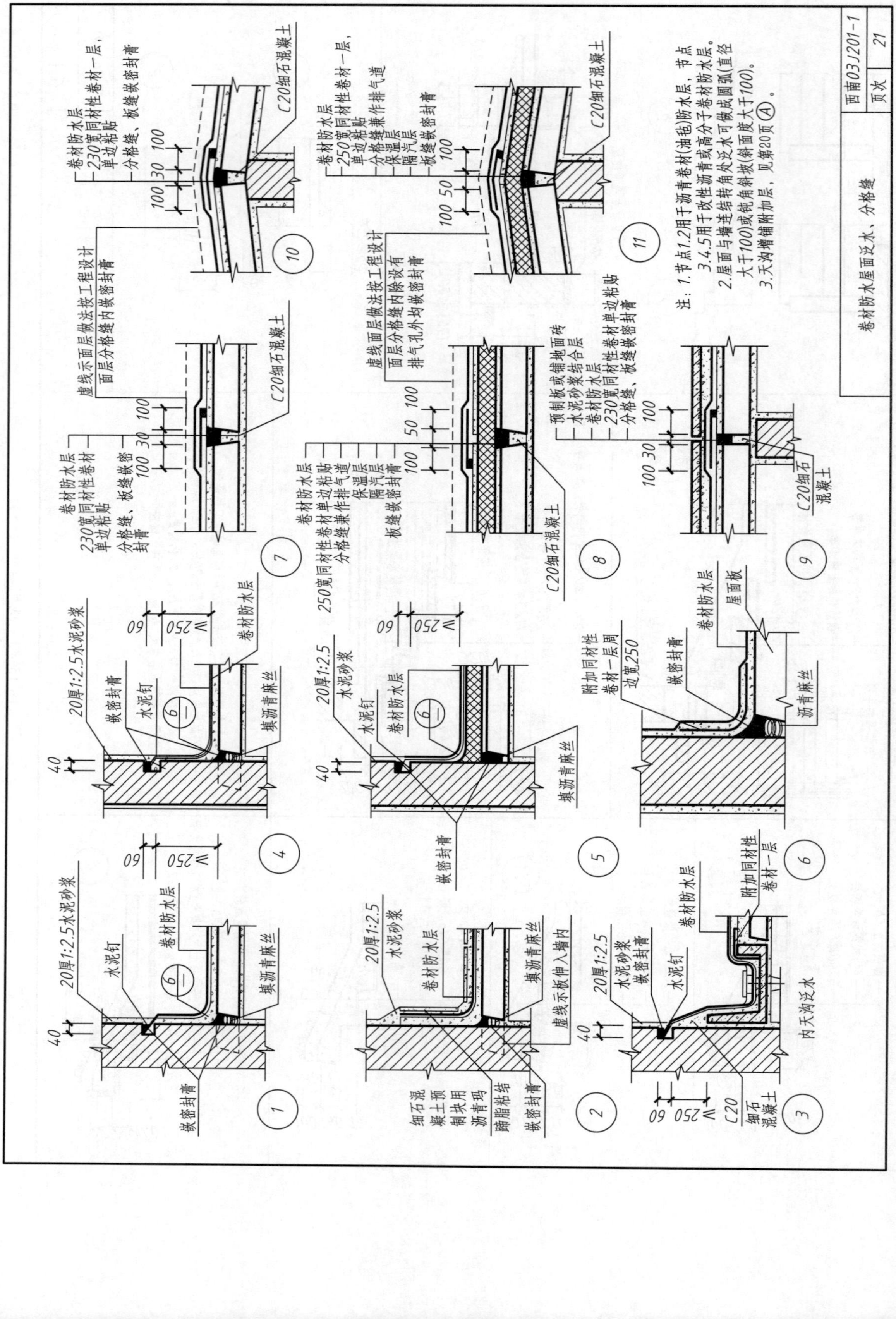

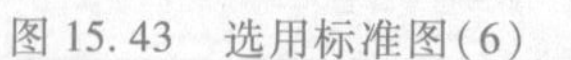

图 15.43 选用标准图(6)

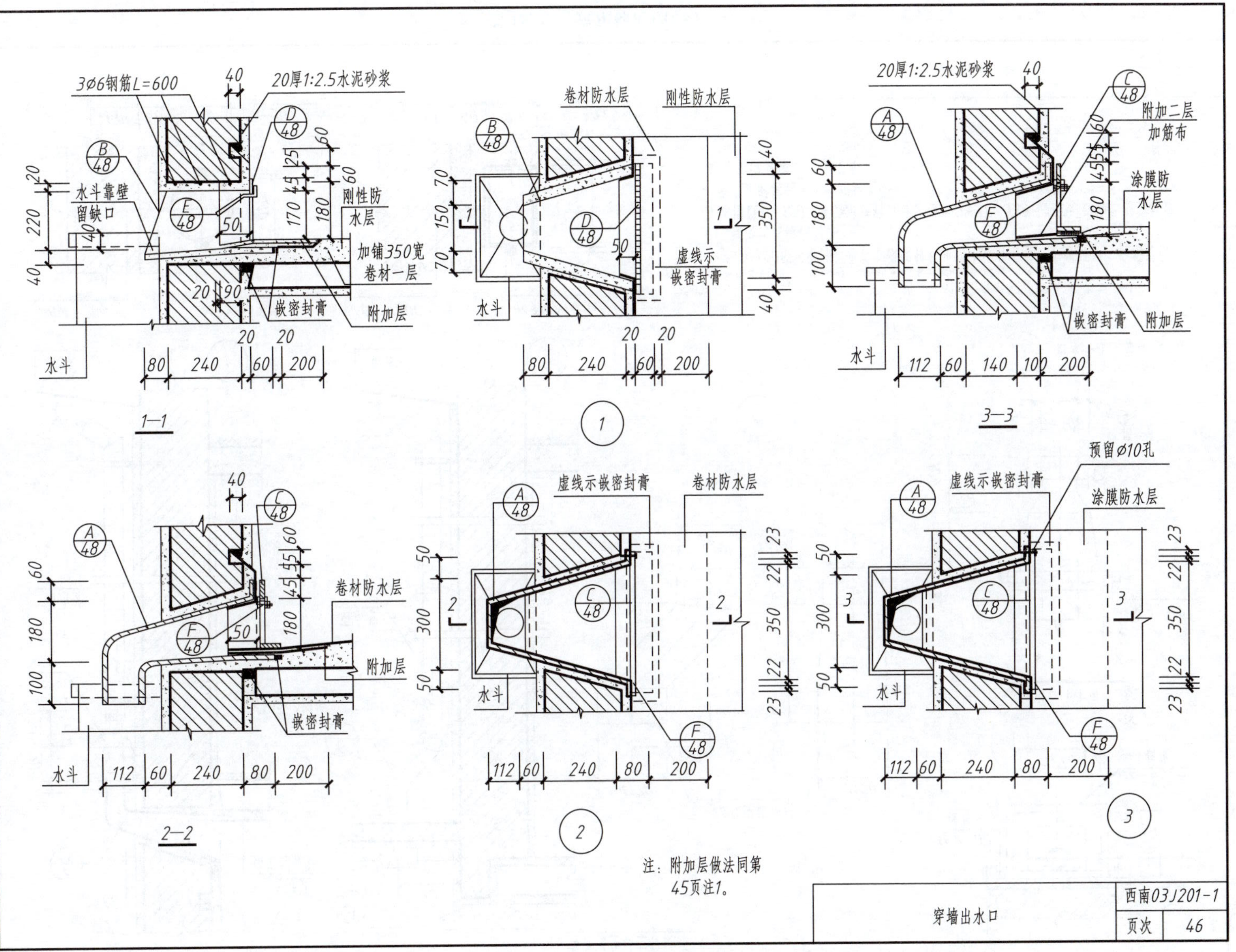

图 15.44　选用标准图(7)

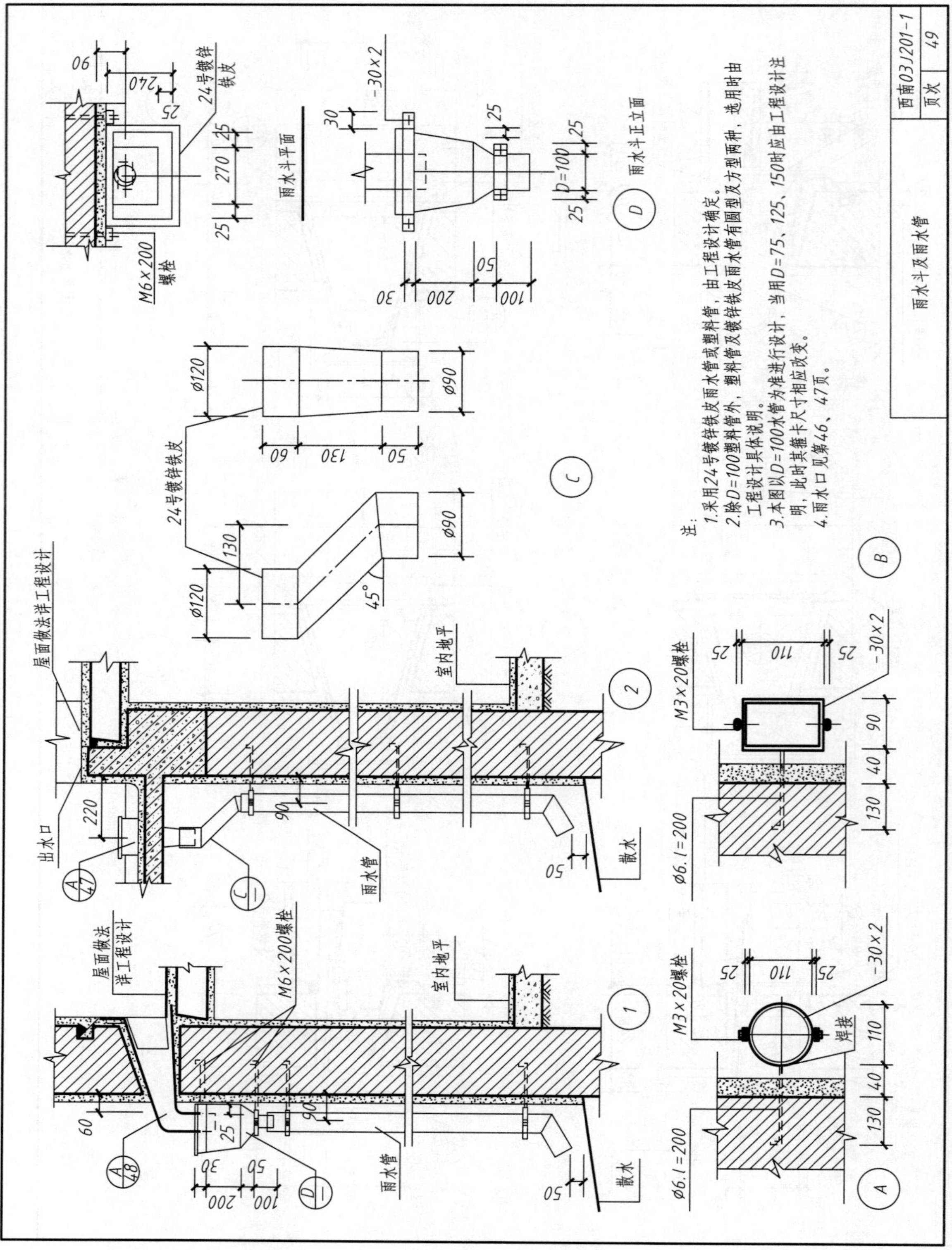

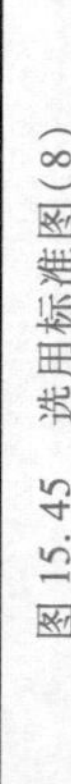

图 15.45 选用标准图(8)

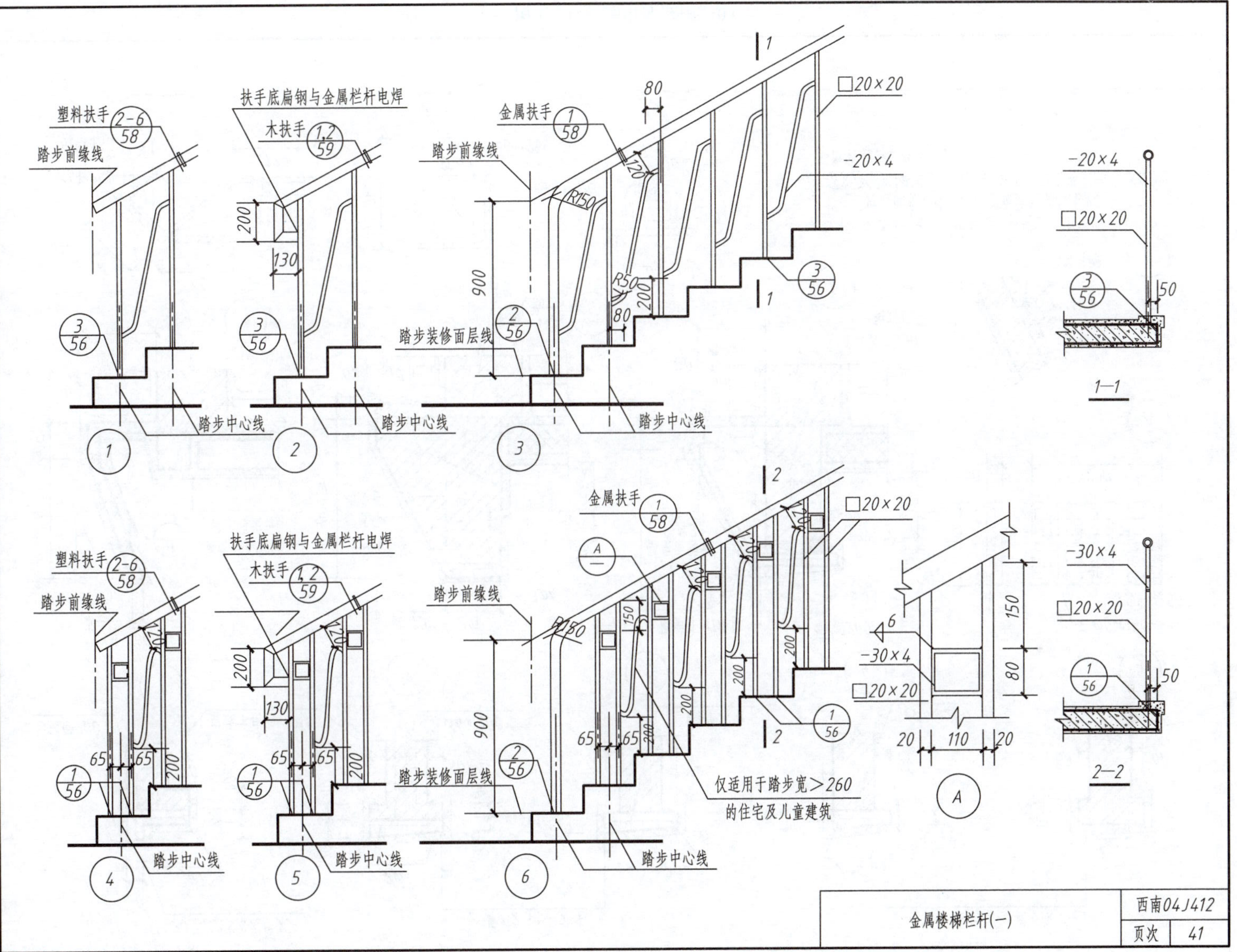

图 15.46 选用标准图(9)

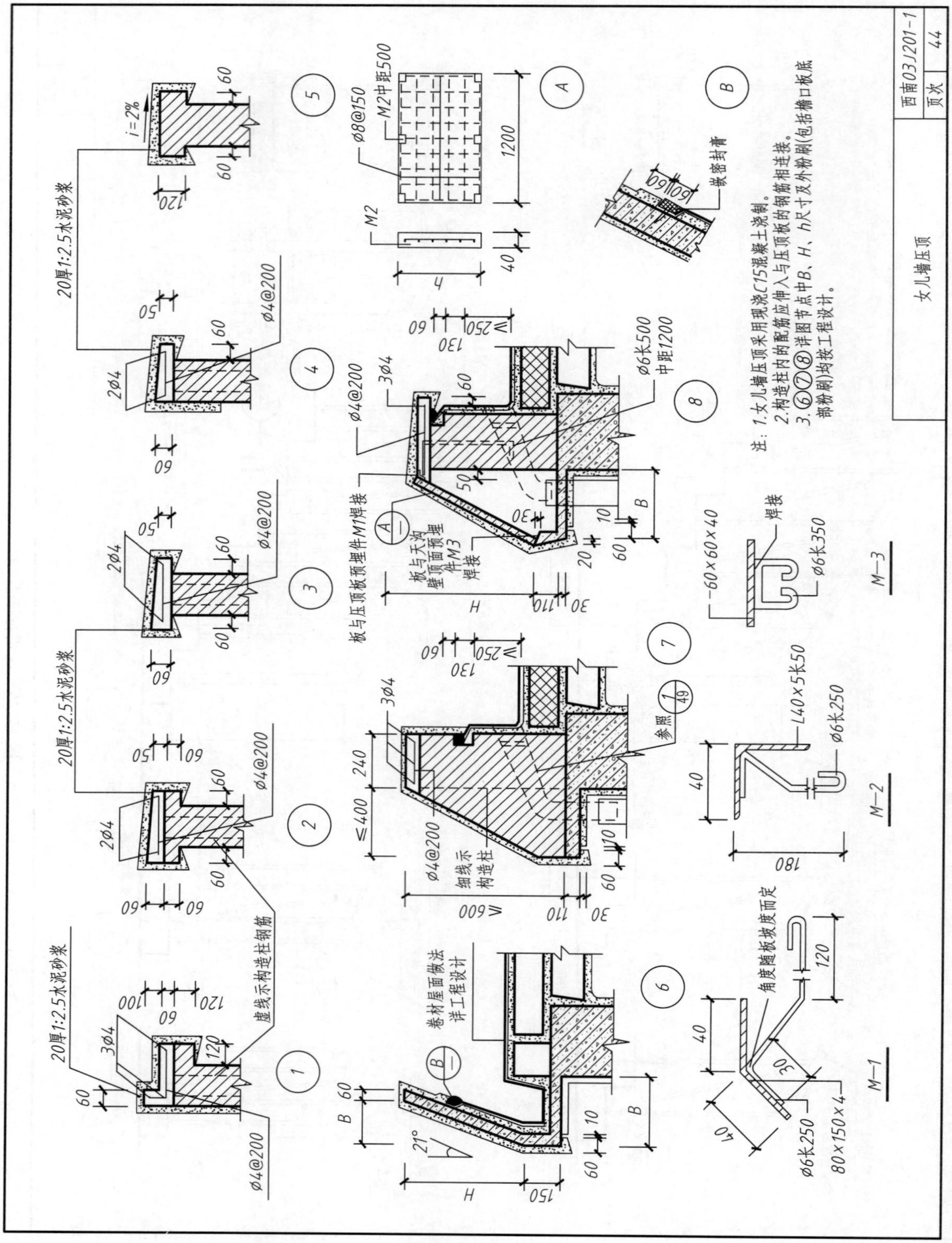

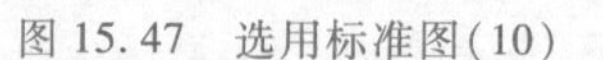

图 15.47 选用标准图(10)

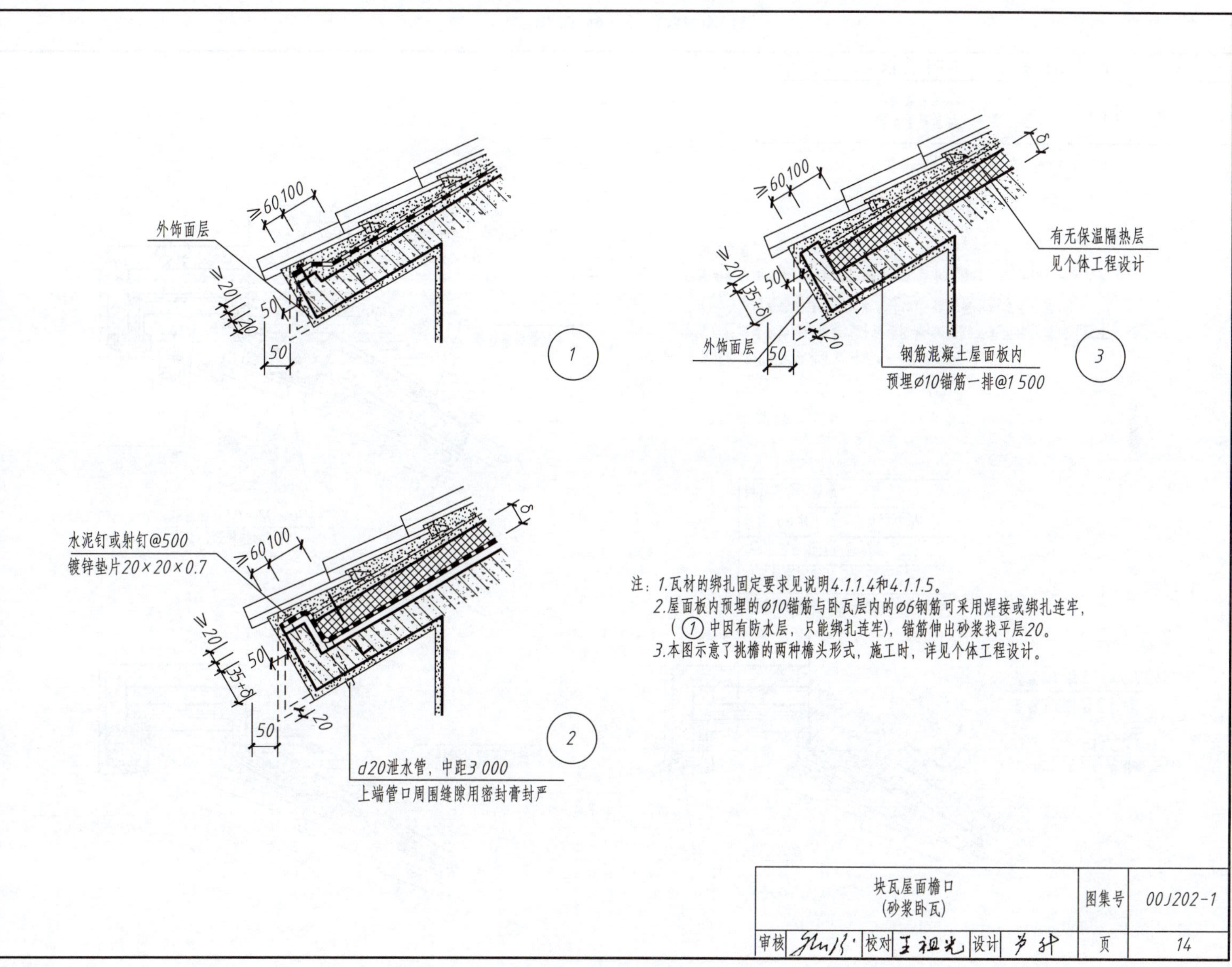

图 15.48　选用标准图(11)

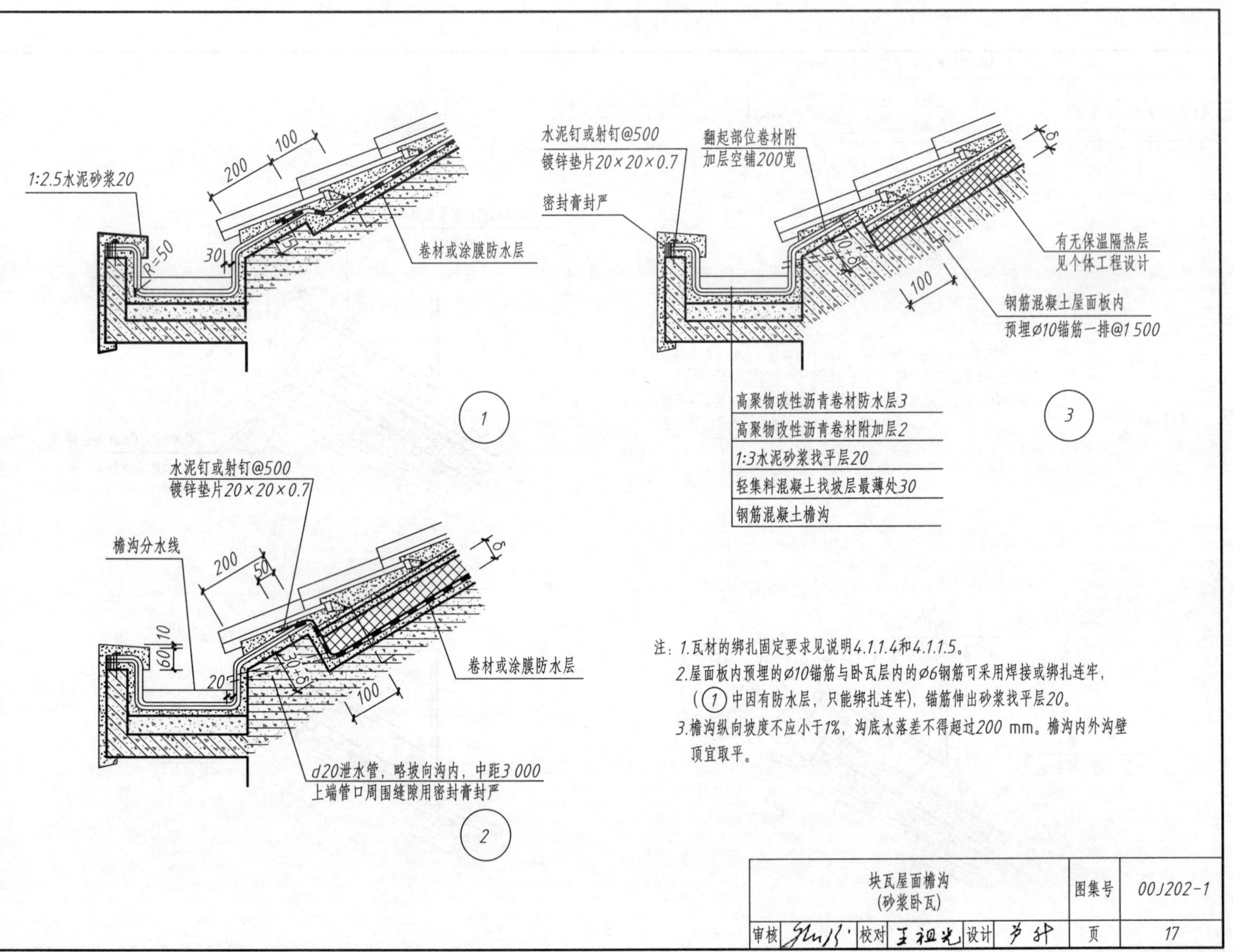

图 15.49 选用标准图(12)

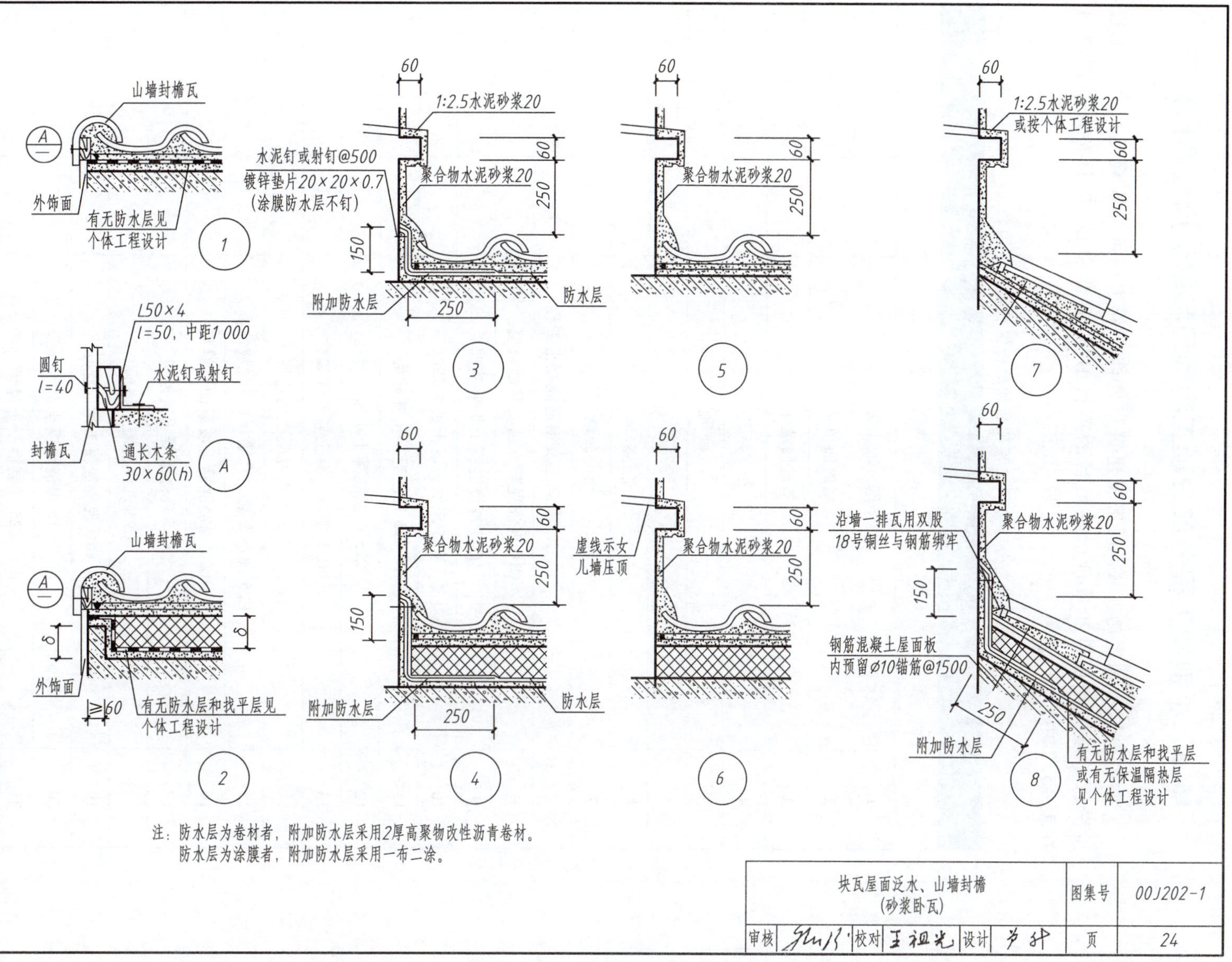

图 15.50 选用标准图(13)

15.3 小别墅工程分部分项工程项目和单价措施项目列项

学生根据小别墅施工图和《房屋建筑与装饰工程工程量计算规范》，将该工程的分部分项工程项目和单价措施项目的项目编码、计量单位、项目特征描述填写在表 15.2 中。

表 15.2 分部分项工程项目和单价措施项目列项表

序号	项目编码	项目名称	计量单位	项目特征描述
		A. 土石方工程		
1		挖一般土方		
2		室内回填土		
3		基础回填土		
4		余方弃置		
		D. 砌筑工程		
5		砖基础		
6		实心砖墙		
7		空心砖墙		
		E. 混凝土及钢筋混凝土工程		
8		C10 现浇混凝土独立基础垫层		
9		C25 现浇混凝土带形基础		
10		C25 现浇混凝土独立基础		
11		C25 现浇混凝土基础梁		
12		C25 现浇混凝土矩形框架柱		
13		C25 现浇混凝土异形框架柱		
14		C25 现浇混凝土构造柱		
15		C25 现浇混凝土有梁板(不含坡屋面)		
16		C25 现浇混凝土坡屋面有梁板		
17		C25 现浇混凝土挑檐板		
18		C25 现浇混凝土檐沟		
19		C10 现浇混凝土地面垫层		
20		C15 现浇混凝土散水		
21		C25 预制混凝土过梁		
22		C25 现浇混凝土楼梯		

续表

序号	项目编码	项目名称	计量单位	项目特征描述
		E. 混凝土及钢筋混凝土工程		
23		C15 现浇混凝土台阶		
24		C15 现浇混凝土坡道		
25		C20 现浇混凝土止水带		
26		C20 预制混凝土其他构件		
27		预埋铁件		
		H. 门窗工程		
28		防盗门		
29		防盗对讲门		
30		平开铝合金门		
31		铝合金卷帘门		
32		彩铝单玻平开窗		
33		彩铝单玻推拉窗		
		J. 屋面及防水工程		
34		瓦屋面		
35		屋面 SBC 聚乙烯丙纶复合卷材防水		
36		楼地面改性沥青一布四涂防水层		
37		墙面改性沥青一布四涂防水层		
38		屋面排水管		
		L. 楼地面工程		
39		水泥砂浆楼地面		
40		水泥砂浆台阶面		
41		块料踢脚线		
42		黑色花岗石楼梯面		
		M. 墙、柱面装饰与隔断、幕墙工程		
43		内墙面抹灰		
44		外墙立面砂浆找平层		
45		外墙面贴瓷砖		
46		楼梯间墙面抹灰		
		N. 顶棚工程		
47		顶棚抹灰		
48		楼梯底面抹灰		

续表

序号	项目编码	项目名称	计量单位	项目特征描述
		P. 油漆、涂料、裱糊工程		
49		顶棚仿瓷涂料两遍		
50		内墙面仿瓷涂料两遍		
		Q. 其他装饰工程		
51		屋面金属栏杆		
52		客厅飘窗护窗金属栏杆		
53		阳台玻璃栏板		
54		楼梯金属栏杆		
		S. 单价措施项目		
55		综合脚手架		
56		垂直运输		
57		现浇混凝土独立基础垫层模板支架		
58		现浇混凝土条形基础垫层模板支架		
59		现浇混凝土独立基础模板支架		
60		现浇混凝土基础梁模板支架		
61		现浇混凝土框架矩形柱模板支架		
62		现浇混凝土框架异形柱模板支架		
63		现浇混凝土构造柱模板支架		
64		现浇混凝土有梁板模板支架(不含屋面板)		
65		现浇混凝土屋面有梁板模板支架		
66		现浇混凝土挑檐板模板支架		
67		现浇混凝土檐沟模板支架		
68		现浇混凝土楼梯模板支架		
69		现浇混凝土台阶模板支架		
70		现浇混凝土坡道模板支架		
71		现浇混凝土止水带模板支架		

15.4 小别墅工程量计算

根据小别墅工程施工图、《房屋建筑与装饰工程工程量计算规范》、《××省建筑与装饰工程计价定额》计算的分部分项工程项目与单价措施项目工程量见表15.3。

表中项目编码、定额编号、计量单位、工程量、计算式、工程量计算规则空缺的内容,由学生计算后补充上去。

表 15.3　小别墅工程分部分项工程项目与单价措施项目工程量计算表

<table>
<tr><th rowspan="2">序号</th><th>项目编码</th><th rowspan="2">项目名称</th><th rowspan="2">计量单位</th><th rowspan="2">工程量</th><th rowspan="2">计算式（计算公式）</th><th>清单工程量计算规则</th><th rowspan="2">知识点</th><th rowspan="2">技能点</th></tr>
<tr><th>定额编号</th><th>定额工程量计算规则</th></tr>
<tr><td colspan="9">A. 土石方工程</td></tr>
<tr><td rowspan="3">1</td><td></td><td>挖一般土方（清单）</td><td>m^3</td><td></td><td>设：四面放坡系数 $K=0.33$，工作面取 300 mm，坑底边长分别为 a，b。
$V=(a+KH)(b+KH)H+1/3K^2H^3$</td><td rowspan="2">按设计尺寸以基础垫层底面积乘以挖土深度计算</td><td rowspan="2">挖一般土方：坑底面积 >150 m^2</td><td rowspan="2">根据土壤类别、挖土深度、施工方法考虑四面放坡及系数</td></tr>
<tr><td></td><td>挖一般土方（定额）</td><td></td><td></td><td></td></tr>
<tr><td colspan="8">工程量计算分析及示例：
挖土深度 $H=4+0.1-1.5=2.6$(m)
放坡系数 $K=0.33$，坑底边长算至最外基础垫层边加 300 mm 工作面。
$a=11.7+0.97+0.1+0.3+0.97+0.1+0.3=14.44$(m)
$b=12.3+0.82+0.3+0.97+0.3=15.16$(m)
$V=(14.44+0.33\times2.6)\times(15.16+0.33\times2.6)\times2.6+1/3\times0.33\times0.33\times2.6\times2.6\times2.6=637.75(m^3)$</td></tr>
<tr><td rowspan="3">2</td><td>010103001001</td><td>室内回填土（清单）</td><td>m^3</td><td></td><td>$V=S_{净}\ h_{厚}$</td><td rowspan="2">按主墙间面积乘以回填土厚度</td><td rowspan="2">室内回填土：地面垫层以下素土夯填</td><td rowspan="2">1. 回填土厚度扣除垫层、面层。
2. 间壁墙、凸出墙面的附墙柱不扣除。
3. 门洞开口部分不增加。
4. 卫生间室内地坪标高降 0.5 m</td></tr>
<tr><td></td><td>室内回填土（定额）</td><td></td><td></td><td></td></tr>
<tr><td colspan="8"></td></tr>
</table>

续表

序号	项目编码 定额编号	项目名称	计量单位	工程量	计算式 （计算公式）	清单工程量计算规则 定额工程量计算规则	知识点	技能点
	A. 土石方工程							
3	010103001002	基础回填土（清单）	m³		$V=V_{挖}-V_{垫}-V_{砖基(室外地坪以下)}$	按挖方清单项目工程量减去自然地坪以下埋设的基础体积（包括基础垫层及其他构筑物）	基础回填土：基础工程后回填至室外地坪标高	1. 室外地坪以下埋入构筑物有垫层、独基及部分砖基础。 2. 砖基础工程量应扣除自然地坪以下部分
		基础回填土（定额）						
4	010103002001	余方弃置（清单）	m³		$V=V_{挖}-V_{回}$	按挖方清单项目工程量减利用回填方体积（正数）计算	1. 回填后多余土方运走。 2. 挖方不够买土回填	1. 正数为余方弃置。 2. 负数为卖土回填
		余方弃置（定额）						
	D. 砌筑工程							
5	010401001001	砖基础（清单）	m³		$V=(bH+\Delta s)L-V_{构造柱}$	1. 按设计尺寸以体积计算。 2. 基础长度：取至独立基础侧面。 3. 基础高度：从砖基础底面取至地梁下表面。 4. 基础墙厚度的确定	砖基础中应扣除和不扣除的内容，砖基础外应增加和不增加的内容参照进阶一的知识点	1. 砖基础厚度的确定。 2. 砖基础高度的确定。 3. 砖基础长度的计算。 4. 砖基础的截面面积计算。 5. 构造柱体积计算
		砖基础（定额）	m³					
	工程量计算分析及示例： 本工程是框架结构，地面下既有独立基础又有条形砖基础。砖基础从-3.700 m开始砌筑直到地基梁底面，砖基础为不等高式两层放脚基础，砖基础长取至独立基础侧面，砖基础高从-3.700 m取至地基梁底面。砖基础中有构造柱，故须将构造柱所占体积（含马牙槎体积）扣除。							

续表

<table>
<tr><th rowspan="2">序号</th><th>项目编码</th><th rowspan="2">项目名称</th><th rowspan="2">计量单位</th><th rowspan="2">工程量</th><th rowspan="2">计算式
（计算公式）</th><th>清单工程量计算规则</th><th rowspan="2">知识点</th><th rowspan="2">技能点</th></tr>
<tr><th>定额编号</th><th>定额工程量计算规则</th></tr>
<tr><td colspan="9">D. 砌筑工程</td></tr>
<tr><td>5</td><td colspan="8">（1）① 轴基础长 $L_1=12.3-1.1-1.2-0.35-0.28=9.37$（m）；$L_2=12.3-0.4\times2-0.28=11.22$（m）。
（2）① 轴基础高 $=4-0.3-0.05-0.4=3.25$（m）。
（3）① 轴砖基础截面面积 $S_1=0.24\times0.3+0.007\ 875\times(2\times3-1)=0.111\ 4$（$m^2$）；$S_2=0.24\times(3.25-0.3)=0.708$（$m^2$）。
（4）$V=0.111\ 4\times9.37+0.708\times11.22=8.99$（$m^3$）。
按照上述方法将其他各轴线处的砖基础工程量（例如可按从左到右、从上到下的顺序）计算出来后扣除所有构造柱体积即可，构造柱体积计算方法见混凝土章节举例</td></tr>
<tr><td rowspan="3">6</td><td>010401003001</td><td>实心砖墙
（清单）</td><td>m^3</td><td></td><td>$V=(L_{墙}H_{墙}-S_{洞口})b_{墙厚}-V_{梁、柱}$</td><td rowspan="2">1. 按设计尺寸以体积计算。
2. 砖墙长度：墙长取至框架柱侧面。
3. 砖墙高度：坡屋面所在楼层无檐口顶棚者，外墙算至屋面板底；有屋面框架梁，外墙墙高取至屋面框架梁底。内墙墙高取至屋面框架梁底。其他楼层内外墙均取至框架梁底。
4. 砖墙厚度：一砖厚砖墙取 240 mm；1/2 砖墙取 115 mm</td><td rowspan="2">1. 砖墙内应扣除和不扣除的内容参照进阶一知识点。
2. 砖墙外应增加和不增加的内容参照进阶一知识点</td><td rowspan="2">1. 砖墙高度的确定。
2. 砖墙长度的确定。
3. 墙体厚度的确定。
4. 门窗洞口的面积计算。
5. 过梁体积计算</td></tr>
<tr><td></td><td>实心砖墙
（定额）</td><td></td><td></td><td></td></tr>
<tr><td colspan="8">工程量计算分析：
本住宅工程有四层，且屋面为坡屋面，故墙体应该分层分别计算体积。实心砖墙按照实际计算厚度确定：一砖厚墙体墙厚取 240 mm，1/2 砖厚墙体厚度取 115 mm。坡屋面所在楼层无檐口顶棚者，外墙算至屋面板底；有屋面框架梁，外墙墙高取至屋面框架梁底。内墙墙高取至屋面框架梁底。其他楼层内外墙均取至框架梁底</td></tr>
</table>

续表

<table>
<tr><th rowspan="2">序号</th><th>项目编码</th><th rowspan="2">项目名称</th><th rowspan="2">计量单位</th><th rowspan="2">工程量</th><th rowspan="2">计算式（计算公式）</th><th>清单工程量计算规则</th><th rowspan="2">知识点</th><th rowspan="2">技能点</th></tr>
<tr><th>定额编号</th><th>定额工程量计算规则</th></tr>
<tr><td colspan="9">D. 砌筑工程</td></tr>
<tr><td rowspan="3">7</td><td>010401005001</td><td>空心砖墙（清单）</td><td>m^3</td><td></td><td>$V=(L_{墙}H_{墙}-S_{洞口})\cdot b_{墙厚}-V_{梁、柱}$</td><td rowspan="2">1. 框架间墙：不分内外墙均按墙体净尺寸以体积计算。
2. 砖墙长度：墙长取至框架柱侧面。
3. 砖墙高度：坡屋面所在楼层，无檐口顶棚者，外墙算至屋面板底；有屋面框架梁，外墙墙高取至屋面框架梁底。内墙墙高取至屋面框架梁底。其他楼层内外墙均取至框架梁底。
4. 砖墙厚度：按设计尺寸确定</td><td rowspan="2">1. 砖墙内应扣：门窗洞口、过人洞、空圈、单个孔洞面积>0.3 m^2 所占的、嵌入墙身的钢筋混凝土柱、梁（包括圈梁、挑梁、过梁）和暖气槽、管槽、消火栓箱、壁龛等所占的体积。
不扣：梁头、板头、梁垫、檩头、垫木、木楞头、沿椽木、木砖、门窗走头、砖墙内的加固钢筋，木筋、铁件、钢管、单个空洞≤0.3 m^2 等所占体积。
2. 砖墙外应增加凸出墙面的砖垛体积；凸出墙面的腰线、挑檐、压顶、窗台线、虎头砖、门窗套等体积不增加</td><td rowspan="2">1. 砖墙高度的确定。
2. 砖墙长度的计算。
3. 墙体厚度的确定。
4. 门窗洞口的面积计算。
5. 过梁体积的计算</td></tr>
<tr><td></td><td>空心砖墙（定额）</td><td>m^3</td><td></td><td></td></tr>
<tr><td colspan="8">工程量计算分析及示例：
本住宅工程为多层框架结构，墙体为框架结构间的填充墙，故墙体应按框架结构柱梁间的净面积减去门窗洞口面积，乘以墙厚计算，如果墙体中除门窗洞口外，还有过梁、构造柱等构件时，也应该按照前面讲过的计算方法扣除。
本住宅工程有四层，且屋面为坡屋面，故墙体应该分层分别计算体积。坡屋面所在楼层，无檐口顶棚，外墙墙高取至屋面板底，内墙墙高取至屋面框架梁底；其他楼层内外墙墙体高度均取至框架梁底。空心砖墙墙厚按设计尺寸确定。
举例：计算一层①轴墙体工程量。
（1）① 轴墙长 = 12.3−0.4×2−0.28 = 11.22（m）。</td></tr>
</table>

续表

<table>
<tr><th rowspan="2">序号</th><th>项目编码</th><th rowspan="2">项目名称</th><th rowspan="2">计量单位</th><th rowspan="2">工程量</th><th rowspan="2">计算式（计算公式）</th><th>清单工程量计算规则</th><th rowspan="2">知识点</th><th rowspan="2">技能点</th></tr>
<tr><th>定额编号</th><th>定额工程量计算规则</th></tr>
<tr><td colspan="9">D. 砌筑工程</td></tr>
<tr><td>7</td><td colspan="8">（2）① 轴墙高 = 2.95−0.5+0.05 = 2.5（m）。
（3）① 轴墙厚 = 0.24（m）。
（4）① 轴空心砖墙工程量 $V = 11.22 \times 0.24 \times 2.5 = 6.73(m^3)$。
按照上述方法将每一层其他各轴线处的砖墙工程量（例如可按从左到右、从上到下的顺序）全部计算出来后扣除所有门窗洞口、过梁、构造柱体积（含马牙槎体积）等即可，过梁、构造柱体积计算方法见混凝土部分举例</td></tr>
<tr><td colspan="9">E. 混凝土及钢筋混凝土工程</td></tr>
<tr><td rowspan="3">8</td><td>010501001001</td><td>C10 现浇混凝土独立基础垫层（清单）</td><td>m^3</td><td></td><td>$V_{独基垫层} = L_{垫层长} \cdot B_{垫层宽} H_{垫层厚}$</td><td rowspan="2">按设计尺寸以体积计算</td><td rowspan="2">按设计尺寸以体积计算</td><td rowspan="2">独立基础垫层构造的确定</td></tr>
<tr><td></td><td>C10 现浇混凝土独立基础垫层（定额）</td><td></td><td></td><td></td></tr>
<tr><td colspan="8">C10 现浇混凝土独立基础垫层工程量的计算（以 J-2 为例）。
分析：混凝土独立基础垫层是按照设计尺寸以体积计算。
J-2 共 5 个：$V_{独基垫层} = L_{垫层长} B_{垫层宽} H_{垫层厚}$
$= (1.8+0.1 \times 2)^2 \times 0.1 \times 5 = 2.00(m^3)$</td></tr>
<tr><td rowspan="2">9</td><td>010501002001</td><td>C25 现浇混凝土带形基础（清单）</td><td>m^3</td><td></td><td>$V_{带基} = S_{带基剖面} \cdot L_{带基}$</td><td rowspan="2">按设计尺寸以体积计算</td><td rowspan="2">按设计尺寸以体积计算</td><td rowspan="2">1. 条基垫层构造的确定。
2. 条基垫层剖面的确定。
3. 条基垫层长度的确定</td></tr>
<tr><td></td><td>C25 现浇混凝土带形基础（定额）</td><td></td><td></td><td></td></tr>
</table>

续表

<table>
<tr><th rowspan="2">序号</th><th>项目编码</th><th rowspan="2">项目名称</th><th rowspan="2">计量单位</th><th rowspan="2">工程量</th><th rowspan="2">计算式（计算公式）</th><th>清单工程量计算规则</th><th rowspan="2">知识点</th><th rowspan="2">技能点</th></tr>
<tr><th>定额编号</th><th>定额工程量计算规则</th></tr>
<tr><td colspan="9">E. 混凝土及钢筋混凝土工程</td></tr>
<tr><td>9</td><td colspan="8">C25 现浇混凝土带形基础工程量的计算（以①轴线带形基础为例）。
分析：该工程在主墙下设有带形基础。
（1）计算剖面面积。
$S_{带形基础剖面}=0.8\times0.3=0.24(m^2)$
（2）计算带形基础长度。该工程中，既设有独立基础，又设有带形基础，要注意带形基础对独立基础和其垫层的扣减。该工程中，J-2 和 J-3 的基础底标高和带形基础底标高一致，所以，带形基础的长度算至独基边缘。
$L_{带形基础}=12.30-0.98-2.10-1.8=7.42(m)$
（3）计算带形基础的工程量。
$V_{带形基础}=S_{带形基础剖面}L_{带形基础}=0.24\times7.42=1.78(m^3)$</td></tr>
<tr><td rowspan="3">10</td><td>010501003001</td><td>C25 现浇混凝土独立基础（清单）</td><td>m^3</td><td></td><td>$V_{独基}=\sum(L_{每阶垫层长}\cdot B_{每阶垫层宽}H_{每阶垫层厚})$</td><td rowspan="2">按设计尺寸以体积计算</td><td rowspan="2">按设计尺寸以体积计算</td><td rowspan="2">1. 独立基础构造的确定。
2. 独立基础阶数的确定</td></tr>
<tr><td></td><td>C25 现浇混凝土独立基础（定额）</td><td></td><td></td><td></td></tr>
<tr><td colspan="8">C25 现浇混凝土独立基础工程量的计算（以 J-2 为例）。
分析：混凝土独立基础是按照设计尺寸以体积计算，独基与其上面的柱的分界线是基础平台上表面，以下为基础、以上为柱。
J-2 共 5 个：$V_{独基}=\sum(L_{每阶垫层长}B_{每阶垫层宽}H_{每阶垫层厚})$
$=(1.8^2\times0.3+1.1^2\times0.3)\times5=6.68(m^3)$</td></tr>
</table>

续表

<table>
<tr><th>序号</th><th>项目编码
定额编号</th><th>项目名称</th><th>计量单位</th><th>工程量</th><th>计算式（计算公式）</th><th>清单工程量计算规则
定额工程量计算规则</th><th>知识点</th><th>技能点</th></tr>
<tr><td colspan="9">E. 混凝土及钢筋混凝土工程</td></tr>
<tr><td rowspan="3">11</td><td>010503001001</td><td>C25 现浇混凝土基础梁（清单）</td><td>m^3</td><td></td><td>$V_{基础梁}=S_{剖面}L_{梁}$</td><td rowspan="2"></td><td rowspan="2">1. 按设计尺寸以体积计算。
2. 梁与柱连接时，梁长算至柱侧面。
3. 主梁与次梁连接时，次梁算至主梁侧面</td><td rowspan="2">1. 基础梁构造的确定。
2. 剖面尺寸的确定。
3. 基础梁长的确定</td></tr>
<tr><td></td><td>C25 现浇混凝土基础梁（定额）</td><td></td><td></td><td></td></tr>
<tr><td colspan="8">C25 现浇混凝土基础梁工程量的计算（以 KL8 为例）。
分析：KL8 的高度为 450 mm，与它相交的其他梁的高度均比它小，故 KL8 算全，与它相交的梁均算至 KL8 的侧面。
（1）KL8 的剖面面积。
$$S_{剖面}=0.25\times0.45=0.113(m^2)$$
（2）KL8 的长度，要扣除中间的框架柱。
$$L_{梁长}=11.7+0.12\times2-0.4\times3=10.74(m)$$
（3）KL8 的工程量为剖面面积乘以长度。
$$V_{KL8}=S_{剖面}L_{梁长}=0.113\times10.74=1.21(m^3)$$</td></tr>
<tr><td rowspan="3">12</td><td>010502001001</td><td>C25 现浇混凝土矩形框架柱（清单）</td><td>m^3</td><td></td><td>$V_{矩形柱}=S_{截面面积}H_{柱高}$</td><td rowspan="2">按设计尺寸以体积计算。柱高：应自柱基上表面至柱顶高度计算</td><td rowspan="2">1. 按设计尺寸以体积计算。
2. 框架柱的柱高应自柱基上表面至柱顶高度计算</td><td rowspan="2">1. 矩形柱构造的确定。
2. 柱截面尺寸的确定。
3. 柱高的确定</td></tr>
<tr><td></td><td>C25 现浇混凝土矩形框架柱（定额）</td><td></td><td></td><td></td></tr>
<tr><td colspan="8">C25 现浇混凝土矩形框架柱工程量的计算（以 A 轴线与①轴线相交的一根 KZ1 为例）。
分析：（1）KZ1 的截面面积。
$$S_{截面面积}=0.4^2=0.16(m^2)$$</td></tr>
</table>

续表

<table>
<tr><th rowspan="2">序号</th><th>项目编码</th><th rowspan="2">项目名称</th><th rowspan="2">计量单位</th><th rowspan="2">工程量</th><th rowspan="2">计算式（计算公式）</th><th>清单工程量计算规则</th><th rowspan="2">知识点</th><th rowspan="2">技能点</th></tr>
<tr><th>定额编号</th><th>定额工程量计算规则</th></tr>
<tr><td colspan="9">E. 混凝土及钢筋混凝土工程</td></tr>
<tr><td>12</td><td colspan="8">（2）KZ1 的高度，KZ1 为框架柱，柱高应自柱基上表面算至柱顶高度。注意：该柱的顶部为斜面，所以应该计算柱截面中心点处的高度，才是最准确的。
$H_{柱截面中心点}=11.95+0.28\div(2.1+3.9+0.12+0.25\div2)\times(14.15-11.95)=12.049(m)$
$H_{柱高}=(4-0.6)+12.049=15.449(m)$
（3）KZ1 的工程量为截面面积乘以高度。
$V_{KZ1}=S_{截面面积}H_{柱高}$
$=0.16\times15.449=2.47(m^3)$</td></tr>
<tr><td rowspan="3">13</td><td>010502003001</td><td>C25 现浇混凝土异形框架柱（清单）</td><td>m^3</td><td></td><td>$V_{异形柱}=S_{异形柱截面}\cdot L_{异形柱高度}$</td><td rowspan="2">按设计尺寸以体积计算。柱高：应自柱基上表面至柱顶高度计算</td><td rowspan="2">1. 按设计尺寸以体积计算。
2. 框架柱的柱高应自柱基上表面至柱顶高度计算</td><td rowspan="2">1. 异形柱构造的确定。
2. 柱截面尺寸的确定。
3. 柱高的确定</td></tr>
<tr><td></td><td>C25 现浇混凝土异形框架柱（定额）</td><td></td><td></td><td></td></tr>
<tr><td colspan="8">C25 现浇混凝土异形框架柱工程量的计算（以 A 轴线与④轴线相交的一根 KZ5 为例）。
分析：（1）KZ5 的截面为圆形，非矩形，要与矩形框架柱区分，单独列项。
$S_{异形柱截面}=\pi R^2=3.14\times0.175^2=0.096(m^2)$
（2）计算 KZ5 的高度，按照规则，框架柱的柱高，应自柱基上表面至柱顶高度计算。
$L_{异形柱高度}=4.0-0.5+2.95=6.45(m)$
（3）KZ5 的工程量为截面面积乘以高度。
$V_{异形形柱}=S_{异形柱截面}L_{异形柱高度}$
$=0.096\times6.45=0.62(m^3)$</td></tr>
</table>

续表

<table>
<tr><th rowspan="2">序号</th><th>项目编码</th><th rowspan="2">项目名称</th><th rowspan="2">计量单位</th><th rowspan="2">工程量</th><th rowspan="2">计算式（计算公式）</th><th>清单工程量计算规则</th><th rowspan="2">知识点</th><th rowspan="2">技能点</th></tr>
<tr><th>定额编号</th><th>定额工程量计算规则</th></tr>
<tr><td colspan="9">E. 混凝土及钢筋混凝土工程</td></tr>
<tr><td rowspan="3">14</td><td>010502002001</td><td>C25 现浇混凝土构造柱（清单）</td><td>m^3</td><td></td><td>$V_{构造柱} = S_{截面} \cdot H_{柱高} + V_{马牙槎}$</td><td rowspan="2">按设计尺寸以体积计算。构造柱按全高计算，嵌接墙体部分（马牙槎）并入柱身体积</td><td rowspan="2">1. 按设计尺寸以体积计算。
2. 构造柱的柱高按全高计算，嵌接墙体的马牙槎并入柱身体积</td><td rowspan="2">1. 构造柱构造的确定。
2. 构造柱高度的确定。
3. 马牙槎体积的确定</td></tr>
<tr><td></td><td>C25 现浇混凝土构造柱（定额）</td><td></td><td></td><td></td></tr>
<tr><td colspan="8">C25 现浇混凝土构造柱工程量的计算（以 A 轴线上的 GZ1 为例）。
分析：(1) 计算 GZ1 的截面面积。
$$S_{截面} = 0.24^2 = 0.058(m^2)$$
(2) 计算构造柱主体部分高度。按照规范，构造柱应当按照全高计算。该工程中，构造柱 GZ1 的高度应当从条形基础底算至地基梁底。
$$H_{柱高} = 4.00-0.25-0.05-0.5 = 3.20(m)$$
(3) 计算马牙槎的体积。马牙槎凹凸尺寸不宜小于 60 mm，高度不应超过 300 mm，应先退后进，对称砌筑。所以在计算时，有砖砌墙或条基与构造柱接触的部分，才浇筑马牙槎，且马牙槎的计算长度采用互补原理，为 30 mm，宽度同构造柱接触边宽，高度按全高计算。该工程中，A 轴线上的 GZ1，两边与砖砌条基接触，故只有两侧有马牙槎。
$$V_{马牙槎} = 0.03 \times 0.24 \times 3.20 \times 2 = 0.046(m^3)$$
(4) 构造柱 GZ1 的工程量，等于主体部分体积加上马牙槎的体积。
$$V_{构造柱} = S_{截面} H_{柱高} + V_{马牙槎} = 0.058 \times 3.2 + 0.046 = 0.23(m^3)$$</td></tr>
<tr><td>15</td><td>010505001001</td><td>C25 现浇混凝土有梁板（不含坡屋面）（清单）</td><td></td><td></td><td></td><td></td><td></td><td></td></tr>
</table>

续表

<table>
<tr><th rowspan="2">序号</th><th>项目编码</th><th rowspan="2">项目名称</th><th rowspan="2">计量单位</th><th rowspan="2">工程量</th><th rowspan="2">计算式（计算公式）</th><th>清单工程量计算规则</th><th rowspan="2">知识点</th><th rowspan="2">技能点</th></tr>
<tr><th>定额编号</th><th>定额工程量计算规则</th></tr>
<tr><td colspan="9">E. 混凝土及钢筋混凝土工程</td></tr>
<tr><td rowspan="2">15</td><td></td><td>C25 现浇混凝土有梁板（不含坡屋面）（定额）</td><td></td><td></td><td></td><td></td><td></td><td></td></tr>
<tr><td colspan="8"></td></tr>
<tr><td rowspan="3">16</td><td>010505001002</td><td>C25 现浇混凝土坡屋面有梁板（清单）</td><td></td><td></td><td>$V_{倾斜LB}=V_{水平LB}\cdot K_{倾斜/水平}$</td><td rowspan="2">按设计尺寸以体积计算，不扣除单个面积≤0.3 m^2 的柱垛及孔洞所占体积。
有梁板（包括主、次梁与板）按梁、板体积之和计算</td><td rowspan="2">1. 按设计尺寸以体积计算。
2. 不扣除单个面积≤0.3 m^2 的柱垛及孔洞所占体积。
3. 有梁板按梁、板体积之和计算</td><td rowspan="2">1. 有梁板构造的确定。
2. 板尺寸的确定。
3. 梁尺寸的确定。
4. 扣减的确定。
5. 比例系数的确定</td></tr>
<tr><td></td><td>C25 现浇混凝土坡屋面有梁板（定额）</td><td></td><td></td><td></td></tr>
<tr><td colspan="8">C25 现浇混凝土倾斜屋面有梁板工程量的计算（以结施 22 页，C、D 轴线和①、③轴线围成的区域为例）。
分析：该屋面板外部有挑檐，按照规范要求，现浇挑檐与屋面板连接时，以外墙外边线为分界线，外边线以内为屋面板。该工程的这块屋面为斜屋面，先计算出其水平时的工程量，再利用三角函数计算出斜屋面的工程量。
（1）水平情况下，板的工程量计算，依照规范，按设计尺寸以体积计算，不扣除单个面积≤0.3 m^2 的柱、垛及孔洞所占的体积。
$V_B=(8.40+0.12+0.25\div2)\times(2.4+0.12+0.125)\times0.1=2.287(m^3)$
（2）水平情况下，梁的工程量计算，依照规范，梁与柱相连时，梁长算至柱侧面。梁的高度，应当为标注的梁高，减去板厚，以免出现重复计算的情况。
$V_{KL-1}=0.25\times(0.4-0.1)\times(2.4\times3-0.28-0.2-0.2\times2-0.18-0.175)=0.447(m^3)$
$V_{KL-2}=0.25\times(0.45-0.1)\times(8.4-0.28-0.4-0.15)\times2=1.325(m^3)$
$V_{KL}=V_{KL-1}+V_{KL-2}=0.447+1.325=1.772(m^3)$</td></tr>
</table>

续表

<table>
<tr><th rowspan="2">序号</th><th>项目编码</th><th rowspan="2">项目名称</th><th rowspan="2">计量单位</th><th rowspan="2">工程量</th><th>计算式</th><th>清单工程量计算规则</th><th rowspan="2">知识点</th><th rowspan="2">技能点</th></tr>
<tr><th>定额编号</th><th>（计算公式）</th><th>定额工程量计算规则</th></tr>
<tr><td colspan="9">E. 混凝土及钢筋混凝土工程</td></tr>
<tr><td>16</td><td colspan="8">（3）有梁板按梁、板体积之和计算。
$$V_{水平LB}=V_B+V_{KL}=2.287+1.772=4.059(m^3)$$
（4）计算倾斜的屋面有梁板与水平的有梁板之间的比例关系。该工程中，已知 C、D 轴线高度和两轴线之间的水平距离，根据三角函数，可以计算出斜面与水平面的比例系数。
$$K_{倾斜/水平}=\sqrt{(14.96-14.13)^2+2.4^2}\div2.4=1.058$$
（5）计算倾斜的屋面有梁板，用水平的有梁板的体积乘以倾斜的屋面有梁板与水平的有梁板的比例系数。
$$V_{倾斜LB}=V_{水平LB}K_{倾斜/水平}=4.059\times1.058=4.29\ (m^3)$$</td></tr>
<tr><td rowspan="3">17</td><td>010505007001</td><td>C25 现浇混凝土挑檐板（清单）</td><td>m^3</td><td></td><td>$V_{倾斜挑檐}=V_{水平挑檐}\cdot K_{倾斜/水平}$</td><td rowspan="2">按设计尺寸以体积计算</td><td rowspan="2">1. 按设计尺寸以体积计算。
2. 现浇挑檐与板（包括屋面板、楼板）连接时，以外墙外边线为分界线。外墙以外为挑檐</td><td rowspan="2">1. 挑檐板与屋面板分界线的确定。
2. 挑檐板构造的确定。
3. 挑檐板尺寸的确定。
4. 比例系数的确定</td></tr>
<tr><td></td><td>C25 现浇混凝土挑檐板（定额）</td><td></td><td></td><td></td></tr>
<tr><td colspan="8">C25 现浇混凝土倾斜挑檐板工程量的计算（以结施 22 页，①轴线上的 A 和 C 轴线之间的挑檐板为例）。
分析：挑檐板的工程量按照规范要求，是按照设计尺寸以体积计算。该工程中，此处的挑檐板为一块斜板，计算时应先计算出水平挑檐板的工程量，再运用三角函数计算出倾斜挑檐板的工程量。
（1）计算出水平挑檐板的工程量。
$$V_{水平挑檐}=(2.1+3.9+0.25\div2+0.72)\times(0.72-0.12)\times0.1=0.411(m^3)$$
（2）根据图上给定的数据算出倾斜面与水平面之间的系数关系。
$$K_{倾斜/水平}=\sqrt{(14.15-11.95)^2+(2.1+3.9+0.12+0.25\div2)^2}\div(2.1+3.9+0.12+0.25\div2)=1.06$$
（3）根据水平挑檐板的工程量和系数关系计算出倾斜挑檐板的工程量。
$$V_{倾斜挑檐}=V_{水平挑檐}K_{倾斜/水平}=0.411\times1.06=0.44(m^3)$$</td></tr>
</table>

续表

序号	项目编码 定额编号	项目名称	计量单位	工程量	计算式（计算公式）	清单工程量计算规则 定额工程量计算规则	知识点	技能点
E. 混凝土及钢筋混凝土工程								
18	010505007002	C25 现浇混凝土檐沟（清单）						
		C25 现浇混凝土檐沟（定额）						
19		C10 现浇混凝土地面垫层（清单）						
		C10 现浇混凝土地面垫层（定额）						
20		C15 现浇混凝土散水（清单）						
		C15 现浇混凝土散水（定额）						

续表

<table>
<tr><th rowspan="2">序号</th><th>项目编码</th><th rowspan="2">项目名称</th><th rowspan="2">计量单位</th><th rowspan="2">工程量</th><th rowspan="2">计算式（计算公式）</th><th>清单工程量计算规则</th><th rowspan="2">知识点</th><th rowspan="2">技能点</th></tr>
<tr><th>定额编号</th><th>定额工程量计算规则</th></tr>
<tr><td colspan="9">E. 混凝土及钢筋混凝土工程</td></tr>
<tr><td rowspan="3">21</td><td></td><td>C25 预制混凝土过梁（清单）</td><td></td><td></td><td></td><td rowspan="2"></td><td rowspan="2"></td><td rowspan="2"></td></tr>
<tr><td></td><td>C25 预制混凝土过梁（定额）</td><td></td><td></td><td></td></tr>
<tr><td colspan="8"></td></tr>
<tr><td rowspan="3">22</td><td>010506001001</td><td>C25 现浇混凝土楼梯（清单）</td><td>m^2</td><td></td><td>$S_{楼梯}=\sum S_{每层水平投影}=\sum(L_{每层水平投影}\cdot B_{每层水平投影})$</td><td rowspan="2">1. 以平方米计量，按设计尺寸以水平投影面积计算。不扣除宽度≤500 mm的楼梯井，伸入墙内部分不计算。
2. 以立方米计量，按设计尺寸以体积计算</td><td rowspan="2">1. 现浇混凝土楼梯有两种计量单位，也就有两种计算方法，选择何种方法，由工程量清单编制人自定。
2. 整体楼梯（包括直行楼梯、弧形楼梯）水平投影面积包括休息平台、平台梁、斜梁和楼梯的连接梁。当整体楼梯与现浇楼板无梯梁连接时，以楼梯的最后一个踏步边缘加 300 mm 为界</td><td rowspan="2">1. 楼梯构造的确定。
2. 楼梯层数的确定。
3. 楼梯水平投影面积的确定</td></tr>
<tr><td></td><td>C25 现浇混凝土楼梯（定额）</td><td></td><td></td><td></td></tr>
<tr><td colspan="8">现浇 C25 混凝土楼梯工程量的计算（以一楼至二楼的楼梯为例）。
分析：按照规范要求，现浇混凝土楼梯既可以按平方米计算，也可以按立方米计算。这里选择以平方米计量（具体选哪个计量单位，应当以各省、直辖市和自治区的建设行政主管部门规定的为准），按设计尺寸以水平投影面积计算。不扣除宽度≤500 mm 的楼梯井，伸入墙内部分不计算。要注意的是，整体楼梯水平投影面积包括休息平台、平台梁、斜梁和楼梯的连接梁，如果整体楼梯与现浇楼板无梯梁连接时，以楼梯的最后一个踏步边缘加 300 mm 为界。
$S_{楼梯}=-\sum S_{每层水平投影}=\sum(L_{每层水平投影}B_{每层水平投影})$
$=(1.42+2.24+0.3-0.2\div2)\times(2.4-0.12\times2)=8.34(m^2)$</td></tr>
</table>

续表

序号	项目编码 定额编号	项目名称	计量单位	工程量	计算式（计算公式）	清单工程量计算规则 定额工程量计算规则	知识点	技能点
E. 混凝土及钢筋混凝土工程								
23	010507004001	C15 现浇混凝土台阶（清单）			$S_{台阶}=L_{水平投影}B_{水平投影}$	1. 以平方米计量，按设计尺寸水平投影面积计算。 2. 以立方米计量，按设计尺寸以体积计算	现浇混凝土台阶有两种计量单位，也就有两种计算方法，选择何种方法，由工程量清单编制人自定	1. 台阶构造的确定。 2. 台阶阶梯数的确定。 3. 台阶水平投影面积的确定
		C15 现浇混凝土台阶（定额）						
	C15 现浇混凝土台阶工程量的计算（以 F 轴线上的台阶为例）。 分析：按照规范要求，现浇混凝土台阶既可以按平方米计算，也可以按立方米计算。这里选择以平方米计量（具体选哪个计量单位，应当以各省、直辖市和自治区的建设行政主管部门规定的为准），按设计尺寸水平投影面积计算。此台阶所在的室内外高差为 0.6 m，按照西南 04J812 图集第 7 页 3a 图示，可知该工程 F 轴线上的台阶为 3 阶，每阶宽度为 320 mm，且最后一个踏步边缘加 300 mm。 $S_{台阶}=L_{水平投影}B_{水平投影}$ $=1.8\times(3.2\times2+0.3)=12.06(m^2)$							
24		C15 现浇混凝土坡道（清单）						
		C15 现浇混凝土坡道（定额）						

续表

序号	项目编码 定额编号	项目名称	计量单位	工程量	计算式（计算公式）	清单工程量计算规则 定额工程量计算规则	知识点	技能点
E. 混凝土及钢筋混凝土工程								
25		C20 现浇混凝土止水带（清单）						
		C20 现浇混凝土止水带（定额）						
26		C20 预制混凝土其他构件（清单）						
		C20 预制混凝土其他构件（定额）						
27		预埋铁件（清单）						
		预埋铁件（定额）						

续表

序号	项目编码 定额编号	项目名称	计量单位	工程量	计算式 （计算公式）	清单工程量计算规则 定额工程量计算规则	知识点	技能点
H. 门窗工程								
28		防盗门（清单）	樘	1	樘数	以樘计量，按设计数量计算		1. 门数量的确定。 2. 门洞口面积的确定
			m^2	3.15	$S=\sum$（门洞口高×门洞口宽×数量）	以平方米计量，按洞口尺寸以面积计算		
		防盗门（定额）						
	工程量计算分析及示例： 分析：(1) 按“樘”计算工程量时，应区别门洞口尺寸与种类分别列项计算。 FDM1521：防盗门按“樘”计算工程量为1樘。 (2) 按面积计算工程量时，应注意区别门的种类分别列项计算。 $S=\sum$（门洞口宽×门洞口高×数量） S半玻镶板门$=1.5\times2.10\times1$ $=3.15(m^2)$							
29		防盗对讲门（清单）	樘		樘数			
			m^2		$S=\sum$（门洞口高×门洞口宽×数量）			
		防盗对讲门（定额）						
30		平开铝合金门（清单）						
		平开铝合金门（定额）						

续表

序号	项目编码 定额编号	项目名称	计量单位	工程量	计算式（计算公式）	清单工程量计算规则 定额工程量计算规则	知识点	技能点
H. 门窗工程								
31		铝合金卷帘门(清单)						
		铝合金卷帘门(定额)						
32		彩铝单玻平开窗（清单）						
		彩铝单玻平开窗（定额）						
33		彩铝单玻推拉窗（清单）						
		彩铝单玻推拉窗（定额）						

续表

<table>
<tr><th>序号</th><th>项目编码
定额编号</th><th>项目名称</th><th>计量单位</th><th>工程量</th><th>计算式
（计算公式）</th><th>清单工程量计算规则
定额工程量计算规则</th><th>知识点</th><th>技能点</th></tr>
<tr><td colspan="9">J. 屋面及防水工程</td></tr>
<tr><td rowspan="3">34</td><td></td><td>瓦屋面（清单）</td><td>m^2</td><td></td><td>$S=L_{斜高}×$屋面长</td><td rowspan="2">按设计尺寸以斜面积计算</td><td rowspan="2">1. 不扣除放上烟囱、风帽底座、风道、小气窗、斜沟等所占面积。
2. 小气窗的出檐部分不增加</td><td rowspan="2">坡屋面斜高或斜率的确定</td></tr>
<tr><td></td><td>瓦屋面（定额）</td><td></td><td></td><td></td></tr>
<tr><td colspan="8">工程量计算分析及示例：
瓦屋面面积应按设计净面积计算，计算时应注意女儿墙与轴线的关系。14.13～15.25 m 标高处坡屋面结构板的斜面与水平面的比例系数计算如有梁板介绍，$K=1.058$；14.13～15.25 m 标高处坡屋面结构板工程量为
$S_{斜}=S_{水平}×$斜率
$=(8.40+0.72×2)×(2.40+0.72×2)$
$=37.79(m^2)$</td></tr>
<tr><td rowspan="3">35</td><td></td><td>墙面改性沥青一布四涂防水层（清单）</td><td>m^2</td><td></td><td>$S=S_{涂膜面积}-S_{门窗洞口}+S_{门侧}$</td><td rowspan="2">按设计尺寸以面积计算</td><td rowspan="2">1. 扣除所有门窗洞口面积。
2. 门窗侧边应增加</td><td rowspan="2">涂膜防水高度的确定</td></tr>
<tr><td></td><td>墙面改性沥青一布四涂防水层（定额）</td><td></td><td></td><td></td></tr>
<tr><td colspan="8">工程量计算分析及示例：
墙面涂膜防水应扣除门窗洞口所占面积，窗距地 1.2 m 安装，故窗所占面积不扣除。四层卫生间墙面涂膜防水工程量如下：
$S=[(3.0-0.24+1.9-0.12)×2+(2.40-0.12)×2+(5.40-1.74-0.12)]×1.20-0.80×1.20$
$=19.66(m^2)$</td></tr>
</table>

续表

序号	项目编码 定额编号	项目名称	计量单位	工程量	计算式 （计算公式）	清单工程量计算规则 定额工程量计算规则	知识点	技能点
J. 屋面及防水工程								
36		楼地面改性沥青一布四涂防水层(清单)	m^2		$S_{楼地面}$ = 主墙间净长×净宽+$S_{防水}-S_{门洞}$	按设计尺寸以面积计算。 楼(地)面涂膜防水：按主墙间净空面积计算，扣除凸出地面的构筑物、设备基础等所占面积，不扣除间壁墙及单个面积≤0.3 m^2柱、垛、烟囱和孔洞所占面积	1. 楼(地)面防水反边高度≤300 mm 按墙面防水计算。 2. 防水搭接及附加层用量不另行计算，在综合单价中考虑	1. 楼(地)面防水水平面积的确定。 2. 300 mm 以内反边面积的确定
36		楼地面改性沥青一布四涂防水层(定额)						
36	工程量计算分析及示例： 图纸建施 3 的设计说明中明确，厨卫楼地面防水层均由 SBC120 聚乙烯丙纶复合防水卷材为改性沥青一布四涂防水层。防水反边高度为 1.20 m，楼(地)面防水反边高度≤300 mm 时，工程量应并入墙面防水工程量内。四楼卫生间防水卷材工程量如下： S = 净长×净宽 =(3.0−0.24)×(1.9−0.12)+(2.40−0.12)×(5.40−1.74 −0.12) = 12.98(m^2)							
37		屋面 SBC 聚乙烯丙纶复合卷材防水(清单)						
37		屋面 SBC 聚乙烯丙纶复合卷材防水(定额)						

续表

<table>
<tr><th rowspan="2">序号</th><th>项目编码</th><th rowspan="2">项目名称</th><th rowspan="2">计量单位</th><th rowspan="2">工程量</th><th>计算式</th><th>清单工程量计算规则</th><th rowspan="2">知识点</th><th rowspan="2">技能点</th></tr>
<tr><th>定额编号</th><th>（计算公式）</th><th>定额工程量计算规则</th></tr>
<tr><td colspan="9">J. 屋面及防水工程</td></tr>
<tr><td rowspan="3">38</td><td></td><td>屋面排水管（清单）</td><td>m</td><td></td><td>L=檐口标高+室内外高差</td><td rowspan="2">按设计尺寸以长度计算</td><td rowspan="2">如设计未标注尺寸，以檐口至设计室外散水上表面垂直距离计算</td><td rowspan="2">檐口高度的确定</td></tr>
<tr><td></td><td>屋面排水管（定额）</td><td></td><td></td><td></td></tr>
<tr><td colspan="8">工程量计算分析及示例：
Ⓔ轴上的水落管从天沟延伸到室外标高-0.6 m处，工程量如下：
L =12.00-0.60+0.60
=12.00(m)</td></tr>
<tr><td colspan="9">L. 楼地面工程</td></tr>
<tr><td rowspan="3">39</td><td>011101002001</td><td>水泥砂浆楼地面（清单）</td><td>m²</td><td></td><td>$S=S_{净}=$</td><td rowspan="2">按设计尺寸以面积计算</td><td rowspan="2">1. 扣除凸出地面构筑物、设备基础、室内铁道、地沟等所占面积。
2. 不扣除间壁墙及≤0.3 m² 柱、垛、附墙烟囱及孔洞所占面积。
3. 门洞、空圈、暖气包槽、壁龛的开口部分不增加面积</td><td rowspan="2">1. 主墙间净面积。
2. 不增加门洞口面积</td></tr>
<tr><td></td><td>水泥砂浆楼地面（定额）</td><td></td><td></td><td></td></tr>
<tr><td colspan="8"></td></tr>
</table>

续表

<table>
<tr><th rowspan="2">序号</th><th>项目编码</th><th rowspan="2">项目名称</th><th rowspan="2">计量单位</th><th rowspan="2">工程量</th><th rowspan="2">计算式（计算公式）</th><th>清单工程量计算规则</th><th rowspan="2">知识点</th><th rowspan="2">技能点</th></tr>
<tr><th>定额编号</th><th>定额工程量计算规则</th></tr>
<tr><td colspan="9">L. 楼地面工程</td></tr>
<tr><td rowspan="3">40</td><td></td><td>黑色花岗石楼梯面（清单）</td><td>m^2</td><td></td><td>$S=S_{平}$</td><td rowspan="2">按设计尺寸以楼梯（包括踏步、休息平台及≤500 mm 的楼梯井）水平投影面积计算</td><td rowspan="2">1. 楼梯与楼地面相连时算至梯口梁内侧边缘。
2. 无梯口梁的算至最上一层踏步边沿加 300 mm</td><td rowspan="2">1. 主墙间净面积。
2. 不扣除柱所占面积。
3. 平台柱工程量单独计算。
4. 梯口梁投影面积并入楼梯面积</td></tr>
<tr><td></td><td>黑色花岗石楼梯面（定额）</td><td></td><td></td><td></td></tr>
<tr><td colspan="8">工程量计算分析及示例：
1#楼梯：
$S_{水平}=(2.4-0.24)\times(5.4-0.12-1.74+0.2)=8.08(m^2)$</td></tr>
<tr><td rowspan="3">41</td><td></td><td>块料踢脚线（清单）</td><td>m^2</td><td></td><td></td><td></td><td></td><td></td></tr>
<tr><td></td><td>块料踢脚线（定额）</td><td>m^2</td><td></td><td></td><td></td><td></td><td></td></tr>
<tr><td colspan="8"></td></tr>
<tr><td rowspan="3">42</td><td></td><td>水泥砂浆台阶面（清单）</td><td>m^2</td><td></td><td>$S=S_{平}$</td><td rowspan="2">按设计尺寸以台阶（包括最上层踏步边沿加 300 mm）水平投影面积计算</td><td rowspan="2">1. 以水平投影面积计算。
2. 取至踏步上边缘加 300 mm</td><td rowspan="2">平台部分按楼地面计算</td></tr>
<tr><td></td><td>水泥砂浆台阶面（定额）</td><td></td><td></td><td></td></tr>
<tr><td colspan="8">工程量计算分析及示例：
正门：$S_{水平}=(3+0.2+0.28)\times(0.32\times11+0.3)=13.29(m^2)$</td></tr>
</table>

续表

序号	项目编码 定额编号	项目名称	计量单位	工程量	计算式（计算公式）	清单工程量计算规则 定额工程量计算规则	知识点	技能点
M. 墙、柱面装饰与隔断、幕墙工程								
43	011201001001	内墙面抹灰（清单）	m^2		$S=L_{净长}H_{净高}-$内墙面门窗洞口所占面积	按设计尺寸以面积计算	1. 扣除墙裙、门窗洞口及单个>0.3 m^2 的孔洞面积。 2. 不扣除踢脚线、挂镜线和墙与构件交接处的面积，门窗洞口和孔洞的侧壁及顶面不增加面积。 3. 附墙柱、梁、垛、烟囱侧壁并入相应的墙面面积内	1. 内墙抹灰面按主墙间净长乘以高度计算。 2. 净长：设计图示尺寸（不考虑抹灰厚度）。 3. 净高：扣除墙裙高度。 4. 内墙上门窗口双面
		内墙面抹灰（定额）						
44	011201004001	外墙立面砂浆找平层（清单）	m^2		$S=L_{外}H_{外}-$门窗洞口所占面积	按设计尺寸以面积计算	1. 扣除墙裙、门窗洞口及单个>0.3 m^2 的孔洞面积。 2. 不扣除踢脚线、挂镜线和墙与构件交接处的面积，门窗洞口和孔洞的侧壁及顶面不增加面积。 3. 附墙柱、梁、垛、烟囱侧壁并入相应的墙面面积内	1. 外墙抹灰面按外墙垂直投影面积计算。 2. 净长：设计尺寸（不考虑抹灰厚度）。 3. 高度：取至室外地坪。 4. 山墙部分按实计算
		外墙立面砂浆找平层（定额）						

续表

<table>
<tr><th rowspan="2">序号</th><th>项目编码</th><th rowspan="2">项目名称</th><th rowspan="2">计量单位</th><th rowspan="2">工程量</th><th rowspan="2">计算式（计算公式）</th><th>清单工程量计算规则</th><th rowspan="2">知识点</th><th rowspan="2">技能点</th></tr>
<tr><th>定额编号</th><th>定额工程量计算规则</th></tr>
<tr><td colspan="9">M. 墙、柱面装饰与隔断、幕墙工程</td></tr>
<tr><td rowspan="3">45</td><td></td><td>外墙面贴瓷砖(清单)</td><td>m^2</td><td></td><td>$S=L_{表} H_{表}-$门窗洞口所占面积+门窗洞口侧面</td><td rowspan="2">按镶贴表面积计算</td><td rowspan="2">1. 扣除墙裙、门窗洞口及单个>0.3 m^2 的孔洞面积。
2. 不扣除踢脚线、挂镜线和墙与构件交接处的面积。
3. 门窗洞口和孔洞的侧壁及顶面、附墙柱、梁、垛、烟囱侧壁并入相应的墙面面积内</td><td rowspan="2">1. 按瓷砖表面积计算。
2. 长度：考虑立面砂浆找平层、结合层、面砖厚度，柱两侧面积并入抹灰工程量。
3. 高度：取至室外地坪</td></tr>
<tr><td></td><td>外墙面贴瓷砖(定额)</td><td></td><td></td><td></td></tr>
<tr><td colspan="8"></td></tr>
<tr><td rowspan="3">46</td><td></td><td>楼梯间墙面抹灰（清单）</td><td>m^2</td><td></td><td>$S=LH_{平均高度}-$楼梯间门窗洞口面积</td><td rowspan="2">按设计尺寸以面积计算</td><td rowspan="2">1. 扣除墙裙、门窗洞口及单个>0.3 m^2 的孔洞面积。
2. 不扣除踢脚线、挂镜线和墙与构件交接处的面积。
3. 门窗洞口和孔洞的侧壁及顶面、附墙柱、梁、垛、烟囱侧壁并入相应的墙面面积内</td><td rowspan="2">1. 踏步、休息平台与墙交接部分面积不扣除。
2. 扣除门洞、窗洞所占面积</td></tr>
<tr><td></td><td>楼梯间墙面抹灰（定额）</td><td></td><td></td><td></td></tr>
<tr><td colspan="8">工程量计算分析及示例：
2#楼梯：
$L=3.3\times2+2.4-0.24=8.76(m)$
$H=H_{平均高度}=(13.5-3+12.5-3)\div2=10(m)$
楼梯间门窗洞口面积$=1.8\times1.5\times2+0.9\times2.1=7.29(m^2)$
$S=8.76\times10-7.29=80.31(m^2)$</td></tr>
</table>

续表

序号	项目编码 定额编号	项目名称	计量单位	工程量	计算式（计算公式）	清单工程量计算规则 定额工程量计算规则	知识点	技能点
N. 顶棚工程								
47		顶棚抹灰（清单）	m^2		$S=S_{净}+$梁两侧面积	按设计尺寸以水平投影面积计算	1. 不扣除间壁墙、垛、柱、附墙烟囱、检查口和管道所占的面积。 2. 顶棚的梁两侧抹灰面积并入顶棚面积内	1. 墙上梁侧面抹灰面积并入墙体抹灰面积。 2. 梁两侧抹灰面积并入顶棚面积内。 3. 柱所占面积不扣除。 4. 坡形顶棚按斜面积计算
		顶棚抹灰（定额）						
48		楼梯底面抹灰（清单）	m^2		$S=S_{水平}\cos(坡角)+S_{休息平台}$	按设计尺寸以水平投影面积计算	1. 板式楼梯底面抹灰按斜面积计算。 2. 锯齿形楼梯底板抹灰按展开面积计算	1. 板式楼梯底面抹灰按斜面积计算。 2. 锯齿形楼梯底板抹灰按展开面积计算。 3. 不扣除柱、检查口和管道所占的面积
		楼梯底面抹灰（定额）						
	工程量计算分析及示例： 1#楼梯： $S=2.24\times1.05\times2\times325\div280+(1.42-0.12)\times(2.4-0.24)=8.27(m^2)$							
P. 油漆、涂料、裱糊工程								
49		顶棚仿瓷涂料两遍（清单）						
		顶棚仿瓷涂料两遍（定额）						

续表

序号	项目编码 定额编号	项目名称	计量单位	工程量	计算式（计算公式）	清单工程量计算规则 定额工程量计算规则	知识点	技能点
	P. 油漆、涂料、裱糊工程							
50		内墙面仿瓷涂料两遍（清单）						
		内墙面仿瓷涂料两遍（定额）						
	Q. 其他装饰工程							
51		屋面金属扶手、栏杆（清单）	m		L=弯头长+水平段长	按设计尺寸以扶手中心线长度（包括弯头长度）计算		1. 楼梯栏杆斜长的计算。 2. 楼梯安全栏杆长度的计算。 3. 弯头长度的计算
		屋面金属扶手、栏杆（定额）						
	工程量计算分析及示例： 栏杆按长度计算，当金属栏杆高度不同时应分别列项计算工程量，材质、花型不同时也应分别列项。三层平面图中屋面金属栏杆工程量如下： L =3.0+3.3−0.12+3.9−0.12 =9.96(m)							
52		客厅飘窗护窗金属扶手、栏杆（清单）	m		L=弯头长+水平段长	按设计尺寸以扶手中心线长度（包括弯头长度）计算		1. 楼梯栏杆斜长的计算。 2. 楼梯安全栏杆长度的计算。 3. 弯头长度的计算

续表

<table>
<tr><th rowspan="2">序号</th><th>项目编码</th><th rowspan="2">项目名称</th><th rowspan="2">计量单位</th><th rowspan="2">工程量</th><th rowspan="2">计算式（计算公式）</th><th>清单工程量计算规则</th><th rowspan="2">知识点</th><th rowspan="2">技能点</th></tr>
<tr><th>定额编号</th><th>定额工程量计算规则</th></tr>
<tr><td colspan="9">Q. 其他装饰工程</td></tr>
<tr><td rowspan="2">52</td><td></td><td>客厅飘窗护窗金属扶手、栏杆（定额）</td><td></td><td></td><td></td><td></td><td></td><td></td></tr>
<tr><td colspan="8">工程量计算分析及示例：
飘窗护窗栏杆的高度为900 mm，高度、花型与屋面金属栏杆均不同，应单独列项计算。四层平面图中金属栏杆工程量如下：
$L=2.10+(0.65-0.12)\times2$
$=3.16(\mathrm{m})$</td></tr>
<tr><td rowspan="3">53</td><td></td><td>玻璃栏板（清单）</td><td></td><td></td><td>$L=$弯头长+水平段长</td><td rowspan="2">按设计尺寸以扶手中心线长度（包括弯头长度）计算</td><td rowspan="2"></td><td rowspan="2">1. 楼梯栏杆斜长的计算。
2. 楼梯安全栏杆长度的计算。
3. 弯头长度的计算</td></tr>
<tr><td></td><td>玻璃栏板（定额）</td><td></td><td></td><td></td></tr>
<tr><td colspan="8">工程量计算分析及示例：
玻璃栏板设置在阳台板周边，高度为1 050 mm，二楼阳台玻璃栏板工程量如下：
$L=(1.30\times2+3.30)\times2$
$=11.80(\mathrm{m})$</td></tr>
<tr><td rowspan="3">54</td><td></td><td>楼梯金属栏板（清单）</td><td></td><td></td><td>$L=$斜长+弯头长+水平段长</td><td rowspan="2">按设计尺寸以扶手中心线长度（包括弯头长度）计算</td><td rowspan="2"></td><td rowspan="2">1. 楼梯栏杆斜长的计算。
2. 楼梯安全栏杆长度的计算。
3. 梯井处弯头长度的计算</td></tr>
<tr><td></td><td>楼梯金属栏板（定额）</td><td></td><td></td><td></td></tr>
<tr><td colspan="8">分析：楼梯栏杆分为踏步上的斜长部分、梯井的弯头部分和安全水平栏杆三部分。图③—④轴线之间的楼梯工程量如下：
① 栏杆斜长 $=2.73\times4=10.92(\mathrm{m})$。</td></tr>
</table>

续表

<table>
<tr><th rowspan="2">序号</th><th>项目编码</th><th rowspan="2">项目名称</th><th rowspan="2">计量单位</th><th rowspan="2">工程量</th><th rowspan="2">计算式（计算公式）</th><th>清单工程量计算规则</th><th rowspan="2">知识点</th><th rowspan="2">技能点</th></tr>
<tr><th>定额编号</th><th>定额工程量计算规则</th></tr>
<tr><td colspan="9">Q. 其他装饰工程</td></tr>
<tr><td>54</td><td colspan="8">② 弯头长 = 0.60×4 = 2.40(m)。
③ 水平长 = 1.05(m)。
$L = 10.92+2.40+1.05 = 14.37(m)$</td></tr>
<tr><td colspan="9">S. 措施项目</td></tr>
<tr><td rowspan="3">55</td><td>011701001001</td><td>综合脚手架（清单）</td><td>m^2</td><td></td><td>$S=S_{建筑面积}$</td><td rowspan="2"></td><td rowspan="2">1. 按建筑面积计算。
2. 按照《建筑工程建筑面积计算规范》(GB/T 50353—2013)计算建筑面积</td><td rowspan="2">1. 计算建筑面积的范围及建筑面积的确定。
2. 不计算面积的范围</td></tr>
<tr><td></td><td>综合脚手架（定额）</td><td></td><td></td><td></td></tr>
<tr><td colspan="8"></td></tr>
<tr><td rowspan="3">56</td><td>011703001001</td><td>垂直运输机械（清单）</td><td>m^2</td><td></td><td>$S=S_{建筑面积}$</td><td rowspan="2"></td><td rowspan="2">1. 按建筑面积计算。
2. 按照《建筑工程建筑面积计算规范》(GB/T 50353—2013)计算建筑面积</td><td rowspan="2">1. 计算建筑面积的范围及建筑面积的确定。
2. 不计算面积的范围</td></tr>
<tr><td></td><td>垂直运输机械（定额）</td><td></td><td></td><td></td></tr>
<tr><td colspan="8">工程量计算分析及示例：
垂直运输机械按照本住宅工程的建筑面积计算工程量。按照《建筑工程建筑面积计算规范》(GB/T 50353—2013)要求计算本工程的建筑面积。
例如：本工程的地下车库应按规范要求按其结构外围水平面积计算。车库的层高 2.4−0.05 = 2.35(m)>2.2(m)，故应计算全面积。
$S_{车库} = (3.3+0.24)×(6+0.24) = 22.090(m^2)$
按照规范要求，将本工程涉及的计算面积按照规范要求全部计算出来，然后累加，即可得到垂直运输机械的工程量</td></tr>
</table>

续表

<table>
<tr><th rowspan="2">序号</th><th>项目编码</th><th rowspan="2">项目名称</th><th rowspan="2">计量单位</th><th rowspan="2">工程量</th><th rowspan="2">计算式（计算公式）</th><th>清单工程量计算规则</th><th rowspan="2">知识点</th><th rowspan="2">技能点</th></tr>
<tr><th>定额编号</th><th>定额工程量计算规则</th></tr>
<tr><td colspan="9">S. 措施项目</td></tr>
<tr><td rowspan="3">57</td><td>011702025001</td><td>现浇混凝土独立基础垫层模板支架（清单）</td><td>m²</td><td></td><td>$S_{基础垫层模板}=L_{基础垫层周长}H_{模板高}$</td><td rowspan="2">按模板与现浇构件的接触面积计算</td><td rowspan="2">按模板与现浇构件的接触面积计算</td><td rowspan="2">模板与现浇构件接触面积的确定</td></tr>
<tr><td></td><td>现浇混凝土独立基础垫层模板支架（定额）</td><td></td><td></td><td></td></tr>
<tr><td colspan="8">现浇混凝土独立基础垫层模板支架工程量的计算（以 J-2 为例）。
分析：独立基础垫层与模板的接触面只有四周，底面和顶面不需要做模板。
$S_{基础垫层模板}=L_{基础垫层周长}H_{模板高}$
$=(1.8+0.1\times2)\times4\times0.1\times5=4.00(m^2)$</td></tr>
<tr><td rowspan="3">58</td><td>011702025002</td><td>现浇混凝土条形基础垫层模板支架（清单）</td><td></td><td></td><td>$S_{条基垫层模板}=L_{垫层中心线}H_{垫层}\times2$ 侧</td><td rowspan="2">按模板与现浇构件的接触面积计算</td><td rowspan="2">按模板与现浇构件的接触面积计算</td><td rowspan="2">1. 模板长度的确定。
2. 扣除构件相交面积的确定</td></tr>
<tr><td></td><td>现浇混凝土条形基础垫层模板支架（定额）</td><td></td><td></td><td></td></tr>
<tr><td colspan="8">现浇混凝土条形基础垫层模板支架工程量的计算（以①轴线条形基础垫层为例）。</td></tr>
</table>

续表

<table>
<tr><th rowspan="2">序号</th><th>项目编码</th><th rowspan="2">项目名称</th><th rowspan="2">计量单位</th><th rowspan="2">工程量</th><th rowspan="2">计算式（计算公式）</th><th>清单工程量计算规则</th><th rowspan="2">知识点</th><th rowspan="2">技能点</th></tr>
<tr><th>定额编号</th><th>定额工程量计算规则</th></tr>
<tr><td colspan="9">S. 措施项目</td></tr>
<tr><td>58</td><td colspan="8">分析：按模板与现浇构件的接触面计算，对于条形基础垫层，只有两侧有模板。①轴线上的条形基础垫层的模板长度可以用条形基础垫层中心线来计算，但要扣除中间的独立基础的尺寸。
$S_{条基垫层模板}=L_{垫层中心线}H_{垫层}\times 2$ 侧
$=(12.30-0.98-2.1-1.8)\times 0.25\times 2$
$=3.71(m^2)$</td></tr>
<tr><td rowspan="3">59</td><td>011702001001</td><td>现浇混凝土独立基础模板支架（清单）</td><td></td><td></td><td>$S_{独基模板}=L_{独基每阶周长}\cdot H_{独基每阶模板高}$</td><td rowspan="2">按模板与现浇构件的接触面积计算</td><td rowspan="2">按模板与现浇混凝土构件的接触面积计算</td><td rowspan="2">模板与现浇构件接触面积的确定</td></tr>
<tr><td></td><td>现浇混凝土独立基础模板支架（定额）</td><td></td><td></td><td></td></tr>
<tr><td colspan="8">现浇混凝土独立基础模板支架工程量的计算（以 J-2 为例）。
分析：该工程采用的是二阶独立基础，其与模板的接触面只有每阶基础的四周。
$S_{独基模板}=L_{独基每阶周长}H_{独基每阶模板高}$
$=(1.8\times 4\times 0.3+1.1\times 4\times 0.3)\times 5=17.40(m^2)$</td></tr>
<tr><td rowspan="2">60</td><td>011702005001</td><td>现浇混凝土基础梁模板支架（清单）</td><td></td><td></td><td>$S_{地梁模板}=S_{地梁侧模}+S_{地梁底模}$</td><td rowspan="2">按模板与现浇混凝土构件的接触面积计算。
柱、梁、墙、板相互连接重叠部分，均不计算模板面积</td><td rowspan="2">1. 按模板与现浇构件的接触面积计算。
2. 现浇框架分别按梁、板、柱有关规定计算。
3. 柱、梁、墙、板相互连接重叠部分，均不计算模板面积</td><td rowspan="2">1. 构件划分的确定。
2. 模板与现浇构件接触面积的确定。
3. 连接面重叠面积扣减的确定</td></tr>
<tr><td></td><td>现浇混凝土基础梁模板支架（定额）</td><td></td><td></td><td></td></tr>
</table>

续表

<table>
<tr><th rowspan="2">序号</th><th>项目编码</th><th rowspan="2">项目名称</th><th rowspan="2">计量单位</th><th rowspan="2">工程量</th><th rowspan="2">计算式（计算公式）</th><th>清单工程量计算规则</th><th rowspan="2">知识点</th><th rowspan="2">技能点</th></tr>
<tr><th>定额编号</th><th>定额工程量计算规则</th></tr>
<tr><td colspan="9">S. 措施项目</td></tr>
<tr><td>60</td><td colspan="8">现浇混凝土基础梁模板支架工程量的计算（以 KL8 为例）。
分析：（1）地梁模板的主要接触面为两侧面，梁与柱的模板分界与混凝土构件的分界是一样的。这里还要注意，梁与梁交界面没有模板，应当扣除。
$S_{地梁侧模}=(11.70+0.12\times2-0.4\times3)-(0.25\times0.3+0.25\times0.35+0.2\times0.3+0.25\times0.35)$
$=10.43(m^2)$
（2）底面是否有模板，要根据施工方案确定。挖地槽时，如果地槽底标高与地梁底标高一致，则不需要做底模板；如果地槽底标高比地梁底标高低，则需要安装底模板。而地梁的两端头，因为和柱相连，不需要模板。此处按地槽底标高与地梁底标高一致考虑。
$S_{地梁底模}=0.00(m^2)$
（3）现浇混凝土地梁的模板安拆工程量就等于侧模与底模之和。
$S_{地梁模板}=S_{地梁侧模}+S_{地梁底模}$
$=10.43+0=10.43(m^2)$</td></tr>
<tr><td rowspan="3">61</td><td>011702002001</td><td>现浇混凝土框架矩形柱模板支架（清单）</td><td></td><td></td><td>$S_{柱模}=S_{柱侧模}-S_{构件连接面}$</td><td rowspan="2">按模板与现浇混凝土构件的接触面积计算。
1. 现浇框架分别按梁、板、柱有关规定计算。
2. 柱、梁、墙、板相互连接重叠部分，均不计算模板面积</td><td rowspan="2">1. 按模板与现浇构件的接触面积计算。
2. 现浇框架分别按梁、板、柱有关规定计算。
3. 柱、梁、墙、板相互连接重叠部分，均不计算模板面积</td><td rowspan="2">1. 构件划分的确定。
2. 模板与现浇构件接触面的确定。
3. 连接面重叠面积扣减的确定</td></tr>
<tr><td></td><td>现浇混凝土框架矩形柱模板支架（定额）</td><td></td><td></td><td></td></tr>
<tr><td colspan="8">现浇混凝土框架矩形柱模板支架工程量的计算（以 A 轴线与①轴线相交的 KZ1 为例）。
分析：（1）框架柱与模板的接触面主要是侧面，底面和顶面不需要模板。侧模为柱截面周长乘以柱高，这里的柱高是柱基上表面至柱顶高度。注意这里的 KZ1 柱顶是斜面，算至柱截面中心点的高度是最准确的。
$H_{柱截面中心点}=11.95+0.28\div(2.1+3.9+0.12+0.25\div2)\times(14.15-11.95)=12.049(m)$
$S_{柱侧模}=L_{柱截面周长}H_{柱高}=0.4\times4\times(4-0.6+12.049)=24.718(m^2)$</td></tr>
</table>

续表

序号	项目编码 定额编号	项目名称	计量单位	工程量	计算式（计算公式）	清单工程量计算规则 定额工程量计算规则	知识点	技能点
S. 措施项目								
61	（2）要扣除柱与地梁、有梁板、挑檐板等构件连接面。 $S_{柱模}=S_{柱侧模}-S_{构件连接面}$ $=24.718-(0.25\times0.4+0.25\times0.5)-(0.25\times0.5\times2)-[0.15\times0.4\times2+0.25\times(0.5-0.15)\times2]\times2-[0.15\times0.4\times2+0.1\times0.4+0.25\times(0.5-0.15)+0.25\times(0.3-0.1)+0.25\times(0.3-0.15)]=23.32(m^2)$							
62	011702004001	现浇混凝土框架异形柱模板支架（清单）				按模板与现浇混凝土构件的接触面积计算。 1. 现浇框架分别按梁、板、柱有关规定计算。 2. 柱、梁、墙、板相互连接重叠部分，均不计算模板面积		
		现浇混凝土框架异形柱模板支架（定额）						
63	011702003001	现浇混凝土构造柱模板支架（清单）	m^2		$S_{构造柱模}=S_{主体模板}+S_{马牙槎模板}$	按模板与现浇混凝土构件的接触面积计算。 1. 柱、梁、墙、板相互连接重叠部分，均不计算模板面积。 2. 构造柱按外露部分计算模板面积	1. 按模板与现浇构件的接触面积计算。 2. 构造柱按外露部分计算模板面积	1. 模板与构造柱主体接触面的确定。 2. 模板与马牙槎接触面的确定
		现浇混凝土构造柱模板支架（定额）						

续表

<table>
<tr><th rowspan="2">序号</th><th>项目编码</th><th rowspan="2">项目名称</th><th rowspan="2">计量单位</th><th rowspan="2">工程量</th><th rowspan="2">计算式（计算公式）</th><th>清单工程量计算规则</th><th rowspan="2">知识点</th><th rowspan="2">技能点</th></tr>
<tr><th>定额编号</th><th>定额工程量计算规则</th></tr>
<tr><td colspan="9">S. 措施项目</td></tr>
<tr><td>63</td><td colspan="8">现浇混凝土构造柱模板支架工程量的计算(以 A 轴线上的 GZ1 为例)。
分析:按照规范要求,构造柱的模板按设计尺寸外露部分计算模板面积。
(1) 计算构造柱主体部分的模板,其接触面只有与墙面平行的两侧有,高度按构造柱全高计算。
$S_{主体模板}=0.24\times(4.00-0.25-0.05-0.5)\times2=1.536(m^2)$
(2) 计算马牙槎的模板,其接触面只有与墙面平行的两侧有,马牙槎凹凸尺寸不宜小于 60 mm,高度不应超过 300 mm,应先退后进,对称砌筑。所以在计算时,长度采用互补原理,为 30 mm,高度按全高计算。该工程中,A 轴线上的 GZ1,两边与砖砌条基接触,故只有两侧有马牙槎。
$S_{马牙槎模板}=0.03\times(4.00-0.25-0.05-0.5)\times2\times2=0.384(m^2)$
(3) 构造柱的模板支架工程量就等于构造柱主体部分和马牙槎部分的模板之和。
$S_{构造柱模}=S_{主体模板}+S_{马牙槎模板}=1.536+0.384=1.92(m^2)$</td></tr>
<tr><td rowspan="2">64</td><td>011702014001</td><td>现浇混凝土有梁板模板支架(不含屋面板)(清单)</td><td></td><td></td><td></td><td rowspan="2"></td><td rowspan="2"></td><td rowspan="2"></td></tr>
<tr><td></td><td>现浇混凝土有梁板模板支架(不含屋面板)(定额)</td><td></td><td></td><td></td></tr>
<tr><td></td><td colspan="8"></td></tr>
</table>

续表

<table>
<tr><th rowspan="2">序号</th><th>项目编码</th><th rowspan="2">项目名称</th><th rowspan="2">计量单位</th><th rowspan="2">工程量</th><th rowspan="2">计算式（计算公式）</th><th>清单工程量计算规则</th><th rowspan="2">知识点</th><th rowspan="2">技能点</th></tr>
<tr><th>定额编号</th><th>定额工程量计算规则</th></tr>
<tr><td colspan="9">S. 措施项目</td></tr>
<tr><td rowspan="3">65</td><td>011702014002</td><td>现浇混凝土屋面有梁板模板支架（清单）</td><td>m^2</td><td></td><td>$S_{有梁板} = S_{底模} + S_{侧模}$</td><td>按模板与现浇混凝土构件的接触面积计算。
1. 现浇钢筋混凝土墙、板单口面积 ≤ 0.3 m^3 的孔洞不予扣除，洞侧壁模板也不增加；单孔面积 > 0.3 m^3 时应予以扣除，洞侧壁模板面积并入墙、板工程量内计算。
2. 现浇框架分别按梁、板、柱有关规定计算。
3. 柱、梁、墙、板相互连接重叠部分均不计算模板面积</td><td rowspan="2">1. 按模板与现浇构件的接触面积计算。
2. 现浇框架分别按梁、板、柱有关规定计算。
3. 柱、梁、墙、板相互连接重叠部分，均不计算模板面积</td><td rowspan="2">1. 构件划分的确定。
2. 模板与现浇构件接触面的确定。
3. 连接面重叠面积扣减的确定。
4. 比例系数的确定</td></tr>
<tr><td></td><td>现浇混凝土屋面有梁板模板支架（定额）</td><td></td><td></td><td></td><td></td></tr>
<tr><td colspan="8">现浇 C25 混凝土倾斜屋面有梁板模板支架工程量的计算（以结施 22 页，C、D 轴线和①、③轴线围成的区域为例）。
分析：该屋面板外部有挑檐，按照规范要求，现浇挑檐与屋面板连接时，以外墙外边线为分界线，外边线以内为屋面板。该工程的这块屋面为斜屋面，先计算出倾斜面与水平面的系数关系，再计算出水平时的工程量，然后判断哪些部位需要乘以系数计算出斜屋面的模板支架工程量。
（1）计算倾斜面与水平面的系数。
$$K_{倾斜/水平} = \sqrt{(14.96-14.13)^2+2.4^2} \div 2.4 = 1.058$$
（2）计算有梁板的底模工程量，要扣除和柱相交处的模板。这里要注意的是，KL-2 的底模是水平的，无须乘以系数，而板底模和 KL-1 的底模均是倾斜的，需要乘以系数。
$S_{要乘系数底模} = (8.4+0.12+0.25\div2)\times[2.4-(0.25-0.12)-0.25\div2]-[0.4\times(0.4-0.25)+0.4\times(0.2-0.25\div2)\times3+0.3\times(0.175-0.25\div2)+(0.15+0.25\div2)\times(0.18-0.25\div2)]\times1.058 = 18.353(m^2)$
$$S_{不乘系数底模} = 0.25\times(8.4-0.28-0.4-0.15)\times2 = 3.785(m^2)$$
$$S_{底模} = S_{要乘系数底模} + S_{不乘系数底模} = 18.353+3.785 = 22.138(m^2)$$</td></tr>
</table>

续表

<table>
<tr><th rowspan="2">序号</th><th>项目编码</th><th rowspan="2">项目名称</th><th rowspan="2">计量单位</th><th rowspan="2">工程量</th><th rowspan="2">计算式（计算公式）</th><th>清单工程量计算规则</th><th rowspan="2">知识点</th><th rowspan="2">技能点</th></tr>
<tr><th>定额编号</th><th>定额工程量计算规则</th></tr>
<tr><td colspan="9">S. 措施项目</td></tr>
<tr><td>65</td><td colspan="8">（3）计算有梁板的侧模工程量，要扣除与板相交处的模板。这里要注意的是，KL−2 的侧模板是水平的，无须乘以系数，而 KL−1 的侧模板是倾斜的，需要乘以系数。
$S_{要乘系数侧模}=(0.4-0.1)\times[(2.4-0.28-0.2)\times2+(2.4-0.2\times2)\times2+(2.4-0.18-0.175)\times2]\times1.058=3.787(m^2)$
$S_{不乘系数侧模}=(0.4-0.1)\times(8.4-0.28-0.4-0.15)\times2\times2=9.084(m^2)$
$S_{侧模}=S_{要乘系数侧模}+S_{不乘系数侧模}=3.787+9.084=12.871(m^2)$
（4）倾斜的有梁板模板支架工程量等于底模模板的工程量与侧模模板的工程量之和。
$S_{有梁板}=S_{底模}+S_{侧模}=22.138+12.871=35.01(m^2)$</td></tr>
<tr><td rowspan="3">66</td><td>011702023001</td><td>现浇混凝土挑檐板模板支架（清单）</td><td></td><td></td><td>$S_{斜挑檐模板}=S_{水平投影}\cdot K_{倾斜/水平}$</td><td rowspan="2"></td><td rowspan="2">1. 按外挑部分尺寸的水平投影面积计算。
2. 挑出墙外的悬臂梁及板边不另计算</td><td rowspan="2">1. 挑檐板与屋面板分界线的确定。
2. 外挑部分水平投影面积的确定。
3. 比例系数的确定</td></tr>
<tr><td></td><td>现浇混凝土挑檐板模板支架（定额）</td><td></td><td></td><td></td></tr>
<tr><td colspan="8">现浇混凝土倾斜挑檐板模板支架工程量的计算（以结施 22 页，①轴线上的 A 和 C 轴线之间的挑檐板为例）。
分析：挑檐板的工程量应按外挑部分尺寸的水平投影面积计算，挑出墙外的悬臂梁及板边不另计算。要注意，这里的挑檐板是一块倾斜的挑檐板，所以应当先算出倾斜面与水平面的系数关系，再计算出水平时的工程量，再乘以系数，得到倾斜的挑檐板工程量。
$K_{倾斜/水平}=\sqrt{(14.15-11.95)^2+(2.1+3.9+0.12+0.25\div2)^2}\div(2.1+3.9+0.12+0.25\div2)$
$=1.06$
$S_{斜挑檐模板}=S_{水平投影}K_{倾斜/水平}$
$=(2.1+3.9+0.72+0.25\div2)\times(0.72-0.12)\times1.06=4.35(m^2)$</td></tr>
</table>

续表

序号	项目编码 定额编号	项目名称	计量单位	工程量	计算式（计算公式）	清单工程量计算规则 定额工程量计算规则	知识点	技能点
S. 措施项目								
67	011702022001	现浇混凝土檐沟模板支架（清单）				按外挑部分尺寸的水平投影面积计算，挑出墙外的悬臂梁及板边不另计算		
		现浇混凝土檐沟模板支架（定额）						
68	011702024001	现浇混凝土楼梯模板支架（清单）	m^2		$S_{楼梯模板}=\sum S_{水平投影}=\sum(L_{水平投影}B_{水平投影})$	按楼梯（包括休息平台、平台梁、斜梁和楼层板的连接梁）的水平投影面积计算，不扣除宽度≤500 mm的楼梯井所占面积，楼梯踏步、踏步板、平台梁等侧面模板不另计算，伸入墙内部分也不增加	1. 按楼梯水平投影面积计算。 2. 不扣除≤500 mm的楼梯井所占面积。 3. 楼梯踏步、踏步板、平台梁等侧面模板不另计算。 4. 伸入墙内部分也不增加	1. 楼梯构造和组成的确定。 2. 楼梯水平投影面积的确定
		现浇混凝土楼梯模板支架（定额）						

现浇混凝土楼梯模板支架工程量的计算（以一楼到二楼的楼梯为例）。

分析：规矩规范要求，按楼梯（包括休息平台、平台梁、斜梁和楼层板的连接梁）的水平投影面积计算，不扣除宽度≤500 mm的楼梯井所占面积，楼梯踏步、踏步板、平台梁等侧面模板不另计算，伸入墙内部分也不增加。

$$S_{楼梯模板}=\sum S_{水平投影}=\sum(L_{水平投影}B_{水平投影})$$
$$=(1.42+2.24+0.3-0.2\div2)\times(2.4-0.12\times2)=8.34(m^2)$$

续表

序号	项目编码 定额编号	项目名称	计量单位	工程量	计算式 （计算公式）	清单工程量计算规则 定额工程量计算规则	知识点	技能点
S. 措施项目								
69	011702027001	现浇混凝土台阶模板支架（清单）	m^2		$S_{台阶模板}=S_{水平投影}=L_{水平投影}B_{水平投影}$	按台阶水平投影面积计算，台阶端头两侧不另计算模板面积	1. 按台阶水平投影面积计算。 2. 台阶端头两侧不另计算模板面积	1. 台阶阶梯数的确定。 2. 台阶水平投影面积的确定
		现浇混凝土台阶模板支架（定额）						
	现浇混凝土台阶模板支架工程量的计算（以 F 轴线上的台阶为例） 分析：根据规范要求，按台阶水平投影面积计算，台阶端头两侧不另计算模板面积。 $S_{台阶模板}=S_{水平投影}=L_{水平投影}B_{水平投影}=1.8\times(3.2\times2+0.3)=12.06(m^2)$							
70		现浇混凝土坡道模板支架（清单）						
		现浇混凝土坡道模板支架（定额）						

续表

序号	项目编码 定额编号	项目名称	计量单位	工程量	计算式 （计算公式）	清单工程量计算规则 定额工程量计算规则	知识点	技能点
S. 措施项目								
71		现浇混凝土止水带模板支架（清单）						
		现浇混凝土止水带模板支架（定额）						

参考文献

[1] 袁建新.建筑工程量计算[M].北京:中国建筑工业出版社,2012.
[2] 袁建新.建筑工程量计算实训[M].北京:中国建筑工业出版社,2016.
[3] 袁建新.工程造价综合实训[M].北京:中国建筑工业出版社,2018.
[4] 中华人民共和国住房和城乡建设部.房屋建筑与装饰工程工程量计算规范:GB 50854—2013[S].北京:中国计划出版社,2013.